普通高等教育"十二五"规划教材·园林与风景园林系列

云南省普通高等学校"十二五"规划教材

云南省精品课程配套教材

花卉学

李宗艳　林　萍　主编

化学工业出版社

·北京·

本教材是根据风景园林、园林专业"花卉学"教学大纲、教学要求汇编而成,分总论和各论两大部分,其中总论介绍了花卉种质资源与分布、花卉生长发育与环境关系、花卉栽培设施、花卉繁殖、花卉栽培管理和花卉应用等内容;各论分类别介绍了一二年生花卉、宿根花卉、球根花卉、室内观叶植物、兰科花卉、观赏凤梨等500多种花卉,覆盖种类丰富,内容充实。同时,本书也是云南省精品课程配套教材,具有较强的理论性和实用性。

　　本教材可作为高等院校风景园林、园林、园艺、林学、农学、植保等专业师生的教材,也可供花卉爱好者、科研工作者、花卉生产管理者、风景园林设计师和工程师参考使用。

图书在版编目(CIP)数据

花卉学/李宗艳,林萍主编 . —北京:化学工业出版社,2014.7
普通高等教育"十二五"规划教材·园林与风景园林系列
ISBN 978-7-122-20294-9

Ⅰ.①花…　Ⅱ.①李…②林…　Ⅲ.①花卉-观赏园艺　Ⅳ.①S68

中国版本图书馆 CIP 数据核字(2014)第 069068 号

责任编辑:尤彩霞　　　　　　　　　装帧设计:关　飞
责任校对:李　爽

出版发行:化学工业出版社(北京市东城区青年湖南街 13 号　邮政编码 100011)
印　　刷:北京市振南印刷有限责任公司
装　　订:三河市宇新装订厂
780mm×1092mm　1/16　印张 19　字数 492 千字　2014 年 10 月北京第 1 版第 1 次印刷

购书咨询:010-64518888(传真:010-64519686)　售后服务:010-64518899
网　　址:http://www.cip.com.cn
凡购买本书,如有缺损质量问题,本社销售中心负责调换。

定　　价:40.00 元　　　　　　　　　　　　　　　　版权所有　违者必究

本书编写人员名单

主　　编　李宗艳　林　萍

副 主 编　吴　荣　张小艾

编写人员 （按姓氏拼音排序）

陈　霞　（云南林业职业技术学院）

李宗艳　（西南林业大学）

林　萍　（西南林业大学）

刘　敏　（云南师范大学文理学院）

谭秀梅　（云南师范大学文理学院）

万珠珠　（云南师范大学文理学院）

王　超　（西南林业大学）

王　锦　（西南林业大学）

吴　亮　（云南师范大学文理学院）

吴　荣　（西南林业大学）

杨坤梅　（西南林业大学）

张小艾　（四川农业大学）

赵燕蓉　（西南林业大学）

前　　言

　　花卉生产和应用在园林、园艺产业中有着广阔的发展空间，花卉学课程也已成为园林、园艺、环境艺术类及其相关专业的核心课程。当前国内花卉学教材版本多样，尤其在各论部分关于花卉种类的编写上具有明显的地区性特点，因而在教材的使用上一般也有一定的地域特点。

　　随着当前花卉产业的迅猛发展，花卉生产种类的不断推陈出新和新技术的不断运用，也要求教材不断地更新以满足理论与实践相结合的教学目的。云南作为国内花卉生产的窗口，花卉商品化生产过程中新技术运用和生产新种类、新品种的丰富多样，也成为我国花卉实践和应用的前沿阵地。本教材力求介绍当前花卉生产中的新技术和新种类，收集了近年来国内流行的花卉种类和品种 500 多种进行介绍，种类较全面。本书由西南林业大学、四川农业大学、云南师范大学、云南林业职业技术学院等西南地区高等院校的长期从事花卉学教学和科研的工作者编写，以供高等院校、高职高专的园林、观赏园艺、环境艺术等相关专业使用，也可作为园林、园艺专业技术人员或花卉爱好者的参考书。课程总学时为 60～80 学时，不同专业和不同层次的教学可依据情况有选择性地安排。

　　本书内容分总论和各论两部分。总论部分由 7 章组成，第 1 章是绪论，后面 6 章分别讲述了花卉种质资源与分类、花卉生长发育与环境关系、花卉栽培设施、花卉繁殖、花卉栽培管理和花卉应用。总论学时可依据各专业特点及开设的相关分支课程酌情介绍。各论部分的花卉形态特征以外形识别为主，对与其形态近似的易混淆种类尽可能区别介绍，介绍的种类配有相关的教学课件图片，电子课件详见化学工业出版社教学资源网，下载网址：http：//www.cipedu.com.cn网站上有详细的花卉识别电子文件，本书亦可作为花卉实践教学用教材。

　　由于编者水平有限，文中不妥之处恳请读者批评指正。

编者

2014 年 8 月

目　　录

第16章 木本花卉 …………………… **258**

16.1 概述 …………………… 258
16.1.1 木本花卉的定义 …………… 258
16.1.2 栽培管理措施 ……………… 258

16.2 木本花卉各论 …………… 258

第1章 绪 论

1.1 花卉的定义及研究的内容

1.1.1 花卉的定义

《辞海》中花卉为"可供观赏的花草"。在植物学上，花是被子植物的生殖器官，而卉则是草的总称。狭义花卉是指有观赏价值的草本植物，包括一、二年生花卉、宿根和球根花卉。广义花卉是指有观赏价值的草本、开花乔木、花灌木、盆景、地被植物和草坪植物。

1.1.2 花卉学课程的研究内容

花卉学是指研究观赏植物的种质资源的组成和分类、生长发育特性和生态习性、繁殖、栽培管理及应用的一门学科。花卉学以植物分类学、植物生态学、植物繁育学、植物栽培学和园林美学为基础。

1.1.3 花卉学研究范畴

花卉学主要以具有观赏价值（观花、观果、观叶和形姿）的植物为研究对象，研究范畴包括此类植物的分类、生物学特性、生长发育规律、生长发育与环境条件的关系、种质资源、繁殖方法、栽培管理技术、栽培设施以及病虫害防治、装饰与应用、市场营销等方面的基础理论及操作技术。

1.2 花卉在园林中的作用

花卉作为以植物的花为主要观赏点的园林植物，有其独特的特征，具体如下。

1.2.1 生态功能

花卉作为园林植物的一类，同样具有植物对于生态的功能作用，可调节微气候，改善微环境。尤其是进行植物群落的有效布置，可明显改善周围植物生境，阻滞烟、粉、灰尘，净化空气，调节气温、空气湿度和辐射温度，完善自然和人居环境。

1.2.2 经济功能

花卉的直接经济效益有食用、药用、材用等，贯穿于园林设计、施工、管理全过程，支撑和带动着相关产业的发展。间接经济效益主要体现在改善生态环境的绿色 GDP，是人类无形而巨大的资产。

1.2.3 社会功能

花卉在园林中常为视觉吸引的焦点，展示着丰富的园林植物景观，充分体现着美化功能等多种园林属性。

1.2.4 文化功能

园林是自然生态和人文生态的复合体，自然生态与人文生态相辅相成。园林花卉作为园林植物运用中的点睛之笔，其花语、韵律、色调等表达的主题文化的生态作用更为突出，促进人文环境的改善。

1.3 我国花卉栽培应用历史

我国花卉栽培应用历史非常久远，人类到底是在什么时期开始栽培花卉或观赏植物的，还无定论，有待进一步探讨。

据浙江省余姚县河姆渡新石器时期的遗址考证，发掘出 7000 年前的刻有盆栽植物的陶片，表明我国先民不仅知道在田间种植植物，而且知道如何在容器中栽培植物，这是我国将植物用于观赏的最早例证。1975 年在河南省安阳发掘的殷墓之铜鼎内发现了距今 3200 年的梅核，说明早在 3000 多年前，先人就开始食用野生梅子，并将其作为陪葬品。

史料记载在公元前 11 世纪的商代中的甲骨文，已有"花"、"果"、"草"等字，同时出现"园、圃"，说明那时有了园林的雏形。

2500 年前春秋战国时期，在《诗经》、《楚辞·离骚》有了花卉栽培的记载，"吴王夫差建梧桐园，广植花木"，我国最早的诗歌集《诗经》中就有了大量的花卉记载，在《诗经》305 篇中提到的花花草草达到 132 种。我国历史上最早的大诗人屈原(约公元前 340—公元前 278 年)在他创作的名篇《离骚》中有种兰百亩的记载："余既滋兰之九畹(当时一畹约相当于现在 12 亩)"。

2100 年前秦汉年间，统治者大建宫院，广罗各地奇果佳树，名花异卉，根据《西京杂记》所载，当时搜集的果树、花卉已达 3000 余种，就汉武帝时期的上林苑来说，方圆 150 里，其中梅花就有候梅、朱梅等不少品种，成为方圆三百里的大型天然植物园、天然动物园和狩猎场。当时引种到上林苑的花卉有梅花桃、女贞、黄栌、杨梅、枇杷等。当时的引种是以实际应用为主的，而观赏性仅作为兼用的性质。

1800 年前西晋时期，嵇含撰写的《南方草木状》记载了各种奇花异卉的产地、形态、花期，如茉莉、睡莲、菖蒲、扶桑、紫荆等，并以经济效益为前提，将我国南方 81 种植物分为草、木、果、竹类，此分类方法比瑞典林奈的植物分类系统早 1400 多年，成为我国历史上第一部花卉专著。

东汉、晋、南北朝时，中国与西方诸国频繁交流，促进了我国寺庙园林和花卉的发展。这个时期的花卉栽培已由以实用为主逐渐转为以观赏为主，如汉初在秦代基础上修建的上林苑中已有多个以观赏为主的梅花、桃花品种，这些品种多是全国各地敬献给朝廷的贡品。在汉代至晋、南北朝"梅始以花闻天下"(《和梅诗序》宋·杨万里)。东晋陶渊明"采菊东篱下，悠然见南山"，表现出一派文人雅士向往的田园风光。在陶渊明的诗集中有"九华菊"的记载，据陈俊愉院士考证，此系复瓣、白色、花朵较大的栽培菊花品种。可见在距今 1600 多年前，栽培的菊花品种已经形成，这也是世界上首次出现的栽培菊花品种(陈俊愉、程绪珂，1998)。

从东汉出土的陶器也可以看到，在我国云南已有荷花与稻田兼种的耕作制度。在此时期，有关花卉的书籍、绘画、诗词、歌赋以及工艺品等大量出现，如西晋嵇含著的《南方草木状》是世界上最早的植物分类学方面的专著；东晋戴凯著的《竹谱》记载了 70 余种竹子，是我国第一部园林植物方面的著作；很多绘画作品以花卉为题材，特别是瓶花、插花应用题材的作品发展较快，表明盆景和插花艺术开始流行。

1300年前的唐朝，花卉种类和栽培技术有了很大发展，牡丹、菊花的栽培盛行，出现了盆景，并有了多部花卉专著，如王芳庆的《园林草木疏》、李德裕的《手泉山居竹木记》等。各类花卉的栽培技术均有较大发展，其中盆景为我国独创。

1000多年前的宋朝，是我国花卉栽培的重要发展时期，花卉种植已成为一种行业，出现了花市。不仅花卉的种类和品种增多，而且栽培技术有了极大的发展，如菊花的嫁接，能培植出一株能同时开放上百朵花的大立菊和塔菊；唐（堂）花艺术，即利用土炕加温、热水浴促进植物提早开花。有关花卉专著已增加到31部。这些专著记载和描述了许多名花品种，还论述了驯化、优选以及通过嫁接等无性繁殖方法来保持优良品种特性的育种和栽培技术。如范成大的《苑林梅谱》、王观的《芍药谱》、王学贵的《兰谱》、陈思的《海棠谱》、欧阳修的《洛阳牡丹记》等；其中陈景沂的《全芳备租》，收录了267种植物，其中120多种为花卉，并对其形态、习性、分布、用途等进行了阐述，可称为是中国古代史上的花卉百科全书。

300～600多年前的明朝至清初，是我国花卉发展的第二个高潮时期。花卉专著达到53部。如明朝王象晋的《群芳谱》、王路的《花史左编》；清朝陈昊子的《花镜》、刘景的《广群芳谱》、袁宏道的《瓶史》等巨著。花卉开始商品化生产，生产的花卉不仅满足宫廷，也为市民所享用。如北京丰台的十八村（现黄土岗乡）是当时北京花卉名产地，宣武门是北京最大的花市。

150多年前鸦片战争，由于帝国主义的入侵，使我国花卉栽培业遭受了极大损失，丰富的花卉资源和名花异种被大肆掠夺，如大树杜鹃。外国商人、传教士、医生、职业采集家和形形色色的探险家，从我国采集了大量植物标本和种子、苗木，从而极大地丰富了欧洲的园林。但是，这些外国人为了满足自身的需要，也输入大批草花和温室花卉，约百余种，使我国的花农开始学习国外的栽培技术，在上海一带还出现了花卉装饰。

新中国成立以后，我国的花卉事业受到了越来越多的重视，尤其是改革开放之后花卉产业发展迅速，花事活动也十分活跃。1986年天津《大众花卉》编辑部发起评选我国十大名花活动，按得票多少评出牡丹、月季、梅花、菊花、杜鹃、兰花、山茶、荷花、桂花、兰花为十大名花。

我国自1987年举办第一届全国花卉博览会之后，接连在1999年（昆明——世界园艺博览会）、2010年（上海——世界博览会，即第41届世界博览会）、2011年（西安——世界园艺博览会）举办各项博览会，连连获得国内外有关学者及专家的高度赞誉。各地纷纷成立花卉产业协会，积极组织、引导花卉产业的生产栽培，由露地栽培逐步转入设施栽培；由传统的保护地栽培转入现代化设施栽培；由传统一般盆花转入高档盆花；由国内市场转入国内国际市场并举。在野生花卉资源的开发利用，新品种选育与引进，商品化栽培技术研究，现代温室改进与应用，花卉的无土栽培、化学控制、生物技术工厂化育苗技术等方面均取得了可喜的进展。

我国花卉栽培应用简史如下：

萌芽期——周、秦；

发展期——汉、晋、南北朝；

兴盛期——隋、唐、宋；

起伏辗转期——明、清、民国初期；

停滞期——民国至解放期间；

新发展时期——中华人民共和国至今。

1.4　国内外花卉产业发展概况

1.4.1　我国花卉产业的发展概况

1.4.1.1　我国花卉产业发展现状

近年来，中国花卉产业发展十分迅速，中国花卉种植面积约占世界花卉总种植面积的1/3，已成为世界最大的花卉生产基地，花卉销售额持续上升，出口额不断扩大，中国在世界花卉生产贸易格局中已占有重要的地位。至 2011 年，全国花卉种植面积 102.4 万公顷，销售额达 1068.5 亿元，出口额约 4.8 亿美元；全国花卉产业市场 3178 个，花卉企业 66487个，其中大中型企业 12641 个，花农 1649980 户，从业人员 4676991 人，其中专业技术195180 人；全国花卉保护地栽培面积合计 93272.32hm²，其中温室 23397.97hm²（节能日光温室 14302.31hm²），大（中、小）棚 39360.3hm²，遮阳棚 30514.05hm²。

中国花卉产业在自身飞速发展的同时也不断显现出一些问题和瓶颈，存在的问题主要表现在：生产条件简单落后，单位面积产量、产值都比较低；品种单一、落后，缺乏拥有自主知识产权的品种和技术；生产技术质量体系不够规范，花卉质量普遍较低；花卉流通体系不健全，缺乏采收、预冷、分级、捆扎、包装、保鲜、运输、配送、销售等产后处理技术和完整的冷链保障体系；花卉价格混乱，营销方式落后等。这些问题的实质是中国花卉产业的产业化程度太低，中国花卉企业呈现"多、散、小、差"；花卉产业链上呈现"两头小，中间大"的纺锤形，育种能力比较低，花卉生产所需的品种、种子、种球、种苗主要依赖国外直接进口或者进口扩繁，自主品牌未完全建立，市场竞争力不强。相比花卉产业发达国家，中国花卉产业的专业化和产业化程度仍然太低。因此，中国只能称为花卉生产大国，远非花卉强国。

1.4.1.2　我国花卉产业发展趋势

从近几年的数据看，中国花卉产业经营体制和结构不断调整和完善，对于野生花卉资源的开发利用逐步加大，平均生产规模扩大，大中型企业比重呈上升趋势，花卉生产逐渐向专业化、规模化、集约化、标准化迈进，产品结构与产业结构趋于优化，市场体系不断完善，花卉品种结构调整趋于合理，区域优势发挥突出，特色花卉发展加大，呈现良好的发展势头。

1.4.2　世界花卉产业的发展概况

1.4.2.1　世界花卉产业发展现状

第二次世界大战之后，花卉产业作为新兴产业发展迅速，世界各国花卉产业的生产技术、规模、产值和贸易额都有较大幅度增长。据不完全统计，至 2010 年世界花卉生产面积远超 210 万公顷，总产值突破 3000 亿美元，贸易额从 20 世纪 90 年代起以每年约 10% 的速度递增，已成为世界贸易的大宗商品。现代花卉产业已完全突破传统种植业，辐射至基质、肥料、农艺设施、设备等农林业、工业、商业、旅游业等多行业，花卉经济日趋繁荣，尤其是在发展和发达国家日益凸显，各国消费市场潜力巨大。

1.4.2.2　世界花卉产业发展趋势

随着世界花卉自由贸易的不断发展，全球花卉产业也随之产生一些明显变化，其发展趋势如下。

(1) 花卉生产向发展中国家转移加速

发达国家专业化、特色化生产，国际格局不断变革。由于发达国家的土地、劳动力及其他生产资料成本陡增，环境压力加大，促使花卉业逐渐向低成本和低风险的发展中国家转移。进入 21 世纪，发达国家更是加速促使生产格局向资源较丰富、气候适宜、劳动力和土地成本低的发展中国家转移，从而也促进了肯尼亚、墨西哥、秘鲁、厄瓜多尔、津巴布韦、毛里求斯等新兴花卉生产国的迅速崛起。同时，也为我国的花卉业发展提供了良好的机遇。

各花卉主要出口国已呈现国际性专业分工，形成特色花卉生产优势，如表 1-1 所示。

表 1-1　主要花卉生产国的代表花卉

国　别	特色花卉
荷　兰	郁金香、月季、菊花、香石竹、种球生产
日　本	菊花、百合、香石竹、月季
以色列	唐菖蒲、月季
哥伦比亚	香石竹
泰国、新加坡	热带兰

各国进行专业化的生产，集中生产某种花卉甚至其中的某几个品种，其优点是：节省投资、批量扩大、集中经营、集约管理。

（2）花卉生产趋向温室化、自动化，种苗业高度发达

温室设备的高度机械化，微电脑自动调节温度、湿度和气体浓度等技术使花卉生产在人工气候条件下实现了工厂化的全年均衡供应。由于花卉生产的社会化分工，种子、种苗、种球等由专业化的公司生产，保证了生产者的高效、专业化生产，新品种不断推出以适应市场的需求，也形成了公司加农户的生产经营模式。

（3）花卉业流通体系不断健全、完善

花卉产品采收、处理、包装、销售并入现代化管理轨道，通过减压冷冻、真空预冷设备及技术的推广，保证了花卉产品采后的低温流通和商业保鲜；发达的空运业促进了花卉的远距离外销，形成了国际化的花卉市场；花卉集散地、拍卖市场、批发中心、连锁花店、全球快递等营销形式，加之广告宣传、精良包装、优质服务、园艺展览等促销手段，使得整个花卉产业的产、供、销实现一体化的科学管理和运作模式。

（4）新技术广泛应用，促使花卉产品向多样化、新奇化发展

① 节能技术　选用的新建筑材料具有更好绝热性能、透光率强、坚韧耐久；研制的新型温室增温快、保温强；考虑太阳能、沼气、天然气等加温措施；选育耗能少、生长期短和对土壤病虫害抗性强的品种等。

② 无土栽培　利用无菌、透气、吸水、保水性能好的介质制成育苗容器或快速膨体模块，主要应用于工厂化育苗。

③ 组培技术　商品化优质种苗生产，如兰花、菊花、香石竹、非洲菊、满天星等已实现组培苗的工厂化生产；利用组培技术繁殖优良品种，包括各种名贵花卉、珍稀品种、重要的鳞茎花卉等。同时，利用茎尖培养技术对易感病毒的花卉品种进行脱毒苗的批量生产。

④ 激素及化学物质　在促进生根分枝、打破休眠、延缓生长、采后保鲜等方面已广泛应用。在切花商业化应用方面最有突破性意义的包括生根剂（萘乙酸、吲哚丁酸等）、矮化剂（矮壮素、多效唑等）、催花剂（赤霉素等）、保鲜剂（硫代硫酸银、8-羟基喹啉等）。

⑤ 花卉育种多样、快速　广泛引进野生花卉资源，利用杂交育种、多倍体育种、辐射育种等进行选育，现已开始运用体细胞杂交、基因工程等最新技术培育，新品种迅速增加。目前主要花卉的园艺栽培品种都在上千，甚至上万个。如荷兰建有 7 个研究中心，专门从事

花卉品种的研究，育成大批郁金香、风信子、水仙、唐菖蒲及球根鸢尾的新品种；法国以蔷薇育种为首，品种美丽强健；美国育成茶香月季品种系统，色、香、姿俱佳，且抗寒性强。最新发展的基因工程及其它生物技术手段，有可能使花卉育种带来革命性的突破，如耐贮耐插的香石竹品种已经商品化，蓝色月季花已经问世等。将来有可能根据人们的意志来改变花卉的花色、形态、香味等。

第2章　花卉种质资源与分类

2.1　花卉种质资源

花卉种质资源是指携带一定可利用价值的遗传物质，表现为一定的优良性状，通过生殖细胞或体细胞能将其遗传给后代的观赏植物的总称。

花卉种质资源包括野生种、栽培种及人工选育或杂交的品种。种质资源的载体可以是种子，也可以是花卉的块根、块茎、鳞茎等无性繁殖器官或根、茎、叶等营养器官，还包括愈伤组织、分生组织、花粉、合子、原生质体及染色体和核酸片段等。

地球上已知的植物约40万种，其中高等植物约35万种，有观赏价值的植物约占1/6。这些植物广泛分布于世界各地，是农业、林业、园艺、园林和花卉等产业发展的物质基础，尤其是被誉为"朝阳产业"、"21世纪最有希望的农业产业和环境产业"的花卉业，种质资源更是其生存、发展和壮大的关键所在，因此各个国家都很重视种质资源的保护、挖掘及开发利用。

2.1.1　世界气候型及原产地花卉

花卉种类繁多，分布于世界各地，由于世界各地气候、地理、土壤、生物等条件不同，特别是气候条件的不同，使花卉形成了对不同气候条件的特定需要。了解了世界气候型及分布的花卉种类，在引种和栽培时给予相应的气候条件，才能保证栽培成功并表现出较好的观赏特性，以达到有效保护和合理开发植物资源的目的。

气候条件中温度和水分是主导因子，制约着地球上不同气候带的形成和花卉的分布及生长发育。Miller和塚本氏根据气温和降雨情况，对世界野生观赏植物原产地气候型进行分区，各气候型特点、地区和原产的主要花卉如下。

2.1.1.1　中国气候型(大陆东岸气候型)

① 气候特点　冬寒夏热，年温差大，降雨多集中在夏季。

这一气候型又因冬季气温的高低不同，分为温暖型与冷凉型。

② 分布地区　温暖型主要为低纬度地区，包括中国长江以南、日本西南部、北美洲东南部、巴西南部、大洋洲东部及非洲东南角附近等地区。冷凉型主要为高纬度地区，包括中国华北及东北南部、日本东北部、北美洲东北部等地区。

③ 原产花卉　低纬度地区是部分喜温暖的一年生花卉、球根花卉及不耐寒宿根、木本花卉的自然分布中心，高纬度地区是较耐寒宿根、木本花卉的自然分布中心。原产这一地区的部分著名花卉见表2-1。

表2-1　中国气候型原产花卉

中文名	拉丁名	气候亚型	原产地
中国石竹	*Dianthus chinensis*	温暖型	中国
凤仙花	*Impatiens balsamina*	温暖型	中国

中文名	拉丁名	气候亚型	原产地
报春花	*Primula malacoides*	温暖型	中国
石蒜	*Lycoris radiata*	温暖型	中国、日本
山茶	*Camellia japonica*	温暖型	中国、日本
杜鹃	*Rhododendron simsii*	温暖型	中国、日本
福禄考	*Phlox drummondii*	温暖型	北美洲东部
天人菊	*Gaillardia aristata*	温暖型	北美洲东部
马利筋	*Asclepias curassavica*	温暖型	北美洲东部
一串红	*Salvia splendens*	温暖型	巴西
矮牵牛	*Petunia axillaris*	温暖型	巴西南部
叶子花	*Bougainvillea spectabilis*	温暖型	巴西南部
麦秆菊	*Helichrysum bracteatum*	温暖型	大洋洲
非洲菊	*Gerbera jamesonii*	温暖型	非洲东南部
马蹄莲	*Zantedeschia aethiopica*	温暖型	非洲东部
绯红唐菖蒲	*Gladiolus cardialis*	温暖型	非洲东部
菊花	*Dendranthema morifolium*	冷凉型	中国
芍药	*Paeonia lactiflora*	冷凉型	中国
翠菊	*Callistephus chinensis*	冷凉型	中国
花菖蒲	*Iris ensata*	冷凉型	日本东北部
燕子花	*Iris laevigata*	冷凉型	日本东北部
随意草	*Physostegia virginiana*	冷凉型	北美洲东部
花毛茛	*Ranunculus asiaticus*	冷凉型	北美洲东部
翠雀花	*Delphinium grandiflorum*	冷凉型	北美洲东部

2.1.1.2 欧洲气候型(大陆西岸气候型)

① 气候特点 冬暖夏凉,冬夏温差较小,雨水四季都有,但降水偏少。

② 分布地区 欧洲大部、北美洲西海岸中部、南美洲西南角及新西兰南部。

③ 原产花卉 是较耐寒一、二年生花卉及部分宿根花卉的自然分布中心,原产这一地区的部分著名花卉见表 2-2。

表 2-2 欧洲气候型原产花卉

中文名	拉丁名	原产地
三色堇	*Viola tricolor*	欧洲南部
雏菊	*Bellis perennis*	欧洲
矢车菊	*Centaurea cyanus*	欧洲东南部
羽衣甘蓝	*Brassica oleracea* var. *acephalea* f. *tricolor*	欧洲西部
紫罗兰	*Matthiola incana*	地中海沿岸
毛地黄	*Digitalis purpurea*	欧洲西部
铃兰	*Convallaria majalis*	欧洲、亚洲、北美

2.1.1.3 地中海气候型

① 气候特点　冬不冷，夏不热；秋、冬、春降雨，夏季干燥。

② 分布地区　地中海沿岸、南非好望角附近、大洋洲东南和西南部、南美洲智利中部、北美洲加利福尼亚等地。

③ 原产花卉　是夏季休眠的秋植球根花卉的自然分布中心，原产这一地区的部分著名花卉见表2-3。

表2-3　地中海气候型原产花卉

中文名	拉丁名	原产地
水仙类	*Narcissus* spp.	地中海地区
仙客来	*Cyclamen persicum*	地中海地区
金鱼草	*Antirrhinum majus*	地中海地区
君子兰	*Clivia miniata*	南非
鹤望兰	*Antirrhinum majus*	南非
天竺葵	*Pelargonium hortorum*	南非
麦秆菊	*Helichrysum bracteatum*	大洋洲
银桦	*Greoillea robusta*	澳大利亚西南部
红千层	*Callistemon rigidus*	澳大利亚西南部
射干水仙	*Watsonia borbonica*	南美洲
智利喇叭花	*Salpiglossis sinuata*	南美洲
蒲包花	*Calceolaria crenatiflora*	南美洲
花菱草	*Eschscholtzia californica*	北美洲
酢浆草	*Oxalis corniculata*	北美洲
羽扇豆	*Lupinus polyphyllus*	北美洲

2.1.1.4 墨西哥气候型(热带高原气候型)

① 气候特点　四季如春，年温差小；四季有雨或集中于夏季。

② 分布地区　墨西哥高原、南美洲安第斯山脉、非洲中部高山地区及中国云南等地。

③ 原产花卉　是不耐寒、喜凉爽的一年生花卉、春植球根花卉及温室花木类的自然分布中心，原产这一地区的部分著名花卉见表2-4。

表2-4　墨西哥气候型原产花卉

中文名	拉丁名	原产地
大丽花	*Dahlia pinnata*	墨西哥
晚香玉	*Polianthes tuberosa*	墨西哥
一品红	*Euphorbia pulcherrima*	墨西哥
球根秋海棠	*Begonia tuberhybrida*	南美洲
旱金莲	*Tropaeolum majus*	南美洲
藏报春	*Primula sinensis*	中国
云南山茶	*Camellia reticulata*	中国
香水月季	*Rosa odorata*	中国

2.1.1.5 热带气候型

① 气候特点 周年高温，温差小；雨量丰富，但不均匀，有雨季和旱季之分。

② 分布地区 分为两个地区，即亚洲、非洲、大洋洲热带地区和中美洲、南美洲热带地区。

③ 原产花卉 是一年生花卉、温室宿根、春植球根及温室木本花卉的自然分布中心，原产这一地区的部分著名花卉见表2-5。

表 2-5 热带气候型原产花卉

中文名	拉丁名	原产地
鸡冠花	*Celosia cristata*	亚洲、非洲、大洋洲热带
彩叶草	*Coleus blumei*	亚洲、非洲、大洋洲热带
非洲紫罗兰	*Saintpaulia ionantha*	亚洲、非洲、大洋洲热带
紫茉莉	*Mirabilis jalapa*	中美洲、南美洲热带
红掌	*Anthurium andraeanum*	中美洲、南美洲热带
四季秋海棠	*Begonia semperflorens*	中美洲、南美洲热带

2.1.1.6 沙漠气候型

① 气候特点 周年气候变化大，昼夜温差也大；周年少雨，气候干旱。

② 分布地区 非洲、阿拉伯、大洋洲、南北美洲、我国海南岛西南部等的沙漠地区。

③ 原产花卉 是仙人掌及多浆植物的自然分布中心，原产这一地区的部分著名花卉见表2-6。

表 2-6 沙漠气候型原产花卉

中文名	拉丁名	原产地
仙人掌科	*Cactaceae*	墨西哥东部及南美洲东部
芦荟	*Aloe arborescens*	南非
点纹十二卷	*Haworthia margaritfera*	南非
伽蓝菜属	*Kalanchoe* spp.	南非
仙人掌	*Opontia dillenii*	中国海南岛
光棍树	*Euphorbia tirucalli*	中国海南岛
龙舌兰	*Agave americana*	中国海南岛

2.1.1.7 寒带气候型

① 气候特点 冬季漫长寒冷，夏季短暂凉爽，植物生长期短。

② 分布地区 阿拉斯加、西伯利亚、斯堪的纳维亚等。

③ 原产花卉 是耐寒性植物及高山植物的分布中心，原产这一地区的部分著名花卉见表2-7。

表 2-7 寒带气候型原产花卉

中文名	拉丁名	原产地
绿绒蒿属	*Meconopsis* spp.	欧洲西部、北美、亚洲温带中南部
雪莲	*Saussurea involucrate*	
点地梅	*Androsace umbellata*	中国

2.1.2 我国花卉种质资源特点及地理分布

我国幅员辽阔，960万平方千米的土地上有寒带、温带、热带等不同的气候带，加之山峦起伏，江河纵横，为植物生长发育提供了各种不同的环境条件，造就了我国丰富而独具特色的花卉种质资源。

2.1.2.1 我国花卉种质资源特点

① 种类繁多 我国有种子植物3万种以上，被子植物在世界上排名第三，仅次于地处热带的巴西和马来西亚，我国西南山区的植物种类比相邻的印度、缅甸、尼泊尔等国山地多4～5倍。可见我国是世界上花卉资源最丰富的国家之一，素有"世界园林之母"的美称。

② 分布集中 我国不仅有丰富的花卉资源，而且是很多花卉科、属的分布中心，在相对较小的范围内，集中分布着较多的种类。杜鹃花全世界有800多种，我国就有600多种，其中400多种集中分布于云南、四川、西藏等地；报春花全世界约有500种，我国有390种，云南、四川、西藏等地为分布中心；山茶花全世界有220种，我国有195种，西南、华南为分布中心；兰属（Cymbidium）全世界有40多种，我国有25种，以西南地区为分布中心。种类较多，不胜枚举。

③ 变异广泛 我国原产和栽培历史悠久的花卉，常具有变异广泛、类型丰富、品质优良的特点。如梅花的枝条有直枝、垂枝和曲枝等变异，花有洒金、台阁、绿萼、朱砂、纯白、深粉等变异。凤仙花有花大如碗，株高3米多的"一丈红"，有茉莉花芳香的"香桃"，有开金黄色花的"葵花球"，有开绿花的"倒挂么凤"。

④ 品质优良 我国很多花卉具有优良的品质。如四季或三季开花的"月月红"、"月月粉"、"四季桂"、"四季丁香"、"四季荷花"等，在冬季或早春较低温度条件下开花的低能耗花卉梅花、蜡梅（Chimonanthus praecox）、迎春花（Jasminum nudiflorum）、报春花、春兰（Cymbidium goeringii）等，有变色的月季（Rosa chinensis）、牡丹（Paeonia suffruticosa）、荷花（Nelumbo nucifera）、蜀葵（Althaea rosea）等，微型的荷花、杜鹃，巨型的蔷薇、杜鹃，抗性强的紫薇（Lagerstroemia indica）、玫瑰（Rosa rugosa）、山桃（Amygdalus davidiana）、山杏（Armeniaca sibirica）、山茶等。其品质之优良，极为少见，居于世界领先地位。

⑤ 特产丰富 花卉资源中有很多是我国特有的科、属或种。特有科如银杏科（Ginkgoaceae）、水青树科（Tetracentraceae）、杜仲科（Eucommiaceae）等；特有属如蜡梅属、珙桐属（Davidia）、金粟兰属（Chloranthus）等；特有种如翠菊、华石斛（Dendrobium sinense）、麻栗坡兜兰（Paphiopedilum malipoense）等。这些都是重要的基因资源。

2.1.2.2 我国花卉的地理分布

我国起源的花卉种类众多，分布于全国各地，但不同类别的花卉有不同的地理分布区域。喜温暖的多分布于长江以南地区，较耐寒的多分布于华北及东北东南部地区。

部分喜温暖的花卉，分布于长江以南地区。如一、二年生花卉凤仙花属、中国石竹、蜀葵等，宿根花卉吉祥草属（Reineckea）、麦冬属（Liriope）、沿阶草属（Ophiopogon）等，球根花卉百合属、石蒜属、中国水仙（Narcissus tazetta var. chinensis）等，木本花卉梅花、紫薇、扶桑（Hibiscus rosa-sinensis）等，水生花卉荷花、睡莲（Nymphaea tetragona）等，多浆植物如佛甲草（Sedum lineare）、落地生根（Bryophyllum pinnatum）等，观叶植物铁线蕨（Adiantum capillus-veneris）、鸟巢蕨（Neottopteris nidus）、广东万年青（Aglaonema modestum）等，兰科花卉春兰、兜兰属、石斛属等。

部分喜温暖的木本花卉如杜鹃属常绿种、云南山茶、月季花等，兰科花卉如兜兰属、蝶兰属（Phalaenopsis）、鸟舌兰属（Ascocentrum）等，分布于云南等地。

较耐寒的花卉，分布于华北及东北东南部地区。如宿根花卉菊属、芍药属、翠菊属等，球根花卉郁金香(*Tulipa gesneriana*)、绵枣儿属(*Scilla*)、贝母属(*Fritillaria*)等，木本花卉牡丹、蜡梅、丁香属等，水生花卉香蒲(*Typha angustata*)、泽泻(*Alisma orientale*)、雨久花(*Monochoria korsakowii*)等，部分仙人掌科及多浆植物如仙人掌属、龙舌兰属、光棍树等，分布于海南岛西南部地区。

2.1.3　我国花卉资源对世界花卉业的贡献

我国丰富而独特的花卉资源为世界花卉业作出了重大贡献。早在公元前5世纪，荷花经朝鲜传至日本。以后牡丹、芍药、梅花、菊花、山茶、兰花、蜡梅等大量的花卉陆续传到国外。17、18世纪后，大批欧美国家的植物学工作者来我国采集花卉资源。据不完全统计，从18世纪以来，国外引种中国的花卉3000余种。从1839年至1939年的100年间，从中国引种到国外的植物达到1000多种。我国的月季、百合、牡丹、丁香、铁线莲、杜鹃、桂花(*Osmanthus fragrans*)、蜡梅、山茶、菊花、报春花、飞燕草、石竹等各种名贵植物一直不断地被引到世界各地，丰富了各国园艺，改变了各国园林之面貌，为世界园林事业作出了贡献。例如英国的威尔逊(E. H. Wilson)自1899年起先后5次来华，搜集栽培的和野生的花卉达18年之久，带回去乔灌木1200余种，还有许多种子和鳞茎。1929年，他出版了在中国采集的纪事，书名《中国，园林之母》(China，Mother of Gardens)。

如今中国的数千种园林植物遍及全世界，可以这样认为，凡是进行植物引种的国家，几乎都栽有我国原产的花卉。其中北美引种了1500种以上，美国加州的园林植物中有70%来自中国，当今世界花卉王国——荷兰，也有40%的园林植物来自中国，意大利引了1000多种，日本和英国更多。绚丽多彩的中国园林植物，既丰富了各国园林景色，又对世界育种工作起了重大或决定性的作用。

2.1.4　花卉品种资源

品种是人工选择和培育的一种经济类型，具有观赏价值和经济价值。品种只见于栽培植物中，不是自然形成的。目前，室内外应用的花卉多是花卉的品种。经过人类几千年的栽培驯化，很多花卉有成千上万的园艺种。据法国种苗商报报道，花卉中若不把高山植物及野生草花计算在内，已经园艺化的花卉有8000多种。Emsweller品种数量表中列举了郁金香有8000多个品种，水仙有3000多个品种，唐菖蒲有25000多个品种，芍药有2000多个品种，鸢尾有4000多个品种，大丽花有7000多个品种。

世界已经登录的月季品种达20000多个，现代菊花品种已达到万余个，现代杜鹃品种有几千个。

中华民族勤劳智慧，在长期的生产实践当中，培养了众多的花卉品种。如梅花品种有300多个，牡丹品种有800多个，菊花品种有3000多个，荷花品种有300多个。

近年来，随着生物技术的不断发展，花卉细胞工程、花卉基因工程、太空育种等新技术育种取得了显著成绩，从花色、花型、株型、抗逆性、采后保鲜、花香、花期、生长发育等方面改良了原有的花卉品种或创造了新品种，使花卉品种资源不断丰富，为花卉产业注入了新的活力。

2.2　花卉分类

花卉种类繁多，同花异名、同名异花现象较为普遍，需按照一定的原则对花卉进行分类，以方便使用。

植物分类学对植物进行分类主要是以植物的亲缘关系和进化程度作为分类的依据，分类等级自上而下上依次为界、门、纲、目、科、属、种，种是植物分类学的基本单位。这种分类法是其它所有分类方法的基础，能对花卉进行科学有效的分类和命名，便于识别交流和研究。但专业性太强，在实践中较难掌握和普及，且使用不方便。

在花卉的生产、应用和流通过程中，为方便起见，常采用较为直观的方法进行分类。

2.2.1 按生态习性和生活型分类

以花卉的生态习性和生活型为主，结合形态、栽培管理方法、耐寒力、植物分类系统的地位等进行分类，因此在不同地区所包含的种类就不同。

2.2.1.1 露地花卉

适应能力较强，在自然条件下不需保护即能在露地完成全部生长过程的花卉，简言之繁殖栽培均在露地进行的花卉。其中又可分为以下几类：

（1）一年生花卉 春天播种，当年夏秋开花结果，入冬枯死，完成其生长发育过程。如鸡冠花、百日草（*Zinnia elegans*）、千日红（*Gomphrena globosa*）等。一年生花卉又称为春播草花。

（2）二年生花卉 秋天播种，第二年春天开花结果，入夏枯死，完成其生长发育过程。这类花卉也只开一次花，实际生活时间常不足一年，但因跨了两个年头，故叫二年生花卉。如金盏菊（*Calendula officinalis*）、雏菊、毛地黄等。二年生花卉又叫秋播草花。

（3）多年生花卉 个体寿命超过两年，能多次开花结果。因其地下部分的形态变化与否，分为：

① 宿根花卉 地下部分形态正常，不发生变态。如芍药、菊花、麦冬等。

② 球根花卉 地下部分变态膨大，以度过不良环境，多数种类仅在旺盛生长时期有绿叶，另一时期则地上部分枯死。如唐菖蒲、大丽花、美人蕉（*Canna generalis*）等。根据其变态形状又分为以下五大类。

a. 鳞茎类：地下茎呈鱼鳞片状。根据鳞茎表面有无外皮包被又分为有皮鳞茎和无皮鳞茎两类：鳞茎外表有干膜质外皮包被的叫有皮鳞茎，如水仙、郁金香、石蒜；鳞片的外面没有外皮包被的叫无皮鳞茎，如百合属、贝母属的一些花卉。

b. 球茎类：地下茎呈球形或扁球形，球茎上有明显的节与节间，茎节上环生干膜质外皮。如唐菖蒲（*Gladiolus hybridus*）、香雪兰（*Freesia refracta*）、番红花（*Crocus sativus*）等。

c. 块茎类：地下茎呈不规则的块状或条状，茎上有不明显的节及明显的芽和叶痕。如马蹄莲、花叶芋（*Caladium bicolor*）、大岩桐（*Sinningia speciosa*）等。

d. 根茎类：地下茎肥大呈根状，上面有明显的节和节间、芽和叶痕，新芽着生在分枝的顶端，如美人蕉、荷花、睡莲等。

e. 块根类：地下主根肥大呈块状，根系从块根的末端生出。如大丽花、花毛茛、欧洲银莲花（*Anemone coronaria*）。

（4）水生花卉 在水中或沼泽地上生长的花卉。如荷花、睡莲、千屈菜（*Lythrum salicaria*）等。

（5）岩生花卉 抗旱性强，适合在岩石园栽培的花卉。如高山石竹（*Dianthus alpinus*）、长毛点地梅（*Androsace lanuginosa*）、丛生福禄考（*Phlox subulata*）等。

（6）木本花卉 以赏花为主的木本植物。如牡丹、月季、桂花等。

2.2.1.2 温室花卉

均为不耐寒植物，原产热带、亚热带及暖温带南部，耐寒力弱，在冬季寒冷地区不能露地越冬，须在温室内栽培的花卉。由于各地的气候条件不同，温室花卉所指的种类也不相同。同一种花卉在昆明是露地花卉，移到北京可能就是温室花卉了，在北京为露地栽培的花卉，移到哈尔滨可能就变成温室花卉了。温室花卉也可进一步分类，除了分成上述露地花卉的六类外，还可把一些特殊的植物单独分出，如兰科植物、多浆植物、蕨类植物、食虫植物、凤梨科植物、棕榈科植物、室内观叶植物等。

2.2.2 按园林用途分类

(1) 花坛花卉　用于布置花坛的花卉。如一串红、矮牵牛、三色堇等。

(2) 花境花卉　用于布置花境的花卉。如美人蕉、紫菀 (*Aster tataricus*)、火炬花 (*Kniphofia uvaria*) 等。

(3) 庭院花卉　用于庭院或房前屋后美化栽植的花卉。如大丽花、蜀葵、芍药等。

(4) 切花花卉　从植物体上剪切下来的花、叶、果或枝，用作花艺材料的花卉。切花如香石竹 (*Dianthus caryophyllus*)、非洲菊、满天星 (*Gypsophila paniculata*) 等；切叶如一叶兰 (*Aspidistra elatior*)、肾蕨 (*Nephrolepis cordifolia*)、金心巴西铁 (*Dracaena fragrans* 'Massangean') 等；切果花卉如艳果金丝桃 (*Hypericum androsaemum*)、樱桃茄 (*Solanum ×hybrida*)、观赏辣椒 (*Capsicum frutescens*) 等；切枝花卉如红瑞木 (*Cornus alba*)、龙爪柳 (*Salix matsudana* var. *tortuosa*)、龙爪枣 (*Ziziphus jujuba* var. *inermis* 'Tortusa') 等。

(5) 室内花卉　用于装饰美化室内环境的花卉。如喜林芋 (*Philodendron* spp.)、广东万年青、合果芋 (*Syngonium* spp.) 等。

(6) 地被花卉　覆盖地面的低矮的多年生花卉。如红花酢浆草 (*Oxalis rubra*)、葱兰 (*Zephyranthes candida*)、吉祥草等。

(7) 水景湿地花卉　用于美化水体和湿地的花卉。如荷花、睡莲、千屈菜等。

(8) 篱栅棚架花卉　用于美化篱笆、栅栏、墙垣、棚架的花卉。如牵牛花 (*Pharbitis* spp.)、炮仗花 (*Pyrostegia ignea*)、叶子花等。

(9) 岩石园花卉　用于布置岩石园的花卉。如高山石竹、长毛点地梅、丛生福禄考等。

2.2.3 按观赏部位分类

(1) 观花类　花色艳丽或花形奇特，如菊花、三色堇、一串红等。

(2) 观叶类　叶片色彩斑斓或叶形多变，如彩叶草、喜林芋、羽衣甘蓝等。

(3) 观果类　挂果时间长、果色鲜艳或果形奇特，如冬珊瑚、观赏辣椒、樱桃茄等。

(4) 观茎类　茎干有特色，如红瑞木、天门冬 (*Asparagus* spp.)、光棍树等。

(5) 观芽类　芽为主要观赏对象，如银芽柳 (*Salix leucopithecia*) 等。

(6) 芳香类　以花的香味取胜，如晚香玉、香雪兰、紫罗兰等。

(7) 听声类　借助外力 (风、雨等) 作用能发出悦耳声音的植物，如芭蕉 (*Musa basjoo*)、荷花等。

2.2.4 其它分类

2.2.4.1 按自然分布分类

有热带花卉、温带花卉、寒带花卉、沙漠花卉。

2.2.4.2 按花卉在市场上的流通方式分类

有种子、种球、种苗、切花、盆花、干花、盆景、仿真花。

2.2.4.3　按经济用途分类

有药用花卉，食用花卉，香料花卉，其它可以生产纤维、淀粉、油料花卉。

2.2.4.4　按科属或类群分类

有兰科花卉、凤梨科花卉、蕨类植物、棕榈科植物、食虫植物、多浆植物。

2.2.4.5　按开花季节分类

有春花类、夏花类、秋花类、冬花类。

第 3 章 园林花卉生长发育与环境

园林花卉的一生始于受精卵的形成，受精卵形成就意味着新一代生命的开始。在以后的生长过程中，无论是营养生长还是生殖生长，时刻都受到各种内外因子的影响和调控。本章将讨论园林花卉生长发育的过程及外部环境因子包括光、温度及水分等对园林花卉生长发育的影响及调控。了解和掌握园林花卉生长发育规律是园林花卉栽培和应用的理论基础。

3.1 园林花卉生长发育的过程与规律

通常认为，生长是植物体体积的增大，它主要是通过细胞分裂和伸长来完成的；而发育则是在整个生活史中，植物体的构造和机能从简单到复杂的变化过程，它的表现就是细胞、组织和器官的分化。

园林花卉同其它植物一样，整个一生在各种物质代谢的基础上，经历种子休眠和萌发、营养生长(生根、长叶、植物体长大)、生殖生长(开花、结实)、最后衰老、死亡的阶段。这种从萌发、生长、开花、结实到死亡的顺序现象称为生命周期(生活史)。植物在其生活史的各个阶段总在不断地形成新的器官，光、温度等条件调控着植物由营养生长转向生殖生长；在一定外界条件刺激下，植物细胞表现高度的全能性(无性繁殖的花卉可以不经过种子时期)。由于园林花卉种类繁多，不同花卉一生所经历的时间是不同的，一般木本花卉的寿命从数年到数百年不等，如山茶可活数百年之久；草本花卉的寿命从几日(如短命菊)到 1 年(如万寿菊、凤仙花)、2 年(三色堇、紫罗兰)或数年(如菊花、芍药)不等。

园林花卉在一年中进行有节律的形态和生理机能的变化，在一定时期进行旺盛生长，即生长期，一定时期又呈现停顿状态，即休眠期，这种变化为园林花卉的年周期。不同园林花卉，年周期变化不同。一年生花卉春天萌芽后，当年开花结实而后死亡，仅有生长期的变化，因此年周期也为其生命周期；二年生花卉播种后，以幼苗状态越冬休眠或半休眠；多数露地宿根花卉和球根花卉则在开花结实后，地上部分枯死，地下根或地下贮藏器官形成后进入越冬或越夏休眠，如芍药、大丽花、郁金香、风信子等，还有许多常绿多年生草花，如兰花、四季海棠等，几乎周年生长保持常绿而无休眠期；木本花卉如牡丹，每年重复着萌芽、生长、开花、结实、芽的形成和休眠的变化。

3.1.1 种子萌发

种子萌发是花卉重新恢复其正常生命活动的表现。它是在适宜的环境条件下，已度过休眠的种子从静止状态转变为活跃状态，开始胚的生长的过程。在形态学上表现为幼胚恢复生长，幼根、幼芽突破种皮并向外伸展；而在生理上则是从异养生长转为自养生长的剧烈转化。种子萌发受内部生理条件和外在环境条件的影响。

内部生理条件主要是种子的休眠和种子的生活力。种子休眠是植物个体发育过程中的一个暂停现象，是植物经过长期演化而获得的一种对环境条件及季节性变化的生物学适应性。种子休眠有利于种族的生存和繁衍。一般而言，种子休眠有两种情况：一种是种子已具有发芽的能力，但因得不到发芽所必需的基本条件，而被迫处于静止状态，此种情况称为强迫休眠。一旦外界条件具备，处于强迫休眠的种子即可萌发。一种是种子本身还未完全通过生理成熟阶段，即使供给合适的发芽条件仍不能萌发。此种情况称为深休眠或生理休眠。不管哪种休眠，它们都是指具有生活力的种子停留在不能发芽的状态。度过休眠并具生活力的种子，在足够的水分、适宜的温度和充足的氧气条件下就能萌发。

3.1.2　营养生长

随着种子的萌发与出苗，花卉从异养生长转为自养生长，进入了营养生长阶段。由于细胞分裂和新生的细胞体积的加大，幼苗迅速地长大。与此同时，随着细胞的分化，植物各器官的分化也就越来越明显，最后长成为新的植株。

在花卉生长过程中，无论是细胞、器官或整个植株的生长速率都表现出慢—快—慢的规律。即开始时生长缓慢，以后逐渐加快，达到最高点后又减缓以至停止。植株一生的生长表现为"S"形生长曲线，产生的原因比较复杂，它主要与光合面积的大小及生命活动的强弱有关。生长初期，幼苗光合面积小，根系不发达，生长速率慢；中期，随着植株光合面积的迅速扩大和庞大根系的建立，生长速率明显加快；到了后期，植株渐趋衰老，光合速率减慢，根系生长缓慢，生长渐慢以至停止。

无论是一年生花卉或是多年生花卉的营养生长，都或多或少地表现出明显的季节性变化。例如一年生花卉的春播、夏长；又如多年生花卉的春季芽萌动、夏季旺盛生长、秋季生长逐渐停止与冬季休眠。周而复始，年复一年。植物这种在一年中的生长随着季节而发生的规律性变化，叫季节周期性。它主要受四季的温度、水分、日照等条件而通过内因来控制。春天开始，日照延长、气温回升，组织含水量增加，原生质从凝胶状态转变为溶胶状态，生长素、赤霉素和细胞分裂素从束缚态转化为游离态，各种生理代谢活动大大加强，一年生花卉的种子或多年生花卉的芽萌动并开始生长；到了夏天，光照和温度进一步延长和升高，其水分供应也往往比较充足，于是植物旺盛生长，并在营养器官上开始孕育生殖器官；秋天来临，日照明显缩短，气温开始下降，体内发生与春季相反的多种生理代谢变化，脱落酸、乙烯逐渐增多，有机物从叶向生殖器官或根、茎、芽中转移，落叶、落果，其一年生植物的种子成熟后进入休眠，营养体死亡，多年生花卉的芽进入休眠；植物的代谢活动随着冬季的来临降低到很低水平，并且休眠逐渐加深。植物生长的季节周期性是植物在长期历史发展中，对于相对稳定的季节变化所形成的主动适应。

花卉的生长速率按昼夜变化发生的有规律的变化，为昼夜周期性。影响植物昼夜生长的因素主要是温度、水分和光照。在一天的进程中，由于昼夜的光照强度和温度高低不同，体内的含水量也不相同，因此就使花卉的生长表现出昼夜周期性。至于花卉在白天长得快，还是晚上长得快，要具体分析，这取决于诸因素中的最低因素的限制。在不缺水的情况下，生长速率和温度的关系最密切，植株在温暖白天的生长较黑夜为快。在这里，日光对生长的作用，主要是提高空气的温度和蒸腾速率，从而影响植株的生长。在中午，适当的水分亏缺降低了生长速率。但在水分不足的情况下，白天蒸腾量大，光照又抑制植物的生长，白天生长会较慢，而黑夜较快。昼夜的周期性变化在很大程度上取决于环境条件的周期性变动。

3.1.3　成花过程

虽然花卉有一年生、二年生、多年生之分，但必须达到一定年龄或生理状态时，才能在适宜的条件下诱导成花。植物体能够对形成花所需条件起反应而必须达到的某种生理状态称为花熟状态。在没有达到花熟状态之前，即使满足植物形成花所需的环境条件，也不能形成花。植物达到花熟状态之前的时期称为幼年期(juvenility)。幼年期时间长短因植物种类而异。草本花卉只需要几天或几个星期，而木本花卉则需要几年甚至三四十年。植物达到花熟状态，就能在适宜的环境条件下诱导成花。

花的形成是植物生活史上的一个重大转折点，它意味着植物从营养生长转变为生殖生长。营养生长逐渐缓慢或停止，芽内生长点向花芽方向形成，花芽开始分化，直至雌蕊和雄蕊完全形成为止。整个过程可分为生理分化期（花芽形成）、形态分化期和性细胞形成期，三者顺序不可改变。生理分化期是在芽的生长点内进行生理分化，由营养芽转为花芽，通常肉眼无法观察；形态分化期进行花部各个花器发育过程，从生长点突起肥大的花芽分化初期，至萼片形成期、花瓣形成期、雄蕊形成期和雌蕊形成期。性细胞形成期，就是花粉和胚囊的发育时期，一般当花粉和胚囊成熟时，性细胞（精子和卵子）形成，花朵即可开放。由于花卉种类、品种、外界环境条件的不同，花芽开始分化的时间及完成分化全过程所需时间的长短不同。可分为以下几个类型。

① 夏秋分化类型　花芽分化一年一次，在6～9月高温季节进行，至秋末花器的主要部分已分化完成，翌年早春低温下再进行花粉和胚囊的发育，春暖时性细胞形成即开花。许多木本花卉，如牡丹、樱花、梅花、杜鹃属于这一类型。球根花卉也是在夏季高温季节进行花芽分化。

② 冬春分化类型　原产温暖地区的某些木本花卉，如柑橘类多在12月～翌年3月进行花芽分化，分化时间短并连续进行。一些二年生花卉和春季开花的宿根花卉多在春季温度较低时期进行花卉分化。

③ 当年一次分化的类型　一些当年夏秋开花的种类，如紫薇、木槿、菊花等在当年的新梢上或茎锥顶端形成花芽。

④ 多次分化类型　一年中多次发梢，每次梢顶均能形成花芽并开花，如月季、倒挂金钟、香石竹等四季开花的木本花卉及宿根花卉。

⑤ 不定期分化类型　每年只分化一次花芽，但无一定时期，只要达到一定的叶面积就能开花，如凤梨科和芭蕉科的某些种类。

花芽形成和分化在植物一生中是关键性的阶段，花芽的多少和质量不但影响观赏效果，也影响到花卉的种子生产。了解和掌握各种花卉的花芽分化时期和规律，确保花芽形成和分化的顺利进行，对花卉栽培和生产具有重要意义。

3.1.4　生长的相关性

园林花卉是多器官的有机体，各个器官和各个部位之间存在着相互依赖、相互制约的关系，并在生长上表现相关性。

3.1.4.1　地下部分（根）和地上部分（茎、叶）的相关

在花卉的生活中，地下部分和地上部分的相互关系首先表现在相互依赖上。地下部分的生命活动必须依赖地上部分产生的糖类、蛋白质、维生素和某些生长物质，而地上部分的生命活动也必须依赖地下部分吸收的水肥以及产生的氨基酸和某些生长物质。地下部分和地上部分在物质上的相互供应，使得它们相互促进，共同发展。"根深叶茂"、"本固枝荣"就是对这种关系最生动的说明。

地下部分和地上部分的相互关系还表现在它们的相互制约。除这两部分的生长都需要营养物质从而会表现竞争性的制约外，还会由于环境条件对它们的影响不同而表现不同的反应。例如当土壤含水量开始下降时，地下部分一般不易发生水分亏缺而照常生长，但地上部分茎、叶的蒸腾和生长常因水分供不应求而明显受到抑制。

地下部分和地上部分的重量之比，称为根冠比。虽然它只是一个相对数值，但它可以反映出花卉的生长状况，以及环境条件对作物地下部分和地上部分的不同影响。一般来说，温度较高、土壤水分较多、氮肥充足、磷肥供应较少、光照较弱时，常有利于地上部分的生

长，所以根冠比降低；而在相反的情况下，则常有利于地下部分的生长，所以根冠比增大。

3.1.4.2　主茎和分枝的相关

花卉的顶芽长出主茎，侧芽长出分枝。通常主茎的顶端生长很快，而侧枝或侧芽则生长很慢或潜伏不长。这种顶端生长占优势的现象叫做顶端优势。顶端优势的强弱，因花卉种类而不同。

在花卉的地下部分的生长中，也可观察到主根对侧根生长的抑制作用。如将根尖去掉，侧根就会迅速长出。花卉栽培上常常采用移栽的方法，把伸到肥料和水分都不够多的土层下的主根砍断，新长出的侧根就可在表层土里吸收水肥。

顶端优势产生的原因，目前主要从营养供应和激素影响两方面来解释。前者认为顶芽代谢活动强烈，输导组织发达，构成了"代谢库"，垄断了大部分营养物质，故顶端优先生长。后者认为植株顶端形成的生长素，可通过极性传导向基部运输，使侧芽附近的生长素浓度加大，而侧芽对生长素的反应较顶芽敏感，故使其生长受到抑制。也有人认为来自根系的细胞分裂素有解除侧芽被抑制的作用，因此实际上是这两种激素相互竞争的作用。花卉修剪整形中常要利用顶端优势的原理，以获得好的株型。

3.1.4.3　营养器官和生殖器官的相关

营养器官和生殖器官之间的相互关系也是表现为既相互依赖，又相互制约。营养生长是生殖生长的基础，根、茎、叶等器官只有健壮地生长，才能为花、果实、种子的形成和发育创造良好的条件。而果实和种子的良好发育则又为新一代的营养器官的生长奠定了物质基础。营养器官与生殖器官的相互制约亦表现在对营养物质的争夺上。如果营养物质过多地消耗在营养器官的生长上，营养生长过旺，就会推迟生殖生长或使生殖器官发育不良。但如果营养物质过多地消耗在生殖器官的生长上，生殖生长过旺，反之也会影响营养器官生长势和生长量的下降，甚至导致植株的过早衰老和死亡。合理调整两者的关系，使营养器官的生长和生殖器官的生长协调地、有目的地发展，在花卉生产上具有重要的意义。

3.2　温度对园林花卉的影响

园林花卉的一切生长发育过程都显著受到温度的影响。在适宜的温度范围内，花卉能正常生长发育并完成其生活史，温度过高或过低，都将对花卉产生不利影响甚至死亡。温度对花卉的影响还表现在温度的变化能影响环境中其它因子的变化，从而间接地影响花卉的生长发育。

3.2.1　三基点温度

温度对园林花卉生长的影响表现为三基点温度，即生长最适温度、生长的低温极限与生长的高温极限。花卉生长最适温度指花卉生长速度最快时的温度。最适温度使花卉健壮生长，有较好的抗性，有利于后期开花。随着温度渐次提高或降低，生长逐渐减慢，达到生长发育的最高或最低温度，生长将停止，这时生命还在，温度再继续升高或降低，花卉将死亡。园林花卉的生长温度范围与原产地气候有关。一般原产低纬度地区的花卉，生长温度的三基点高，耐热性好，抗寒性差；原产高纬度地区的花卉，生长的三基点低，耐热性差而抗寒性好。还有一些介于两者之间的过渡类型。

3.2.2　园林花卉对温度的要求

园林花卉的生长发育和休眠都要求一定温度，温度过高或过低都可能受害。不同种类园林花卉由于原产地的气候不同，对温度的要求不同，也就在一定程度上决定了人们对其栽培和应用方式的不同。园林花卉根据其对温度的要求分成 3 类。

① 高温园林花卉　原产热带的花卉，如一品红和大多数附生兰，需温度在 25℃ 以上，10℃ 生长缓慢，5℃ 就休眠，需要防寒，才能安全生长。

② 中温园林花卉　原产亚热带的植物，如白兰花、茉莉花、米兰、扶桑、秋海棠类等，最适生长温度为 15～25℃，最低温度不低于 5℃。

③ 低温园林花卉　原产温带、寒温带的花卉及高山花卉，如月季、桂花、山茶花、杜鹃花、春兰等，最适生长温度一般在 10℃，可在 0℃ 以下或 0℃ 生长。

3.2.3　节律性变温对园林花卉的影响

自然界的大部分地区，温度随季节和昼夜发生有规律性的变化，称为节律性变温。园林花卉对节律性变温的长期适应可从其生长发育习性等方面体现出来。

日温周期，就是通常所说的昼夜变温，指一天内温度随着昼夜的交替变化。昼夜变温对园林花卉的生长发育有以下影响。

① 昼夜变温能提高种子的萌发率。昼夜变温改善种子萌发的通气条件，从而提高了细胞膜的透性，也有人认为变温有利于激素的形成而促进萌发。

② 一般在园林花卉的最适温度范围内，昼夜变温对园林花卉的生长具有促进作用。白天适度的高温有利于光合作用，夜间适度的低温减弱呼吸作用，有利于同化物的净积累，生长加快。

③ 昼夜变温有利于园林花卉的开花结实，一般温差大，开花结实相应增大。季温周期，也称为季节变温，是一年中温度随春、夏、秋、冬四季的交替变化。植物在长期的进化过程中，形成了与季节温度变化相适应的生长发育节律，称之为物候。大多数植物都是在春季温度升高时开始发芽、展叶、生长，夏季开花结实，秋季果实成熟，秋末落叶并开始进入休眠以适应冬季的低温。植物在不同季节里发生的发芽、生长、孕蕾、开花、结实、落叶、休眠等在形态上显示出各种物候现象的时期称为物候期或称为物候阶段。有些花卉如金盏菊、雏菊、金鱼草等在开花前需要一定的低温刺激（自然过冬），才具有开花的潜力，这种经过低温刺激促使植物开花的作用称为春化作用。这些花卉经过春化作用不仅会提早花芽分化，而且每一花序着花多。

3.2.4　非节律性变温对园林花卉的影响

非节律性变温指温度的非周期性变化，如极度低温和极度高温对园林花卉生长发育常常是不利的。

引起极度低温的主要因素是寒流。寒流主要发生在冬季，春秋两季也有发生，夏季偶尔出现，但夏季寒流有可能对植物产生毁灭性的影响。

3.2.4.1　极度低温产生的直接伤害类型

极度低温对植物体产生的直接伤害主要指寒害和冻害。

① 寒害　是指 0℃ 以上的低温对喜温植物产生的伤害，是由于突发的低温打乱了喜温植物代谢的协调性，引起各种生理过程混乱，破坏了光合作用与呼吸作用的平衡所致。

② 冻害　当植物体受到冰点以下的低温胁迫，使植物组织发生冰冻而引起的伤害。环境中的温度低于 0℃ 时，植物就有遭受冻害的可能。植物遭受冻害的过程及机理较复杂，主要表现为：植物细胞壁的自由水造成细胞脱水或给细胞造成机械损伤；原生质膜破裂和原生质中的蛋白质失去活性。

3.2.4.2　极度低温产生的间接伤害

极度低温引发其它因素的变化造成植物的伤害属于间接伤害，主要有冻拔、冻旱。

① 冻拔　由于气温下降，引起土壤结冰，土壤体积增加，随着冻土层的不断加厚膨大，会连带苗木上举，解冻后，根系裸露地面，严重时会倒地死亡的现象。

② 冻旱　尽管土壤水分充足但由于土壤低温而使植物根系吸收不到水分导致植物干旱的现象。

3.3　光对园林花卉的影响

太阳以电磁波的形式投射到地球表面的辐射线(太阳辐射)，就是我们常说的光。光是影响园林花卉生长发育最重要的生态因子之一。它不仅为光合作用提供能量，还作为一种外部信号调节植物生长发育，主要通过光照强度、光谱成分、光照长度对花卉生长发育产生影响。

3.3.1　光照强度对园林花卉的影响

光照强度是用太阳辐射中可见光的光效应大小来度量，即以烛光为光源的中心，以 1m 为半径的球面上的照度为 1m 烛光，也叫 1 个勒克斯(lx)。

园林花卉的光合作用只在可见光谱内进行，因此光照强度的强弱直接影响光合作用的强度。在较弱的光照强度下，园林花卉光合作用所合成的有机物质不足以维持自身的呼吸消耗(净光合速率为负值)，因此植物体不会有净积累，无法进行生长发育。随着光照强度的增强，植物的光合强度不断增加，到某一光照强度时，光合作用吸收的二氧化碳与呼吸作用中释放的二氧化碳达到平衡状态(净光合速率为零)，即光合作用所积累的干物质全部用于呼吸消耗，此时的光照强度称为光补偿点。在光补偿点以上，植物的光合强度随光照强度增加而增加，净光合速率为正值，植物体有净积累，即可进行正常的生长发育。光照强度增强到一定值时，光合强度不再增加，表示植物同化二氧化碳的最大能力，此时的光照强度称为光饱和点。如图 3-1 所示，如果光照强度继续增强，净光合效率不再增加甚至下降，可能是由于高光强(温度过高)引起光合器官受损，光合作用下降而呼吸作用增强所致。

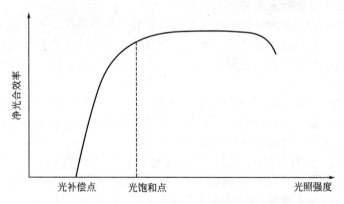

图 3-1　园林花卉的净光合效率与光照强度之间的关系

光补偿点和光饱和点随着园林花卉种类、品种，同一植物的不同部位和生长发育阶段，个体和群体以及外界温度等条件而发生变化。一般耐阴花卉的光补偿点和光饱和点较低，而喜光花卉的光补偿点和饱和点较高。

光是植物进行光合作用的能量来源，而光合作用合成的有机质是植物生长发育的物质基础。植物体积的增大、重量的增加都与光照强度有密切的联系，光还能促进植物组织和器官的分化，制约器官的生长发育速度，植物体内各器官和组织保持发育上的正常比例与光照强度直接相关。

① 光照强度影响一些花卉种子的萌发　在温度、水分、氧气条件适宜的情况下，大多数种子在光下和黑暗中都能萌发，因此播种后覆土厚度主要由种子粒径决定，起到保温保湿作用。但有些花卉种子还需要一定的光照刺激才能萌发，称喜光种子，如毛地黄和非洲凤仙。有的花卉在光照下萌发受抑制，在黑暗中易萌发，称嫌光种子，如百合科的花卉。光对种子萌发的影响是通过影响其体内光敏素实现的。

② 光照强度影响花卉的营养生长和形态建成　喜光花卉在缺少光照的情况下，植株形态不正常，茎叶淡黄，缺乏叶绿素，柔软，节间长，含水量高，茎尖弯曲，叶片小而不开展，表现出黄化现象。耐阴花卉很少发生此类现象。

控制花卉生长的生长素对光是很敏感的，在强光照下，大部分现成的激素被破坏，因此，在高光强下，幼苗根部的生物量增加，甚至超过茎部生物量的增加速度，表现为节间变短，茎变粗，根系发达，例如很多高山花卉节间强烈缩短成矮态或莲座状；而在较弱的光照条件下，激素未被破坏，净生物量多用于茎的高生长，表现为茎的节间充分延伸，形成细而长的茎秆，而根系发育较弱。

③ 光照强度影响花卉的花蕾开放和花青素的形成　由于花卉长期对光照强弱的适应不同，开花时间也因光照强弱而发生变化，有的要在强光下开放，如美轮菊、半支莲、郁金香、酢浆草；有的在弱光下(早晨或傍晚)开放，如牵牛花、月见草、紫茉莉、晚香玉等。在光照充足的条件下，花卉花色艳丽，如高山花卉较低海拔花卉色彩艳丽；同一种花卉，在室外栽植较室内开花色彩艳丽，这是因为光照对花青素形成有重要影响，花青素在强光、直射光下易形成，而弱光、散射光下不易形成。

3.3.2　光照长度对花卉生长发育的影响

光照长度是指一天中日出到日落的时数。自然界中光照长度随纬度和季节而变化。分布于不同气候带的花卉，对光照长度的要求不同。光照长度影响一些花卉的成花过程、休眠、球根形成、节间长短、花性别等方面。

3.3.2.1　光照长度影响花卉的成花过程

Garner 和 Allard 于 1920 年最早发现光照长度对于植物成花过程的影响。他们认为光照长度对于植物从营养生长期到花原基形成这段时间往往有着决定性的影响，并把植物受光照长短影响而表现为不开花状态的光照长度界限，称为临界日长，用来区别植物开花对光照时间长短要求的类型。

① 长日照植物　只有经过大于临界日长的光照的时数才能开花，否则就只进行营养生长而不开花的植物。常见的长日照植物多起源于高纬度地区，如紫罗兰、凤仙花、飞燕草等花卉。人工延长光照时间可促使这些植物提前开花。

② 短日照植物　只有经过小于临界日长的光照的时数才能开花，否则就只进行营养生长而不开花的植物。常见的短日照植物多起源于低纬度地区，如一品红、秋菊、牵牛等花卉。人工缩短光照时间可促使这些植物提前开花。

③ 中性植物　光照长度对该类植物开花影响不大，大多数植物属于此类型。

3.3.2.2　光照长度影响花卉的休眠

温带多年生花卉的冬季休眠受日照长度的影响。一般短日照促进休眠，长日照促进营养生长。

3.3.2.3　光照长度影响球根形成

一些球根花卉如菊芋、大丽花、球根秋海棠的块根、块茎，易在短日照条件下形成。

3.3.2.4 光照长度影响植物节间长短

短日照植物置于长日照下，节间伸长，长得高大；而把长日照植物置于短日照下，节间缩短，甚至呈莲座状。

3.3.2.5 光照长度影响植物的花性别

如苎麻在14h的长日照下仅形成雄花，而在8h的短日照下则形成雄花。

3.3.3 光质对花卉生长发育的影响

不同波长的光对花卉生长发育的影响不同。除了少数植物能在缺少某些波长光的情况下顺利完成其生理机能外，大多数植物需要在全光照完成生活史。

对绿色植物光合作用有意义的光通常认为波长在 $380\sim710nm$ 之间，大体和可见光相当，称为光合有效辐射。不同波长的可见光形成不同的光合产物。红光、橙光有利于碳水化合物的合成，蓝光、紫光有利于蛋白质合成。

紫外光对植物的生长形成可逆性抑制，比较典型的是一些高山植物矮小且生长缓慢可能就是紫外辐射的抑制性作用造成的。紫外光能引起旋光性敏感、促进花青素的形成。

红外光主要体现在热效应上，能促进植物茎的伸长生长，有利于种子的萌发，提高植物体的温度。

3.4 其它环境因子对园林花卉的影响

3.4.1 水对园林花卉的影响

园林花卉所有的生命活动都离不开水。影响花卉生长发育的水分主要是空气温度和土壤水分。对大多数花卉而言，空气中的水分含量主要影响花卉的蒸腾，进而影响花卉从土壤中吸收水分。土壤水分是大多数花卉所需水分的主要来源，也是花卉根际环境的重要因子，它不仅本身提供植物需要的水分，还影响土壤空气含量和土壤微生物活动，从而影响根系的发育、分布和代谢。花卉在整个生长发育过程中都需要一定的土壤水分，只是在不同生长发育阶段对土壤含水量要求不同。一般情况下，种子发芽需要的水分较多，因为水分能使种皮软化，氧气易透入，使呼吸加强，同时，水分能使种子凝胶状态的原生质向溶胶状态转变，使生理活动增强，促进种子的萌发。幼苗需水量减少，随着生长，对水分的需求量逐渐减低。

不同的陆生花卉在生长过程中对土壤水分要求不同，这与花卉原产地、生活型及形态有关。旱生花卉，能在较长时间忍耐空气或土壤干燥而成活。这类花卉外部形态和内部构造有适应特征，如根系发达，茎叶变态肥大，叶上有发达的角质层，植株体上有厚的绒毛，如仙人掌类。湿生花卉，生长期要求充足的土壤水分和空气湿度，体内通气组织较发达，如热带兰、天南星科、凤梨科的一些花卉。中生花卉，对空气温度和土壤水分的要求介于两者之间，大多数花卉属于此类。

土壤水分影响花卉花芽分化和花色。控制水分供给，可以控制一些花卉的营养生长，促进花芽分化，球根花卉尤其明显。花卉的花色主要由花瓣表皮及近表皮细胞中所含有的色素而呈现。已发现的各类色素，除了不溶于水的类胡萝卜素以质体的形式存在于细胞质中，其他色素如类黄酮、花青素、甜菜红系色素都溶解在细胞的细胞液中。因此，花卉的花色与水分关系密切。一般缺水时花色变浓，而水分充足时花色正常。

3.4.2 土壤对园林花卉的影响

土壤是园林花卉生存的基础，为园林花卉的根系提供营养、水分、热量、空气等，对园林花卉生长发育有直接影响。

由于土壤理化特性和微生物组成的不同，形成了不同的土壤种类，具有不同的土壤肥力。

土壤物理特性主要指土壤质地(组成土壤矿物质颗粒大小的相对含量)、土壤温度、土壤水分等，土壤化学特性主要指土壤酸碱度、土壤氧化还原电位以及土壤有机质。土壤微生物主要指土壤中肉眼无法辨认的微小有机体，包括细菌、放线菌、真菌、藻类、地衣和原生动物等，土壤微生物对土壤的形成和发育、有机质的矿化和腐殖化、养分的转化和循环、氮素的固定、植物的根部营养、有毒物质的降解及土壤净化等方面起着重要的作用。

土壤肥力指土壤在植物生长发育过程中不断供应和协调植物必需的水分、养分、空气、热量和其它生活条件的能力。

适宜花卉生长发育的土壤因花卉种类和花卉不同生长发育阶段而异。一般含有丰富的腐殖质，保水保肥力强，排水好，通气性好，适宜的酸碱度，是园林花卉适宜的栽培土壤。

3.4.3　园林花卉生长发育的必要元素及肥类种类

园林花卉生长发育需要一定的养分，目前已确定 16 种元素为植物生长发育所必需，称为必要元素。其中需求量较大的 9 种元素称为大量元素：C、H、O、N、P、K、S、Ca、Mg；微量元素 7 种：Fe、B、Cu、Zn、Mn、Mo、Cl。必要元素中除 C、H、O、N 外，其它全部为矿质元素。在园林花卉生活中，H、O 可自水中大量取得，C 可取自空气，矿质元素均从土壤中吸收。N 的获取方式与矿质元素相同，但天然存在于土壤中的 N 数量通常不能满足植物生长所需。

3.4.3.1　主要元素对园林花卉生长发育的作用

① 氮(N)　称为生命元素，可促进花卉的营养生长；有利于叶绿素的合成，使植物叶色浓绿；可以使花、叶肥大。但超过花卉生长需要，又会阻碍花芽的形成，延迟开花或使花畸形；使茎枝徒长，降低对病虫害的抵抗力。一年生花卉在幼苗时期对氮的需求量较少，随着生长要求逐渐增多；二年生和宿根花卉在春季旺盛生长期要求大量的氮肥。观叶花卉在整个生长过程中都需要较多的氮肥，才能枝繁叶茂；观花花卉在营养生长阶段需要较多的氮肥，进入生殖阶段以后，应该控制施用，否则延迟开花。

② 磷(P)　促进花卉成熟，有助于花芽分化及开花良好；能促进提早开花结实；能促进种子萌发；能促进根系发育；使茎发育坚韧，不易倒伏；提高抗性。

花卉幼苗在生长阶段需要适量的磷肥，进入开花期后，需要量增加。球根花卉对磷肥的要求也较一般花卉多。

③ 钾(K)　增强花卉的抗寒性和抗病性；能使花卉生长健壮，增强茎的坚韧性，不易倒伏；可以促进叶绿素形成而提高光合效率；能促进根系扩大，尤其对球根花卉的地下变态器官发育有益。但过量使用会使花卉节间缩短，叶子变黄，枯萎。

④ 钙(Ca)　可促进根的发育；可增加植物的坚韧度；还可以改进土壤的理化性状，黏重土壤施用后可以变得疏松，砂质土壤可以变得紧密；可以降低土壤的酸碱度。但过度施用会诱发缺磷、锌。

⑤ 硫(S)　能促进根系的生长；与叶绿素的合成有关；可以促进土壤中豆科根瘤菌的增殖，可以增加土壤中氮的含量。

⑥ 铁(Fe)　对叶绿素合成有重要作用，缺铁时植物不能合成叶绿素而出现黄化现象。一般在土壤呈碱性时才会缺铁，由于铁变成不可吸收态，即使土壤中有大量铁元素，仍然发生缺铁现象。

⑦ 镁(Mg)　对叶绿素合成有重要作用；对磷的可利用性有重要影响。过量使用会影响

铁的利用。

⑧ 硼（B） 改善氧的供应；促进根系发育；促进根瘤菌的形成；促进开花结实，与生殖过程有密切关系。

⑨ 锰（Mn） 对种子萌发和幼苗生长、结实都有良好作用。

花卉生长发育过程中，对土壤中的大量元素，特别是 N、P、K 需要量很大，需要施用肥料。一般情况下，土壤中的微量元素能够满足花卉生长发育要求。特殊情况下可以施用。肥料可以以基肥或追肥的方式供给花卉。

3.4.3.2 花卉栽培常用有机肥

① 厩肥及堆肥 有机物含量丰富，有改良土壤的物理性质的作用，是含 N、P、K 的全肥。主要用于露地花卉的基肥。

② 牛粪 是迟效肥，肥效持久。充分腐熟后溺于土壤中或用其漫出液做追肥。

③ 鸡粪 完全肥。发酵时发散高热，充分腐熟后施用，并且不要直接接触花卉根部。可加 10 倍水发酵，使用时稀释 10 倍做追肥。

④ 油枯饼类 主要含 N，也有 P。主要用做追肥，也可以做基肥。加 10 倍水发酵，使用时稀释 10 倍做追肥。

⑤ 骨粉 迟效肥。适宜温室等高温场所使用。可做基肥，也可以撒布于土壤表面与表土混合做追肥。与其他肥料混合发酵更好。可以提高花的品质，对增强花茎的强度有显著效果。

⑥ 米糠 主要含 P，有促进其它肥料分解的作用，肥效长。可做基肥。

⑦ 草木灰 主要含 K，肥效高，但易使土壤板结。根部柔弱的种类和播种时使用较好。

⑧ 马蹄片、羊角 切碎与土混合，腐熟后做基肥。也可以用水漫泡，稀释后做追肥。

3.4.3.3 花卉栽培常用无机肥

(1) 氮肥

硫酸铵 $(NH_4)_2SO_4$：简称硫铵，生理酸性肥。含氮 20% 左右，土壤使用浓度 1%；根外追肥 0.3%～0.5%；作基肥 30～40g/m²。

尿素 $CO(NH_2)_2$：中性肥。含氮 45%～46%；土壤使用浓度 1%；根外追肥 0.1%～0.3%。

硝酸铵 NH_4NO_3：中性肥。易燃易爆，不能与有机肥混合使用或放置。含氮 32%～35%；土壤使用浓度 1%。

硝酸钙 $Ca(NO_3)_2$：含氮 15%～18%；土壤使用浓度 1%～2%。

(2) 磷肥

过磷酸钙 $CaH_4(PO_4)_2$：又称普钙，长期施用会使土壤酸化。含 P_2O_5 16%～18%；土壤使用浓度 1%～2%；根外追肥 0.5%～2%，花芽分化前施用效果好；作基肥 40～50g/m²，不能与草木灰、石灰同时施用。

磷酸二氢钾 KH_2PO_4：磷钾复合肥，含 P 53%，K 34%；花蕾形成前喷施可促进开花，花大色艳。

磷酸铵 磷酸一铵 $NH_4H_2PO_4$ 和磷酸二铵 $(NH_2)_2HPO_4$ 的混合物，含 P 46%～50%，N 14%～18%。

(3) 钾肥

硫酸钾 K_2SO_4：含 K_2O 48%～52%，适宜作基肥，15～20g/m²。也可以用 1%～2% 做追肥。适用于球根花卉。

氯化钾 KCl：生理酸性肥。球根花卉忌用。

硝酸钾 KNO_3：含 K 45%～46%，N 12%～15%。适用于球根花卉。

(4) 铁肥 硫酸亚铁 $FeSO_4 \cdot 7H_2O$，用（1～5）：100 的比例与有机肥堆制后施入土中，可以提高铁的有效性。还可以用 0.1%～0.5% 加 0.05% 的柠檬酸，给黄化的花卉喷叶。

(5) 硼肥 硼酸 HBO_3（含 B 17.5%），硼砂 $NaB_4O_7H_2O$（含 B 11.3%）。

(6) 锰肥 硫酸锰 $MnSO.4H_2O$（含 Mn 24.6%），主要作追肥。开花期和球根形成期施用。对石灰性土壤或喜钙花卉有益。

(7) 铜肥 硫酸铜 $CuSO_4$（含 Cu 25.9%），追肥使用浓度一般 0.01%～0.5%。

(8) 锌肥 硫酸锌 $ZnSO_4$（含 ZnO 5%）、氯化锌 $ZnCl_2$（含 Zn 8%），追肥使用浓度一般 0.05%～0.2%；在石灰性土壤上施用良好。

(9) 钼肥 钼酸铵 $(NH_4)_2MO_4$（含 Mo 50%），追肥使用浓度一般 0.01%～1%。对豆科根瘤菌、自生固氮菌的生命活动有良好作用。

目前也有一些混合化肥，根据不同花卉、不同生长发育阶段配合不同的元素，成为专用肥，主要用于花卉生产，尤其是无土栽培中，也有盆栽用的专类肥，如观叶类、观花类等。

除土壤施肥外，还可以通过叶面喷施营养液（叶面追肥）和在空气中增加 CO_2 等方式，进行营养补充。

3.4.4 空气对园林花卉的影响

空气中各种气体对花卉生长发育有不同作用。

3.4.4.1 氧气（O_2）

氧气与花卉生长发育密切相关，它直接影响植物的呼吸和光合作用。空气中的氧气含量降到 20% 以下，植物地上部分呼吸速率开始下降，降到 15% 以下时，呼吸速率迅速下降。由于大气中氧含量基本稳定，一般不会成为花卉生长发育的限制因子。在自然条件下，氧气可能成为花卉地下器官呼吸作用的限制因子，氧气浓度为 5%，根系可以正常呼吸，低于这个浓度，呼吸速率降低，当土壤通气不良，氧含量低于 2%，就会影响花卉的呼吸和生长。

3.4.4.2 二氧化碳（CO_2）

正常空气中，CO_2 浓度不会影响花卉的生长发育。多数试验表明，在温度、光照等其他条件适宜的情况下，增加空气中的 CO_2 的浓度，可以提高植物光合作用强度，因此在温室生产中可以施用 CO_2，但适宜的 CO_2 浓度因花卉种类不同、栽培设施不同、其它环境条件不同而有较大的差异。一般情况下，空气中 CO_2 浓度为正常时的 10～20 倍对光合作用有促进作用，但当含量增加到 2%～5% 以上，则对光合作用有抑制。超过大气正常浓度的高 CO_2 浓度还会引起呼吸速率降低，在土壤通气差的条件下会发生这种情况，从而影响花卉生长发育。

3.4.4.3 氮气（N_2）

氮气对大多数花卉没有影响。对豆科植物（具有根瘤菌）及非豆科但具有固氮根瘤菌的植物是有益的。它们可以利用空气中的氮气，生成氨或铵盐，经土壤微生物的作用后被植物吸收。

3.4.4.4 大气中的有害气体

当发生大气污染，空气中就会含有有毒气体，会对花卉生长发育产生影响，严重时会造成死亡。目前已发现对花卉生长发育危害严重的主要污染物为二氧化硫、氟化氢、过氧乙酰硝酸酯类、硝酸酯类、臭氧、氯气、硫化氢、乙烯、乙炔、丙烯还有粉尘等。

3.4.4.5 二氧化硫（SO_2）

二氧化硫是当前最主要的大气污染物，也是全球范围造成植物伤害的主要污染物。火力发电厂、黑色和有色金属冶炼、炼焦、合成纤维、合成氨工业是主要排放源。植物从气孔吸收二氧化硫，二氧化硫首先危害叶子气孔周围细胞组织，叶脉之间伤斑较多，严重时伤害叶尖和叶缘。幼叶受害轻，而生理活动旺盛的功能叶受害较重。植物在较高浓度的二氧化硫中经过短时间(几小时)的暴露就会产生急性伤害，最初叶缘和叶脉出现暗绿色水清斑，随即组织坏死，坏死斑干燥后呈象牙色或白色，而叶脉通常正常，因此症状非常明显，但严重时叶脉也褪色。有些植物叶片有不规则暗棕色坏死区，与健康组织之间有漂白或缺绿组织。慢性伤害症状是叶片呈黄、银灰、古铜及黑色杂斑。

3.4.4.6　氟化氢(HF)

氟化物中毒性最强、排放量最大的是氟化氢。主要来自炼铝、磷肥、搪瓷等工业。空气中氟化氢的浓度即使很低，暴露时间长也能造成伤害。氟化氢浓度达到二氧化硫危害浓度的1%时，即可伤害植物。氟化氢首先危害幼叶、幼芽，新叶受害比较明显。气态氟化物主要从气孔进入植物体，但并不伤害气孔附近的细胞，而沿着输导组织向叶尖和叶缘移动，然后才向内扩散，积累到一定浓度会对植物造成伤害。因此，慢性伤害先是叶尖和叶缘出现红棕色至黄褐色的坏死斑，在坏死区与健康组织间有一条暗色狭带。急性伤害症状与SO_2急性伤害相似，即在叶缘和叶脉间出现水清斑，以后逐渐干枯，呈棕色至淡黄的褐斑。严重时受害后几小时便出现萎蔫现象，同时绿色消失变成黄褐色。氟化氢还导致植株矮化、早期落叶、落花与不结实。

3.4.4.7　氯气(Cl)

氯气和氯化氢的伤害为急性坏死，在叶脉间产生不规则的白色或浅褐色的坏死斑点、斑块，有的花卉叶缘出现坏死斑。受害初期呈水渍状，严重时变成褐色，卷缩，叶子逐渐脱落。

3.4.4.8　氨气(NH_3)

在保护地中大量施用肥料会产生氨气，含量过高对花卉生长不利。当空气中氨气含量达到0.1%～0.6%时就会发生叶缘烧伤现象，严重时为煮绿色，干燥后保持绿色或转为棕色；含量达到4%，24h，植物即中毒死亡。施用尿素后也会产生氨气，最好施用后盖土或浇水，以免发生氨害。

大气污染物对花卉的毒性，一方面，决定于有毒气体的成分、浓度、作用时间及其当时其他的环境因子；另一方面，决定于花卉对有毒气体的抗性。有些花卉在较高的浓度下仍然正常生长，有些花卉在极低的浓度就表现出伤害。前一类抗性花卉可以应用于工业矿区绿化，而后一类敏感花卉则可以作为指示植物，用于生物监测大气污染。

第4章 花卉栽培设施

4.1 园林花卉保护地栽培概述

园林花卉种类繁多，原产地遍及世界各地。各种植物在原产地已适应了当地一定的环境条件，当引种到另一地区，可能会出现生长不良或死亡的现象。另外，园林花卉的生长发育在不同阶段需要满足不同的环境条件，即使在同一地区，一年四季的环境条件也差别甚大，所以要在自然条件下一年四季都能够进行各种园林花卉的生产是很困难的。为了克服以上问题，行之有效的办法就是进行园林花卉的保护地栽培。

4.1.1 园林花卉保护地的概念、作用及特点

4.1.1.1 保护地的概念

花卉栽培设施是指人为建造的适宜各种不同类型花卉正常生长发育的各种建筑、设备及各种机具和容器，这些设施所创造的环境，就称为保护地。利用这种人为创造的栽培环境，通过对小气候的调节，使之适宜于园林花卉的生长发育和生产需要的一种栽培方式，称为花卉保护地栽培。用于园林花卉栽培的保护地栽培设施主要有温室、塑料大棚、阴棚、冷床、温床、冷窖、风障，自动化、机械化设备以及各种机具和容器等。

4.1.1.2 保护地的作用

保护地栽培的作用主要有二：一是在不适于某类花卉生态要求的地区栽培该种花卉，如在北方寒冷地区，栽培云南山茶、康乃馨、变叶木及一些热带花卉，必须利用温室等保护地栽培或越冬，二是在不适于花卉生长的季节进行栽培，如一些要求气候凉爽的花卉在酷热的夏季，或被迫进入休眠或生长衰弱甚至死亡，但如在有降温设备的环境中仍可正常生长。

可见，在保护地内进行花卉栽培，可以不受地区、季节的限制，实现花卉的周年生产，保证鲜花的四季供应。

4.1.1.3 保护地栽培的特点

在花卉栽培上，保护地栽培和露地栽培相比较有如下特点。

① 可根据当地的自然条件、栽培季节和栽培目的选定栽培设备。

② 设备费用大，生产费用高。

③ 不受季节和地区限制，可周年进行生产。但考虑到生产成本和经济效益，应选择耗能较低，产值又高，适销对路的花卉进行生产。

④ 产量可成倍地增加。要科学地安排好温室面积的利用，尽量提高单位面积产量。

⑤ 栽培管理技术要求严格。因为实际上是在人为控制的环境中进行栽培。所以要做到：a. 对栽培花卉的生长发育规律和生态习性要有深入的了解。要精细知晓花卉生长发育各阶段对光照、温度、湿度、营养等的最佳要求，还要知道它对不适环境的抗性幅度等；b. 对当地的气象条件和栽培地周围环境条件要清楚了解；c. 对花卉栽培设备的性能要有全面了解，才能在栽培过程中充分发挥设备的作用；d. 要有熟练的栽培技术和经验，才能取得良好的栽培效果。

⑥ 生产和销售环节之间要紧密衔接。若生产和销售脱节，产品不能及时销出，会造成很大的经济损失，而且空占温室的宝贵面积，影响整个生产计划的完成。

4.1.2　园林花卉保护地栽培的历史

4.1.2.1　世界保护地栽培历史
世界园艺设施的发展大体上分以下 3 个阶段。

① 原始阶段　2000 多年前，中国使用透明度高的桐油纸作覆盖物，建造了温室。古代的罗马是在地上挖出长壕或坑，上面覆盖透光性好的云母板，利用太阳光热进行生产。

② 发展阶段　主要是第二次世界大战后，玻璃温室和塑料大棚等真正发展起来，尤其是荷兰、日本为首的国家发展迅速，而且附加设备逐渐增多起来。

③ 飞跃阶段　20 世纪 70 年代后，大型钢架温室出现，自动控制室内环境条件已成现实，世界各国温室覆盖面积迅速增加，室内加温、灌水、换气等附加设备得到广泛运用，甚至出现了植物工厂，完全由人类控制作物生产。以后向着节能、高效率、自动管理的方向发展。

4.1.2.2　中国保护地栽培历史
中国古代就有很多关于应用保护地设施进行蔬菜栽培的记载。据考证，中国保护地栽培最早有文字记载的是在西汉（公元前 206～公元 25 年），《汉书·循吏传》记载"太官员种冬生葱韭菜菇，覆以屋庑，昼夜燃蕴火，待温气乃生，信臣以为此皆不时之物"。说明中国在 2000 多年以前已经开始利用保护设施栽培多种蔬菜。历史上还有很多类似的记载。中国的设施园艺虽然开始较早，但是中国蔬菜栽培的温室在相当长的时间内是初级的纸窗温室。新中国成立后，将纸窗温室改为玻璃温室。

4.2　温室

温室俗称暖房，是用有透光能力的材料覆盖屋面而形成的保护性生产设施，是温室植物栽培中最重要、对环境因子调控最全面、应用最广泛的栽培设施。尤其在花卉栽培中，露地栽培正向温室化方向发展，我国温室面积也迅速增长。

4.2.1　国内外温室发展

4.2.1.1　中国温室发展
中国温室的发展史可追溯到两千年前秦汉时代的西安"暖窖"，以后明清时代背景的"火室"和"暖洞子"，民国时期北京日光（玻璃）温室和新中国成立后 20 世纪 40 年代的简易土温室，20 世纪 50、60 年代大面积推广普及的北京改良式（玻璃）温室、天津三折式（玻璃）温室等。发展到 20 世纪 90 年代，高效节能日光温室在北方地区迅速大规模推广普及。目前，全国已近四十万公顷，对解决我国北方地区长期冬春花卉栽培、实现花卉供需基本平衡做出了突出贡献，反应了以节能技术为核心的、适合我国具体国情的高效节能日光温室的活力。

我国温室的发展经历了从简易的火坑到纸窗温室再到今天的玻璃及塑料温室；从利用自然太阳能、温泉水到今日太阳能和人工加温并用；从传统的单屋面温室发展到连栋温室。随着社会发展和科技进步，逐渐实现了从简单到完善、从低级到高级、从小型到大型、从单栋到连栋，直至今日的现代智能温室和植物工厂，可进行全天候园艺植物的生产。

4.2.1.2　国外温室发展
国外温室栽培的起源以罗马为最早。罗马的哲学家塞内卡（Seneca，公元前 3 年至公元

69年）记载了应用云母片作覆盖物生产早熟黄瓜。20世纪70年代以来，西方发达国家在设施农业上的投入和补贴较多，设施农业发展迅速。目前，全世界设施农业面积已达400余万公顷。荷兰、日本、以色列、美国、加拿大等国是设施农业十分发达的国家，其设施设备标准化、种苗技术及规范化栽培技术、植物保护及采后加工商品化技术、新型覆盖材料开发与应用技术、设施环境综合调控及农业机械化技术水平等都具有较高的水平，居世界领先地位。

自20世纪70年代以来，国外设施农业发达国家在温室环境配套工程技术方面也进行了大量研究，并取得了一些技术成果。以荷兰为代表的欧美国家设施园艺规模大、自动化程度高、生产效率高，设施农业主体设备温室内的光、水、气、肥等均实现了智能化控制；以色列的现代化温室可根据作物对环境的不同要求，通过计算机对内部环境进行自动监测和调控，实现温室作物全天候、周年性的高效生产；美国、日本等国还推出了代表当今世界最先进水平的全封闭式生产体系，即应用人工补充光照、采用网络通信技术和视频技术进行温室环境的远程控制与诊断、由机械人或机械手进行移栽作业的"植物工厂"，大大提高了劳动生产率和产品产出率。

当前，国外温室产业发展呈以下态势：温室建筑面积呈扩大化趋势，在农业技术先进的国家，每栋温室的面积都在0.5hm² 以上，便于进行立体栽培和机械化作业；覆盖材料向多功能、系列化方向发展，比较寒冷的北欧国家，覆盖材料多用玻璃，法国等南欧国家多用塑料，日本则大量使用塑料；无土栽培技术迅速发展；由于当今科学技术的高度发展，采用现有的机械化、工程化、自动化技术，实现设施内部环境因素（如温度、湿度、光照、CO_2浓度等）的调控由过去单因素控制向利用环境计算机多因子动态控制系统发展；温室环境控制和作物栽培管理向智能化、网络化方向发展，而且温室产业向节约能源、低成本的地区转移，节能技术成为研究的重点；广泛应用喷灌、滴灌系统。过去发达国家灌溉是以土壤含水量或水位为依据进行水肥管理，而现在世界上正在研究以作物需水信息为依据的智能灌溉监控系统，如加拿大的多伦多大学正在研发超声波传感器，可检测作物缺水程度，以指示灌溉。

4.2.2　温室的类型

温室的种类很多，通常依据温室应用的目的、栽培用途、温度、植物种类、结构形式、建筑材料和屋面覆盖材料等不同进行分类。

4.2.2.1　按应用目的分类

① 观赏温室　供展览、观赏温室花卉、普及科学知识之用。一般设置于公园或植物园内。外形要美观、高大，吸引和便于游人游览、观赏、学习。如昆明世博园的大温室（包括高寒植物展区、温带植物展区、热带植物展区）。

② 栽培温室　以花卉生产栽培为主，建筑形式以满足花卉生长发育的需要和经济实用为原则，不注重外形美观与否。一般建筑低矮，外形简单，热能消耗较少，室内生产面积利用充分，有利于降低生产成本。依据应用目的的不同可分为切花温室、盆花温室等。

③ 繁殖温室　专供大规模繁殖使用。建筑多采用较低矮的半地下式，便于维持较高的湿度和稳定的温度环境。

④ 促成或抑制温室　专供温室花卉催延花期，保证周年供应使用。要求温室具有较完善的设施，如可进行温度和湿度调节、补光、遮光、增施CO_2。

⑤ 人工气候室　室内的全部环境条件，皆由人工控制。一般用于科学研究，在国外已有大型人工气候室进行花卉生产的报道。

4.2.2.2 按温室温度分类

① 高温温室 温室 15～30℃，主要栽培产热带地区的花卉，这类花卉在我国广东南部、云南南部、台湾及海南等地可以露地栽培。如花烛、卡特兰、变叶木、王莲等。冬季生长的最低温度为 15℃。这类温室也用于花卉的促成栽培。

② 中温温室 室温 10～18℃，主要栽培原产亚热带的花卉和对温度要求不高的热带花卉。这类花卉在华南地区可露地越冬，如仙客来、香石竹等。

③ 低温温室 室温 5～15℃，用以栽培原产暖温带的花卉及对温度要求不高的亚热带花卉。如报春花、小苍兰、山茶花等，也可作耐寒草花的生产栽培。北京常用于桂花、夹竹桃、茶花、杜鹃、柑橘、栀子等花木的越冬。

4.2.2.3 按栽培花卉种类分类

花卉的种类不同，对温室环境条件的要求也不同。常依据一些专类花卉的特殊要求，分别设置专类温室，如兰科植物温室、棕榈科植物温室、蕨类植物温室、仙人掌科及多浆植物温室等。

4.2.2.4 按建筑形式分类

生产性温室的建筑形式比较简单，基本形式有 4 类(图 4-1)。

① 单屋面温室 温室屋顶只有一个向南倾斜的玻璃屋面，其背面为墙体。

② 双（等）屋面温室 温室屋顶有两个相等的屋面，通常为南北延长，屋面分向东西两方。

③ 不等屋面温室 温室屋顶具有两个宽度不等的屋面，向南一面较宽，向北一面较窄，二者比例为 4∶3 或 3∶2。

④ 连栋式温室 由相等的双屋面温室借纵向侧柱或柱网连接起来，相互连通，可以连续搭接，形成室内串通的大型温室，现代化大型温室均为连栋式。

4.2.2.5 按覆盖材料分类

① 玻璃温室 用玻璃作为覆盖材料，这也是应用比较普遍的温室。其优点是透光性和保温性能好，使用年限长，但投资费用高。

② 塑料薄膜温室 用塑料薄膜作为覆盖材料。塑料薄膜的主要原材料是聚氯乙烯(PVC)和聚乙烯(PE)树脂，其产品主要有 PVC 防老化膜、PVC 无滴防老化膜、PE 防老化膜、PE 无滴防老化膜、PE 保温棚膜、PE 多功能复合膜等；近几年又开发一些新型薄膜，各项性能较好。

③ 硬质塑料板温室 多为大型连栋温室。常用的硬质塑料板材主要有丙烯酸塑料板、聚碳酸酯板(PC)、聚酯纤维玻璃(FRP)、聚乙烯波浪板(PVC)。聚碳酸酯板是当前温室制造应用最为广泛的覆盖材料。

4.2.2.6 按温室设置的位置分类

以温室在地面设置的位置可分为三类(图 4-2)。

① 地上式 室内与室外地面近于水平。

② 半地下式 四周矮墙深入地下，仅侧窗留于地面以上，这类温室保温好，室内又可维持较高的湿度。

③ 地下式 仅屋顶凸出于地面，无侧窗部分，只由屋面采光，此类温室保温最好，也可保持很高的湿度；其缺点为日光不足，空气不流通，适于北方严寒地区及要求湿度大及耐阴的花卉，如蕨类植物、热带兰花等。

4.2.2.7 按加温情况分类

① 不加温温室 称冷室，利用太阳热力来维持温室温度，冬季保持 0℃ 以上的低温。日光温室也是一种不加温温室，由于增加了保温设施，冬季最低温度可保持在 5℃ 以上。

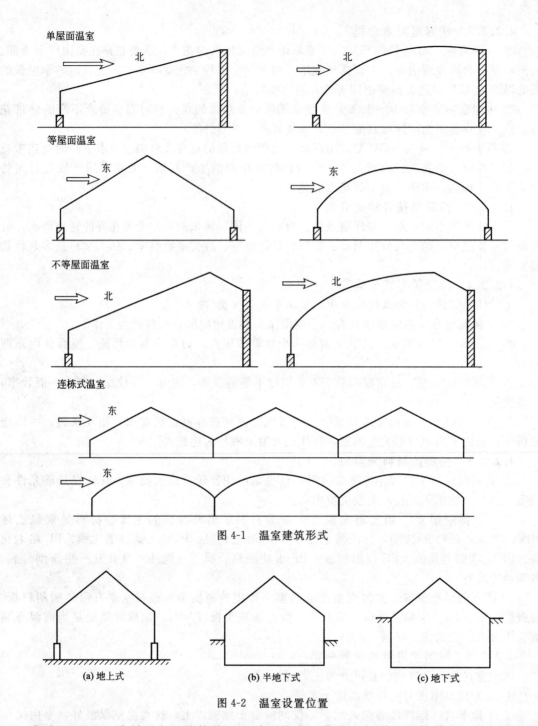

单屋面温室

等屋面温室

不等屋面温室

连栋式温室

图 4-1 温室建筑形式

(a) 地上式   (b) 半地下式   (c) 地下式

图 4-2 温室设置位置

②　加温温室　除利用太阳热能外，还采用热水、蒸汽、烟道、电热等人工加温的方法来提高温室温度。

4.2.2.8　按建筑材料分类

①　土温室　这种温室的特点是墙壁是用泥土筑成，屋顶上面主要材料也为泥土，因而使用时间只限于北方冬季无雨季节；其他各部构造为木材，窗面最早为纸窗，目前已使用玻璃窗。

②　木结构温室　结构简单，屋架及门窗框等都为木制。所用木材以坚韧耐久、不易弯

③ 钢结构温室　柱、屋架、门窗框均用钢材制成，坚固耐久，可建筑大型温室。用料较细，遮光面积较小，能充分利用日光。缺点是造价较高，容易生锈，由于热胀冷缩常使玻璃面破碎，一般可用20～25年。

④ 钢木混合结构温室　此种温室除中柱、桁条及屋架用钢材外，其他部分都为木制，由于温室主要结构应用钢材，可建较大的温室，使用年限也较久。

⑤ 铝合金结构温室　结构轻、强度大，门窗及温室的结合部分密闭度高，能建大型温室。使用年限很长，可用20～25年，但造价高，是国际上大型现代化温室的主要结构。

⑥ 钢铝混合结构温室　柱、屋架等采用钢制异形管材结构，门、窗、框等与外界接触部分是铝合金构件。这种温室具有钢结构和铝合金结构二者的长处。造价比铝合金结构的低，是大型现代化温室较理想的结构。

4.2.3　各温室的结构及特点

4.2.3.1　单屋面温室

中国早期的单屋面温室多采用简单加温设备进行生产，加温能力有限。其跨度一般为6～8m，长度50m左右。这种单屋面温室造价低，结构简单，可用于冬季生产。第二代节能型日光温室自研制成功以来，其环境调控能力大大加强，内部空间不断改善，加之适合中国北方大多数寒冷地区的应用，推广迅速，是目前中国应用面积最大的温室。现主要用于蔬菜和花卉产品的周年生产、果树的栽培以及种苗生产和养殖业等。

(1) 单屋面玻璃温室　单屋面温室自20世纪50年代后期至70年代在生产中应用较多，但进入80年代以来，逐渐被塑料薄膜日光温室取代。主要的形式有：一面坡式、二折式、三折式、立窗式等。二折式和三折式的较多。二折式温室以北京改良式温室为代表，这种温室的前屋面上部为天窗，下部为地窗，是两个倾斜角度不同的玻璃屋面，故称为二折式温室。三折式温室以天津无柱式温室为代表，其前屋面由3个不同角度的玻璃屋面构成。

(2) 单屋面塑料薄膜温室

① 长后坡矮后墙式半拱圆形日光温室　这一类型的日光温室最早始于辽宁省海城市感王镇一带。初始型的温室跨度多为5.5～6m，中脊高2.3～2.4m，后墙高0.5～0.6m，后坡长3m，中柱高2.2m(图4-3)。中柱距温室前底脚3.5m，距后墙内侧2.5m，前屋面弧长4.5m左右。后屋面结构是先在柁上横担4～5道檩条，上面再用整捆玉米秸或高粱秸做箔，箔上抹两遍草泥，上边再铺稻草，总厚度达到60～70cm。前屋面用草席加纸被保温。这种温室的优点是取材方便，造价低，保温性能好；特别是遇到连阴天，长后坡保温效果十分明显。缺点是采光面短，长后坡下面光照弱，后坡下形成的弱光带较宽，土地利用率不高。后为经过多年不断增加中脊高度，缩短后坡长度，采光效果有所提高，这种温室在北纬41°以上的辽宁省中北部地区冬季可生产叶菜，在辽宁南部和华北地区可以生产喜温的果菜类蔬菜。

② 短后坡高后墙式半拱圆形日光温室　这种温室是在总结长后坡矮后墙式半拱圆形日光温室优缺点的基础上加以改进的。跨度6m，脊高2.8m，后墙高1.8m以上，后屋面长1.5～1.7m，仰角30°以上，后屋面在地面水面水平投影宽度1.2～1.5m(图4-4)。这种温室由于加长了前屋面，缩短了后坡，提高了中脊高度，采光面加大，透光率显著提高。据鞍山市园艺研究所测定：后坡投影为1.2m的温室，后坡下面的光照强度比长后坡温室增加20%，春末夏初也可生产果菜类，提高了温室的土地利用率。但是建筑后用土和用工量大，且夜间温度下降较快，保温能力比长后坡的有所下降。不过由于采光面大，增温效果好，在光照好的地区，中午前后室温比长后坡温室高，到次日揭席时室内最低温度几乎与长后坡温

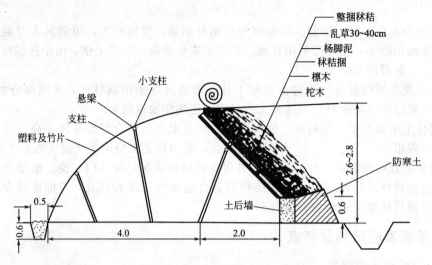

图 4-3 长后坡矮后墙式半拱圆形日光温室(单位：m)

室一致。即适当扩大采光面，增加采光量，有利于温室白天的增温蓄热，可以在一定程度上弥补夜间保温能力的不足。

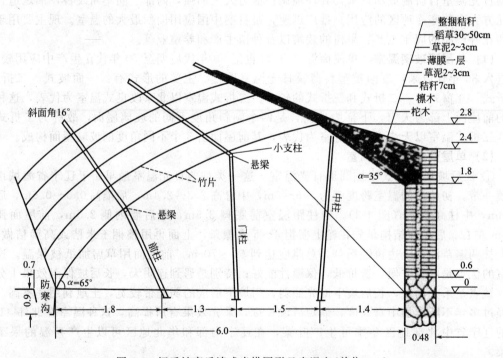

图 4-4 短后坡高后墙式半拱圆形日光温室(单位：m)

③ 一斜一立式日光温室 有代表性的一斜一立式日光温室是辽宁省瓦房店地区的琴弦式日光温室，20 世纪 80 年代初期由辽宁省瓦房店地区菜农创造。一般脊高为 3～3.1m，跨度 7m，前立窗高 0.8m，屋面与地面夹角 21°～23°，后坡长 1.5～1.7m，水平投影宽度为1.2m，后墙高 2.0～2.2m，其前屋面是一种特殊的悬索式结构。即先在前屋面下每隔 3m设置一根木头斜梁，再自一侧山墙经各个斜梁每隔 35～40cm 间距东西向拉 14～18 道 8 号钢丝，斜梁间每隔 60～70cm 设一道竹竿(图 4-5)。

一斜一立式温室空间大，后坡短，土地利用率高。但采光性能不如半拱圆形，前屋面采

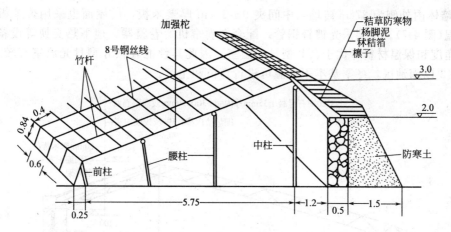

图 4-5　一斜一立式日光温室(单位：m)

光角度进一步增加有困难，前坡下段低矮不便作业，棚膜固定方式不尽合理，后墙建造用土用工量等，需要进一步研究改进。事实上，已有一些地方把前屋面改为微拱形。

④ 鞍 Ⅱ 型日光温室　鞍 Ⅱ 型日光温室是在吸收各地日光温室优点的基础上，由辽宁省鞍山市园艺研究所设计的一种无柱结构的日光温室。跨度 6m，中脊高 2.7～2.8m，后墙高 1.8m，为砖砌空心墙，内填 12cm 厚珍珠岩(图 4-6)。前屋面为钢结构一体化半圆拱形双弦拱架，后坡长 1.7～1.8m，仰角 35°，水平投影宽度 1.4m，从下弦面起向上填充作物秸秆，脊与后墙上加高的女儿墙之间铺盖作物秸秆抹泥再铺草，形成泥土和作物秸秆复合后坡，厚度不少于 60cm。其抗荷载设计能力为 300kg/m²。经几年来的性能测试和生产检验，其采光、增温和保温效果均好于同等跨度和同等高度的一斜一立式日光温室。这种温室已在鞍山、沈阳、大连、吉林、陕西、北京和内蒙古等地推广。

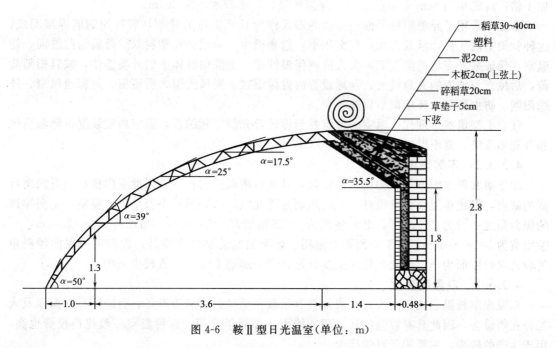

图 4-6　鞍 Ⅱ 型日光温室(单位：m)

⑤ 辽沈 Ⅰ 型日光温室　该温室由沈阳农业大学设计，为无柱式第二代节能型日光温室。这种温室跨度 7.5m，脊高 3.5m，后屋面仰角 30.5°，后墙高度 2.5m，后坡水平投影长度

1.5m，墙体内外侧为 37cm 砖墙，中间夹 9～12cm 厚聚苯板，后屋面也采用聚苯板等复合材料保温(图 4-7)。拱架采光镀锌钢管，配套有卷帘机、卷膜器、地下热交换等设备。由于其屋面角度和保温材料等优于鞍Ⅱ型日光温室，因此其性能较鞍Ⅱ型日光温室有较大提高，在北纬 42°以南地区，冬季基本不加温可进行育苗和生产。

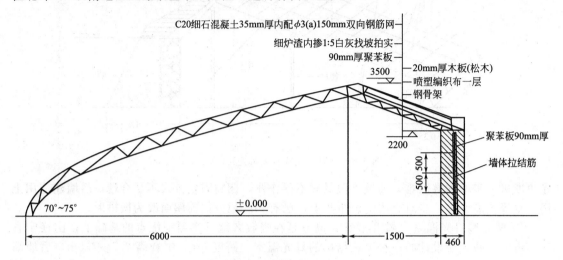

图 4-7　辽沈Ⅰ型日光温室(单位：mm)

　　⑥ 辽农Ⅰ型日光温室　辽宁Ⅰ型日光温室的跨度增加到 9.85m，脊高达到 3.9m，后墙厚 60cm，内夹 10cm 厚聚苯板，后山墙从内至外依次是 24cm 砖墙＋10cm 聚苯板＋24cm 砖墙，后坡自下而上是后坡空心板＋5cm 聚苯板＋珍珠岩水泥压实＋细石混凝土双向钢筋网防水面层。这种方法美观、热阻小、施工简单，减少后坡重量约为原坡重量的 1/5，保温性增加 1 倍；前底角用 5cm 聚苯板填充，保温效果好，不吸水，深 50cm。

　　本温室采用了异型钢材平面桁架拱的形式作为日光温室的骨架，腹杆用钢筋焊接而成，这种骨架室内无柱，承载力大，截面积小，遮光很少。采用转光塑料双层薄膜为前坡面，使温室在保证采光充足的前提下，大大提高保温性能，免除前坡体上的外覆盖体，减轻桁架载荷，后屋面与地面的夹角增大；合理设置内置保温被、通风天窗、后墙窗、前脚通风帘、外遮阳网、防虫网等，环境调节设施齐全。

　　辽农Ⅰ型借鉴了现代化温室的特点并与传统日光温室相结合，温室内安装湿帘降温系统和外遮阳系统，夏季温度可以维持在 30℃以下。

4.2.3.2　不等屋面温室

　　由于南北两屋面不等，向南一面较宽，日光自南面照射较多，因此室内植物仍有向南弯曲的缺点，但比单屋面温室稍好。北向屋面易受北风影响，保温不及单屋面温室，南向屋面的倾斜角度一般为 28°～32°，北向屋面为 45°。前墙高 60～70cm，后墙高 200～250cm，一般室宽为 500～800cm，宜于小面积温室用。此类温室北墙高南墙低，而向南的屋面倾斜角度较北向的屋面为小，因此在建筑上及日常管理上都感不便，一般较少采用。

4.2.3.3　双屋面温室

　　双屋面单栋温室比较高大，一般都具有采暖、通风、灌溉等设备，有的还有降温以及人工补光等设备，因此具有较强的环境调节能力，可周年应用。这种温室一般建造投资也高，用于生产的较少，主要用于科学研究。

　　这类温室主要由钢筋混泥土基础、钢材骨架、透明覆盖材料、保温幕和遮光幕等构成。其透明覆盖材料主要有钢化玻璃、普通玻璃、丙烯酸树脂、玻璃纤维加强板、聚碳酸酯板、塑料薄膜等。多用无纺布作内保温材料，遮光幕可采用无纺布或遮阳网等材料。这种温室的特点是两个采光屋长度、角度相等，呈屋脊式；四周侧立面均由透明材料构成。

双屋面单栋温室的规格、形式较多。现有温室跨度多为4～10m，大者8～12m，长度由20～50m不等，一般2.5～3.0m，脊高3～6m，侧壁高1.5～2.5m，屋面角度25°～28°(图4-8)。

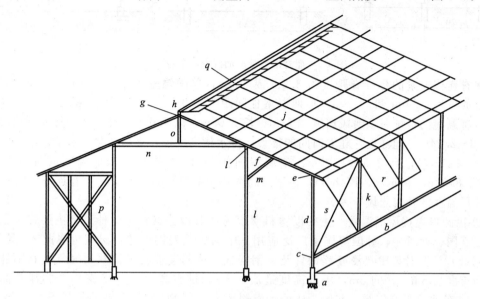

图4-8 双屋面温室结构示意

a—基础；b—侧窗；c—窗台；d—外柱；e—檐檩；f—屋架上弦；g—脊檩；h—屋脊；i—檩；j—椽子；k—窗间柱；l—中柱；m—斜撑；n—梁；o—竖杆；p—剪刀撑；q—天窗；r—侧窗；s—拉筋

4.2.3.4 现代化温室

现代化温室主要指大型的(覆盖面积多为1hm²或更大)，环境调控能力强，基本不受自然气候条件的影响，可实现自动化控制，能全天候进行园艺作物生产的连接屋面温室。现代化温室按屋面特点主要分为屋脊形连接屋面温室和拱圆形连接屋面温室。

现代化温室主要应用于高附加值的园艺作物生产上，如喜温果菜、切花、盆栽观赏植物、果树及育苗等。其中具有设施园艺王国之称的荷兰，其现代化温室的60%用于花卉生产，40%用于蔬菜生产，而且蔬菜生产中又以生产番茄、黄瓜和青椒为主。在生产方式上，荷兰温室基本上实现了环境控制自动化，作物栽培无土化，生产工艺程序化合标准化，生产管理机械花、集约化。因此，荷兰温室黄瓜产量可达到800t/hm²，番茄可达到600t/hm²。不仅实现了高产，而且达到了优质，产品行销世界各地。

中国引进和自行建造的现代化温室除少数用于培育林业上的苗木以外，绝大部分也用于园艺作物育苗和栽培，而且以种植花卉、瓜果和蔬菜为主。虽然个别温室已实现了工厂化生产，如深圳青长蔬菜有限公司和北京顺鑫长青蔬菜有限公司等，引进加拿大HYDRONOV公司深池浮板种植技术，进行水培莴苣生产，已经实现了温室蔬菜生产的工业化。运用生物技术、工程技术和信息管理技术，以程序化、机械化、标准化、集约化的生产方式，采用流水线生产工艺，充分利用温室的空间，加快蔬菜的生长速度，使蔬菜产量比一般温室提高10～20倍，充分显示了现代化设施园艺的先进性和优越性。

① 屋脊形连接屋面温室 荷兰芬洛型温室是屋脊形连接屋面温室的典型代表。这种温室大多数分布在欧洲，以荷兰的面积最大。这种温室的骨架采用钢架和铝合金构成，透明覆盖材料为4mm厚平板玻璃。温室屋顶形状和类型主要有多脊连栋形成和单脊连栋形两种[图4-9、图4-11(a)]。

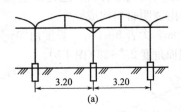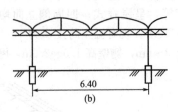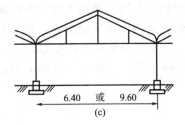

图 4-9　屋脊形连接屋面温室（单位：m）

多脊连栋温室的标准脊跨度为 3.2m 或 4.0m，单间温室跨度为 6.4m、8.0m、9.6m、大跨度的可达 12.0m 和 12.8m。早期温室柱间距为 3.0～3.12m，目前采用 4.0～4.5m 较多。该型温室的传统屋顶通风窗宽 0.73m、长 1.65m；以 4.0m 脊跨为例，通风窗玻璃宽度为 2.08～2.14m。同样地，随着时间的推移，排水槽高度也在逐渐调整。目前该型温室的株高 2.5～4.3m，脊高 3.5～4.95m，玻璃屋面倾斜 25°。单脊连栋形温室的标准跨度为 6.40m、8.00m、9.60m、12.80m。在室内高度和跨度相同的情况下，单脊连栋形温室较多脊连栋形温室的开窗通风率大。

② 拱圆形连接屋面温室　主要以塑料薄膜为透明覆盖材料，这种温室主要在法国、以色列、美国、西班牙、韩国等国家广泛应用。中国华北型连栋塑料温室也属此类 [图 4-10、图 4-11（b）]。其骨架由热浸镀锌钢管及型钢构成，透明覆盖材料为双层充气塑料薄膜。温室单间跨度为 8m，开间 3m，天沟高度最低 2.8m，拱脊高 4.5m，8 跨连栋的建筑面积为 2112m^2。东西墙为充气膜，北墙为砖墙，南侧墙为进口 PC 板。温室的抗雪压为 30kg/m^2，抗风能力为 28.3m/s。这种温室拥有完善而先进的附属设备，如加温系统、地中热交换系统、湿帘风机降温系统、通风、灌水、保温幕以及数据采集与自动控制装置等。自动控制系统可以实现温室环境因子的自动和手动控制，可进行室内外的光照、温度和湿度的自动测量。加温和降温系统可根据作物生育需要，设定指标实行自动化控制。

图 4-10　中国华北型连栋塑料温室

（a）　屋脊形连接屋面温室　　　　　　（b）　拱圆形连接屋面温室

图 4-11　连接屋面温室

4.2.4 温室内的设施

4.2.4.1 温室加温系统

根据加温方式有烟道加温、热水和蒸汽加温、电热加温以及热风炉加温等。

① 烟道加温 这种加热方式由炉灶、烟道、烟囱三部分组成。炉灶低于市内地平面90cm左右，坑宽60cm，长度视温室空间和便于操作而定。烟道是炉火加热的主要散热部分，由若干直径为25cm左右的瓦管或陶管连接而成，也可用砖砌成方形的烟道。烟道应有一定的坡度，即随着延伸而逐渐抬高。烟囱高度应超过温室屋脊。一般以煤炭、木材为燃料，热能利用率较低，仅为25%～30%，且污染室内空气，并占据部分栽培用地或需在室外搭设棚架避雨，是较为原始的加温方式。

② 热水和蒸汽加温 热水加温多采用重力循环法。一般将水加热到80～85℃后，用水泵将热水从锅炉输送至温室内的散热管内，从而提高温室内的温度。当散热管内的热量散出后，水即冷却，密度加大，水返回锅炉管道再加循环。蒸汽加温是用锅炉发生热蒸汽，然后通过蒸汽管道在温室内循环，散放出热量，提高室内的温度，不需要水泵加压。使用的燃料有煤炭、柴油、天然气、液化石油等。

③ 电热加温 有电热暖风和电热线等多种形式。一个额定功率为2000W的电脑风器，可供30m² 高温温室或50m² 中温温室加热使用。电热线加温有两种：一种为加热线套塑料管散热，可将其安装在繁殖床的基质中，用以提高土温；另一种是用裸露的加热线，用瓷珠固定在花架下面，外加绝缘保护，通过控制温度的继电器可自行调节温度。电热加温供热均衡，便于控制，节省劳力，清洁卫生，但成本较高，一般只作补温使用。

④ 热风炉加温 以燃烧煤炭、重油或天然气产生热量，用风机借助管道将热风送至温室各部位。常用塑料薄膜或帆布制成筒状管道，悬挂在温室中上部或放在地面输送热风。通过感温装置和控制器可以实现对室内温度的检测、设定、启动或关闭等自动控制。所需设施占地面积小，质量轻，便于移动和安装。适于中等以上规模的栽培设施(图4-12)。

图4-12 热风炉

4.2.4.2 保温设备

在冬季，温室内保温是栽培的关键之一。温室内温度高低取决于以下几个方面：一是白天进入温室内的太阳辐射能的多少；二是晚间散热量的多少；三是是否采取人工加温及加温强度的大小。因此，为了提高温室内胆温度，除了白天尽可能让阳光进入温室内和采取必要的加温手段外，减少晚间的散热量也是一种重要手段，也就是平时所说的保温。常用的保温措施是保暖覆盖。

① 保温帘 保温帘所用的材料常见的有保温毯蒲帘、草帘、苇帘、纸被等。蒲帘用蒲草编织而成。北方地区的节能日光温室多采用稻草制成的长方形草帘作外保温层，草帘的一端固定在温室的后墙上，顺温室的前屋面垂下，覆盖在透光面上以减少晚间热量散失。

② 保温幕 架设在温室内的保温层，也称内保温层。一般在温室的立柱间用尼龙绳或金属丝绷紧构成支撑网，将无纺布、塑料薄膜、人造纤维的织物覆盖在支撑网上，构成保温幕。也有将保温幕与遮阳网合二为一，即夏天用做遮阳，冬天用做内保温。这种两用幕由聚乙烯和铝箔制成，呈银白色。现代温室多通过传动装置和检测装置对保温幕实施自动控制。在温室内部架设棚架，覆盖草帘或其他保温材料，也能构成简易的内保温层，如塑料大棚内套小拱棚等。

4.2.4.3 温室降温系统

① 自然通风+遮阳降温系统 此类系统适于夏季高温时间不长、温室内植物对高温不太敏感的温室。该系统包括天窗、侧通风窗或侧墙卷帘通风等通风设施，还可增加遮阳网或外网以减少因直接光照造成的过度升温［图 4-13（a）、（b）］。系统降温效果主要取决于自然风力和外界温度。在最佳情况下，温室内温度可比外界温度低，但外界温度很高且风力不强时，降温效果不显著，温室内温度会比外界温度高。因此，单纯的此类系统功用不大，且不甚可靠。

② 水帘风扇强排风系统 在节能和减低费用的前提下，较好的降温办法是蒸发降温，利用水蒸发吸热来降低室内大气的温度。水壁通常用大块的厚壁状（10cm 厚）纸制物或铝制品，其上有许多弯曲的小孔隙可以通气。启动时，流水不断从上而下淋湿整个水壁。温室的北面（上可直至天沟的高度，下可到花架的高度或更低）全部装置这种材料，而在南面，相对装置大型排水扇。温室不开窗，在排风扇启动后，将室内高温空气不断向外抽出，使室内外产生一个压差，从而迫使湿帘外的空气穿过湿帘冷却后进入温室，通过空气如此不断地循环和冷却达到降温效果。改系统持续降温效果好，距水帘近处降温效果明显［图 4-13（c）、（d）］。

（a） 遮阳降温系统

（b） 自然通风+遮阳降温系统

（c） 排风扇

（d） 水帘

图 4-13 各种降温方式

③ 微雾系统 此系统主要通过一台高压主机产生较大的压力，将经过过滤的净水送入管路，再由各处的喷头雾化喷出，其雾化颗粒直径为 $5\sim40\mu m$，这样的超细雾颗粒在落下之前被蒸发，由于水蒸发会消耗大量热量，所以可起到降温的作用。

4.2.4.4 补光和遮阳系统

用人工补光的方法，在冬季和连阴雨天增加光照强度，可使长日照花卉在短日照季节开花；遮阳方法，可提高花卉在夏季的开花质量。现代化的切花栽培温室备有补光和遮阳系统[图 4-14(a)、(b)]。补光系统一般由人工光源和反光设备组成。人工补光的光源有白炽灯、日光灯、高压水银灯、高压钠灯等。白炽灯和日光灯发光强度低、寿命短，但价格低，安装容易，国内采用较多；高压水银灯和高压钠灯发光强度大，体积小，但价格较高，国外常作温室人工补光光源。

4.2.4.5 灌溉系统

① 漫灌 漫灌是我国农业上传统的灌溉方式。漫灌系统由水源、动力设备和水渠组成，设备比较简单。灌溉时由水泵将水提至水渠，然后分流至各级支渠，最后送至田间。一般是大水漫灌，水面灌满种植畦。目前仍有部分切花生产者沿用这种灌溉方式。

用这种方式灌溉，无法准确测量田间需水量，也无法有效地控制灌水量；另一方面，当水源通过各级水渠时，渗漏损失严重。因此，这种灌溉方式水资源利用率最低。此外，漫灌方式由于水流浸透整个表土层，在一定时间内，水分充满了所有毛细管，而将其中的空气排出，使花卉处于缺氧状态，无法进行呼吸，影响花卉的正常生长发育。这种缺氧状态对土壤微生物的繁衍亦极为不利。若长期使用这种灌溉方式，表土层会逐渐变得板结，土壤通透性越来越差，对花卉和土壤微生物均十分有害。

(a) 遮阳网遮阳　　　　　　　　　　　　(b) 补光设施

图 4-14　遮阳和补光系统

② 滴灌 滴灌是现代花卉栽培广泛采用的灌溉方式。标准滴灌系统应包括水源、过滤器、肥料注入器、输入管道、滴头和控制器等。使用滴灌系统进行灌溉，水分在根系周围的分布情况与漫灌时的情况大不相同。滴灌时水分仅浸透根系主要分布的局部土壤，保证该区域水分的稳定供应，有效地避免了土壤板结，大大降低了土壤表面蒸发的损失[图 4-15(b)]。

③ 喷灌 与滴灌相仿，喷灌也是现代花卉栽培多用的灌溉方式[图 4-15(a)]。其优点在于：水量可以较为准确地控制，节约用水，灌溉均匀；可以增加空气湿度，具有一定的降温作用。

喷灌系统的原则是：喷水速率略低于基质的渗水速率；每次喷水量应等于或略小于基质最大的持水量，只有这样才能避免水资源的浪费和土壤结构的破坏。

喷灌系统有两种形式：移动式和固定式。移动式喷灌的喷水量、喷灌时间和两次喷灌之间的间隔时间等均能自动控制，且使用方便，故温室花卉栽培中常被采用。相比之下，固定式喷灌的设施较简单。

另外，目前生产上广泛采用的全光照自动间歇喷雾装置，能自动控制喷雾次数，在花卉扦插育苗中多采用。

（a） 喷灌　　　　　　　　　　（b） 滴灌

图 4-15　灌溉方式

4.2.4.6　温室施液肥装置

温室中化肥等可溶性肥料一般都溶于水随灌溉进行施肥，常见的施液肥的方法如下。

① 自压式　也叫自流式，即把肥料箱放在高于微灌系统处，箱内的肥料靠自身的势能进入滴灌系统，从而实现施肥。这种施肥方法，肥料箱要求有一定的高度，设备较简单，施肥速度慢。

② 压入式　这是一种靠人力或机械泵将肥料注入滴灌系统的方法。此种方法施肥速度快，但成本高。

③ 压差式　这种施肥方法与微灌设备配套，将肥料箱安装在微灌系统管道上，在两连接管之间有一闸门，将闸阀关闭一定程度，则在两连接处形成一定的压差，在这个压差作用下，箱内肥液流动不断进入滴灌系统中实现施肥。其缺点是肥箱必须密封，且不能连续加肥。

④ 多功能追肥枪　LYJ 多功能追肥枪与 16 型背负式喷雾器配套使用，广泛应用观赏植物的根下深施化肥，亦可防治根下病虫害，针对性强，效果好，操作简便、安全，避免环境污染。

4.2.4.7　计算机控制系统

国内温室内自动控制环境的装置都应用电动的自控装置，能根据探测器及光敏装置调节温室内的温度和湿度。这种装置只有一个探测器，只能对室内的一个固定地点进行探测，无法顾及全面。目前采用计算机控制，计算机可以根据分布在温室内各处的许多探测器所得到的数据，算出整个温室所需要的最佳数值，使整个温室的环境控制在最适宜的状态。因而既可以尽量节约能源，又能得到最佳的效果。但是计算机控制，一次性投资较大，目前采用的尚不普遍，但为满足未来大规模温室群发展的需要，逐步推广运用计算机控制，则是必然趋势。

4.2.4.8　花床

① 滑动花床（又名变换通道）将花床的座脚固定后，用两根纵长的镀锌钢管放在座脚上面，再将和温室长度相等的花床底架（就是放盆的地方）放到管子上，不加固定，利用管子的滚动，花床就可以左右滑动。因此一间温室只要留一条通道，把花床左右滑动，就可在每两个花床之间露出相当于通道宽度的间隔，也就是可变换位置的通道，这样每间温室的有效面积可以提高到 86%～88%。这种花床一般用轻质钢材作为边框，用镀锌钢丝钢片作底。在上面摆满盆花时，于任何一端用一手即能轻易拉动[图 4-16(d)]。

② 台床　是高于地面设置的种植床，一般用混凝土制成，底部设排水孔，常用于育苗基质无土栽培[图 4-16(a)]。

③ 台架　摆放花盆的架子，结构可为钢筋混凝土或铝合金。观赏温室的台架为固定式，生产温室的台架为活动式。台架分为级台和平台，级台主要用于单面温室，平台主要用于大型现代化温室的盆花生产[图 4-16(b)]。

(a) 台床   (b) 台架

(c) 地床   (d) 活动花床

图 4-16 不同形式的花床

④ 繁殖床 除了繁殖温室外，在一般栽培规模较小的温室中，常在加温管道上设置繁殖床。单屋面温室及不等式温室中，繁殖床设于北墙，因多用于扦插，光线不宜过强；一般床宽约 100cm，深 40～50cm，上设玻璃窗，下部至管道全封闭，以免温度降低，床底用水泥砖铺成，下部距加温管道 40～50cm，现多采用电热线加温。

⑤ 地床 在温室内就地栽培的种植床，其侧面有砖块或混凝土筑成，其中填入土壤[图4-16(c)]。

4.3 塑料大棚和荫棚

4.3.1 塑料大棚的种类

目前生产中应用的大棚，按棚定形状可以分为拱圆形和屋脊形，但中国绝大多数为拱圆形。按骨架材料则分为竹木结构、钢架混凝土柱结构、钢架结构、钢竹混合结构等，按连接方式又可分为单栋大棚、双连栋大棚及多连栋大棚。中国连栋大棚棚顶多为半拱圆形，少量为屋脊形(图 4-17)。

4.3.2 塑料大棚的结构和特点

塑料薄膜大棚的骨架是由立柱、拱杆、拉杆、压杆等部件组成，俗称"三杆一柱"。这是塑料薄膜大棚最基本的骨架构成，其他形式都是在此基础上演化而来。大棚骨架使用的材料比较简单，容易建造。

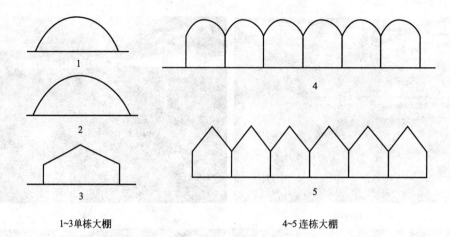

1~3单栋大棚   4~5连栋大棚

图 4-17　塑料大棚的种类

4.3.2.1　竹木结构单栋大棚

大棚的跨度为 8～12m，高 2.4～2.6m，长 40～60m。由立柱（竹、木）、拱杆、拉杆、吊柱（悬柱）、棚膜、压杆（或压膜线）和地锚等构成。

4.3.2.2　GP 系列镀锌钢管装配式大棚

该系列由中国农业工程研究设计院研制成功，并在中国各地推广应用。骨架采用内外壁热浸镀锌钢管制造，抗腐蚀能力强，使用寿命 5～10 年，抗风荷载 31～35kg/m²。以 GP-Y8-1 型大棚为例，其跨度 8m，高度 3m，长度 42m，面积 336m²；拱架用 1.25mm 薄壁镀锌钢管制成，纵向拉杆也采用薄壁镀锌钢管，用卡具与拱架连接；薄膜采用卡槽及蛇形钢丝弹簧固定，还可外加压膜线，作辅助固定薄膜之用；该棚两侧还附有手动式卷膜器，取代人工扒缝放风。

塑料大棚是目前保护地生产中应用最多的一种形式。总结以前的使用经验，任务大棚的跨度一般应是高度的 2～4 倍，即 6～12m 为好。大棚的长度一般以 40～60m 为宜，单栋面积以 1 亩（1 亩＝666 平方米）左右为好。太长了管理不方便，内部环境条件也有差异。

塑料薄膜大棚的增温能力在早春低温时比露地高 3～6℃。其在园艺作物的生产中应用非常普遍，主要用于园艺作物的提早和延后栽培。春季用于提早栽培，可使果菜类蔬菜提早上市 20～40d；秋季延后栽培可使果菜类的蔬菜采收期延后 20～30d；另外还可用于夏季防雨、防风栽培等，早春各种花草和蔬菜的育苗等。

4.3.3　荫棚的种类和作用

不少温室花卉种类属于半阴性的，如观叶植物、兰花等，不耐夏季温室内的高温，一般均于夏季移出室外，在遮阳条件下培养。夏季的嫩枝叶扦插及播种、上盆或分株的植物的缓苗，在栽培管理中均需遮阳。因此，荫棚是花卉栽培必不可少的设备。荫棚具有避免日光直射、降低温度、增加湿度、减少蒸发等特点，给夏季的花卉栽培管理创造了适宜的环境。

荫棚的种类和形式很多，可大致分为永久性和临时性两种。按利用性质，可分为生产荫棚和展览荫棚。

4.3.3.1　临时性荫棚

除放置越夏的温室花卉外，还可用于露地繁殖床和切花栽培（如紫苑、菊花等）。临时性荫棚建造一般的方法是早春架设，秋凉时逐渐拆除。主架由木材、竹材等构成，上面铺设苇秆或苇帘，再用细竹材夹住，用麻绳及细铁丝捆扎(图4-18)。临时性荫棚一般都采用东西向延长，高2.5m，宽6～7m，每隔3m立柱一根。为了避免上下午的阳光从东或西面照射到荫棚内，在东西两端还设遮阳帘。注意遮阳帘下缘应距地60cm左右，以利通风。

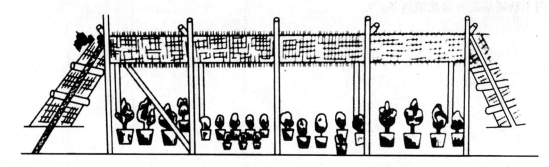

图4-18　荫棚的构造——临时性荫棚

4.3.3.2　永久性荫棚

用于温室花卉和兰花栽培，在江南地区还常用于杜鹃等喜阴性植物的栽培。形状与临时性荫棚相同，但骨架多用铁管或水泥柱构成。铁管直径为3～5cm，其基部固定于混凝土中，棚架上覆盖苇帘、竹帘或板条等遮阳材料。

4.4　温床和冷床

温床与冷床花卉栽培的常用设施。除了利用太阳辐射热外，还需人为加温的叫温床；不加温只利用太阳辐射热以维持一定的温度叫冷床。但两者在形式和结构上基本相同。

4.4.1　温床与冷床的功用

温床与冷床主要用于提前播种，提早花期。利用温床、冷床可在晚霜前30～40d播种，以提早花期；还可以用于促成栽培，如秋季在露地播种育苗，冬季移入温床或冷床使之在冬季开花，或在温暖地区冬季播种，使之在早春开花；另外也可用于半耐寒性盆花或二年生花卉的保护越冬。

4.4.2　温床与冷床的结构

4.4.2.1　冷床的结构

冷床又称阳畦。普遍阳畦主要由风障、畦框和覆盖物3部分组成。各地阳畦的形式略微有些差别。

风障是设置在栽培畦背面的防风屏障物，一般由篱笆、披风和土背构成。用于阻挡季风，提高栽培畦内的温度。

畦框用土夯实而成。一般框高30～50cm，框顶部宽15～25cm，底宽30～40cm。

覆盖物有玻璃、塑料薄膜和蒲席、草席等。白天接受阳光照射，提高畦内温度，傍晚在塑料薄膜或玻璃上再加不透明覆盖物，如蒲席、草席等保温。

改良阳畦由风障、土墙、棚顶、玻璃窗、蒲席等部分构成。内部空间较大，保温性能较好。

4.4.2.2　温床的结构

温床是在阳畦的基础上改进的保护地设施，由床框、床坑、加温设备和覆盖物组成。床框有土、砖、木等结构，以土框温床为主。床坑有地下、半地下和地表 3 种形式，以半地下式为主。加温设备有蒸汽、电热和酿热物等方法，其中以酿热物为主，如马粪、稻草、落叶等，利用微生物分解有机质所产生的热能来提高苗床的温度。酿热物需充分发酵。温度稳定后，再铺上一层 10～15cm 厚的培养土或河沙、蛭石、珍珠岩等，温床扦插或播种用，也可用于秋播草花和盆花的越冬。

第 5 章　花卉的繁殖

植物繁殖方式分为有性繁殖和无性繁殖两大类，有性繁殖也称种子繁殖，具有繁殖量大、方法简便、易操作、根系完整、生长健壮、寿命长等特点。但一些通过异花授粉的花卉易产生变异，不易保持原种的优良特性。无性生殖是指不需要经过两性生殖细胞的结合，由母体直接产生新个体的生殖方式。营养繁殖是指用被子植物的营养器官(根、茎、叶)进行繁殖，一般分为分根、压条、扦插、嫁接等四种。营养繁殖属于无性繁殖一种，由于能够保持植物的优良性状，而且繁殖速度较快，所以被广泛应用到花卉栽培中。

5.1　有性繁殖

5.1.1　花卉种子的寿命

生产上种子发芽率降低到原发芽率的 50％时的时间段即为种子寿命。了解花卉种子寿命对花卉栽培及种子贮藏、采收、交换和种质保存均意义重大。按花卉种子保持寿命长短分有 3 种类型。

① 短命种子(1 年左右)：报春、秋海棠、非洲菊、慈姑等。

② 中命种子(2～3 年)：多数花卉种子属此类。

③ 长命种子(4～5 年)：种子一般具有不透水的种皮，如荷花。

5.1.2　花卉种子的贮藏

5.1.2.1　日常生产及栽培中主要的贮藏方法

有干燥贮藏法、干燥密闭法、干燥地温密闭法、沙藏法、水藏法。

5.1.2.2　长期保存种质资源种子的方法

有低温种质库、超干贮藏、超低温贮藏。

5.1.3　播种前花卉种子的处理

5.1.3.1　清水浸种法

多用于休眠期短或不休眠的种子。用清水特别是热水浸种，可以使种皮变软，种子吸水膨胀，从而提高发芽率。浸种的水温和时间，依不同花卉品种而异，一般浸种时间与水温成反比。适于用 90～100℃ 开水浸种的有紫藤、合欢等；适于用 35～40℃ 温水浸种的有海棠、珊瑚豆、金银花、观赏辣椒、金鱼草、文竹、天门冬、君子兰、棕榈、蒲葵等；适于用冷水浸种的有溲疏、锦带花、绣线菊、连翘等。温水和热水浸种，必须充分搅拌，一方面使种子受热均匀，另一方面防止烫伤种子。

浸种的用水量要相当于种子的 2 倍。浸种的时间一般为 24～48h，或更长些，但月光花、牵牛花、香豌豆等可用温水（30℃）浸 12h 后播种，过久则易腐烂。通过浸种而充分吸水膨胀后的种子，稍加晾干后即可播种，或混沙堆放在室内促其略发芽后进行播种。

5.1.3.2 挫伤种皮法

桃花、梅花、郁李、美人蕉、荷花、棕榈等大粒种子，它们的外壳相当坚硬，吸水困难，胚根和胚芽很难突破外皮。播种前可擦伤或锉磨去部分种皮，使其易吸水发芽，也可用利刀将外壳刻伤，但不要伤害种仁，然后在水中浸泡48h左右，待种仁充分吸水后再下种。

5.1.3.3 酸碱处理法

种皮坚硬的种子如棕榈、芍药、美人蕉、蔷薇等，可用2‰～3‰的盐酸或浓盐酸浸种，浸到种皮柔软为止，浸后必须用清水冲洗干净，以防影响种胚萌发。

5.1.3.4 沙藏催芽法

月季、蔷薇、贴梗海棠、桃、李、梅、杏等种子，必须在低温和湿润的环境下经过很长一段时间才能打破休眠而萌发。为此，在种子采收后应当把它们埋在湿润的素沙土中沙藏一冬。方法是：在秋季或初冬将种子与湿沙混合，使种子不互相接触，种子与沙的重量比为1∶3，沙的含水量为15%左右，即用手攥时能成团，但攥不出水滴，手感到潮湿即可。可将种子与沙分层贮于花盆、木箱内，待种子膨胀后移入冷藏地点，温度为0～5℃。每隔半月左右将种子翻动一次，必要时洒水保持湿润。

5.1.4 花卉种子的播种注意事项

（1）花卉播种一般在保护条件下进行至少应遮雨或适当遮光降温等基础设施，才能达到各种品种出芽所需要的条件，保证其出芽率。

（2）选择疏松透气的土壤（一般选用细粒的泥炭、草炭或腐叶土），装入花盆或播种盘里。

（3）将土壤浇透水，把种子均匀地撒在土层上。

（4）细粒种子播种，不需要盖土，但要注意保持土壤湿度。

（5）大多数种子的发芽适温在20～25℃。

（6）如果盖有保鲜膜，待种子发芽后要及时去掉，及时将花盆搬到有散射光的地方见光。种子发芽后要及时施一些液肥，比如磷酸二氢钾，肥的浓度在200倍左右。

（7）种子长到2～3片叶时可以移栽，5～6片叶时及时定植。定植前盆度放一点缓释颗粒肥和腐熟的有机肥。如果想植株将来丰满一些可以打尖或摘心，同时也起到矮化的作用。

5.2 分生繁殖

5.2.1 分生繁殖的定义

分生繁殖是指人为地将植物体分生出来的幼植物体(如吸芽、珠芽等)或者植物营养器官一部分(如走茎和变态茎)与母株分离或分割，另行栽植而形成独立生活新植株的繁殖方法。

5.2.2 分生繁殖的种类、处理方法和适用种类

5.2.2.1 分株繁殖

将根际或地下茎发生的萌蘖切下栽植，形成独立的植株。园艺上可砍伤根部促其分生根蘖以增加繁殖系数。

5.2.2.2 吸芽繁殖

吸芽是某些植物根际或地上茎叶腋间自然发生的短缩、肥厚呈莲座状的短枝。吸芽下部可自然生根，可自母株分离而另行栽植。如芦荟、景天、凤梨等。

5.2.2.3　珠芽和零余子繁殖

珠芽生于叶腋间，呈鳞茎状的芽，如观赏葱。零余子生于叶腋间，呈块茎状的芽，如薯蓣类。珠芽和零余子脱离母株后自然落地即可生根。

5.2.2.4　走茎繁殖

是从叶丛抽生出来的节间较长的茎。节上着生叶、花和不定根，也能产生幼小植株。分离小植株另行栽植即可形成新株，如虎耳草、吊兰等。

5.2.2.5　分球繁殖

球根花卉利用地下部分变态的营养器官，如根、茎进行分割后独立栽培，依据器官不同有以下几类。

① 根茎繁殖　根茎是一些多年生花卉的地下茎肥大呈粗而长的根状，并贮藏营养物质。节上形成不定根，并发生侧芽而分枝，继而形成新的株丛。如美人蕉、香蒲、紫菀、虎尾兰等。

② 球茎繁殖　球茎地下变态茎，短缩肥厚近球状，贮藏营养物质。老球茎萌发后在基部形成新球，新球旁常生子球。生产中常将母株产生的新球和小球分离另行栽植。或分切数块，每块具芽，另行栽植。如唐菖蒲、慈姑等。

③ 鳞茎繁殖　变态的地下茎，有鳞茎盘，贮藏丰富的营养。鳞茎顶芽常抽生出真叶和花序，鳞叶间可发生腋芽。如水仙、郁金香等。

④ 块茎繁殖　多年生花卉地下茎，外形不一，多近于块状，贮藏营养。根系自块茎底部发生，块茎顶端常具有发芽点，表面有芽眼可生侧芽。如花叶芋和白头翁等。

5.3　扦插繁殖

扦插是利用植物的营养器官(根、茎、叶)的分生机能或再生能力，将其与母株切割后，在合适的环境中使其长新根、发芽抽枝形成新的个体。扦插繁殖产生的后代具有母本的优良性状、开花结果早、操作容易等优点。

5.3.1　影响扦插生根的因素

5.3.1.1　内在因素

(1) 植物种类　不同植物种类由于遗传性的差别，其形态构造、组织结构、生长发育规律和对外界环境的适应能力等都可能有区别。因此，扦插生根的难易程度有较大的差别，在生产中可分为易生根、较易生根、较难生根和极难生根4种类型。植物生根的难易，不但科与科不同，属与属也不同，而且同属的植物差异也很大。

(2) 母树年龄　一般情况下插穗的生根能力随着母树年龄的增长而降低。在扦插繁殖中对母树采取一系列技术处理，可取得较好生根效果。

(3) 插穗状况

① 插穗的成熟度　插穗成熟度不同，其扦插生根能力的差异很大。扦插繁殖应用的插穗有两种，一种是带叶的嫩枝，另一种是不带叶的休眠枝。绝大部分木本植物，在适宜的条件下，嫩枝扦插更容易生根成活。

② 插穗的大小　插穗的长短和粗细，对木本植物扦插成活和生长有一定影响。对大多数植物来讲，插穗越大，越易生根；但插穗过长，反而不利于生根。应根据需要采用适当长度和粗度的插穗。

③ 插穗的极性　无论是枝插、根插，不管正插、倒插、横插，都不能改变上端发芽和下端生根的规律，这就是极性的表现。在生产实践中可利用植物的极性，进行倒插催根，提

高休眠枝扦插的成活率。

④ 插穗的叶和芽　芽和叶能供给插穗生根所必需的营养物质和生长激素、维生素等，对生根有利。插穗留叶多少要根据具体情况而定，一般留叶2～4片，若有喷雾装置，能定时保湿，则可留较多叶片，以便加速生根。

⑤ 插穗的采集部位　不同部位采穗的扦插生根效果不同。常绿树种扦插以中上部枝条为优，其生根率高；落叶树种冬春利用休眠枝扦插，以基部枝条为优，夏秋扦插则以中段上部枝条生根率高。

5.3.1.2　环境因素

① 温度　扦插生根所需温度因不同种类而异。一般植物在15～20℃较易生根，喜高温的温室植物往往在25～30℃时生根良好，土温较气温略高3～5℃时对扦插最为有利。

② 湿度　影响插穗生根的湿度包括土壤湿度和空气湿度。大多数种类要求扦插基质保持湿润状态即可，但空气湿度要求较为严格，尤其是带叶片扦插时，空气湿度不低于80%。在插穗已形成愈伤组织后，为保证愈伤组织和新根不腐烂，要适当控制空气和土壤湿度。

③ 光照　光照能促进插穗生根，对常绿树及嫩枝扦插是不可缺少的。但扦插过程中，强光又会使插穗干燥或灼伤，降低成活率。在实际工作中，可采取喷水降温或适当遮阳等措施来维持插穗水分平衡。夏季扦插时，最好的方法是应用全光照自动间歇喷雾法，既保证了供水又不影响光照。

④ 空气　插穗生根需要充足的空气，包括充足的氧气，特别是愈伤组织形成时，呼吸作用强盛，消耗较多氧气。不定根的形成和生长都要求基质疏松、通气良好、水分和空气相协调、氧气充足，才易于长根成活。

⑤ 基质　基质的选择要能满足插穗对水分和通气条件的要求，才有利于生根。目前常用的基质可分为固态、液态和气态3种类型。目前使用最普遍的是各种固态基质，它们不仅使用方便，而且还可以根据需要，把不同的基质按一定的配方配制成复合基质使用，更能满足特定树木插穗对生根条件的要求。

5.3.1.3　人为因素

人为采取技术措施促进生根的方法很多，目前使用最广的是植物生长激素处理，此外还有多种物理处理法。

① 植物生长激素处理　常用的有吲哚乙酸(IAA)、吲哚丁酸(IBA)及萘乙酸(NAA)等，这些有机酸类可促使对生根有促进作用的有机物在插穗下部积累，从而促进发根。对于茎插均有显著效果，但对根插和叶插效果不明显，处理后常抑制不定根的发生。

② 物理方法处理　物理方法的处理很多，包括机械处理、软化处理、干燥处理、温度处理、高温静电处理机超声波处理等。

5.3.2　扦插的类型和方法

5.3.2.1　扦插种类

① 硬枝扦插　即采用木质化的成熟枝条进行扦插叫硬枝扦插。秋季和春季均可进行，一般以秋插为主，在9月～翌年1月进行，第二年春季移植。插条选择树冠中上部木质化程度高的一、二年生粗壮的芽子饱满、组织充实、无病虫害的枝条作为插条，剪取长度一般灌木为5～15cm，乔木为15～20cm播条直径0.5～3cm，上端剪平，下端稍斜，每个插条要有2～4个饱满芽，如月季为插条的1/3～2/3，此法操作简便，一般多采用此法。

② 嫩枝扦插　即用当年生还未木质化或半木质化的枝条进行扦插叫嫩枝扦插。一般在5～6月进行，从老枝与当年嫩枝交接处离节梢2～3mm处剪下，并除去下端枝叶，随剪随插。如菊花、吊钟海棠、一串红等。

③ 芽插 即采用母株根颈处萌发的蘖芽、叶腋间的腋芽以及块茎、球茎、根茎上切下的芽块进行扦插叫芽插。芽插在春、秋、夏季均可进行，一般极易生根，如菊花、金边龙舌兰可采用此法；腋芽扦插分春，秋两季进行，如大丽花、天竺葵、菊花等易用此法；吸芽扦插应选无风的阴天进行，浇水以湿透吸芽底部泥土为宜，不可过湿，如苏铁、凤梨等多用此法；唐菖蒲、秋海棠等具有球茎和块茎的植物可分割为带芽的茎块来扦插；百合、石蒜和风信子等具有鳞茎的植物，可用其茎上发生珠芽、鳞芽来繁殖；荷花、睡莲一类植物具有根状茎，可取之截成小段或分成小块然后扦插。

④ 叶插 用叶片扦插繁殖的叫叶插，春、夏、秋都可进行。如石连花、秋海棠、落地生根、虎尾兰和其他景天科植物的叶子都可用叶扦插繁殖，其中落地生根、石莲花及其他景天科植物的叶将其平贴于沙面上即可生根。虎尾兰一类的叶片切成小段垂直插入水分不多的沙内，也可生成新的植株。

⑤ 根插 有些肉质根的普通根分割以后扦插，也可培育成新的植株，如蔷薇、牡丹、芍药、荷包牡丹等都可以用此法繁殖。

5.3.2.2 扦插方法

① 竖插 即将插条从地面垂直插下，扦插深度为插条的 1/3～2/3，此法操作简便，一般多采用此法。

② 横插 插条横埋于土中，适用于具有根茎的种类，如荷花、睡莲等。

③ 带踵扦插 在新枝与老枝相接处的节位，下部 2～3mm 处剪下，即为带踵插条。插条长度一般取 10～12cm，新、老枝节间养分多、组织紧密、发根容易，成活率高，幼苗长势强，适用于山茶、桂花等。

④ 分期割离扦插 即在母株上分三次割离枝条。第一次割入插条直径的一半深，第二次再割剩余部分的一半，第三次全部割完，每次间隔 4～5d。采用这种方法生根早，成活率高，适宜扦插较名贵的花卉。

5.4 嫁接繁殖

5.4.1 嫁接的定义和作用

5.4.1.1 嫁接的定义

也称接木，是人们有目的地利用两种不同植物结合在一起的能力，将一种植物的枝或芽，接到另一种植物的茎或根上，使之愈合生长在一起，形成一个独立的新个体的技术。供嫁接用的枝或芽叫接穗，而承受接穗的植株叫砧木。以枝条作为接穗。用嫁接方法繁殖所得的苗木称"嫁接苗"。嫁接苗和其他营养繁殖苗所不同的特点是借助了另一种植物的根，因此嫁接苗为"它根苗"。

5.4.1.2 嫁接的作用

嫁接为花卉栽培中重要繁殖方法之一。嫁接所用的接穗，均采自发育阶段较高的母枝上，遗传性稳定，能保持母枝原有的优良性状。通过嫁接可以利用砧木对接穗的生理影响，提高花卉的抗性，也可改良品质，达到丰产效果。

5.4.2 影响嫁接成活的因素

在嫁接实践中，影响嫁接成活的因素很多，也很复杂，要求也各不相同。这些因素并不是孤立地单独起作用，而是相互影响的，它们之间的关系是一个对立统一的整体。因此，不仅要了解各种因素对嫁接成活的影响，还要掌握各种因素之间的主次关系、变化规律，依不同情况灵活应用，以达到提高嫁接成活率的目的。

在具有亲和力的嫁接组合中，砧木和接穗的生活力是嫁接成活的决定性因素。在影响嫁接成活的各项环境因子中，温度、湿度、通气状况、光照以及嫁接技术等方面相互影响，尤其湿度起决定性作用。

5.4.3 嫁接的常用方式

① "T"字形芽接　要求砧木和接穗形成层都处于活跃期，即木质部和韧皮部易剥离期。

② 嵌芽接　自砧木芽眼萌动开始，至新梢封底前的时间内都可进行。

③ 贴芽接　优点是嫁接速度快，成活率高，愈合快，可以延长嫁接时间，接穗利用率高。

④ 绿枝劈接　砧木和接穗均达半木质化时即可开始嫁接，可一直接到秋季成活苗木新梢成熟为止。

⑤ 绿枝插皮接　绿枝接穗要求半木质化以上至木质化。

⑥ 绿枝插皮腹接　绿枝接穗要求半木质化程度以上。

⑦ 绿枝单芽腹接　在砧木的适宜位置切口，形式基本与嵌芽接相同，只是切削砧木的木质部略深。

⑧ 绿枝舌接　绿枝接穗要去掉叶片，保留叶柄。

⑨ 嫩梢劈接　与绿枝劈接操作相同，但接穗一定要用厚 0.004mm 的薄膜全包扎，注意芽眼处只缠 1 层膜。

⑩ 嫩梢插皮腹接　接穗的削法与绿枝插皮接一样。属于高效繁殖名贵品种接穗的重要技术措施。

5.5　压条繁殖

压条又称压枝，即将植物的枝条和茎蔓压土中或在树上将欲压的部分用土或其他基质包裹，使之生根后再剥离成为独立的新植株的方法。

5.5.1 压条繁殖的特点

① 压条繁殖多用于茎节和节间容易自然生根，而扦插又不易生根的木本花卉，压条繁殖的植株能保持原有品种的优良特性。

② 压条繁殖的植株容易成活，成苗快，结果早。

③ 压条繁殖操作方法简便，当年压条没有成活来年可再重压，不浪费繁殖材料。

④ 压条繁殖的位置固定，占地较多，短时期内也不易大量繁殖，繁殖量小。

5.5.2 压条繁殖的方法

压条繁殖多用于茎节和节间容易自然生根，其基本方法是把母株枝条的一段刻伤埋入土中，生根后切离母株，使之成为独立的新植株。

5.5.2.1 普通压条法

多用于枝条柔软而细长的藤本花卉，如迎春、金银花、凌霄等。压条时将母株外围弯曲呈弧形，把下弯的突出部分刻伤，埋入土中，再用钩子把下弯的部分固定，待其生根后即可剪离母株，另外移栽。普通压条法主要有 3 种。

(1) 单枝压条

此法多用于乔木类花卉，一根枝条只能繁殖一株幼苗。把母株下部柱条下弯，然后埋入土内，枝梢外露，并用竹竿固定，使其直立生长。埋入土内的被压部位，要扭伤、刻伤或环状剥皮，以促使发根。同时用木钩或树杈把被压部位固定住，这样效果更好。待其生根后可从母株上割高。

(2) 连续压条

此法多用于灌木类花卉。先把母株上靠近地面的枝条的节部稍稍刻伤，然后把枝条深埋入挖好的沟内，枝梢露出地面。经过一段时间，节部萌发新根，节上腋芽也萌发出土。待幼苗本质化后，从埋土处把各段的节间切断。

(3) 波状压条(重复压条)

此法适于藤本、蔓生性木本花卉。这类花木枝条很长，节部入土后多数能自然生长新根。可将枝条呈波浪状逐节埋入土内(刻伤或不刻伤)，半个月左右即能发根，然后把露在外面的节间部分逐段剪断。节部新根吸收的水分、养分可供腋芽萌发生长，以便形成许多新的植株。葡萄、紫藤等常用此法繁殖。

5.5.2.2 堆土压条法

适用于丛生性强、枝条较坚硬不易弯曲的落叶灌木，如红瑞木、榆叶梅、黄刺玫等。于初夏将其枝条的下部距地面约 25cm 处进行环状剥皮约 1cm，然后在母株周围培土，将整个株丛的下半部分埋入土中，并保持土堆湿润。待其充分生根后到来年早春萌芽以前，刨开土堆，将枝条自基部剪离母株，分株移栽。

5.5.2.3 高枝压条法

用于枝条发根难又不易弯曲的常绿花木，如白兰、米兰、含笑等。一般在生长旺季进行，挑选发育充实的 2 年生枝条，在其适当部位进行环状剥皮，然后用塑料袋装入泥炭土、山泥、青苔等，包裹住枝条，浇透水，将袋口包扎固定，以后及时供水，保持培养土湿润。待枝条生根后自袋的下方剪离母体，去掉包扎物，带土栽入盆中，放置在阴凉处养护，待大量萌发新梢后再见全光。

对于一些比较柔软和容易离皮的花卉，采用高枝压条法，除对高枝压条部位采用环状剥皮外，还可采用拧枝，即用双手将被压部分扭曲，使高枝压条部位的韧皮部与木质部分离即可，在伤口涂抹一些生长激素，可促进生根。

有的植物枝条坚硬不易弯曲下来做压条繁殖，可以用空中压条法。例如米兰、白兰花等植物。

5.5.2.4 空中压条法

先用塑料薄膜把环割的伤口下部围起来，捆扎紧，再把塑料薄膜翻上去成口袋状，向袋内填满粗沙，浇足水，然后把上口也捆扎紧。用支架把压条的枝固定住，或用绳子吊挂在大的枝条上。待芽长出新枝时，从下部与母体分离，栽入土中，成为一株新的植株。

5.6 组织培养

5.6.1 组织培养的定义和特点

5.6.1.1 组织培养的定义

植物组织培养是指把植物体的细胞、组织或器官的一部分，在无菌的条件下接种到人工配制的培养基上，于玻璃容器或其他器皿内在人工控制的环境条件下进行培养，从而获得新植株的方法。由于培养材料脱离植物主体，在试管或其他容器中，所以又称为离体培养或试管培养。

5.6.1.2 组织培养的特点

① 培养条件可以人为控制；

② 生长周期短，繁殖率高；

③ 管理方便，利于工厂化生产和自动化控制。

5.6.2 培养基的配制

植物组织培养的成功与否，除培养材料本身的因素外，第二个因素就是培养基，培养基的种类、成分直接影响到培养材料的生长发育。因此，在组织培养基的各个环节中，应着重掌握培养基，了解它的组成和配制方法。

5.6.2.1 器皿的洗涤

植物组织培养用的各种用具、器皿必须清洗干净后才能使用。所以，组织培养最重要的，也是最基本的要求，就是各项操作都应从无毒害、无污染的培养环境来考虑。培养过程中最经常、最大量的工作之一，是洗涤培养瓶及其他常用器皿。

5.6.2.2 培养基成分

目前，大多数培养基的成分是由无机营养物、碳源、维生素、生长调节物质和有机附加物五类物质组成的。

5.6.2.3 培养基配制步骤

① 制备母液　为了避免每次配制培养基都要对几十种化学药品进行称量，减少工作量，一般应该将培养基中的各类成分，按原量 10 倍、100 倍或 1000 倍称量，配成浓缩液，这种浓缩液叫做母液。这样每种药品称量一次，可以使用多次，并可减少多次称量所造成的误差。每次配制培养基时，取其总量的 1/10、1/100、1/1000，加以稀释，即成培养液。

② 大量元素配制　大量元素包括硝酸铵等用量较大的几种化合物。制备时，按所需各成分排列的顺序，以其 10～50 倍的用量，分别称出并进行溶解，以后按顺序混在一起，最后加蒸馏水，使其总量达到 1L，此即大量元素母液。

③ 微量元素配制　因用量少，应配成 100 倍或 1000 倍的母液。配制时，每种化合物的量加大 100 倍或 1000 倍，逐次溶解并混在一起，制成微量元素母液。

④ 铁盐配制　铁盐要单独配制，由硫酸亚铁（$FeSO_4 \cdot 7H_2O$）和乙二胺四乙酸二钠（Na-EDTA）配成 100 倍的母液，溶于 1L 水中配成。

⑤ 有机物质配制　主要指氨基酸和维生素类物质。它们都是分别称量，分别配成所需的浓度（0.1～1.0mg/mL）的母液，用时按培养基配方中要求的量分别加入。

⑥ 植物激素配制　最常用的有生长素和细胞分裂素。这类物质使用浓度很低，一般为0.01～10mg/L。可按用量的 100 倍或 1000 倍配制母液，配制时要单个称量，分别贮藏。某些生长调节物质不溶于水，2,4-D、萘乙酸(NAA)、吲哚乙酸(IAA)、赤霉素(GA_3)、玉米素(ZT)等在配制时，可先将称好的药品置于小烧杯或容量瓶中，用少量的 95% 酒精溶解，再加水定容，也可加热助溶或用 1% 氢氧化钠溶解，再加蒸馏水稀释至所需浓度。配制激动素(KT)和 6-苄氨基嘌呤(6-BA)时，应先用 1% 的盐酸溶解，然后加蒸馏水至所需量。

以上各种混合液(母液)或单独配制药品，均应分别贴上标签，注明母液号、配制日期、倍数及配 1L 培养基应取的量。母液最好放入 2～4℃冰箱中保存，以免变质、沉淀、长霉。母液贮存时间不宜过长，最好在 1 个月内用完。如发现有霉菌和沉淀产生，就不能再使用。至于蔗糖、琼脂等，可按配方中要求，随称随用。

5.6.3 组织培养的程序

5.6.3.1 培养基的灭菌与保存

培养基在制备过程中带有各种杂菌，分装后应立即灭菌，至少应在 24h 之内完成灭菌工作。常规方法是放入高压蒸汽灭菌锅内加热、加压灭菌。在锅内因密闭而使蒸汽压力上升，并因压力上升而使水的沸点升高。在 1.1kg/cm² 的压力下，锅内温度就能达到 121℃。在 121℃ 的蒸汽温度下可以很快杀死各种细菌及它们高度耐热的芽孢，这些芽孢在 100℃ 的沸水中能生存数小时。一般少量的液体只要 20min 就能达到彻底灭菌，如果灭菌的液体量大，就应适当延长灭菌的时间。特别要指出，只有完全排除锅内的空气，使锅内全部是蒸汽的情况下，1.1kg/cm² 的压力才对应 121℃，否则灭菌便不能彻底。灭菌的功效主要是靠温度，而不是压力。如果没有高压蒸汽灭菌锅，也可采用间歇灭菌法进行灭菌，即将培养基煮沸 10min，24h 后再煮沸 20min，如此连续灭菌 3 次，即可达到完全灭菌的目的。

5.6.3.2　外植体的消毒和接种

对外植体材料合理有效的灭菌处理是植物组织培养中重要的环节。在组织培养过程中灭菌的原则是既能有效地杀灭微生物，又不损伤植物组织。植物灭菌药剂有酒精、升汞、次氯酸钠、漂白粉、双氧水和新洁尔灭。不同的植物材料、取材季节和部位对灭菌效果影响较大，要依据实际情况确定最佳杀菌剂的种类、使用浓度和处理时间。外植体材料灭菌步骤一般是先用自来水冲洗材料不少于 10min，材料表面有毛或难清洗的种类可用洗衣粉或洗洁精清洗 1~2h；洗净后用滤纸吸干水后，浸泡于灭菌剂中处理，药剂浓度及时间长短依据材料而定。通常宜选用两种灭菌剂交叉灭菌。如先用 70% 酒精浸泡 10~20s，再用 10% 次氯酸钠处理 5~15min，最后用无菌水冲洗 3~5 次。

接种是把经过表面灭菌的植物材料经分割后，在无菌条件下转移到无菌培养基上的全部过程。接种的全过程要求在无菌条件下进行。

5.6.3.3　培养条件

植物组织培养和栽培植物一样，也受温度、光照、培养基的 pH 值和渗透压等各种环境因素的影响，因此需要严格控制培养条件。此外，由于植物的种类、取样部位及时间的不同，其要求也有差异。

第6章　花卉的栽培管理

6.1　露地花卉的栽培管理

6.1.1　整地作畦

在露地花卉播种或移植前，选择光照充足、土地肥沃平整、水源方便和排水良好的土地进行翻耕、深松耕、耙地、镇压、平地、起垄、作畦等一系列的土壤耕作措施，称为整地。整地应先翻起土壤、细碎土块，清除石块、瓦片、残根、断茎及杂草等，利于种子发芽及根系生长；土壤经翻耕后，若过于松软，破坏了土壤的毛细管作用，根系吸水困难，必须适度镇压，通常用滚筒或木板等，如果面积不大，可以用脚轻踏镇压。

整地的质量与花卉生长发育有重要关系，整地可以改进土壤物理性质，使水分空气流通良好，种子发芽顺利，根系易于伸展；土壤松软有利于土壤水分的保持，不易干燥，可以促进土壤风化和有益微生物的活动，有利于可溶性养分含量的增加；可以将土壤病虫害等翻于表层，暴露于空气中，经日光与严寒等灭杀，预防病虫害。整地深度对整地质量至关重要，宿根和球根花卉宜深，一、二年生花卉宜浅。宿根花卉定植后，继续栽培数年至十余年，根系发育比一、二年花卉强大，因此要求深耕土壤至 40～50cm，同时需施入大量有机肥料。球根花卉因地下部分肥大，对土壤要求尤为严格，深耕可使松软土层加厚，利于根系生长，使吸收养分的范围扩大，土壤水分易于保持。深耕应逐年加深，不宜一次骤然加深，否则心土与表土相混，对植物生长不利。一、二年生花卉生长期短，根系入土不深，宜浅耕20～30cm。

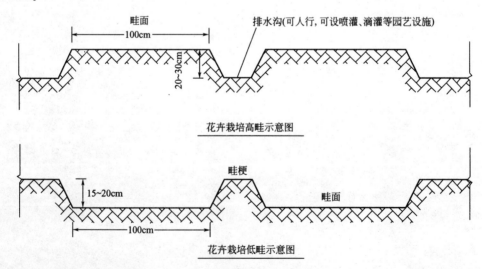

图 6-1　花卉露地栽培作畦示意图

花卉露地栽培用畦栽方式，畦面宽一般为 100cm，作畦分为高畦与低畦两种(图 6-1)。

高畦用于南方多雨地区及低湿处，畦面高出地面 20～30cm，便于排水，畦面两侧为排水沟；低畦用于北方干旱地区，畦面有畦埂，畦面必须整平，坚实一致，顺水源方向微有坡度，使水流通畅，均匀布满畦面。做畦方式除受地理气候因素影响外，还与植物本身生长习性有直接关系，如麦秆菊(*Helichrysum bracteatum*)性喜高燥的沙质土，阳光要充足，过湿地不宜栽种，适合高畦栽培。

6.1.2　育苗与间苗

露地花卉因种类不同繁殖方法各异，如一、二年生花卉多用播种法繁殖，宿根花卉除播种外，常采用分株或扦插、压条、嫁接等方法繁殖，球根花卉主要采用分球法进行繁殖。

一串红(*Salvia splendens*)、凤仙花(*Impatiens balsamina*)、翠菊(*Callistephus chinensis*)、百日草(*Zinnia elegans*)等一、二年生草本花卉，以及不耐移植的花卉多以直播繁殖，播种苗往往比较密集而且不均匀，因此必须进行间苗。当子叶完全展开并要长出真叶时就应间苗，间苗即对苗床幼苗去弱留壮、去密留稀拔去一部分幼苗。使幼苗之间有一定距离，分布均匀，故俗称疏苗。当幼苗出土至长成定植苗应分 2～3 次进行间苗，每次间苗量不宜大，最后一次间苗称定苗。播种时密度为 1000～1600 株/平方米，间苗后为 400～1000 株/平方米，间苗可以扩大幼苗间距、改善拥挤情况、使空气流通日照充足、防治病虫害，从而生长健壮。

6.1.3　移植和定植

露地花卉，除去不宜移植而进行直播的花卉外，大都是先在苗床育苗，经分苗和移植后，最后定植于花坛或花圃中。移植和定植一样，包括起苗和栽植两个步骤，最好选阴天或傍晚进行，起出幼苗，在苗床上加大株行距重新栽植，栽后要浇透水，通过培育，直至出圃定植。经过移植，使幼苗地上、地下部分都有充足的营养面积保证了正常生长；移植过程损伤了根系，伤口愈合后易产生许多不定根，进而形成发达的根系；还有暂时抑制生长、促进分枝的效果。

6.1.4　肥水管理

花圃或花坛施肥以基肥为主，基肥以有机肥为主，常用的有堆肥、厩肥、饼肥和骨粉等，通常在整地的同时翻入土内。追肥可补充基肥的不足，如花圃中采籽用的母株、花坛中花大色艳和花期长的种类，应适当予以追肥。常用的有完全腐熟的人粪尿、饼肥水和化肥。化肥常用的有尿素、碳铵、硫酸铵等。施用浓度一般为 1%～3%。叶面喷施，浓度要求更小，通常为 0.1%～0.3%。

浇水的时间一般根据土地的水分状况而定"土壤不干不浇，浇则浇透，不浇半截水"。夏季以早、晚浇水较好，春秋季一天中任何时候都可以浇。

6.1.5　整形修剪

6.1.5.1　整形和修剪的定义和作用

整形是通过修剪、设立柱、支架等手段对花卉的植株进行整理，以达到株形美观、调节生长发育的目的。修剪是对花卉枝条及器官进行整理，使花卉株形紧凑，改善植株通风透光状况，调节生长与发育的矛盾，使生长均衡，满足观赏与生长的需求。

6.1.5.2　整形的方式

花卉整形一般以自然形态为主，常用的形式有：①单干式：每株保留一个主枝，不留侧枝，使顶端开一朵花；②多干式：一株保留多个主枝，每个枝干顶端开一朵花；③丛生式：

幼苗期多次摘心，形成多数枝条，全株呈低矮丛生状，开出很多花朵；④悬垂式：全株枝条向一方下垂，呈悬垂状；⑤攀援式：对于蔓性花卉，如茑萝、牵牛等，使其附于墙壁或缠绕在篱垣、支架上；⑥匍匐式：利用半枝莲、鸭趾草等匍匐生长的枝叶将地面覆盖；⑦支架式：将蔓生花卉牵引于棚架上。

6.1.5.3 修剪的方法

花卉修剪依花卉本身的生物学特征及观赏要求不同，常用的手法有摘心、除芽、剥蕾、折枝、捻梢、曲枝等。①摘心：摘除主枝或侧枝上的顶芽，或者连同生长点附近的几片嫩叶一同摘除。可以控制生长，促发侧枝，从而增加花枝数，还可以在一定范围内控制花期；②除芽：指摘除侧芽和挖掉脚芽，除芽可防止分枝过多而造成营养分散；③剥蕾：摘除叶腋生出的侧蕾，促使主蕾开出大而色正的花朵；④折枝和捻梢：将枝梢扭曲，使木质部折断而韧皮部联接。可防止枝条徒长，促进花芽分化；⑤曲枝：将长势过旺的枝条向侧方压曲，将长势过弱的枝条扶直，也可通过牵拉使株丛内的枝条分布均匀。

6.1.6 越冬防寒

露地花卉过冬可使用覆盖法、培土法、灌水法、移入阳畦、早春浅耕等方法防寒。

6.2 盆花的栽培管理

6.2.1 培养土的配制

6.2.1.1 培养土配制原则

盆栽花卉种类繁多，由于原产地不同、生态类型不同，各种花卉要求用的盆土是不同的，又因为盆栽是在一个特殊的小环境，因盆容量有限，对水、肥等的缓冲能力较差，故盆栽用土要求较严，一般由人工配制而成，这种供盆栽花卉用的土壤称为培养土。配制培养土的原则有以下几点：①疏松通气，以满足根系呼吸的需要；②水分的渗透性和固持性好，不会积水，能不断提供花卉生长发育的需求；③酸碱度要适合栽培花卉的生态需求；④培养土要不适宜有害生物和其他有害物质的滋生和混入。

6.2.1.2 培养土配制要点

（1）为了满足培养土良好的物理化学特性，需要选择多种土壤材料与栽培基质，并进行定量配比。常用的有腐殖土、厩肥土、草皮土、腐叶土、针叶土、泥炭土、石楠土、园土、塘泥、山泥、沙、木屑、骨粉、陶粒、蛭石等。一般盆栽花卉的培养土的配制比例为：木本花卉是30％腐叶土＋50％园土＋20％河沙；温室花卉是40％腐叶土＋40％园土＋20％河沙；一般草花是30％腐叶土＋50％园土＋20％河沙；播种用为50％腐叶土＋30％园土＋20％河沙；扦插在砂中的成活苗培养土为2份黄沙＋1份壤土＋1份腐叶土。研究表明，不同配方的培养土理化性质是有一定差异的。许桂芳等在对盆栽杜鹃花培养土配方研究中发现以1/3泥炭＋1/3堆腐木屑＋1/3干畜粪、1/3煤渣＋1/3堆腐木屑＋1/3泥炭、1/4煤渣＋3/4堆腐木屑3种培养土的理化性质最为适合杜鹃花生长发育，是良好易得的基质（表6-1）。

（2）为了使土壤酸碱度等化学性质符合盆栽植物的生长需求，应根据花卉本身对土壤酸碱度的喜好（表6-2）而进行配制，如用于培养杜鹃、山茶、兰科植物、彩叶草等喜酸性土的植物，可以加入适量0.2％硫黄粉，而用于石竹、香豌豆、风信子等喜碱性土的植物时，可掺入适量的10％石灰粉。

（3）为了抑制各种病菌发生和传播，消灭土壤害虫，则要对培养土进行物理和化学消毒。

表 6-1 培养土的理化性质及其在育苗过程中的变化

培养土编号及配方	pH 值	持水量/%	容重/(kg/L)		通气孔隙/%	
			配制时	15 个月时	配制时	15 个月时
A. 腐叶土、堆腐木屑、干畜粪各 1/3	5.8	49	0.3	0.41	17.5	13.2
B. 泥炭、堆腐木屑、干畜粪各 1/3	5.4	47	0.24	0.32	21	20.4
C. 煤渣、堆腐木屑、干畜粪各 1/3	5.48	39	0.56	0.6	13.5	12.4
D. 煤渣、堆腐木屑、泥炭各 1/3	5.02	43	0.58	0.6	22.8	22.4
E. 煤渣 1/4、堆腐木屑 3/4	4.62	46	0.6	0.62	20.8	20.2
F. 煤渣、堆腐木屑、菜园土各 1/3	5.45	59	0.92	1.06	11.4	14.2
G. 煤渣、渣肥、菜园土各 1/3	5.82	52	0.94	1.08	10.6	11.3
H. 蛭石与堆腐木屑各 2/5、干畜粪 1/5	5.32	53	0.35	0.49	18.4	16.9
I. 蛭石 2/5、泥炭 2/5、干畜粪 1/5	5.38	54	0.23	0.48	25.6	20.2
J. 对照:单纯腐叶土	5.31	51	0.5	0.52	20.2	21.2

表 6-2 常见盆栽花卉适宜的土壤酸碱度

耐酸性土壤的花卉种类 (pH4~6)		宜弱酸性土壤的花卉种类 (pH5~6)		宜中性偏微酸性土壤的花卉种类(pH6~7)		宜中性偏微碱性土壤的花卉种类(pH7~8)	
杜鹃	4.0~5.0	百合	5.0~6.0	金盏花	6.5~7.5	玫瑰	6.0~8.0
山茶	5.0~6.5	秋海棠	5.0~6.5	香石竹	6.0~7.5	石竹	6.5~8.0
米兰	5.0	唐菖蒲	5.5~6.0	美人蕉	6.0~7.0	君子兰	6.7~7.6
含笑	4.5	兰花	5.5~6.0	君子兰	6.7~7.0	天竺葵	6.0~8.0
春兰	4.9~5.0	郁金香	5.5~6.0	牡丹	6.9~7.2	风信子	6.0~7.5
罗汉松	4.95~5.0	仙客来	5.5~6.0	月季	6.9~7.2	夹竹桃	7.0~8.0
彩叶草	4.5~5.5	藿香蓟	5.0~6.0	瓜叶菊	6.5~7.5	仙人掌类	7.0~8.0
兰科植物	4.5~5	吊钟海棠	5.5~6.5	郁金香	6.5~7.5	香豌豆	5.0~7.5
凤尾蕨	4.5~5.5	八仙花	6.0~7.0	文竹	6.0~7.0	黄杨	7.3~8.0
铁线蕨	4.5~6.0	朱顶红	5.5~6.5	金鱼草	6.5~7.5	迎春	7.3~8.0
紫鸭趾草	4.0~5.0	仙客来	5.3~6.5	勿忘我	6.5~7.5		
蕨类植物	4.5~5.5	蒲包草	5.5~6.5	水仙	6.0~7.5		
凤梨科植物	4.0~4.5	非洲菊	5.0~6.5	报春花	6.5~7.0		

6.2.1.3 培养土配制研究实例

盆栽花卉培养土配方是花卉生产的基本"软件",当然也是研究最多的内容,以下介绍几种常见盆栽花卉的培养土配方。

① 一品红培养土的配制 一品红又叫圣诞花，喜温暖，对土壤的要求不严格，常见配方如表6-3。一品红的繁殖一般用扦插的方法，所以基质通透性要好，它以微酸性、湿润、排水良好的沙壤土最好。相比之下，泥炭土较疏松，排水性好，较有利于一品红根系的生长。随着研究新基质工作的进步，中药渣代替泥炭的方法可显著提高一品红的生长量，促进开花，冠幅、花径、苞片数显著增加，降低株高，外观品质提高，所以用70％中药渣＋10％蛭石＋20％珍珠岩代替泥炭较好。

表6-3 一品红盆栽常见培养土配方（比值为体积比）

序号	配方	参考文献
1	腐叶土4份＋园土4份＋河沙2份；植株成长后，腐叶土的量减少	季小菊，2010
2	腐叶土4份、园土3份、河沙2份、饼肥1份混合配制	裴成龙，2011
3	70％中药渣＋10％蛭石＋20％珍珠岩优于70％泥炭＋10％蛭石＋20％珍珠岩	孙兆法，2008
4	珍珠岩均占30％，另外70％配比材料的效果为：A（泥炭土占70％）＞B（松针土占70％）＞CK（腐殖土70％）＞C（田土70％）	李向林，2005
5	草炭＋珍珠岩（4：1）＞草炭＋珍珠岩＋蛭石（6：1：1）＞草炭＋珍珠岩（1：1）＞园土＋羊粪（3：1）	席志清，2009
6	50％园土、25％腐叶土和25％堆肥配合使用，盆底垫3～5cm厚的炭渣，以增强透气性	易咏梅，2000
7	2份树枝颗粒＋1份黄泥＋0.3份沙＞1份树枝颗粒＋1份黄泥＋0.3份沙＞1份树枝颗粒＋2份黄泥＋0.3份沙	黄维平，1996

② 一串红培养土的配制 一串红又名西洋红、爆竹红，不仅可以作盆栽观赏，也可栽培在庭院里点缀，深受人们喜爱，常见配方及体积比见表6-4。一串红主要以种子繁殖和扦插繁殖为主，依据它喜温暖、不喜积水的生长习性，根据研究可知，珍珠岩与蛭石按1：1混合的基质是最有利于一串红的插穗生根。表6-4中的配方8，滇池淤泥种植出来的一串红，花期延长，而且花色多且较鲜艳。根据许多人研究的新培养基质，最佳的复合基质为黑木耳菌糠、草炭、蛭石体积比为4：3：3。近来研究的猪粪秸秆型、鸡粪秸秆型基质均可在一串红穴盘育苗中取代草炭、蛭石，这些新培养基质不仅符合循环利用又符合"合宜园艺"的发展理念。

③ 郁金香培养土的配制 郁金香喜排水性好且营养充足土壤，因此含有河沙、锯末粉等成分其保水和吸水性能好，而且通气透水性也好，在生产上能促进郁金香生长。根据实验得出：田土、河沙、鸡粪、复合肥按6.5：2.4：1：0.1比例混合效果良好。

④ 仙客来培养土的配制 仙客来对土壤要求比较严格，目前传统的基质配方如田土加粪肥，土壤黏重、板结，并且土壤栽培影响仙客来生长，所以种植仙客来一般常用无土栽培基质，有蛭石、珍珠岩、陶粒、河沙等。实验表明，50％基质泥炭＋50％碧糠灰的配比可使花的冠径大、球茎大、开花数、显色花蕾数多，是较理想的基质配方。

表6-4 一串红盆栽常见培养配方

序号	配方	参考文献
1	定植土用腐熟的有机肥（牛粪）、食用菌废料、园土，按体积比1：2：3比例混合配制	柴小琴，2009
2	草炭和珍珠岩，按体积比为1：1混合均匀	周杰良，2007
3	珍珠岩＋蛭石（1：1混合）	张雪平，2008
4	黑木耳菌糠、草炭、蛭石体积比4：3：3	于昕，2010

序号	配方	参考文献
5	DR 混合营养基质,成分为落叶土、菜园土、沙、充分发酵的酒糟土、污土等	林建忠,1998
6	育苗基质为(玉米纯秸秆∶猪粪＝3∶1)＞(玉米秸秆∶鸡粪＝3∶1)＞(草炭∶蛭石＝2∶1)	徐静寰,2010
7	黄泥、木屑、蘑菇泥以 6∶3∶1 的比拌匀,再堆沤半年	陈少萍,2007
8	淤泥∶蛭石＝(4∶0)＞淤泥∶蛭石(2∶1)＞淤泥∶蛭石＝(1∶1)＞淤泥∶蛭石＝(1∶3)	熊俊芬,2011

6.2.2　上盆及换盆

6.2.2.1　上盆定义、操作和管理

上盆是指将苗床中繁殖的幼苗,栽植到花盆中的操作。具体做法是按幼苗的大小选用相适应规格的花盆,用一块碎盆片盖于盆底的排水孔上,将凹面向下,盆底可用由培养土筛出的粗粒或碎盆片、沙粒、碎砖块等填入一层排水物,上面再填入一层培养土,以待植苗。用左手拿苗放于盆口中央深浅适当位置,填培养土于苗根的四周,用手指压紧,土面与盆口应有适当距离,栽植完毕后,用喷壶充分灌水,暂置阴处数日缓苗。待苗恢复生长后,逐渐放于光照充足处。

6.2.2.2　换盆的定义、操作和管理

换盆就是把盆栽的植物换到另一盆中去的操作。换盆有两种情况:其一,随着幼苗的生长,根群在盆内土壤中已无伸展的余地,因此生长受到限制,一部分根系常自排水孔穿出,或露出土面,应及时由小盆换到大盆,扩大根群的营养容积,利于苗株继续健壮地生长;其二,已经充分成长的植株,不需要更换更大的花盆,只是由于经过多年的养植,原来盆中的土壤物理性质变劣,养分丧失,或为老根所充满,换盆仅是为了修整根系和更换新的培养土,用盆大小可以不变。

换盆时,分开左手手指,按置于盆面植株的基部,将盆提起倒置,并以右手轻扣盆边,土球即可取出。如不易取出时,轻扣盆底和盆边,则可将土球扣出。土球取出后,如为宿根花卉,应将原土球肩部及四周外部旧土刮去一部分,并用剪刀将近盆边的老根、枯根及卷曲根全部剪除。通常宿根花卉换盆时,同时进行分株。如芍药(*Paeonia lactiflora*)毛茛科芍药属宿根草本植物,一般 3 年分株一次,也随即换盆,往往于农历 7 月间,挖出全株晾晒至根不太脆时,将整株掰开或用利刀切开,每一新株带芽 3～5 个,多余的根可取下入药。俗话有"七芍药,八牡丹","春分芍药,到老不开花",意思是说农历 7 月分株芍药,农历 8 月分株牡丹,春季进行芍药分株,会终身不开花。一、二年生花卉换盆时,土球不加任何处理,即将原土球栽植,并注意勿使土球破裂,如幼苗已渐成长,盆底排水物可以少填一些,或完全不填,在盆底填入少许培养土后,即将取出的土球置于盆的中央,然后填土于土球四周,稍稍镇压即可。木本花卉依种类不同将土球适当切除一部分,如棕榈类的修根,可剪除老根 1/3,橡皮树则不宜修剪。盆花不宜换盆时,可将盆面及肩部旧土铲去换以新土,亦有换盆效果。

换盆后,须保持土壤湿润,第一次应充分灌水,以使根与土壤密接,此后灌水不宜过多、保持湿润为度,这是因为换盆后根系受伤,吸水减少,特别是修剪过的植株,灌水过多时,易使根部伤处腐烂。待新根生出后,再逐渐增加灌水量。初换盆时盆土亦不可干燥,否则易在换盆后枯死,因此换盆后最初数日宜置阴处缓苗。

6.2.3　转盆

在单屋面温室及不等式温室中,光线多自南面一方射入,因此,在温室中放置的盆花,如时间过久,由于趋光生长,则植株偏向光线投入的方向,向南倾斜。这样偏斜的程度和速度,与植物生长的速度有很大的关系。生长快的盆花,偏斜的速度和程度就大一些。因此,为了防止植物偏向某一方生长,破坏匀称圆整的株形,应在相隔一定日数后,转换花盆的方向,使植株均匀地生长,此操作称为转盆。双屋面南北向延长的温室中,光线自四方射入,盆花无偏向一方的缺点,则不用转盆。

6.2.4　肥水管理

6.2.4.1　施肥原则和方法

盆花施肥原则为基肥应以豆饼、粪干、马蹄片等有机肥为主,配合施以复合肥料,追肥以薄肥勤施为原则。基肥应在上盆、换盆或秋末冬初入室前施入。上盆、换盆时,可将复合肥料或充分腐熟的、人工配制的完全肥料与培养土混合均匀施入,基肥施入量不超过盆土总量的20%。马蹄片等分解较慢,可放在盆底或盆土的四周,注意不要让植株根系接触到肥料。追肥有撒施和灌施两种,撒施是将豆饼、麻酱渣等碾碎撒入盆内或与盆土掺匀。灌施是将沤制好的肥水稀释后浇灌盆花。追肥也可施入化肥或微量元素。一般有机液肥的施用浓度不超过5%。化肥的施用浓度不超过0.3%,微量元素浓度不超过0.05%,追肥在生长期进行。

6.2.4.2　浇水方法

浇水的多少及浇水的次数应该视花卉种类、不同生育期、季节、天气、土壤性质等来决定。

① 花卉的种类不同,对浇水量的要求不同。如天南星科植物,要求始终保持充足的水分;兰科花卉则要求较高的空气湿度;文竹不宜浇太多的水;仙人掌类植物可耐适度的干旱,浇水太多则容易烂根。

② 同一种花卉,在不同的生长发育阶段需水量不同。旺盛生长期,需水量较大;幼苗期则需求量较少;休眠期更应减少浇水量。

③ 浇水量因季节、气候、天气不同而不同。春季,花卉开始生长,对水的需求量不大,可据不同种类每2~3d浇一次水;夏季,气温高,生长量大,应每天浇1次;冬季,进入休眠期可每7~10d浇1次水。阴天,湿度大温度低时,可适当减少浇水或不浇;晴天且炎热时,应适当多浇或增加浇水的次数;旱季多浇,雨季防涝。

④ 花盆的大小,植株体的大小,与盆土的干燥速度有关,也影响到浇水量的多少。

6.2.5　环境调节

6.2.5.1　温度管理

温室温度的高低,可通过加温、通风、遮阳等手段的综合运用来调整。利用燃煤、暖气可据高室温,通过阳光照射、电热线加温可提高盆床和床土的温度。关闭门窗、覆盖草帘可保持室温。通风、喷水、屋顶遮阳可降低室温。为满足各类花卉的生长发育条件,还必须根据各类花卉的习性来调节室温。在同一温室中最好放置要求温度基本一致的观赏花卉。变叶木、王莲、鸡蛋花、黄花夹竹桃等应控制室温18~30℃。仙客来、倒挂金钟、天竺葵等可控制室温在12~20℃。小苍兰、金盏花等控制室温在7~16℃。温带花卉夹竹桃、石榴、月季等可在0~10℃条件下越冬。仅控制室内的最高、最适、最低温度是不够的,还应考虑温室内的年温差和日温差。一年中,夏季温度应高于冬季温度；一天中，白天温度应高于夜间温度。其次，土温与气温也是必须考虑的，一般情况下，白天表土温度略高于气温，夜间表土温度应略低于气温。如果温差过大，或土温达不到要求，应采取措施。

6.2.5.2　光照管理

光照的调节，冬季温室内均需良好的光照条件，通常是在建造温室时，通过合适的玻璃屋面夹角与适宜的玻璃透明度来达到最大限度地利用光照。其它三季则需要通过遮阳来调节室内光照。常用调节光照的方法有：在强光时覆盖草、苇、竹等遮阳帘遮光，用1%的石灰食盐水涂抹玻璃屋面，以降低透光效果。在花卉摆放时，利用阳性花卉给阴性花卉遮阳。搭设荫棚以养护耐阴花卉。

6.2.5.3　湿度管理

温室内栽培的花卉，大多原产于热带和亚热带地区，它们对空气湿度均有较高的要求。高温温室，最低相对湿度为80%，最高为100%；中温温室湿度范围70%～95%；低温温室湿度范围60%～90%；冷室湿度范围50%～80%。冬季，室内门窗关闭，花卉排列紧密，一般能满足花卉对室内湿度的要求。春、夏、秋三季需要人为增加空气湿度，如室内盆花定期喷水，以增加空气湿度；在室内地面、花台、花架上修建水池；有条件的地方可安装弥雾设施。

6.3　温室切花花卉的栽培管理

6.3.1　整地作畦

温室切花花卉栽培的整地过程同于露地花卉，而大部分切花的栽植床做成1.0～1.2m的床面，36～40cm的畦埂或畦沟，这样的宽度便于中耕除草等日常操作；少数切花的栽植床做一沟一垄的形式，沟宽40cm，垄宽40～60cm。栽植床的长度根据温室的大小而定，南方地区做成高床，北方地区做成低畦或平畦。

6.3.2　品种选择

花卉种类繁多，品种多样。不同品种类型的花卉对设施栽培的集约化生产的反应不一致。为了达到较好的经济效益，在进行切花栽培前，应进行品种选择。

一般作温室切花的品种，应是具备植株直立、花茎较长、花色鲜艳、花形整齐、冬季能够很好开花、抗病性强、能耐冬季低光照等特性的品种。不同种类的切花，还有一些具体的要求。如切花月季除上述标准外，还要选成花枝数多、花蕾长尖形、花朵较小、有香味和茎秆少刺的品种；香石竹要求不易裂蕾的品种；百合要求选择叶烧不严重、对光照不足敏感度低的品种。目前芍药品种约有500个，大多数可用于切花生产。但从商品开发及市场营销实践来看，优良的芍药切花品种应具备以下特点：①植株高大，茎秆粗壮、挺直，花朵向上，茎高在70cm以上，具有突出优点的品种，茎高可放宽至60cm；②花色艳丽、纯正；③花型以蔷薇、菊花、皇冠型为好，荷花、金蕊型花蕾绽放速度快于其它花型；④从开花习性看，花期较长的丰花型品种较好，采切后翌年仍能保持高产；⑤生长势强，抗病抗虫，适应性广；⑥花蕾外无分泌物或分泌物较少；⑦耐贮藏、运输，货架寿命长，瓶插寿命7～10d。

6.3.3　繁殖与育苗

为了提高切花生产的效益，培育高品质的鲜切花，目前国内外多采用组培苗生产切花。如香石竹、菊花、非洲菊、兰花等多种花卉，都采用高温处理加茎尖组织培养脱毒，繁殖大量的无病毒种苗，供切花栽培使用。

6.3.4 张网设支架

一些切花种类如满天星，常常茎秆比较软、直立性不强；还有些切花种类，植株过高大，后期常常发生倒伏。这些花卉切花生产过程常需要张网设支架。如香石竹，为了使苗木直立生长，在苗床两头设立钢架，距床面15～20cm高，张第1层网，以后随着茎的生长而张第2、3层网，一般张网高度为4～5层。网用细铁丝拉成或用尼龙网，使植株长在网格内，有效保证开花后茎秆不会弯曲，以提高切花质量。除香石竹生产需张网设支架外，满天星、菊花、小苍兰、唐菖蒲等切花生产也需要张网设支架，张网设支架层数、密度可根据花卉种类灵活应用。

6.3.5 整形修剪

一般草本切花类以摘心和除蕾为主。木本花卉以修剪和摘蕾为主，其方式和原理与露地栽培相同。

6.3.6 肥水管理

合理的施肥和灌溉措施是切花正常生长发育和形成品质的重要保证。在切花栽培期间应根据不同的生长时期确定不同的氮、磷、钾施用比例。氮肥过量会促使切花营养生长过盛，降低切花品质和缩短瓶插寿命，还容易产生乙烯，加速切花衰老。因此，在花蕾显色之前要停施氮肥，适量增施含钾、钙的肥料，可增强花枝的耐折性、保水性及抵抗病虫的能力，对提高切花品质是极为有利的。另外，施用CO_2、增施有机肥和深施碳酸氢铵，可以增强植物的光合作用，提高切花的干物质含量，改善切花品质。在切花栽培期间，土壤中水分过量或水分不足均会给植株造成生理压力，最终缩短切花的瓶插寿命，加快衰老进程。而保持土壤的相对干燥往往有利于根系发育，并可增加切花体内激素的含量，避免枝梗细软下垂，从而利于保持切花采后的品质。

6.3.7 采切

商品切花收获的适宜时期因切花品种、季节、环境条件、市场远近和特殊消费需要而异。过早过晚采收都会缩短鲜花观赏寿命。一般说来，在能保证开花最优品质的前提下，以尽早采收为宜。

6.3.7.1 花期采切

花期采切是传统的，也是目前仍然较为普遍的采切方法，即在花卉适合观赏或即将适合观赏的大小和成熟度时采切。不同的切花，采收适期有一定差异：如月季采切过早，花头易下垂；采收过晚，易减少瓶插寿命。一般红色或粉红色品种，以萼片反卷，开始有1～2片花瓣展开为适；黄色品种可比红色品种略早采收，白色品种则宜略晚些；菊花中的大菊在中心小花绿色消失时采收，蓬蓬菊多在盛开时采收；唐菖蒲以花序基部1～5朵小花初露时采切为优，采切时花茎带上2片叶；香石竹花朵中间花瓣可见时采收；大丽菊一般在花朵全开时采收。

6.3.7.2 蕾期采切

蕾期采切即花苞期采切。近年许多花都实行花苞期采切，采收后待观赏时或贮运后使其在一定条件下开放，非常有利于切花开放和发育的控制。蕾期采切，一方面可以减少花枝的体积，花苞比较耐碰擦，便于包装、运输和贮藏，少受伤害少占空间，从而大大降低生产经营成本如加快温室和土地周转，降低采收成本，减少贮运损耗等；另一方面可以在处理和运输期间减少花卉对极端温度、低湿度以及乙烯的敏感性，提高切花在低光强、高温条件下的品质和寿命，减少田间不利因素对花的不良影响。

蕾期采切多用于香石竹、月季、菊花、唐菖蒲、鹤望兰、非洲菊、满天星等，采切时要求香石竹花径达 1.3～2.4cm，菊花达 5～10cm，而不宜在发育不充分的小蕾阶段进行采切，否则花蕾距开花所需时间就会延长。有些花卉，蕾期采切后插在普通清水中是不能开花或不能正常开花的，需要插在专门的开花液中或者采后贮运前先通过化学溶液预处理才能正常开放。

6.3.7.3 采切适宜时间

一天中选择何时采切应视具体情况而定，一般来说，由于切花寿命与碳水化合物含量有关，对于带茎叶的如月季等来说，采切时间以午后优于早晨，但只采花葶的非洲菊之类则不属于此列。在高温季节，为了避免过多的田间热，采切时间则以晚上或清晨为佳。

6.3.8 包装

切花产品经分级（有时还要经过一些预处理）后，即可进行包装。当今产品包装已属相当重要的问题，切花产品也不例外，包装虽不能改进品质和代替冷藏，但良好的包装与贮运结合才能保持产品有最好的品质。

6.3.9 贮藏与保鲜

切花采收后，被切断了营养和水分的来源，为了维持一定的采后寿命，必须尽快采取一定的处理技术，主要包括预冷、分级、包装、贮藏保鲜等环节。

切花的贮藏与保鲜是从切花采收至用户观赏期间，通过各种措施延长切花寿命和观赏时间，提高切花观赏效果的一套系统技术，主要包括顶处理、贮藏、催开和售后瓶插保鲜等技术环节。

6.3.9.1 贮藏的方法

切花贮藏方式有干贮藏、湿贮藏、气体调节贮藏、低压贮藏等多种方式。目前较常用的贮藏方式是干贮藏和湿贮藏。如芍药的贮藏既可干贮，也可湿贮。干贮置于纸箱内密闭，以减少水分散失，适宜温度 0～1℃，最高冰冻点 −1.1℃，相对湿度 80%～90%，贮藏期 2～6 周。经观测保质期为 3 周，超过 3 周，许多花枝丧失商品价值。湿贮温度 3～4℃，但不要使下部叶片浸入水中。湿贮法比干贮法贮存期要短些，一般 2 周左右。干贮时，要放置水桶，以调节空气相对湿度；湿贮时，要注意及时补充容器内的水。对于贮藏的鲜花，发运前要在低温条件下提前一天打开纸箱，进行质量检验，拣去已开或过生的花蕾，使用芍药专用保鲜液进行脉冲处理。10 支一扎，外包白纸，装箱打包，按计划航班发货。根据目前情况，多采用航空运输。无论采取哪种运输方式，所有芍药切花运输前都要作预冷处理，预冷后关闭箱上所有通气孔，因为在运输过程中无法提供冷藏条件。

6.3.9.2 切花瓶插化学保鲜

瓶插保鲜液主要由消费者将切花买回后在花瓶中使用，能延长切花的观赏期。瓶插保鲜液的种类繁多，不同切花有不同的配方，其主要成分是 0.5%～2.0% 的蔗糖溶液和一定浓度的有机酸和杀菌剂。瓶插保鲜液可在花卉市场买到，瓶插过程中隔一定时间应更换新鲜的保鲜液。如非洲菊由于其花序大而重，肉质花梗较长，在采摘后易出现花头下垂、花茎弯折、鲜重下降、萎蔫等现象，由此非洲菊的保鲜研究很有价值。近几年对非洲菊保鲜剂的配方有了较多研究，并取得了一定成果(表 6-5)。由表中各项试验最佳配方可见，蔗糖、8 羟基喹啉、柠檬酸、磷酸氢二钾广泛用于非洲菊的保鲜。

表 6-5　非洲菊瓶插保鲜研究成果

保鲜材料	试验最佳保鲜剂配方	对照	配方	文献出处
红色系'大臣'品种	3% S＋250mg/L 8-HQ＋200mg/L Al$_2$(SO$_4$)$_3$	7d	16d	邸葆等，2006
非洲菊(品种名不详)	2% S＋10mg/L S-3307＋200mg/L 8-HQ＋150mg/L 柠檬酸	4d	8d	李宁毅等，2006
'宠爱'品种	30g/L S＋200mg/L 8-HQ＋150mg/L 柠檬酸＋75mg/L K$_2$HPO$_4$	15d	23d	李凤英，2002
'百琳塔'品种	25g/L S＋250mg/L 8-HQ＋65mg/L K$_2$HPO$_4$·3H$_2$O	4d	9d	幸宏伟等，2005
'红单'品种.	3% S＋50mg/L AgNO$_3$＋200mg/L 8-HQC	7d	23d	蔡英卿，2001
'Terramor'品种	30g/L S＋200mg/L 水杨酸	10d	19d	高艳娇等，2006
非洲菊(品种名不详)	50g/L S＋50mg/L AgNO$_3$＋150mg/L 柠檬酸	9d	14d	王荣华等，2006
'GoldenGate'品种	20g/L S＋200mg/L 8-HQ＋150mg/L CA＋75mg/L K$_2$HPO$_4$＋1g/L CaCl$_2$	6.3d	12.8d	章玉平，2004

注：对照和配方分别为对照组的瓶插寿命和试验最佳组的瓶插寿命。

S 为蔗糖；8-HQ 为 8 羟基喹啉；S-3307 为烯效唑；8-HQC 为 8 羟基喹啉柠檬酸盐。

6.4　无土栽培

6.4.1　无土栽培定义

将植物所需要的大量营养元素，按照一定的比例配制成植物所需要的营养液，再将这些营养液直接供给根系的栽培方法，即无土栽培，又叫水培。

6.4.2　无土栽培的特点

无土栽培是近几十年来兴起的"种植革命"。彻底摒弃了土壤，使花卉从污泥浊水中解放出来，不光减少了花卉的病虫害，而且清洁无污染，易管理；可根据花卉的不同种类，灵活施肥，人为地平衡营养，不受地区性水质、土质的限制，营养液可以回收利用；改变了传统的栽培方法，避免了土壤栽培中易产生积水烂根的不足之处；使用新型的无底孔式栽培容器，便于利用室内栽培空间，重量轻，便于搬运。另外，室内植物的水培观赏性强，形式多样，可以将水培植物置于不同造型的容器中，上面红花绿叶，下面须根飘洒，水中鱼儿畅游，达到优良的室内观赏效果。因此，对于植物生产栽培和花卉观赏应用，无土栽培的研究和实践都有着重大的理论及实践意义，发展前景可观。

6.4.3　无土栽培的类型

无土栽培包括基质培和水培。不使用任何固体基质，直接在营养液中进行栽培的称为水培；而使用固体惰性基质如砾石、沙、草炭、蛭石、岩棉、珍珠岩等将植物根系固定在营养液内的栽培方式，称为基质培。

6.4.3.1　水培的基本类型

① 薄层营养液膜法（NFT）　使一层很薄的营养液层 0.5～1cm 不断循环流经植物根系，不断供给植物水分、养分和新鲜氧气。

② 深液流法（DFT）　与营养液膜技术类似，不同之处在于营养液层较深，一般深 5～10cm，植物根系浸泡在营养液中，根系的通气靠向营养液中加氧来解决。

③ 动态浮根法（DRF）　栽培床内进行营养液灌溉时，植物根系随着营养液的液位变化而上下浮动。营养液达到设定深度后，栽培床内的自动排液器将超过深度的营养液排出去，使水位降至设定深度。在此过程中，根的上部暴露在空气中可以吸氧，根的下部浸在营养液中不断地吸收水分和养分。

④ 喷雾栽培　又叫雾培、气培，利用喷雾装置使营养液气雾化，使植物根系在黑暗条件下悬空于雾化后的营养液环境中。

此外还有浮板毛管法（FCH）、基质水培法（鲁 SC 系统）新研究出的水培类型，能使水培植物根际环境条件更加稳定、液温变化小、根际供氧充分、固定根系使其在营养液循环中得到缓冲等特定，从而实现良好的栽培效果。

6.4.3.2　基质栽培类型

① 槽培　将基质装入一定容积的栽培槽中代替土壤种植植物。

② 袋培　将基质装入塑料袋中用以种植植物，袋子通常由抗紫外线的聚乙烯薄膜制成，至少可用 2 年。

③ 岩棉培　用岩棉块育苗。

④ 沙培　用沙子作为栽培基质，可用槽培。

此外，还有立体栽培、有机生态型无土栽培等基质栽培类型。

盆栽花卉由有土栽培转为无土栽培，可在任何季节进行。一般较易栽培的花卉有：龟背竹、米兰、君子兰、茶花、月季、茉莉、杜鹃、金桔、万年青、紫罗兰、蝴蝶兰、倒挂金钟、五针松、喜树蕉、橡胶榕、巴西铁、秋海棠类、蕨类植物、棕榈科植物等。

6.5　花期调控

6.5.1　花期调控的定义和作用

花期调控又叫催延花期、促成抑制栽培，即利用各种栽培技术，使花卉在自然花期之外，按照人们的意愿，定时开放，达到"催百花于片刻，聚四季于一时"。开花期比自然花期提早者称为促成栽培，比自然花期延迟称为抑制栽培。花期调控可以丰富不同季节花卉种类，可以满足节日及花展布置的用花要求，可以创造百花齐放的景观，可以使特殊需求的花卉周年开花，可以使不同花期的父母本同时开花有利于育种工作，因此花期调控已成为园艺研究的重点之一。

6.5.2　花期调控的原理

目前花期调控的基本原理：①是通过对植物成花与开花机制的了解，改变或干预一些已经清楚的、与成花时间、开放过程有关的内因或生态因子，主要是通过调控外部因子，从而控制开花的时间；②是通过对植物休眠机制的了解，控制影响休眠的内外因子，延迟或打破休眠，控制生长节律，实现花期控制。

6.5.3 花期调控的途径

花期调控的核心问题是如何促进和抑制花芽分化，其控制途径主要有植物生长调节剂处理、栽培措施处理、温度处理、日照处理等。

6.5.3.1 植物生长调节剂处理

花期调节有多种方法，使用生长调节剂是其中一种重要的方法，其用法有注射法、根际施用、叶面喷施、局部喷施等。生长调节物质的作用，一方面是可以促进或延缓花芽分化，使花期提早或推迟，另一方面是促进花数增加、花瓣花萼等观赏部位增大。常用的植物生长调节剂有赤霉素（GA₃）、乙醚、萘乙酸（NAA）、2，4-D、秋水仙素、吲哚乙酸（IAA）、脱落酸（ABA）、多效唑等，其中赤霉素最为常用，一定浓度的赤霉素可以打破花卉的休眠、促进茎叶伸长生长、促进花芽分化。

近期研究表明，卡特兰（*Cattleya*）新假鳞茎停止生长花鞘完全显露时，将每个花鞘下部 1/3 处注射 5mL 浓度为 120mg/kg 的 GA₃，能使其盛花期提前 22d，且花瓣和萼片分别比对照长 1.45cm 和 1.74cm，花柄和花葶比对照延长 3.43cm 和 6.21cm（郑宝强等，2011）。用 50mg/kg 的 GA₃ 喷施千叶蓍（*Achillea millefolium*）和桔梗（*Platycodon grandiflorum*）的花梗 2 次，可将花期分别提早 3d 和 6d，且花梗变长。B₉ 溶液可以抑制假龙头（*Physostogia virginiana*）花芽的形成，用浓度为 1000mg/kg 和 2000mg/kg 的 B₉ 溶液喷施假龙头叶面，分别可以延迟花期 5d 和 8d。浓度 20mg/kg～40mg/kg 的多效唑（PP₃₃₃）可以延迟水仙（*Narcissus tazetta*）开花 1～13d，延长花期 4～6d，同时水仙花径也有明显增大，提高了水仙的观赏品质。

6.5.3.2 栽培措施处理

（1）调节播种时间或扦插时间

花卉生产中积累了很多花卉从播种到开花所需时间，用调节播种时间来控制开花时间就成为了比较容易掌握的花期控制技术，只要在预期开花时间之前安排好播种时间即可，可称为调节播种期控制花期。调节播种期控制花期的几个关键点：第一，不同种类的花卉从播种到开花所需时间不同（表 6-6）；第二，不同品种的花卉从播种到开花所需时间差异明显。白花假龙头、粉花假龙头和紫花假龙头这 3 个假龙头品种的自然花期就相差 50 多天，可见，调节播种时间控制花期的计划应具体到品种。以品种的自然花期为背景，为既定的节日用花开展生产，表 6-7 中给出了百日草 5 个品种系列的播种时间、开花时间与其间的生长所需时间；第三，以扦插繁殖为主的花卉如四季海棠、一串红、菊花等，要清楚从扦插繁殖开始到扦插苗开花所需的生长时间，利用不同时期的扦插苗可以控制花期。欲使宿根福禄考（*Phlox paniculata*）在"五一"开花，可将"十一"花后修剪的枝条扦插在温室，要求室温 15～20℃，土壤温度 10～15℃，并加强肥水管理，充分透光，"五一"即可开花；若欲使其"十一"开花，则对 6 月盛花后的植株进行修剪，加强肥水管理，适当多加磷肥，"十一"即可开花。第四，球根花卉的种球大部分是在冷库中贮存，冷藏时间达到花芽完全成熟后或需要打破休眠时，从冷库中取出种球，放置高温环境中进行促成栽培，在较短的时间内冷藏处理过的种球就会开花。种球冷藏时长、从冷库取出种球在高温环境中栽培至开花的天数，是进行球根花卉控制花期所要掌握的重要依据。实验表明，郁金香（*Tulipa gesneriana*）在 4℃ 低温下冷藏 3 个月，取出栽植后 1 周发芽，陆续展叶，到 11 月下旬可开花；风信子、百合、唐菖蒲等。

（2）使用摘心和修剪技术

摘心和修剪处理有利于植株整形、多发侧枝，一串红、金盏菊、宿根福禄考等都可以在

表 6-6 部分草花生产栽培时间周数

序号	花卉名称	在穴盘内的周数	上盆到销售的周数	总周数
1	藿香蓟	5～6	4～5	9～11
2	四季秋海棠	8～9	5～7	13～16
3	羽衣甘蓝	3～4	4～6	7～10
4	长春花	6～7	6～8	12～15
5	鸡冠花	5～6	4～5	9～11
6	彩叶草	5～6	4～5	9～11
7	大丽菊	3～4	3～4	6～8
8	何氏凤仙	5～6	3～4	8～10
9	半边莲	5～6	5～8	10～14
10	香雪球	5～6	2～3	7～9
11	矮牵牛	5～6	2～4	7～10
12	欧洲报春	9～10	10～14	19～24
13	一串红	5～6	4～5	9～11
14	孔雀草	5～6	2～4	7～10
15	美女樱	5～6	5～7	10～13
16	三色堇	6～7	6～8	12～15
17	百日草	3～4	3～4	6～8
18	天竺葵	6～7	8～11	14～18

开花后修剪，然后再施以水肥，加强管理，使其重新抽枝、发叶、开花，最后一次摘心的时间依预定开花期而定。

（3）控水干旱处理

人为控制水分，使植株落叶休眠，再于适当的时候给予水分供应，则可解除休眠，并发芽、生长、开花。牡丹、玉兰、丁香等木本花卉，可用这种方法在元旦或春节开花。夏季高温干旱，常迫使一些花卉夏季进入休眠，这时生长充实的部位就加速进行花芽分化，根据这个原理，可人为地进行干旱处理，调节生长，促使提早休眠，提早进行花芽分化，达到控制花期的目的。

某些植物，在其生长期间控制水分，可促进花芽分化。球根花卉如石蒜、水仙、风信子等在干旱的环境中可以顺利完成花芽分化，但必须在给水的条件下才能顺利开花，因此通过控水处理可以随意调控花期。网球石蒜，在 7 月份，自开始供给水分起 5d 后就开花。紫萼、酢浆草，也都有这种现象。梅花在生长期适当进行水分控制，形成的花芽多。石楠在秋季使之干旱，则开花繁茂。所以只要掌握吸水至开花的天数，就可用开始供水的日期控制花期。与此类似的还有金橘，因此在我国大部分地区都采用扣水处理法（适当干旱处理）来控制金橘

表 6-7　百日草不同品种不同播种时间决定开花时间(龚衍熙，2008)

品种系列	播种时间	开花节日	播种至开花所需时间
"梦境"系列	11月1日 3月1日 8月1日	元旦 五一 国庆 春节	60d 60d 60d 气温低春节少种
"麦哲伦"系列	10月16日 2月16日 7月16日	元旦 五一 国庆 春节	74d 74d 74d 气温低春节少种
"富有"系列	11月1日 3月1日 8月1	元旦 五一 国庆 春节	60d 60d 60d 气温低春节少种
"短枝"系列	10月23日 2月23日 7月23日	元旦 五一 国庆 春节	67d 67d 67d 气温低春节少种
"四维素"系列	10月16日 2月16日 7月16日	元旦 五一 国庆 春节	74d 74d 74d 气温低春节少种

的开花期，使它在元旦、春节期间挂果结实。

春夏季节进行花芽分化的花木，通常在夏季高温季节或遇上干旱时，就进入休眠状态，这是它们的自然习性。若在栽培过程中人为制造干旱环境或及时供水供肥，可使开花延迟或再次开花。梅花、石斛等相当多的观赏植物在生长期间若适当控制水分供应，形成一个相对干旱的生长环境，抑制其营养生长，可以促进花芽分化，增加花蕾数量和开花量。某些花木在春夏之交，花芽已分化完善，遇上夏季自然的高温、干旱气候，就立即休眠。如人为给予干旱环境，它也会进入暂时休眠状态，此后，再供给水分，常可在当年第二次开花或结果。将玉兰、丁香、苹果、紫荆、枸杞、黄金条、海仙花、垂丝海棠、郁李等花卉，预先在春季精心养护，使植株及早停止营养生长，组织充实健壮。进行干旱处理的时间在需要其开花前20d左右进行，方法是放到室温40℃以上的温室中，停止水分的供应，促使落叶或人工摘叶，使被处理的植株提前进入休眠。3～5d后再放到较为凉爽的地方，予以喷水，就可使植株恢复生长而开花。在干旱季节，增加水分供给量，可以促进开花，如唐菖蒲，若在现蕾后及时地浇灌一次透水，即可提早一周左右开花。对于具有经常开花习性的花卉来说，若在开花末期及时剪除残花败叶并施肥给水，就可延缓衰老，促进再度开花，从而延长观赏期，如高山积雪、一串红、凤仙花等。但是一定要注意所施用肥料的适宜配比。适当增施磷钾肥，控制氮肥，常常对花芽的发育起促进作用。经常产生花蕾、开花期长的花卉，在开花末期，用增施氮肥的方法延缓植株衰老，在气温适合的条件下，常可延长花期一个月，如高山积雪、仙客来。花卉开花之前，如果施了过多的氮肥，生长柔嫩徒长时，常延迟开花，甚至不开花，如菊花。但在植株进行一定营养生长后，增施磷、钾肥，有促进开花的作用。这方面，草花应用较多。

6.5.3.3　温度处理

(1) 温度对于花期控制有很重要的意义

① 诱导或打破休眠和莲座化状态　某些植物的生活史中，存在着生长暂时停止，此时生长点的活动完全停止，即休眠；也有些植物此时生长点还在继续分化，只是节间不伸长，这种处于低生长活性状态称为莲座化：两种原因可以引起植物的休眠和莲座化：一是由恶劣的环境条件导致的植物不进行生长和伸长，即强迫休眠，低温就是恶劣因素之一；二是由植物内在的生长节律引起的休眠和莲座化，即生理休眠。一般强迫休眠较生理休眠易于打破，休眠初期和后期较处于中期的深休眠状态易于打破。能够有效打破休眠和莲座化的温度因植物种类、品种、植株苗龄而不同。

② 春化作用　典型的二年生植物和某些多年生植物需要一定程度低温持续一定时间长度促进成花，称为春化作用。春化作用的温度范围一般在 $-5 \sim 15℃$，最有效温度一般在 $3 \sim 8℃$，但最佳温度因植物种类的不同而略有差异，低温持续时间一般为几周。

③ 花芽分化的温度　花芽正常分化需要一定的温度，温度太低会导致盲花，温度高于临界低温，则只生长，不开花。一般春夏季进行花芽分化的植物需要特定温度以上，秋季进行花芽分化的植物需要温度降至一定温度之下才能花芽分化。

④ 花芽发育　有些花卉在花芽分化完成后，花芽随即进入休眠，要进行温度处理才能打破花芽的休眠而发育开花。花芽分化和花芽发育常需不同的温度条件。

⑤ 花的发育　花芽可以在诱导花芽分化的条件下顺利发育而开花，有些植物花芽分化后，要接受特定的温度，尤其是低温，花芽才能顺利开花。

(2) 温度处理方法

根据温度对花期控制影响的基本原理，温度处理可采取增加温度、降低温度、高海拔山地花卉生产、低温诱导休眠延缓生长等具体手段。

① 增加温度　在冬春季节，气温下降，大部分花卉生长变缓，在 $5℃$ 以下，大部分花卉停止生长，进入休眠状态，因此，增加温度阻止花卉进入休眠，防止热带花卉受冻害，是提早开花的主要措施。

② 降低温度　一些一、二年生或多年生草本花卉，花芽的形成需要低温春化，花芽的发育也要求在低温环境中完成，然后在高温环境中开花。将需要进行低温春化的植株放入冷库，每天补充几小时光照，出冷库时放置在避风、避光、凉爽处，经过一定炼苗后，逐渐加光照、浇水，精心管理，直至开花。

③ 利用高海拔山地　除了用冷库冷藏处理球根花卉外，在南方高温地区，可以建立高海拔（$800 \sim 1200m$）花卉生产基地，利用暖地高海拔山区的冷凉环境进行花期调控，是低成本、易操作、能进行大规模批量调控花期的理想之地。

④ 低温诱导休眠，延缓生长　一般用 $2 \sim 4℃$ 的低温冷藏处理球根花卉，大多数球根花卉的种球可长期贮藏，推迟花期，在需要开花前取出进行促成栽培即可。

6.5.3.4　光照处理

利用光周期调控植物的花期是周年生产中最常利用的手段。一天内白昼和黑夜的时数交替，称为光周期。植物某些发育现象的发生需要一定的光周期，称为光周期现象。根据植物成花对光周期的反应，可以将其分为三种类型：短日照植物、长日照植物、日中性植物。植物的光周期反应与植物的地理气源有关，通常低纬度起源者多属于短日照植物，高纬度起源者多属于长日照植物。

① 短日照处理　要使短日照植物在长日照季节开花或使长日照植物在长日照季节延迟花期，需要进行遮光缩短其受光时间，这种处理称为短日照处理。

② 长日照处理　使长日照植物在短日照季节提前开花或使短日照植物在短日照季节延迟开花，需要人工辅助照明模拟长日照的光照环境，即长日照处理。

③ 颠倒昼夜处理　有些花卉植物的开花时间在夜晚，给人们的观赏带来不便，为了改变这种现象可以提前一段时间采取颠倒昼夜的处理方法，使其白天开花。如昙花在晚上开放，从绽开到凋谢最多 3～4h，采用颠倒昼夜的处理方法，把花蕾已长至 6～9cm 的昙花植株白天放在暗室不见光，19 时至翌日 6 时用 100W 的白炽灯强光给予充足的光照，一般经过 4～5d 的昼夜颠倒处理后，就能改变昙花夜间开花的习性，使之白天开花，并可以延长开花时间。

④ 遮阳延长开花时间　有些花卉不能适应强烈的太阳光照，特别是在含苞待放之时，用遮阳网进行适当的遮光，或者把植株移到光线较弱的地方，均可以延长开花时间。如把盛开的比利时杜鹃暴晒几个小时就会萎蔫而放在半阴的环境下开花时间均大大延长。牡丹、月季花、康乃馨等适应较强光照的花卉，开花期适当遮光，也可以使每朵花的观赏期延长 1～3d。

6.5.4　花期调控实例

6.5.4.1　菊花

(1) 菊花的开花特性

菊花（*Dendranthema morifolium*）花芽分化与日照长短（光周期）和温度的关系重大，短日照可促进花芽分化，长日照抑制花芽分化；菊花开花除了受日照影响也受温度左右，昼夜温差 3～5℃较为适宜。光周期反应敏感的菊花的花芽分化，必须短日照处理 21～28d，多花型菊花则需要更长时间的短日照处理。最关键的是前 14d 短日照处理，一天也不能疏忽，要求十分严格（表 6-8）。

(2) 控制菊花春节开花技术

于农历八月十五开始扦插育苗，10d 左右生根后移栽；移栽成活后打顶摘心，增加分枝数；然后人工加光延长日照时间，促进营养生长。在大年三十前 60～65d 左右停止人工光照，菊花进入短日照阶段，转入花芽分化与花芽发育期，于春节前开花。人工补光要注意以下几个方面的问题：①选择晚花秋菊品种，这类品种的花芽自然分化期是从 9 月中下旬开始，在花芽分化前必须开始进行补光照处理，以延迟花芽分化，夜晚在 12℃以下时，秋菊花芽分化停止；②选择适当照度，电灯照明每 5m² 用 60W 灯泡一个，或每 16m² 用 100W 灯泡一个即可；③加辅助光照时间，自太阳下山后开始，连续光照 4～5h。为节省用电，可采用间歇照明法来打破菊花花芽分化所必需的连续暗期，最好是午夜加光 3～4h。

(3) 控制菊花国庆节开花技术

在 7 月底对菊花进行短日照即遮光处理，1 个月后可见花蕾，到 9 月下旬即可开花。遮光时应注意夜间的通风，可在夜深无光之时打开遮光布，以免温度过高，株体衰弱或发生病害；在日出前再把遮光布放下，保证夜长时数。光照时间以 10h 为宜，光照时间短，可能产生病弱株。

(4) 控制菊花五一节开花技术

在 11 月下旬，将开过花的秋菊残株剪除地上部分，或 10 月份种植菊花苗，由于新芽长出到开花要经过冬季低温，室温必须保持在 18℃以上为宜。这个时候正是短日照期，菊花需要人工补光。在 1 月上中旬停止人工加光处理措施，然后在自然短日照条件下形成花蕾，在坐蕾前后注意施磷钾肥为主的液肥，4 月中下旬开花。

表 6-8   21 个切花菊品种的光周期与花期调控

品种 Species	6周长日照增加株高/cm Plant height incremens under 6-week LD	2周长日照增加的最短株高/cm Mininum plant height increments under 2-week LD	长日照平均每周生长株高/cm Average week-ly plant height inerements under LD	短日照下株高/cm Plant height inerements under SD	预计长日照下需增加的株高/cm Predieted plant height inerements under LD	预计长日照所需天数/d Predieted days for LD	短日照天数/d Days of SD	预计生长周期总天数/d Predicted days of the whole growth cycle	计划控光和采摘日期 Planned date of light regulating and harvesting		
									定植与补光开始日期 Starting date of plantation and sopplmental lighting	停灯日期 Date of light off	采收日期 Date of harvesting
世界白 Shijiebai		11.0	5.5	68	32	41	85	126	10-13	11-23	02-15
黄菊白 Hangjubai		3.5	1.8	78	12	48	74	122	10-16	12-03	02-15
十九少男 Shijiushaonan	22		3.7	60	30	57	63	120	10-17	12-14	02-15
黄秀凤 Huangxiufeng		8.0	4.0	80	20	35	85	120	10-20	11-23	02-15
神马 Shenma	32		5.3	64	36	47	72	119	10-21	12-05	02-15
光台黄 Guangtaihuang	35		5.8	35	55	66	52	118	10-21	12-25	02-15
十八小姐 Shibaxiaojie	29		.8	63	27	39	70	109	10-29	12-07	02-15
新台红 Xintaihong		13.7	6.9	58	42	43	65	108	10-31	12-12	02-15
小台红 Xiaotaihong	39		6.5	37	53	57	50	107	10-31	12-27	02-15
花猫菊 Huamaoju	29		4.8	71	29	42	64	106	11-03	12-13	02-15
新大白 Xindabai		12.7	6.4	64	36	40	63	103	11-04	12-14	02-15
红美人 Hongmeiren	39		6.5	55	35	38	63	101	11-06	12-14	02-15
台红 Taihong		13.6	6.8	67	33	34	65	99	11-08	12-12	02-15
光台红 Guangtaihong	52		8.7	39	51	41	58	99	11-08	12-19	02-15
西洋菊 Xiyangju	46		7.7	47	43	39	59	98	11-09	12-18	02-15
Kord	49		8.2	35	55	47	51	98	11-09	12-26	02-15
卫星 Weixing	39		6.5	72	28	30	67	97	11-11	12-10	02-15
三色白 Sansebai	30		5.0	78	22	31	66	97	11-11	12-11	02-15
台白 Taibai		11.7	5.9	88	12	14	78	92	11-16	11-30	02-15

6.5.4.2　大花美人蕉

大花美人蕉为美人蕉科多年生草本植物，又名红艳蕉、昙华，其花黄色艳，种类多，花期长，6～10月吐蕊绽蕾，是人们喜爱的观花、观叶花卉。根据朱丽丽等人研究表明，大花美人蕉调控花期的主要措施如下。

① 促进开花的措施　于12月中旬将大花美人蕉栽植上盆或种于温室内，保持25～30℃的高温。萌芽后充分见阳光，必要时进行人工补光，使每天至少有14h光照。生长期充分灌水，每月施2次有机液肥作追肥，加施0.1%～0.2%磷酸二氢钾或骨粉等磷钾肥，保持空气流通，4月中旬即可出现花蕾，可供"五一"用花。

② 延迟开花的措施　用延长休眠期的方法。越冬根茎于早春继续贮存于干燥低温条件下，可降温至3～5℃，抑制萌芽，以推迟花期。5月栽植上盆，则可在国庆节开花。也可将正在开花的植株于6月中、下旬进行修剪。修剪时，对于开过花的茎，留其基部4片叶，将其上部剪除；保留其它未开过花的茎。保持25～30℃的温度，充分见阳光，每周施1次0.2%磷酸二氢钾，国庆即可再开花。

③ 延长花期的措施　大花美人蕉是亚热带花卉，在北方，若让大花美人蕉冬季开花，必须于10月15日前移入室内。室内温度保持在15～18℃，花期可延长到新年。入室后每天日照时间不要低于4h。若日照不足，可用60W电灯泡或40W日光灯照明，补充光照。每天日照4～6h，可保障花艳叶嫩。将大花美人蕉移入室内后，土壤含水量须保持在40%～50%。每15d浇1次稀薄液肥，加豆饼水、牲畜蹄子水，或浇500倍的磷酸二氢钾液。但水肥不宜过大，要勤浇少浇，防止烂根。

④ 多效唑控制株高　开春后或夏季再生期间，当大花美人蕉长出1～2片叶时，每10株喷施15%多效唑粉剂1g(兑水500mL)。注意不能喷施过多，并且喷施要均匀，否则会使大花美人蕉抑制过度，花穗难以抽出。若春季长期阴雨、低温，大花美人蕉生长缓慢，喷施多效唑的时间应延迟。夏季视其生长势，可适量补施多效唑，质量浓度以不高于0.2%为宜。施用多效唑，不仅能使大花美人蕉的高度控制在70cm以内，还能增强抗倒伏能力，延长花期，增加观赏价值。

6.5.4.3　蒲包花

蒲包花(*Calceolaria herbeohybrida*)系玄参科蒲包花属植物，是早春重要的盆栽花卉之一，深受人们喜爱。蒲包花性喜温暖凉爽，畏高热，在冷凉条件下生长良好，一般在春天3～4月份开放，传统的春节花市旺季则极少开花，想让其春节开花，会遇到早播种与高温不适的矛盾，因此成为各地栽培者的难题。黄诚生等从蒲包花的童期长度、蒲包花花芽诱导所需的最少长日照处理时间、光周期处理对盆花品质的影响、蒲包花的花期调节4个方面就蒲包花花期调节技术研究进展进行研究。蒲包花的开花诱导由温度、光周期、光强控制。蒲包花为长日照植物(LDP)，长日照促进花蕾发育，为提前开花可增加光照时间。30～40d低温，则长日照要1～2周。蒲包花花芽分化的临界日长14～15h，花芽分化至少需要10个长日照。短日照下低温(9℃)促进蒲包花'Harting's Red'开花，12℃时开花延迟，15℃抑制开花。但是在长日照下到达开花的天数随温度的升高而下降，日照24h且15℃时开花最早，但是15℃时24h或16h光照下开花日期差别很小。

要使蒲包花在春节期间开花，必须通过夜间加光的方式来制造长日照。植株周围光照强度有150lx就能促进蒲包花的花芽分化。经反复试验证明，在22：00～02：00进行加光处理效果最好。不同品种长日照感应时间存在着一定的差异，一般为8～10周。根据感应时间可以推算出开始加光的时间(日期)，开始加光时间＝出售时间(天数)－感应时间(天数)。如：要使'F1 Any-time Series'(10周)赶在阴历12月26日出售，由上述公式可推出：

开始加光时间(10 月 15 日)＝出售时间(12 月 26 日)－感应时间(10 周)

一般蒲包花品种长日照感应时间为 8～10 周。因此，开始加灯的时间为销售时间的前 8～10 周，通过光周期处理控制花期还应考虑温度的效应，温度应保持在10～15℃。

第 7 章　花卉的应用

7.1　花坛

7.1.1　花坛的概念

花坛(flower bed)是指在具有几何形轮廓的植床内种植各种花卉，表现图案纹样或赏盛花时的绚丽景观的花卉应用形式。《中国农业百科全书——观赏园艺卷》则定义为："按照设计意图在一定的形体范围内栽植观赏植物，以表现群体美的设施。"

花坛是园林植物造景的常见形式，在古代就有应用，花坛中植物群体色彩美和图案美的展示受到了西方实用性的花圃的深远影响。一般花坛都具备以下的特点：有几何形的种植床，多为规则式种植；表现花卉组成的平面图案纹样或色彩美；花材多为时令性花卉，草花为主，要进行季节更换种植花材才能保证观赏效果，温暖地区亦可用观叶木本种类。

7.1.2　花坛的作用

随着城市景观建设的重视程度不断加强，花坛在绿地中存在空间的形式和类型的不断丰富和扩展，花坛除了景观装饰作用外，还发挥着其它作用。

① 渲染气氛和美化环境　花卉开放时缤纷的色彩，群植形成的鲜丽的色块能形成强大的视觉效果和感染力，因而在节庆日景观中，利用花坛色彩的感染力来营造热烈欢快的气氛能发挥较好的效果；花坛鲜艳的色彩和造型的美观与建筑或其它景观要素融为一体，能起着装饰、美化的作用，给人以美的享受。

② 标识与宣传　随着花卉整形修剪技艺的发展和设计形式的不断创新，利用观赏植物修剪组成不同的纹样、图案、字体或徽章，对花坛主题直接表达，直接宣传。

③ 组织交通和分隔空间　花坛在空间中可沿路口、道路两侧、开阔地段上进行设计，有分隔空间和组织路线的引导功能。

7.1.3　花坛的类型

花坛形式随着时代的变迁、造景材料的不断丰富和设计理念的更新，出现了许多不同类型。

7.1.3.1　按花材表现主题分类

① 花丛花坛　主要由观花的草本组成，表现花开时群体的色彩美（图 7-1）。

② 模纹花坛　主要由低矮的观叶植物组成，表现出群体的图案美，包括了毛毡花坛、浮雕花坛。毛毡花坛是由各种观叶植物组成的装饰图案，不过要把植物修剪成同一高度，表面平整，宛如美丽的毛毡。浮雕花坛依花坛纹样变化，组成植物高低不同，整体具有浮雕的效果（图 7-2）。

③ 标题花坛　用观花或观叶植物组成具有明确的主题思想的图案。有文字花坛、肖像花坛、象征性图案花坛（图 7-3）。

④ 饰物花坛　以观花或观叶植物配植成具有一定实用目的的装饰物花坛。如时钟花坛(图7-4)。

图7-1　花丛花坛

图7-2　浮雕花坛

图7-3　会徽花坛

图7-4　世纪花坛

⑤ 雕塑花坛　花坛以规整对称为主，花坛中央为雕塑，可用观花和观叶植物进行造成景，或两者结合的形式，体量宜小巧显精致和华丽（图7-5）。

⑥ 主题花坛　具有一定的主题，以多种园林要素，花木、山石、水体、建筑小品等庭园形式综合表现主题内容（图7-6）。

图7-5　雕塑花坛

图7-6　主题花坛

7.1.3.2 按花坛的空间位置分类

① 平面花坛 花坛表面和地面平行、或稍高于或下沉地面（图 7-7），主要观赏花坛的平面装饰效果。

② 斜面花坛 花坛设置在斜坡或阶地上，以斜面为观赏面。文字、图案和肖像花坛展示使用斜面效果较理想。

③ 立体花坛 花坛具有三维空间，形成竖向立体景观，具有主题和内容。传统的立体花坛主要是用五色草栽种后塑造成动物、各景物造型，制作成本较高，养护管理精细。一般来说，立体花坛的造型材料有木质和钢质结构，木质结构主要是各种不规则形状，如动物造型，钢质结构的主要是对称的几何造型，如圆柱状、球形、标牌等（图 7-8）。

图 7-7 沉床花坛   图 7-8 立体花坛

7.1.3.3 按花坛的装饰作用划分

① 主景花坛 主要处于重要会议场所、广场、主干道路口、商业中心的一些大型主题花坛或立体景点。它们大多以绿地为背景，在广场或路口制作，有较大的立体构架或平面图案。

② 饰景花坛 处于重点道路沿线、宾馆出入口附近、繁华商业街上的一些小型景点，多以各种观叶植物和数种花卉组合而成。

7.1.3.4 以布局方式分类

① 独立花坛 作为局部构图中的一个主体而存在的花坛。形式可以多样，多布局于广场中央、道路交叉处、公园入口或建筑前方，位于构图中心。花坛外形为对称几何图形，面积不宜太大。若面积大的类型，花坛形式最好结合水景、雕塑或花台的形式进行应用。

② 花坛群 由多个花坛组成不可分割的构图整体。特点：确定花坛间为铺装地或草坪，排列组合是对称或规则，花坛群可采用两侧对称或辐射对称，位于对称中心的花坛采用独立中央花坛，形式为水景花坛、雕塑花坛。布局主要设置于在面积的建筑广场或规则式的绿化广场。

③ 连续花坛群 由多个独立花坛或带状花坛成直线排列，组成有节奏的整体。

7.1.4 花坛的设计

花坛设计应遵循的原则：花坛的体量不超过广场面积的 1/3，不小于 1/5；出入口以不妨碍游人的路线为原则。一般花坛的设计包括：植物的选择、图案的设计和色彩的设计。

7.1.4.1 植物的选择

① 花丛花坛的植物 以观花的草本为主，可适当选用常绿及观花小灌木作辅助材料。一、二年生草花及多年生草花可宿根花卉也是花丛花坛的优良材料。适合的种类应具备植株

低矮，株型紧密，花朵繁茂，花期较长，花色艳丽，开花整齐等特点。

花丛花坛常用的一年生花卉有：百日草、鸡冠花、万寿菊、一串红、一串蓝、孔雀草、千日红、凤仙、福禄考、向日葵、大波斯菊、长春花、银叶菊、翠菊、彩叶草等。二年生花卉有：三色堇、金盏菊、雏菊、矢车菊、香雪球、中国石竹、美国石竹、金鱼草、紫罗兰、羽衣甘蓝、东方罂粟、虞美人、瓜叶菊等。还可用部分的多年生花卉：荷兰菊、天竺葵、大花霍香菊、四季海棠等。在国外，花坛中还喜爱用球根花卉造景，常见有风信子、郁金香、葡萄风信子、大丽花等。

② 模纹花坛的植物　一般多选择耐扦插、生长慢、低矮、细密的植物。立体造型花坛一般多选择生长慢、低矮、细密、分枝多、耐修剪枝叶细小的多年生植物为宜，高度不超过10cm，如五色草。毛毡花坛或浮雕花坛可用观赏期长、株型紧密低矮的观花观叶植物，如彩叶草、紫叶小檗、红叶苋、五色草、金叶女贞、黄杨、洒金柏、黄叶假连翘、景天、杜鹃、细叶百日草等。

7.1.4.2　图案的设计

图案设计与建筑的外形相协调，与环境一致。外部轮廓以线条简洁为宜，内部纹样可精细，可设计成花瓣类、星芒类、多边形类、自然曲线类、水纹云卷类、徽章类、文字类、动物造型或物体形状。

7.1.4.3　色彩的设计

色彩要求鲜明、艳丽，突出群体的色彩美。一般花色不宜太多，不超过5种色，注意花色的搭配。花坛应有一个主调色彩，忌等面积布置花卉；花丛花坛的色彩要求鲜明、艳丽，突出群体的色彩美；模纹花坛色彩的设计应以图案纹样为依据，用植物的色彩突出纹样，要突出纹式在植物色彩搭配上宜用对比色处理。花坛常用的配色方法有暖色搭配和对比色应用。在花坛的配色方案中使用同一色调或近似色调配置可产生协调的视觉效果；而对比色配置应用产生活泼明快，能产生强烈的对比感觉。

7.1.5　花坛的施工

7.1.5.1　种植前土壤准备

花坛土壤的理化性质和平整效果都关系到花坛的效果。在种植前必要的土壤深翻和改良，可以保证土壤排水、通气性良好，种植面平整。种植一、二年生草花需要翻挖20～30cm，若种植多年生及灌木需要40cm。

7.1.5.2　施工放线

种植床作好后，可按图纸用比例放线，用石灰、沙在种植面上将图案或文字标识出来，复杂细致的图案可先用模具进行精细放样。

7.1.5.3　植物的栽植

在阴天或早晚进行花卉的移植，种植前一周进行苗床浇水，保证土壤湿度。种植花卉时按先中心后边缘的顺序。种植时植株株行距保持一致，植株刚好冠幅相接，不可多露土，种植过密亦不利于后期的管理。栽完后充分灌水，前期管理注意土壤保湿。

7.2　花境

7.2.1　花境的定义

花境（flower border）是发源于欧洲园林的一种花卉种植形式，早期花境主要是围绕草地、建筑周边狭长地带所进行的花缘式种植。花境是模拟自然界中各种野生花木交错生长的情景，经过艺术处理设计而成的形状各异、规模不一的自然式花带。花境利用露地宿根花卉、球根花卉及一、二年生花卉，栽植在树丛、绿篱、栏杆、绿地边缘、道路两旁及建筑物前，展示了自然中花卉的生长规律。

7.2.2　花境的特点

花境中以配植多种花卉，花色、花期、花序、叶型、叶色、质地、株型等各不相同，创造出丰富美观的立面景观，使花境具有季相分明、色彩缤纷的多样性植物群落景观，体现园林生态设计中乔灌草配置的理念。花境具有以下特点：

① 花境有种植床，种植床两边的边缘线是连续不断的平行直线可几何曲线；

② 花境植床要求有低矮的镶边植物；

③ 单面观赏花境需有背景（装饰围墙、绿篱、树墙），主要呈现规则式种植；

④ 花境内部植物配植是自然式的斑块混交，构成单位是花丛，每组花丛由5～10种花卉集中栽培；

⑤ 花境表现平面和立体美，有竖向和水平景观，立面高低错落；

⑥ 花境内部植物配置有季相变化，每季都有景可观。

7.2.3　花境的类型

7.2.3.1　按设计形式分

① 单面观赏花境　以建筑、矮墙、树丛、绿篱等为背景，种植床前缘为低矮植物，后面种植高大植物，景观层次为前低后高，只有一面观赏。

② 双面观赏花境　植物在种植床上布局以中间高两侧低，景观两面可赏，多设计在道路、广场或开阔地段中央。

③ 对应式花境　呈左右二列对应式的布局两个花境，布局分布于道路、广场、草地或建筑两侧。设计的两个花境不可有过多对比，设计上要保持风格一致，呈现一组景观。

7.2.3.2　按植物材料分

① 灌木花境　以观花、观果或观叶小体量灌木为种植材料而设计的花境。

② 宿根花卉花境　花境以可露地过冬、适应性强的宿根花卉为材料，如芍药、荷包牡丹、耧斗菜等进行造景设计。

③ 球根花卉花境　花境材料以各种不同花期的球根花卉进行种植搭配，展示不同的季节景观。

④ 专类花境　由一类或一种植物组成的花境。花境景观的变化可由植物叶形、叶质、株形等差异体现丰富的变化。如在花展中布局的常用的草本花卉的专类花境，如菊花花境、郁金香花境。

7.2.4　花境的设计

7.2.4.1　种植床的设计

花境的种植床是带状的，两边是平行或近平行的直线或曲线。花境的朝向可自由选择方向，对应式花境宜为南北向，利于光照充足。花境的长度不限，长可分段，每段不超过20m；短轴长度以花境形式有关，如单面观混合花境宽宜4～5m，单面观宿根花境2～3m；双面观宿根花境4～6m；庭园花境1～1.5m。种植床可设计成高床或平床，排水坡度在2%～4%有利于根系生长。

7.2.4.2 背景设计

花境背景的处理主要是针对单面观赏花境，背景可以是建筑物墙基、栅栏或园景中装饰性围墙，也可以以树丛、树篱、绿篱、树群作背景。背景一般要有质地和色泽的要求，背景可与种植床结合，亦可保留一定的距离。

7.2.4.3 边缘设计

花境的种植床形式不同，边缘的处理手法要求不同。高床边缘常用石块、砖头、碎瓦、木条等垒砌；平床多用低矮植物镶边。镶边花卉有：酢浆草、葱莲、沿阶草、黄杨等。

7.2.4.4 植物选材

花境中种植的植物材料宜选适应性强、耐旱、耐寒的多年生花卉，观赏期长、植株形态美、色彩美和质感美的种类为佳。所选用的材料花期要有季节上的合理搭配，能展示明显的季相变化，重视种类配置中花材质地变化、高低层次、株形和花序的对比处理。

花境中常用的春季开花的种有：东方罂粟、虞美人、大花藿香菊、少女石竹、中国水仙、铃兰、风信子、白头翁、石蒜、马蔺、扁竹兰、郁金香、球根鸢尾、荷包牡丹、报春等；夏季开花的种有：耧斗菜、风铃草、玉簪、百合、毛地黄、滨菊、大花飞燕草、百子莲、常夏石竹、扶郎花、松果菊、宿根福禄考、芍药、蝶醉花、射干、大花葱、晚香玉、美人蕉、姜花、忽地笑、姜花、火炬花、羽扇豆、桔梗、蛇鞭菊、蜀葵、萱草、满天星、情人草等；秋季开花的种有：金鸡菊、黑心菊、扶郎花、景天、宿根福禄考、雁来红、高山积雪、一枝黄花、早小菊、大丽花、美人蕉、石蒜、唐菖蒲、秋葵、桔梗、荷兰菊、菊花、硫华菊等。在花境设计中，还可使用四季开花的种：细叶美女樱、大花美女樱、红花酢浆草、五色梅。

7.2.4.5 色彩设计

花境中有单色系设计、类似色设计、补色设计和多色设计的配色方法。不管采用哪种方法，应注意色彩设计要与环境协调，与季相吻合。色彩在空间中的布局，若色彩单一或杂色但有主色调的花卉要集中在一起；红、黄、蓝及近似的色调要集中在一起种植。花色要接近，同一品种的花卉种在一起能得到花期一致、高矮一致和花色接近的效果。适当地选择重点和局部种植花卉。

7.2.4.6 季相设计

季相变化用不同的花色、种类体现。平面设计将同一季不同花色、株型的植物布置于各处。在平面种植图上依次标出不同季节开花的花卉，如春季、初夏、仲夏、晚夏、秋季，在空间分布相互交错排列。

7.2.4.7 立面设计

花境中营造层次起伏变化的效果，应充分利用植株的株高、株形、花序及质地变化安排空间。立面安排原则是前低后高。依据花期搭配、植株高度、花相、质感要求，决定不同花丛材料。总原则：花境中材料多但应有主次，主花材可分为数丛，分散于各处；花后叶丛景观效果差的植物面积少，使用一些植物进行弥补。

7.3 盆花装饰

城市的快速发展，大量高楼的建造，这些钢筋、混凝土和玻璃的建筑在造型和色彩上多变，同时又不乏独特美观，但始终是单调生硬，缺乏生气的。长期在这些人工建筑材料的空间中生活和工作，容易使人感到沉闷和疲劳。花卉作为美丽的绿色植物，来自大自然，种类丰富多样，身处其中，能感受到花开花落、春华秋实的四季变化，加上近年来人们对植物在环境和生态功能方面的认识日益重视，使得越来越多的花卉植物被应用在城市的装饰美化和环境景观中。

7.3.1 盆花装饰的特点

盆花指所有盆栽的观花、观果、观叶、观茎、观芽、观根的花卉。盆花装饰因其种类的多样性和可移动性决定了其应用的广泛性和灵活性。可以根据需要将盆花放置在各种室内、室外的装饰中，即可以单独摆放，也可巧妙构思设计成各种图案或景观，同时还可以将不同品种、花色、类型的花卉灵活组合运用到路旁、广场和建筑物周边的花坛中，不受地域限制。盆花因其直接栽在盆土中，达到观赏要求时移至装饰场所摆放，对于单株盆花而言，摆放一定时间后便失去最佳观赏效果而需要更换，显得装饰时间相对较短，但对于整体来说观赏效果是连续的，而且可以根据不同的季节摆放不同的品种来进行装饰。

7.3.2 盆花的类型

7.3.2.1 按盆花观赏部位分

① 观叶 观叶盆花是指叶片优美，以其为主要观赏部位，是盆栽的主要类群。常见的有蕨类植物、裸子植物和被子植物中以观叶为主体的花卉，如棕榈科、天南星科、百合科的多数种类。这些植物叶形优美，喜温暖，耐阴，耐修剪。

② 观花 观花盆栽是以优美艳丽的花朵作为主要观赏部位，种类很多，既有木本的又有草本的。这类盆花喜欢阳光，多摆放于室外或室内光线充足的场所，生长较好。

③ 观果 观果盆花以其色彩鲜艳，外形奇特的果实为主要观赏部位，如佛手、金橘等。虽然种类比观叶和观花的要少，但盆栽果树的种类却很丰富，收获季节色彩丰富，硕果累累，不失为很好的装饰材料。

④ 仙人掌及多肉类 用于装饰时效果独特，并且此类花卉较耐旱，管理方便而且观赏期较长。

7.3.2.2 按盆花组成分

① 独本 指一个盆中只栽1株，花卉通过自然生长或整形，树冠丰满，有特定的观赏特色，是盆花装饰应用中最多的，适合单独摆放或组合成线状花带。

② 多本 单独盆栽时树冠或体量偏小又无特殊姿态或易于分蘖的，在一盆中栽植两株以上形成群体美，可以单独摆放，也可种植在一定几何图形的种植槽内形成色块，增加观赏效果。

③ 多类 将几种对环境条件要求相似的不同大小、颜色的花卉按一定的排列组合栽于同一容器内形成高低错落、形势相称、色彩调和的混栽盆花，还可用匍匐性的植物衬托在基部来模拟自然群落景观成为"微缩花园"，是盆栽花卉中欣赏价值最高的一类。

多类混栽时除了考虑植物对光照、温湿度、水分等环境条件相似度外，还需考虑植物对栽培基质理化性质要求的一致性。选择的花卉种类也不宜过多，容器不宜太深以免影响小型花卉的整体效果表现。

7.3.2.3 按盆花形态和造型分

① 直立式 植物本身具有挺拔明显的主干，能够形成直立线条。在组合装饰中常放在中心作焦点花或作背景增强布局的整体气势，有时也单独使用。

② 散射式 植物枝叶向外开散占据较大空间，多数观叶、观花、观果的都属于此类。叶比主干突出，可以在室内单独摆放或在室外空间组成带状或块状图形。

③ 垂直式 该类植物的茎叶细软、下垂或具有蔓性，放置在室内高处或嵌在建筑物的外立面，使枝叶自然下垂，起到立体绿化的效果。

④ 攀援式 具有蔓性或攀援性的植物盆栽后通过牵引可以沿着墙壁或栏杆生长作为立

体装饰。

⑤ 图腾式　对于蔓性或具有气生根的花卉盆栽时在盆的中央插一根缠有吸湿的棕皮等软质材料的木柱，将植株栽在立柱周围，气生根会缠缚在立柱上起到吸湿和固定的作用，使植株顺柱生长，有时可高达 2～3m，用于门厅、角隅、甬道的装饰，非常壮观，小型的也可放于室内一角，使室内充满生机。

7.3.3　盆花装饰的原则和方法

盆花装饰美化室内环境，通常要根据一定的设计要求将其分布到具体空间中，主要是根据空间大小、建筑形式、利用方式以及整体效果和环境的协调，因地制宜地按照一定的艺术原则进行科学设计和布局，充分展现盆花的个体美和群体美，达到良好的装饰效果。同时又要考虑经济和实用性以及盆花本身的特性和观赏时间，以减少更换时的运输成本。

7.3.3.1　盆花装饰的原则

① 整体布局　无论是室内还是室外的装饰，都要与所处环境协调统一，在室内装饰时，除考虑风格协调外，盆花的选择和布置还应与房间的功能相协调。

② 主次分明　既有主景也有配景，做到中心突出，主景是装饰布置的核心，是整个空间景物构图的中心，既要突出又要有艺术魅力，能够吸引人并留下美好深刻的印象，配景虽是陪衬从属的作用但也应与主景协调，使二者成为一个统一体。

③ 比例协调　盆花的装饰，尤其是盆花的室内装饰需要特别注意。花卉自身与盆、架的比例以及花卉装饰与室内空间和陈设之间的比例关系。大空间装饰小盆花显得空旷，无法烘托气氛，小空间装饰大盆花则显得压抑臃肿，比例适度就会给人舒适感，同时也会提升整体的美感。

④ 因地制宜　盆花装饰要从实际出发，根据不同的自然条件、经济状况、民族习俗、植物种类和特性灵活运用，并突出地方特色和风格。

7.3.3.2　盆花装饰的方法

根据盆花在室内外的陈设方式，大致分为以下几种。

① 自然式　突出自然景观，借鉴中国园林的设计手法，进行设计布局。在植物选择上要能反映自然群落之美，可以单株或多株点缀或对空间进行组织和分隔，要求不对称、不整齐，富有节奏感和自然情趣的摆设，让人宛若置身于世外桃源。这种装饰方法占地面积大，适宜于大型公共场合和宾馆，在有限的空间则需要通过精巧的布置来表现大景观。

② 规则式　通过几何图形或图案进行设计布局，也就是利用同等体型、大小和高矮一致的植物材料以对称或行列式进行空间的组织和分隔，往往显得简洁整齐、雄伟庄严，体现图案美的装饰效果。多用于门厅、走廊、展室等，对于一般的居室来说显得呆板乏味。

③ 悬垂式　利用竹、木、藤、金属、塑料等各种具有装饰效果材质的吊篮或吊盆，栽入悬垂或蔓性的植物，悬挂在墙柱、顶棚或窗口，不占室内地面，植物枝叶婆娑，既点缀了空间又增加了气氛，但会使人产生不安全感，应该尽量避开人们经常活动的空间。

④ 镶嵌式　将特制的半圆形的瓶、盆、斗、篮等造型别致的容器镶嵌在墙壁或柱面的适宜位置，在容器中栽上一些别具特色的植物达到装饰观赏的目的，也可在墙壁上设计不同形状的洞柜，摆放一些耐阴的下垂或蔓性植物，形成壁画般的效果。这种装饰方法跟悬垂式一样，不占室内地面，可以利用竖向空间装饰配置，适合较狭窄空间的布置。

⑤ 组合式　将上述几种形式通过灵活的布局和设计混用于盆花装饰中。利用植物的大小、高低和色彩组合在一起，遵循高低有序，互不遮挡的原则，随意构图，起到层次分明、形式优美的装饰效果。

7.4 插花

插花不是简单的造型，也不是单纯的花材组合，而是把各种花材按照立意和主题进行构思造型，形成协调统一、对比鲜明、充满韵律、富于变化，能够以形传神、神形兼备的优美艺术品。插花常用来装饰厅堂、装点居室、美化生活，既可以陶冶情操，提高自身的文化修养和生活品质，又具有一定的知识性和趣味性。

7.4.1 插花定义

插花的"花"并不局限于花朵，凡是具有观赏价值的植物器官，包括花、枝、叶、果、芽、根等都统称为插花中的"花"。

根据插花时是否使用器皿又将插花分为狭义和广义两个范畴。

狭义的插花仅指使用器皿插作的，而不使用器皿的装饰花和手捧花、襟花等则不归于插花之列。广义的插花是指凡是利用具有观赏价值的植物各部分器官，如花、叶、枝、果、芽、皮、根等材料进行造型，形成的具有装饰效果和欣赏价值的作品，包括装饰环境的和装饰仪容的。

概括地说，插花就是将植物体上的枝、叶、花、果等剪切下来，通过一定的技术处理和艺术加工，制作出富有情趣和主题的室内艺术品。

7.4.2 插花的类型和特点

插花是以鲜活的植物材料为素材，虽然离根但仍有生命，是其他艺术品无法比拟的，由于花材不带根，水分和养分的吸收受阻，因此保存时间有限。同时插花的随意性也较强，所使用的花材、工具和器皿都不受限制，作品完成后既可用于公共场合烘托气氛，又适合于家庭美化装饰，陶冶性情。

7.4.2.1 按照艺术风格分类

① 东方插花　以中国和日本的传统插花为代表。主要特点是以线条构图为主，多呈现不规则、不对称的造型，花材用量较少，多以木本花材为主，常用花材的品格寓意，讲求情境和意境，色彩淡雅，构图简洁，造型多变，活泼自然，注意花材与容器色彩、质感的协调统一。

② 西方插花　泛指以美国、法国、荷兰等为代表的欧美各国。其特点是作品体量大，以规则对称的几何形体为主，着重表现花材群体的图案美和色彩美，花材用量较多，以草花花材为主，用大量不同颜色和质感、色彩鲜艳的花组成，达到雍容华贵、热烈奔放的效果，极具装饰性。

③ 现代自由式插花　是新出现的一种插花类型，将东方和西方插花融为一体，既有优美的线条又有明快艳丽的色彩和较规则的图案。在选材、构思和造型上更突出现代人对自由浪漫和不受拘束的追求。一些非植物性装饰材料的使用使整个构图表现更加丰富有力，既具装饰性，又有一些抽象和大写意的手法，主体表现新颖。

7.4.2.2 按照用途分类

① 礼仪插花　在社交礼仪活动中用来营造和烘托气氛，渲染环境的花卉装饰品，被广泛用于婚礼、探视、会议、庆祝、庆典、迎送等活动中。通常体积较大，造型简洁，多呈规则式几何图形，花色艳丽明快或素雅，花形宜选中等大小，较规整的，花材用量大，选材上不宜过于粗大或过于细碎，忌选有异味、有毒性和污染环境的花材，同时也应考虑不同国家、地区和对象，以及不同节日或庆典用花的习俗和忌讳。花篮、花束、桌饰、服饰和婚车

等都是礼仪插花的常见形式和典型代表。

② 艺术插花　用于美化和装饰环境、布置陈设在各种展会上表达创作者的思想情感，供人们欣赏并烘托艺术氛围的花卉装饰品。在选材、构思、造型和布局等方面都有独特的特点和较高的要求。素材的选择更为灵活广泛，用花量比较少，外形灵活自由，不拘于形式，但在花材的形状、色调、姿态和神韵上追求主题突出、意境取胜，能充分表现创作者的思想和情趣，引起观赏者的联想和共鸣。艺术插花的表现形式丰富多样，有瓶花、盘花、钵花、篮花、壁挂花、吊挂花等，可根据场合和环境需要而选用。

7.4.2.3　按照艺术表现手法分类

① 写实插法　崇尚自然、以现实中具体的植物形态、自然景色或动、静物的特征为原型进行艺术再现，形式有自然式、写景式和象形式三种。

② 写意插法　是东方插花所特有的手法。利用花材的属性、品格、形态或谐音来表达某种情趣、意念或哲理，寓意于花，并给作品配以贴切的命名，使观赏者随作者进入特定的意境，从而产生共鸣。中国插花常采用写实与写意相结合的手法达到神形兼备，富有情趣。

③ 抽象插法　不受植物生长的自然规律约束，也不以具体事物为依据，只是将花材作为造型要素中的点、线、面和色彩来进行造型。可以分为理性抽象和感性抽象两种。

7.4.3　插花的步骤

插花尤其是东方插花讲究意境，注意立意，在开始制作前就要对插花枝叶的选择与处理，整体构图与色彩以及最终的效果做到心中有数，也就是要做到"胸中有花"，才能创作出具有诗情画意，让人浮想联翩的作品。插花的意境因场合的不同也会有所不同。

① 立意构思　根据所要表达主题的不同来明确目的，确立主题。也就是说，作品是为喜庆、礼仪和社交活动而作，或是为装饰美化环境而作，还是为了艺术表现和欣赏而作。明确目的后就可以根据插花的用途来确定插花的格调，华丽还是淡雅，再根据作品摆放的位置来选择合适的花型和体量，最后将要表现的内容和意境通过素材和造型来实现。

② 选材　根据构思选择相应的花材、花器和其他附属品。每种花材都有其形态和色彩、质地上的特性，按花材形态大致分为块状花、填充花和特殊形式的花等，只要材质相配，色彩协调，就可以根据喜好和需要选配。

③ 造型插作　花材选好后，根据对称构图或不对称构图的造型，遵循高低错落、疏密相生、虚实相融、俯仰呼应、上轻下重和上散下聚的原则，掌握变化与统一、比例与尺度、对比与调和的规律，将花材的形态展现出来。在整个过程中，边插边看，突出花材的特点和情感，将最美的角度展现出来。

④ 命名　作品的命名也是作品的一个组成部分，尤其是东方插花，题名使作品更高雅，欣赏价值也随之提高，成功的命名既可丰富作品内容，又可延伸其内涵。一般的命名方法有借用典故、古诗命名，根据花材寓意和花语命名，借助造型、意境和主题命名，也可形象命名、抽象命名或借用寓意命名。

⑤ 清理现场　这是插花不可缺少的一个环节，也是插花者应有的品德。

第8章 一、二年生花卉

8.1 概述

8.1.1 一、二年生花卉的定义

一、二年生花卉按照生态习性和栽培类型可分为典型的一、二年生花卉和多年生花卉当作一、二年生栽培的花卉。

8.1.1.1 一年生花卉

① 典型的一年生花卉 生活周期在一个生长季节内完成的花卉，即从播种到开花、结实、死亡均在一个生长季内完成。一般春季播种，夏秋开花结实，然后枯死，故一年生花卉又称春播花卉。典型的一年生花卉如鸡冠花、百日草、翠菊、半支莲、牵牛花等。

② 多年生作一年生栽培的花卉 园艺上认为有些在当地露地环境中多年生栽培时非自然死亡或一年后观赏效果差，且具有容易结实，播种后能当年开花结实的均称作一年生花卉，如鸡冠花、一串红、万寿菊等。

8.1.1.2 二年生花卉

① 典型的二年生花卉 在两个生长季内完成生活史的花卉，即播种后第一年只生长营养器官，翌年开花、结实、死亡。一般在秋季播种，翌年春夏开花，故又称为秋播花卉。如紫罗兰、羽衣甘蓝、须苞石竹等，种类不多。

② 多年生作二年生栽培的花卉 园林中实际栽培应用的二年生花卉，大多数种类是多年生当作二年生栽培的，园艺上认为有些在当地露地环境中多年生栽培时非自然死亡或两年后观赏效果差，且具有容易结实，当年播种次年开花的特点均称作二年生花卉。

8.1.2 生长发育特点

8.1.2.1 生长发育对环境条件要求

① 对温度的要求 典型的一年生花卉多数原产于热带或亚热带，不耐霜冻；二年生花卉多原产于温带，耐寒力较强（有的能耐 0℃以下的低温），但不耐高温。

② 对光照的要求 大多数一、二年生花卉喜阳光充足，仅少部分喜半阴环境。典型的一年生花卉开花要求短日照，二年生花卉开花则要求长日照。

③ 对水分的要求 要求土壤湿润，不耐干旱。根系浅，易受表土影响。

④ 对土壤的要求 喜排水良好而肥沃的土壤。

8.1.2.2 主要的繁殖方式

一、二年生花卉具有容易结实的特点，因此多用种子繁殖，且繁殖系数大。

8.1.3 栽培管理措施

一、二年生花卉以种子繁殖为主。播种见本书第 5 章。播后的管理措施包括光照、温度和肥水。

8.1.3.1　一年生花卉的管理

① 温度管理　典型的一年生花卉耐寒性较差，对于耐寒性差的种类要在温室中进行栽培，露地气温适宜时，再移栽到室外或以盆钵的方式应用。一些花期较长的一年生花卉在严寒来临前，如改用盆栽并移入温室培育，仍可继续开花。

② 光照管理　多数一年生花卉，由于长期引种栽培，已属于日中性植物，成花对光周期不敏感。开花仅与植物大小有关系，即播种后植株营养体需生长到一定大小才能开花。因此成花与植物体营养生长的关系十分密切。在合适的温度、肥水条件范围内，光照越强，植物体生长越快，开花越早。但在幼苗期避免阳光直射，应适当遮阳。少数一年生花卉对光周期比较敏感，如蒲包花、翠菊在长日照条件下可提前开花，而大花牵牛、波斯菊在短日照条件下，可提前开花。

③ 肥水管理　种子萌发后，施稀薄水肥，须控制水量，水分过多易造成根系发育不良甚至腐烂，从而引起病害，影响生长。花芽分花期应适当控水，才有利于花芽的分化。花期较长的花卉可进行 1～2 次追肥。

8.1.3.2　二年生花卉

二年生花卉的成花需通过低温春化作用和紧接着的长日照条件，体内营养水平对其开花影响较小。因此，在二年生花卉的栽培管理上，必须要满足春化作用的温度条件和日照时间的要求，否则影响开花。如秋播改为春播时需进行人工低温春化处理，处理温度一般在 0～5℃之间。二年生花卉的其它栽培管理措施与一年生花卉相似。

8.2　一、二年生花卉各论

8.2.1　鸡冠花(*Celosia cristata*)

【别名】鸡冠、红鸡冠、鸡头花。

【科属】苋科青葙属。

【产地与分布】原产印度，是热带、亚热带常见的一种花卉，现世界各地均有栽培。

【形态特征】一年生草本。植株依品种不同高矮不一，20～150cm，茎粗壮直立，光滑稀分枝，上有棱状纵沟；叶互生，全缘或有缺刻，具短柄，卵形、卵状披针形或线状披针形，有绿、黄绿、深红或红绿相间等色；肉质穗状花序顶生或腋生，扁平皱缩呈鸡冠状，上部花多退化呈丝状，中下部集生多数小花，花被呈干膜质，5 片；花色有红、黄、白各色和复色，具丝绒般光泽；花期 7～10 月，种子药用称青葙子。

【栽培资源】(1) 同属常见栽培的种有：

① 青葙(*C. argentea*)茎直立，多分支，绿色或红色，具明显条纹，叶色绿中带红，秋季变红，穗状花序，粉红或银白色。

② 圆绒鸡冠(*F. childsii*)，茎具分支不开展，花序卵圆形，表面流苏状或绒羽状有光泽，紫红或玫红色。

③ 子母鸡冠(*F. plumosa*)，全株呈广圆锥形，顶生花序大，皱褶呈倒圆锥形，花序鲜橙红色或黄色，叶色深绿有土红晕。

(2) 栽培品种　由于鸡冠花的变种、变型和园艺栽培品种很多，目前按品种花序和颜色特征可分为以下几种。

① 矮鸡冠(‘Nana’)植株矮小，高仅 15～30cm，花色多紫红色或暗红色。

② 凤尾鸡冠(‘Pyramidalis’)茎多分支而开展，植株外形呈等腰三角，各枝端着生火焰状大花序聚集成三角形圆锥花序，表面似芦花细穗，花色极丰富，从白色、黄色、红色至暗

紫色，单色或复色。

【生态习性】鸡冠花性喜光，喜炎热而干燥气候，不耐寒，生长期喜高温、干燥和全光照气候，生长适温15~30℃。喜疏松肥沃、排水良好的沙质土壤，不耐贫瘠，不耐涝，但土层太肥沃易徒长而有失观赏价值。

【繁殖】鸡冠花采用种子繁殖，可自播繁衍，种子生活力可保持4~5年。3月播种于温床，晚霜后露地直播，也可根据观赏时间调整播种期，从4月至7月下旬，播种前要施些厩肥、堆肥或饼肥，种子发芽适温20~25℃。种子细小，播种后不覆土或薄覆土，保持土壤湿润不积水，遮阳，7~10d萌发，发芽后给予充足光照。

【栽培要点】①因鸡冠花根系属直根性，不宜移栽，大苗移植极难育成壮苗；②水分过多会导致根腐烂，土壤表面干燥后再浇水；③光照不足易徒长，使花序拉长或变小，花色变暗。

鸡冠花，大量生产可在露地阳畦内，家庭可用盆播法，施足基肥。当幼苗长出3~4片真叶时定植，盆栽时稍深植，只保留子叶在盆土面上可使植株生长较矮，一般不需要摘心。定植后注意排水，连续下雨或积水2~3d易造成茎部腐烂死亡，开花期间少施氮肥以免茎叶生长旺盛而花量减少。

【应用方式】鸡冠花花型独特、花色艳丽、花期长，也是著名的庭院花卉，宜做秋季花坛材料。高茎种也可作切花。花和种子均可入药作收敛剂，茎叶也可食用，同时能吸收空气中的氧化物，对氯化氢有较强抵抗能力，可作为大气中氯气的监测指示植物。

8.2.2　千日红(*Gomphrena globosa*)

【别名】圆仔花、火球花、千年红、杨梅花。

【科属】苋科千日红属。

【产地与分布】原产中国、印度、南美洲热带地区，现世界各地广为栽培。

【形态特征】一年生草本。植株高30~70cm，矮生品种仅15cm；茎直立多分枝，全株被毛；单叶对生，长椭圆形或矩状倒卵形，全缘；头状花序由球形伸长为圆柱形，单生或2~3个着生于枝顶，有较长总花梗；花小而密集，常为紫红或深红色，有时也为粉色或白色，每1小花具2枚紫红色膜质发亮的苞片，小花和苞片干后不变形，不变色；栽培变种有粉、白、黄等色，花期6~11月。

【栽培资源】同属常见栽培的种有：

① 美洲千日红(*G haageana*)　叶狭披针形，椭圆形球状花序生于新梢顶端，花黄色。

② 红花千日红(f. *rubra*)　蜡质苞片亮红色。

③ 千日粉(f. *rosea*)　蜡质苞片粉色。

④ 千日白(f. *alba*)　蜡质苞片白色。

【生态习性】千日红适应性强，喜阳光充足，温暖干燥气候和疏松肥沃、排水良好的土壤，不耐寒，不耐荫，较耐旱，忌水湿。生长适温15~30℃。

【繁殖】千日红主要采用种子繁殖，也可用扦插繁殖。一般3月播种于温室，4月初播于露地苗床。因种子细小而密被绒毛，可与播种前用冷水浸种1~2d，拌以草木灰或细沙使种粒分开，不覆土或覆薄土，2周内即可萌发，再播于苗床。扦插繁殖在20~25℃的发芽适温下可在6~7月间进行，剪取10cm左右健壮枝梢做插穗插于沙土中，遮阳保持湿润1周左右即可生根。

【栽培要点】①属于长日照花卉，光照不足容易徒长，茎细软易倒伏；②幼苗期摘心1~2次以促进侧枝萌发多开花，同时使植株矮化便于形成整齐美观的株形。

千日红栽培管理简便，不需经常施肥、浇水，病虫害也极少。定植时施足基肥或是在生长旺盛期间每半个月施一次稀薄液肥，花前增施1～2次磷钾肥，花后进行修剪和施肥可促使重新抽枝于晚秋再次开花。小苗长出新叶后适当控水，花芽分化后再增加浇水量，花开放后保持盆土微潮即可。栽植期间注意中耕除草和雨季排涝。

【应用方式】千日红花色艳丽，花期长，是夏季花坛的好材料，也可布置花境、路边丛植或片植于草坪中。矮生种还适合盆栽，也是花篮、花圈和切花的好材料，还可制成干花。花序可入药，有平喘止咳、平肝明目的功效。千日红对氟化氢敏感，可作为氟化氢的监测植物。

8.2.3　中国石竹(*Dianthus chinensis*)

【别名】石竹、麦石竹、洛阳花。

【科属】石竹科石竹属。

【产地与分布】中国石竹原产于中国。广泛分布于我国东北、华北、西北和长江流域各省，现今在国内外广泛栽植。

【形态特征】多年生草本植物，常作一、二年生草本花卉栽培。株高15～30cm；茎棱形，有节，多分枝；单叶对生，线状披针形，基部抱茎，先端急尖；花单生或数朵簇生于茎顶，苞片4～6枚，花瓣5枚，边缘有不规则的浅齿裂，花色有红、粉红、白、淡紫及复色等，花期为4～6月份；蒴果，果熟期6月。

【栽培资源】(1) 同属常见栽培的种有：

① 美国石竹(*D. barbats*)　宿根，株高约40cm，聚伞花序花朵密集在植株上部，花瓣有深红、浅红、粉红、白等色，有重瓣品种。花期5～6月。

② 美女石竹(*D. delloides*)　宿根，株高约20cm，分枝多而纤细，着花时枝条平展有时略下垂。花朵小巧，有玫瑰色、紫色或白色。花期4月下旬～6月上旬。

③ 瞿麦(*D. superbus*)　宿根，株高约50cm。花粉红色，有香味，花瓣顶端深裂成细线状。花期5～6月中旬。

④ 羽毛石竹(*D. plumarius*)　宿根，株高约30cm。花紫红、粉红和白色，花心有深紫色斑状，有香味，花瓣边缘深裂成羽状，花期5～6月。

⑤ 克那贝石竹(*D. Knapii*)　宿根，株高约40cm。花鲜黄色，近基部有紫红色斑纹，花期5～7月。

(2) 栽培品种　由于栽培园艺品种很多，有小花、大花、重瓣及矮株等品种。园林中栽培的有：①三寸石竹，株高10cm左右，花径约3cm；②五寸石竹，株高20cm左右，花径约4cm；③"杂交"石竹，由中国石竹与美国石竹杂交而成，它的花大似中国石竹，叶宽似美国石竹。

【生态习性】中国石竹性耐寒，喜阳光，耐干旱，适宜生长在阳光充足而通风凉爽的环境，喜中等肥力，忌水涝，要求种植在富含腐叶肥沃而排水良好的沙质壤土。

【繁殖】中国石竹主要以种子进行繁殖，亦可扦插繁殖。采用种子进行繁殖，春播与秋播均可，多以秋播为主，10月份播种于育苗床，播种前将苗床灌透水，混沙播种，播后撒一层薄土或不覆土，加盖稻草，浇透水并保持土壤湿润，在20℃条件下1星期后发芽，发芽率可达70%左右。扦插宜在生长期内进行，需结合修剪整形，取5～8cm长的带芽新梢，插于由河沙与培养土等量混合的沙土中，保持土壤湿润，适度遮阳，经2～3星期生根。

【栽培要点】中国石竹生长健壮，管理简便，栽培时应注意以下几点：①栽培时，南方多于11月初定植，第二年4月定植或上盆，寒地多为宿根栽培；②定植时株行距20cm×40cm，定植后每隔3周追肥1次；③为促使多分枝，应及时进行2～3次摘心；④开花期应及时剪去残花，花后2周追肥1次，南方9月以后可再次开花。冬季寒冷时，则少施肥，气温回升后，增加浇水量，每半月施一次复合肥；⑤在即将开花时，可喷浓度为 150×10^{-3} g/L的多效唑 2 次，以矮化植株。

【应用方式】中国石竹广泛应用于花坛及花境布置，与岩石相配，是点缀岩石园的好材料，此外还可用作镶边植物、盆栽欣赏和切花。

8.2.4 花菱草(*Eschscholtzia californica*)

【别名】金英花、人参花。

【科属】罂粟科花菱草属。

【产地与分布】原产美国加州。

【形态特征】多年生草本，常作二年生草本栽培。植株高 30～60cm，呈灰绿色；茎纤细，叶羽状分裂，裂叶细；花单生具长梗，生于枝顶，花开直径 7～8cm，色艳，有黄色、桔黄色、红、粉等色，春夏开花，有重瓣品种。

【栽培资源】同属植物途径观赏栽培的种有：

① 丛生花菱草(*E. caespitosa*)　植株低矮，花径 5cm，黄色花。

② 兜状花菱草(*E. cuculata*)　植株矮小，初生叶向内卷，花小，鲜黄色。

【生态习性】植株喜冷凉、干燥环境。在排水良好的、肥沃的沙质壤土上生长良好。生长过程忌高温和高湿。

【繁殖】播种繁殖。多用秋播，头一年秋播后在冷畦中越冬，第二年早春进行定植。由于植株根系肉质，移植成活率不高，也可以进行露地直播。种子发芽适温 15～20℃。

【栽培要点】①露地秋播后要进行土壤保温保湿，常在土表覆盖稻草；②种子一周左右发芽，要及时进行间苗；③幼苗忌过湿，至 3 片真叶时进行带土移植；④定植株距在 30cm 左右，勤施肥，雨季加强排水。

【应用方式】花菱草枝叶细密，花态优美，色艳花开繁多，在片植于花坛、花境，或作盆栽。

8.2.5 虞美人(*Papaver rhoeas*)

【别名】丽春花、赛牡丹。

【科属】罂粟科罂粟属。

【产地与分布】原产欧洲中部及亚洲东北部。

【形态特征】常作一、二年生花卉栽培。全株被毛，茎直立，具有白色乳汁；叶为波状分裂，叶缘有锯齿，互生；花梗长，被长毛，花蕾椭圆形、下垂，开放后直立；花瓣 4 枚，瓣质薄而透明，花色丰富，有红、黄、白、紫红及复色；蒴果，种子肾形。

【栽培资源】同属常见栽培种有：

① 东方罂粟(*P. orientale*)　多年生草本，花开直径 15cm，色鲜红、粉、白等。

② 冰岛罂粟(*P. nudicaule*)　多年生草本，花开直径 8cm，花香，色橙黄或红色。

【生态习性】性喜光照充足、冷凉而干燥的环境。植株耐寒，忌高温和高湿；根系为肉质直根，不耐移植，在排水良好的、肥沃的沙质壤土上生长较佳。

【繁殖】种子繁殖。一般为露地直播。长江流域地区常在 9～10月播种；种子发芽适温为 20℃左右。

【栽培要点】秋季播种，种子和培养土混匀后播种，或露地直播；种子发芽后，种苗生长至 3～4 片真叶时进行移植，幼苗肉质根，要带土移植，一般宜在阴天进行；定植的株距在 30cm 左右；生长期喜肥，多施肥；栽培土壤以排水良好的沙质壤土为好。

【应用方式】虞美人花态优美，花瓣质薄，色艳适宜在花坛、花境中片植；可作盆栽观赏。

8.2.6　醉蝶花(*Cleome spinosa*)

【别名】西洋白花菜、凤蝶草、紫龙须。

【科属】白花菜科醉蝶花属。

【产地与分布】原产热带美洲，全球热带至温带栽培以供观赏，我国各地均有栽培。

【形态特征】一年生草本植物。株高 60～150cm，被有黏质腺毛，枝叶具气味；掌状复叶互生，小叶 5～9 枚，长椭圆状披针形，有叶柄；总状花序顶生，花瓣 4 枚，淡紫色，具长爪；雄蕊 6 枚，花丝长约 7cm，超过花瓣一倍多，蓝紫色，明显伸出花外；花期 7～11月，蒴果，内含种子多数。

【生态习性】适应性强。喜高温、耐暑热，亦较能耐干旱，忌积水、忌寒冷。喜阳光充足地，半遮阳地亦能生长良好。一般中等肥力土壤，生长良好；在沙壤土或带黏重的土壤或碱性土生长不良。

【繁殖】种子繁殖，种子孕育在蒴果中，熟时自然开裂，可在果皮变黄时提早采取，用纱布袋子贮藏于室内通风透气地方，来年 3 月可播种繁殖。

【栽培要点】①可选择土质疏松肥沃、通风向阳、施干杂肥、深翻细整的露地苗床播种；②播种前可用 40℃温开水浸泡 24～48h，种皮吸水膨胀后，用湿毛巾覆盖，每天用 30℃左右温水冲淋催芽；③播种时要保持 20℃的稳定温度，种子才萌动；④幼苗生长缓慢，注意水肥管理。小苗长出 2 片真叶时要进行间苗，长至 8～10cm 时，可移出苗床进行定植栽培。

【应用方式】适用于庭院、花镜绿化美化，可植于庭院墙边、树下。盆栽可陈设于窗前案头，同时，也是一种优良的蜜源植物。

8.2.7　羽衣甘蓝(*Brassica oleracea* var. acephala)

【别名】叶牡丹、牡丹菜、花菜、绿叶甘蓝。

【科属】十字花科甘蓝属。

【产地与分布】原产欧洲，现广泛栽培，主要分布于温带地区。

【形态特征】二年生草本。株高 30～40cm，植株形成莲座状叶丛；茎短缩，密生叶片；叶片光滑，略肥厚，宽大匙形，被有白粉，边缘呈深度波状皱褶；内叶的叶色极为丰富，有白、粉红、紫红、乳黄、黄绿等色；总状花序顶生，花期 4～5 月；长角果成熟期为 6 月。

【栽培资源】羽衣甘蓝栽培园艺品种极多，目前品种可按高度、叶型、叶色进行分类。

①按高度分类：可分为高型和矮型；②按叶型分类：可分为皱叶型、圆叶型及裂叶型；③按叶色分类：可分为红紫叶和白绿叶两类。红紫叶类心部叶呈紫红、淡紫或雪青色；白绿叶类心部叶呈白色或淡黄色。

【生态习性】羽衣甘蓝喜冷凉气候，喜阳光，极耐寒，耐热性也很强，不耐涝。对土壤适应性较强，耐盐碱，而以腐殖质丰富肥沃沙壤土或黏质壤土最宜。生长适温为 20～25℃。

【繁殖】主要用播种繁殖。播种时间一般为 7 月中旬至 8 月上旬，北方一般早春 1～4 月在温室播种育苗。播种前先喷透基质层，将种子直接撒播于基质上，覆盖时以刚好看不见种子为宜，播种后不用再次浇水，保持温度 20～25℃，约 7d 即可出苗。种子发芽的适宜温度为 18～25℃。

【栽培要点】①羽衣甘蓝播后应及时浇足水，并适度遮阳，防止强光直晒，并保持土壤湿润；②露地播种要适时，过早或过迟都不利于小苗越冬；③羽衣甘蓝极喜肥，生长期间应多施氮肥，以保证肥料的供应。

羽衣甘蓝幼苗需春化才能开花结实，播种后 25d 幼苗 2～3 片叶时分苗，幼苗 5～6 片叶时定植。苗期少浇水，适当中耕松土，防止幼苗徒长。

【应用方式】羽衣甘蓝耐寒性强，观赏期长，叶色极为鲜艳，是早春和冬季花坛的重要材料。可用于布置花坛、花境，也可作镶边或组成图案，亦可作盆栽观叶。

8.2.8　桂竹香（*Cheiranthus cheiri*）

【别名】黄紫罗兰、香紫罗兰、华尔花、贵香花。

【科属】十字花科桂竹香属。

【产地与分布】原产南欧，现世界各地均有栽培。

【形态特征】多年生草本，常作二年生栽培。株高 20～70cm，全株被灰白色长柔毛；茎直立，多分枝，基部半木质化；叶互生，披针形，全缘，基生叶莲座状，有柄，茎生叶较小，近无柄；总状花序顶生，萼片 4 枚，基部垂囊状，花瓣 4 枚，近圆形，有长爪，橘黄色、黄褐色或两色混杂，有香气；花期 4～5 月；长角果果熟期 5～6 月。

【栽培资源】同属种约有 10 种，常见栽培的种有：

七里黄（*C. alionii*）　二年生或多年生草本花卉，株高 30～40cm；圆锥状总状花序顶生，花鲜黄色、橙色；花期 5 月。

【生态习性】喜阳光充足、冷凉的环境，稍耐寒，畏涝，忌酷暑，适宜疏松肥沃、排水良好的土壤，能耐轻度盐碱土，雨水过多则生长不良。

【繁殖】以播种繁殖为主，也可用扦插繁殖。播种繁殖可于 9 月上旬播于露地，10 月下旬移植 1 次。扦插繁殖多用于重瓣品种，扦插于秋季进行，取生长健壮、当年生梢较硬的嫩枝，插穗长度 5～6cm，插于沙床中，注意适当遮阳和保湿，不久即可生根。

【栽培要点】桂竹香栽培管理较粗放，一般定植后经常保持土壤湿润，约 3 周左右施一次稀薄液肥即可。种植不宜过密，以免影响通风透光。开花期要控制水分，不需施肥。雨季要防涝，雨后及时排水。早春开花后剪去残花枝，及时追施 1～2 次速效液肥，勤浇水，可发出新枝，9～10 月即可再次开花。10 月份后可重剪，将宿根挖出贮藏，来年早春将贮藏的宿根分开栽植。也可于春、夏播种，入冬前上盆移入室内培养，则初冬即可开花。

【应用方式】桂竹香花色金黄，是优良的早春花坛、花境材料，亦可作盆花栽培。高型品种还可用于切花。

8.2.9　香雪球（*Lobularia maritima*）

【别名】小白花、庭芥。

【科属】十字花科香雪球属。

【产地与分布】原产地中海沿岸。我国广泛栽培。

【形态特征】多年生草本，常作一、二年生栽培。植株矮小，高约 15～30cm，分枝多而匍匐生长，全株被毛；叶互生，条形或披针形，全缘；总状花序顶生，总轴短，小花密生呈球状；花瓣白色、淡黄色、淡紫色、深紫色或深红色，长圆形，有淡香；短角果。

【栽培资源】香雪球栽培中还有重瓣和斑叶观叶品种，斑叶品种叶缘多为白色或淡黄色。另有一些矮生种高仅 10cm。

【生态习性】香雪球喜冷凉、阳光充足的环境，忌炎热，稍耐阴，宜疏松土壤，忌涝，较耐干旱瘠薄。最适宜的生长温度为 15～25℃。

【繁殖】主要采用播种繁殖，可春播或秋播，通常在 9 月中下旬以后进行秋播；也可扦插繁殖，取嫩枝扦插，较易生根。能自播繁殖。发芽适温为 20～25℃，5～10d 发芽。

【栽培要点】香雪球播后 2～3 周，真叶 4～5 片时可定植。秋播时，应于冷床中越冬。在开花前一般进行两次摘心，以促使萌发更多的开花枝条，即上盆 1～2 周或苗高 6～10cm 并有 6 片以上的叶片后，把顶梢摘掉，保留下部的 3～4 片叶，促使分枝。炎夏前应进行重剪，放凉爽处越夏，则秋后开花更盛。

香雪球进入花芽分化期和开花期，应适时施肥以及供水，可每半月施稀薄的液肥一次，进入结实期后，停止肥料供给。

【应用方式】香雪球匍匐生长，幽香宜人，是布置岩石园的优良花卉，也是花坛、花境的优良镶边材料，亦可盆栽或作地被，是优良的蜜源植物。

8.2.10　紫罗兰（*Matthiola incana*）

【别名】草桂花、四桃克、草紫罗兰。

【科属】十字花科紫罗兰属。

【产地与分布】原产地中海沿岸，现世界各地广泛栽培。

【形态特征】多年生草本，常作一、二年生栽培。全株被灰白色星状柔毛，株高30～60cm；茎直立，基部稍木质化，多分枝；叶互生，长椭圆形至倒披针形，先端圆钝，全缘，灰蓝绿色；总状花序顶生和腋生，花梗粗壮；萼片4，两侧萼片基部垂囊状，花瓣4，呈十字形花冠，有紫红、淡红、淡黄、白及复色等颜色，具芳香；花期4～5月；长角果果熟期6月。

【栽培资源】同属常见栽培的种有：

① 香紫罗兰（*M. incana* var. *annua*）　一年生草本，茎叶较矮小，花期早，香气浓，有白色及杂色等重瓣品种。

② 夜香紫罗兰（*M. bicornis*）　一年生或两年生草本；多分枝，长而细；叶线状披针形，缘有疏齿；花无柄，淡紫色，很香，白天闭合，夜晚开放；长角果顶端分叉。

栽培品种　按株高分有高、中、矮三类；按花期不同分有夏紫罗兰、秋紫罗兰及冬紫罗兰等品种。

【生态习性】紫罗兰喜阳光充足、冷凉和通风的环境，忌燥热，怕渍水，稍耐半阴。要求肥沃湿润、排水良好及深厚之壤土，忌酸性土壤。生长最适气温白天15～18℃，夜间10℃左右，耐短暂的−5℃的低温。

【繁殖】以播种繁殖为主，也可用扦插繁殖。多9月初播种，一般采用撒播，播种后无需覆盖，保持盆土湿润，种子发芽适温16～20℃，约两周萌发。扦插用于不易结实的重瓣品种。

【栽培要点】①紫罗兰为直根性植物，不耐移植，移植时要多带宿土，不可散坨，尽量不要伤根；②栽培期间要注意施肥，要薄肥勤施，否则易造成植株的徒长，且影响开花；③紫罗兰的叶片质厚，对干旱有一定的抵抗力，土壤保持湿润即可，水分过多会烂根。

紫罗兰除一年生品种外，幼苗均需春化才能开花。要保持低于15℃的温度20d以上，花芽方能分化。通常无需摘心，但分枝多的品种定植15～20d后，真叶增加到10片而且生长旺盛时，可留6、7片真叶，摘掉顶芽；发侧枝后，留上部3～4枝，其余及早摘除。

【应用方式】紫罗兰花朵茂盛，花色鲜艳，香气浓郁，花期长，是优良的春季花坛材料。矮生品种亦可盆栽观赏，适宜于布置花坛、台阶、花境等。水养持久，也可坐切花。

8.2.11　二月兰（*Orychophragmus violaceus*）

【别名】诸葛菜、二月蓝、紫金草。

【科属】十字花科诸葛菜属。

【产地与分布】原产我国东北、华北地区，遍及北方各省市，朝鲜也有分布。

【形态特征】一、二年生草本。株高10～50cm，全株光滑无毛；茎直立，基部或上部稍有分枝；基生叶和下部茎生叶羽状深裂，有叶柄，叶基心形，叶缘有钝齿，上部茎生叶长圆形或窄卵形，叶基抱茎呈耳状，无柄，叶缘有不整齐锯齿；总状花序顶生，花瓣4枚，初时蓝紫色后变白，具长爪，花期2～6月；长角果种子细小。

【生态习性】二月兰对土壤光照等条件要求较低，耐寒旱，耐贫瘠，繁殖能力强。

【繁殖】播种繁殖，多秋播，自播能力强。

【栽培要点】二月兰耐贫瘠，耐寒旱，具有较强的自繁能力，管理粗放，一次播种年年能自成群落。若留种，种子应及时采收，否则果实开裂，种子脱落。

【应用方式】二月兰是早春的优良地被花材，在园林绿地、河边、海堤、林带、公园、住宅小区、高架桥下常有种植。其嫩叶和茎可食；种子可榨油。

8.2.12 蝶豆(*Clitoria ternatea*)

【别名】蓝蝴蝶。

【科属】豆科蝶豆属。

【产地与分布】原产于印度，现世界各热带地区均常栽培。

【形态特征】茎、小枝细弱。小叶5～7，但通常为5，薄纸质或近膜质，宽椭圆形或有时近卵形，花大，单朵腋生；苞片2，披针形，花萼膜质；花冠蓝色、粉红色或白色，长可达5.5cm，旗瓣宽倒卵形，直径约3cm，中央有一白色或橙黄色浅晕，翼瓣与龙骨瓣远较旗瓣为小，均具柄，翼瓣倒卵状长圆形，龙骨瓣椭圆形；荚果，种子长圆形，黑色，花、果期7～11月。

【生长习性】性喜温暖、湿润环境，耐半阴、畏霜冻。在排水良好、疏松、肥沃土壤中生长良好。随着生长应要架设支柱或棚架供攀爬，需经常摘心以促进侧枝的发生。

【繁殖】播种繁殖，也可用侧枝压条或者扦插法

【栽培要点】需日照良好，性喜温暖、湿润环境，耐半阴、畏霜冻。在排水良好、疏松、肥沃土壤中生长良好。随着生长应要架设支柱或棚架供攀爬，需经常摘心以促进侧枝的发生。

【应用方式】全株可作绿肥。根、种子有毒。可作观赏植物，花大而蓝色，酷似蝴蝶。可作牧草、饲料、绿肥和观赏；嫩夹可食用。栽培繁殖花坛、庭园围篱蔓爬、盆栽、吊盆。

8.2.13 香豌豆(*Lathyrus odoratus*)

【别名】麝香豌豆、花豌豆。

【科属】蝶形花科香豌豆属。

【产地与分布】原产于欧洲南部意大利西西里岛，目前世界各地都有栽培。

【形态特征】一年生草本植物。全株被毛，羽状复叶互生、小叶椭圆形、全缘；叶背微被白粉，而顶部小叶变为三叉状卷须，托叶披针形；花冠蝶形，旗瓣宽大，花萼基部联合成钟状，先端5裂；花色白、粉、红、紫等，具芳香性；总状腋生，花梗长15～20cm，着花2～5朵；自然花期6～9月。

【栽培资源】常见栽培品种根据花型可分出平瓣、卷瓣、皱瓣、重瓣四种，根据花期开放可分成夏花、冬花、春花三类。

【生长习性】喜光、半耐阴、较耐寒、喜阴凉。南方可露地越冬，可耐−5℃的温，生长适温15℃左右。喜日照充足，要求通风良好，疏松肥沃、湿润而排水良好的沙壤土。

【繁殖】香豌豆采用播种繁殖，可于春、秋进行。种子硬，播前用40℃温水浸种一昼夜；不耐移植，多直播育苗，或盆播育苗，待长成小苗时，脱盆移植，避免伤根。

【栽培要点】香豌豆盆土用腐叶土、泥炭、河沙加部分有机肥配成，开花前每10d追施一次稀释液肥，花蕾形成初期追施磷酸二氢钾，浇水以见干见湿为原则。栽培温度不宜过

高，开花前，白天温度 9～13℃，夜间 5～8℃为宜，开花时室温增高到 15～20℃，有利于成花。主蔓长到 20cm 左右即摘心促进侧蔓生长、增加花朵数量。攀援型品种可设立支架造型，确定开花期可利用温度调节控制开花期为保证开花数量，随时摘去开谢的花朵，延长植株开花期。

【应用方式】香豌豆花型独特，枝条细长柔软，即可作冬春切花材料制作花篮、花圈，也可盆栽供室内陈设欣赏，春夏还可移植户外任其攀援作垂直绿化材料，或为地被植物。

8.2.14　凤仙花(*Impatiens balsamina*)

【别名】金凤花、指甲花、小桃红、透骨草。

【科属】凤仙花科凤仙花属。

【产地与分布】原产中国南部、马来西亚和印度，我国各地园林和庭院栽培较广。

【形态特征】一年生草花。株高 30～100cm，茎肉质、粗壮、直立，节部膨大，呈绿色或深褐色，茎色与花色相关；叶互生，阔或狭披针形；花单朵或数朵簇生于叶腋，花冠蝶形，花色有粉红、大红、紫、白黄等；凤仙花多单瓣，重瓣的称凤球花；花期为 6～10 月，蒴果。

【栽培资源】凤仙花栽培历史悠久，园艺品种丰富。因凤仙花善变异，经人工栽培选择，已产生了一些品种，如'五色当头凤'，花生茎之顶端，花大而色艳，还有'十样锦'等。

① 按花型可分为山茶型、蔷薇型、石竹型。

② 按株型可分为高性品种(茎高 60cm 左右)和矮性品种(茎高 30cm 左右)。

【生态习性】凤仙花性喜阳光，怕湿，耐热不耐寒，适生于疏松肥沃微酸土壤中，耐瘠薄。凤仙花适应性较强，移植易成活，生长迅速。

【繁殖】凤仙花采用种子繁殖。3～9 月进行播种，以 4 月播种最为适宜，约 10d 后可出苗。

【栽培要点】①生长季节每天应浇水一次，炎热的夏季每天应浇水 2 次，雨天注意排水，总之不要使盆土干燥或积水；②自播繁殖，故采种须及时；③凤仙花对盐害非常敏感，宜薄肥勤施。

当小苗长出 2～3 片叶时就要开始移植，定植后，对植株主茎要进行打顶，增强其分枝能力；基部开花随时摘去，这样可促使各枝顶部陆续开花。避免浇水过多或干旱。凤仙花生存力强，适应性好，一般很少有病虫害。

【栽培史】据古花谱载，凤仙花 200 多个品种，不少品种现已失传。但目前栽培品种很少，较多栽培的为株高 40～70cm 的品种。

【应用方式】凤仙花花色丰富，适应性强，观赏价值高，可适用于花坛、花境、自然丛植和盆栽观赏。是氟化物的监测植物。

8.2.15　锦葵(*Malva sylvestris*)

【别名】欧锦葵、小熟季花、棋盘花。

【科属】锦葵科锦葵属。

【产地与分布】原产欧洲、亚洲和北美洲。

【形态特征】二年生草本。株高 60～100cm，茎具粗毛少分枝；叶互生，具长柄，掌状裂，边缘有钝齿；花数朵至多数簇生叶腋，花梗明显，花瓣 5，先端内凹，花色紫红、浅粉或白色，花期 5～9 月；种子褐色，果熟期 7～10 月。

【栽培资源】同属常见栽培的种有：

紫花锦葵(*M. sylvestris* var. *mauritiana*)　株形高大，茎高达 120cm，叶大花大，花色丰富，花瓣具明显紫红色条纹。

【生态习性】锦葵适应性强，喜阳光充足，耐寒，喜冷凉，对土壤要求不高，耐瘠薄。

【繁殖】播种繁殖，种子落地后能自行繁衍。也可 9 月初播于露地苗床或春播，但不如秋播生长好，花期长。

【栽培要点】秋播经 1 次移栽，于 11 月以 50～60cm 株距定植。北方秋播后将花苗放入冷室越冬，春暖后再栽入露地，黄河以南可露地栽培，覆盖越冬。定植前施基肥，生长期每月追肥一次，并进行 2～3 次摘心以控制株高。

【应用方式】布置花坛或作花境背景，也可丛植于墙角、篱边。花、叶、根可入药，具清热解毒之效。

8.2.16　大花三色堇(*Viola tricolor* var. *hortensis*)

【别名】猫脸花、蝴蝶花。

【科属】堇菜科堇菜属。

【产地与分布】原产欧洲，现世界各地均有栽培。

【形态特征】多年生草本，作二年生栽培，而在北方常作一年生栽培。植株高 10～30cm，茎光滑，多分枝；叶互生，基生叶圆心脏形，茎生叶较长，叶基部羽状深裂；花大，腋生，下垂，花瓣 5 枚，一瓣有短钝之距，两瓣有线状附属体，花冠呈蝴蝶状；花色有黄、白、紫三色，花色极为丰富，有单色和复色品种，花色鲜艳；花期 3～8 月，蒴果椭圆形，果熟期 5～7 月。

【栽培资源】(1) 同属常见栽培的种有：

① 香堇(*V. odorata*)　被柔毛，有匍匐茎，花深紫堇、浅紫堇、粉红或纯白色，芳香。2～4 月开花。

② 角堇(*V. cornuta*)　茎丛生，短而直立，花堇紫色，品种有复色、白、黄色者，花径 2.5～3.7cm，微香。

(2) 栽培品种　由于栽培园艺品种极多，目前按品种花色特征可分为以下几类。

① 单色品种类　野生种是一花有三色，现已育出单一色彩的品种，颜色有纯紫色、金黄色、蓝色、砖红色、橙色、纯白色等。这些品种花径在 5～8cm 之间。

② 复色品种类　几种色彩混合在一朵花上。

③ 大花品种类　花径达 10cm 以上的品种，色彩以复色为多，尚有带各式斑点、条纹的种类，如宾哥系列(Bingo)。

【生态习性】三色堇性喜光，喜凉爽湿润的气候，较耐寒，不怕霜，在南方温暖地区，可在露地越冬。生长期忌干旱炎热气候。喜富含腐质殖疏松肥沃的土壤。

【繁殖】三色堇主要采用种子繁殖，少有扦插或分株繁殖。在适宜条件下四季皆可播种，种子嫌光，播种后需覆土，种子发芽适温 19℃，约 10d 萌发。宜秋播。

【栽培要点】①因三色堇喜肥沃的土壤，种植地应多施基肥，生长期要多施追肥；②露地播种要适时，过早或过迟都不利于小苗越冬；③种子应及时采收，否则果实开裂，种子脱落；④三色堇品种间易杂交，造成良种退化严重，留种植株应按品种隔离。

三色堇一般秋播，在 8 月下旬播种，出苗后进行 2 次移植，第一次移植在幼苗有两片真叶时进行带土移植，苗至 4～5 片真叶时将苗移植到阳畦或营养钵中越冬，南方可直接定植越冬。在北方 4 月上中旬就可定植于露地，如果栽种过晚，则影响开花；一般在 5～6 月开花的三色堇，种子 6 月末就可成熟，而且早春的种子质量较高。移植过晚遇高温多湿季节则三色堇开花不良。三色堇喜肥，定植前需施足腐熟的有机肥作基肥，生长期每隔半个月追施

1次液态速效肥，至开花停止。生长期保持土壤湿润，冬季适当减少浇水有利于提高抗寒能力。

【栽培史】19世纪20年代经杂交选育而成。英国人 Thompson 经10～15年培育了数百个品种。

【应用方式】三色堇因色彩丰富，开花早，是优良的春季花坛材料。亦可盆栽，作为冬季或早春盆花之用，是早春重要园林花卉，宜植于花坛、花境、花池、岩石园、野趣园、自然景观区树下，或作地被。由于其花型奇特，还可剪取做艺术插花的素材。

8.2.17　月见草(*Oenothera biennis*)

【别名】夜来香、待霄草。

【科属】柳叶菜科月见草属。

【产地与分布】华南(广东、广西、海南)地区。

【形态特征】多年生草本，常作1～2年生花卉栽培。茎直立或斜上；叶互生，茎上部分叶无柄，下部分有柄；叶片长圆状或披针形，边缘有疏细锯齿，两面被白色柔毛；花黄色，有清香，单生于枝端叶腋，排成疏穗状，萼管细长，花期7～9月。

【栽培资源】同属植物约100种，常见栽培的有：

① 待霄草(*O. drummondia*)　花较大，初开柠檬黄色，凋谢时带红色。

② 美丽月见草(*O. speciosa*)　高50cm，具羊毛状毛，幼苗枝多倾卧向后直升。

③ 白花月见草(*O. tricocalyx*)　株矮，圆整形，无香味，花色淡白，适合花坛布置。

【生态习性】耐寒、耐旱，耐瘠薄，喜光，忌积水，适应性强，对土壤要求不严，一般中性、微碱或微酸性疏松的土壤上均能生长，抽蔓开花需要一定的低温刺激。

【繁殖】种子繁殖：北方春季播种，淮河以南各地，春、秋季播种育苗。播种时，种子撒在畦面上，盖上一薄层土，土壤要保持湿润，播种后10～15d左右，种子即可萌发出幼苗。扦插繁殖：把摘下来的粗壮、无病虫害的顶梢作为插穗，直接用顶梢扦插。插穗生根的最适温度为18～25℃，保持空气的相对湿度在75%～85%。扦插后必须把阳光遮掉50%～80%，待根系长出后，再逐步移去遮光网。

【栽培要点】①选阳光充足、疏松且排水良好的土地，深翻前施圈肥或厩肥、饼肥等作基肥；②种植床晒15～20d，而后打碎耙平，做成1.5m宽的畦，然后播种或移苗栽植。

【栽培史】原产南北美洲诸国，后引入欧洲，17世纪经欧洲传入中国，分布于东北、华北地区，北方各地均有栽培。

【应用方式】月见草夜晚开放，香气袭人，适于点缀夜景，宜花坛、花境、花池、岩石园、野趣园块状或点缀种植，还可切花做艺术插花素材。

8.2.18　欧洲报春(*Primula vulgaris*)

【别名】欧洲樱草、欧报春。

【科属】报春花科报春花属。

【产地与分布】原产欧洲，现世界各地均有栽培。

【形态特征】多年生草本。株高8～15cm；叶基生，长圆或倒卵状长圆形，叶面皱，背面有柔毛；花单生于花葶顶端，原种花硫黄色，栽培品种花色丰富，有白、黄、红、蓝、紫、青铜等色，喉部多黄色；或花冠上有各色条纹、斑点、镶边与重瓣等变化。

【栽培资源】同属常见栽培的种有：

① 报春花(*P. malacoides*)　多年生作温室一、二年生栽培。叶背有白粉，花色白、淡紫、粉红至深红色；伞形花序，有香气，花梗高出叶面。

② 藏报春（*P. sinensis*） 全株密被腺毛；叶卵圆形，有浅裂，缘具缺刻状锯齿，伞形花序 1～3 轮，花呈高脚杯状，花色有粉红、深红、淡蓝和白色等。

③ 多花报春（*P. × polyantha*） 叶条形，叶色浓绿，叶基渐狭成有翼的叶柄；花有红、粉、黄、褐、白和青铜色等；花期春季。

④ 四季报春 （*P. obconia*） 叶椭圆形，叶缘是缺刻状锯齿或稀浅裂，花梗长 15～30cm，顶生伞形花序。

【生态习性】喜凉爽、湿润环境，以含腐殖质多而排水良好的酸性壤土为宜。生长适宜温度 12～18℃，越冬温度不可低于 5℃。

【繁殖】播种和分株繁殖。以播种繁殖为主，种子寿命较短，采收后宜立即播种，通常在 6～7 月。种子细小，以播种箱或盆播较宜。播种后不可覆土，也可稍微覆细土，在 15～20℃条件下，约 2 周出苗。分株繁殖，一般在 9～10 月进行，每个子株带芽 2～3 个，然后移植于直径 8cm 的容器中培育，也可以直接栽植于直径 16cm 的花盆中培养。

【栽培要点】冬季给以充足阳光外，春秋两季要适当遮去 30%～40% 的阳光，夏季放荫棚下栽培，注意降温通风；苗期忌强日光合高温；长出 1～2 片和 3～4 片真叶时，各移苗 1 次；5～6 片真叶时上盆，7～8 片真叶时定植。移植和定植时要注意栽植深度，过深苗株基部容易腐烂，过浅则倾倒；定植后，视生长情况，施追肥，通常每 7～10 天施一次肥；抽茎开花后，除留种母株外，及时连梗剪除残花，可继续开花；花期结束，应保持湿润，移置凉爽遮阳处以半休眠状态越夏，9～10 月份重新换盆，秋末入低温温室，又可抽生新叶，冬季再次开花。

【栽培史】欧洲报春为黄花野生种，17 世纪中高加索欧洲报春的引入，改变了当地欧洲报春的色系，开始出现红紫等颜色。

【应用方式】欧洲报春花姿艳丽多彩，花期长，正值"元旦"与"春节"开放，是重要的室内盆花，也作为花坛、花境、假山、岩石园、野趣园、自然景观区树下等景点栽植，或作为地被，现也常用于立体花卉景观的应用，如花柱、花球等。

8.2.19 洋桔梗（*Eustoma russellianum*）

【别名】草原龙胆。

【科属】龙胆科洋桔梗属。

【产地与分布】原产美国和墨西哥，后引种到欧洲和日本。

【形态特征】多年生宿根花卉，可作一、二年生花卉栽培。茎直立，多分枝，灰绿色；叶对生，灰绿色，卵形至长椭圆形，几无柄，叶基略抱茎；花顶生，花冠钟状，花瓣覆瓦状排列，花色丰富，有淡紫、淡红、洁白色等，花期长，5～9 月开花不断；蒴果椭圆形，种子细小。

【栽培资源】常见栽培品种有：

① 美人鱼系列（Mermaid） 花单瓣，径 6～8cm，花色有粉红、紫、米色等；

② 伊迪系列（Eeidi） 早花种，花色有深蓝、粉、玫瑰红、黄、白、蓝和双色等；

③ 佛罗里达系列（Florida） 花色有蓝、粉红、银白、天蓝色等；

④ 丽莎系列（Lisa） 花色有蓝、淡紫、粉红、白色等。

【生态习性】洋桔梗喜温暖、湿润和阳光充足。较耐寒，不耐水湿，忌连作。要求疏松肥沃、排水良好的钙质土壤。洋桔梗的生长适温为 15～28℃，生长期夜间温度不低于 12℃。

【繁殖】洋桔梗常用播种繁殖，也可通过扦插繁殖和组织培养法繁殖。播种繁殖以 9～10 月或 1～2 月室内盆播为主。种子好光，播后不需覆土，只需轻压即行。播后 10～14d 发芽，发芽后 10d 间苗 1 次。发芽适温 22～24℃。

【栽培要点】①洋桔梗喜湿润环境，但过多水分对根部生长不利。花蕾形成后要避免高温高湿环境；②洋桔梗对光照的反应比较敏感。长日照有助于茎叶生长和花芽形成，一般以每天 16h 光照效果最好。洋桔梗栽培在冬季和早春期间尤其要注意补光；③洋桔梗要求肥沃、疏松和排水良好的土壤。切忌连作。

洋桔梗生长期每半月施肥 1 次。如应用中型切花品种作盆栽观赏，在栽后 20d 使用 0.03％～0.05％比久溶液喷洒植株 2～3 次。

【应用方式】洋桔梗株态轻盈潇洒，花形别致可爱，是目前国际上十分流行的盆花和切花种类之一。盆栽可用于点缀居室、阳台或窗台等处。

8.2.20　羽叶茑萝（*Quamoclit pennata*）

【别名】茑萝、茑萝松、游龙草、锦屏封、绕龙花。

【科属】旋花科牵牛属。

【产地与分布】原产美洲热带，世界各地均有栽培。

【形态特征】一年生缠绕草本。茎长达 4cm，光滑；单叶互生，叶羽状深裂，裂片线形；托叶 2，与叶同形；萼片长圆形，先端钝或稍突尖；聚伞花序腋生，有花 2～5 朵；花冠长约 3cm，花小，高脚碟状，深红色，外形似五角星；花期 7～9 月至霜降；蒴果，卵圆形，种子黑色。

【栽培资源】常见栽培种有：

① 圆叶茑萝（*Q. coccinea*）　叶片卵形，顶端尖，花冠洋红色，喉部黄色，花朵而艳丽。

② 槭叶茑萝（*Q. sloteri*）　叶片呈掌状分裂，裂片披针形，顶端长锐尖；总花梗粗大，着花 1～3 朵，深红色，花大羽叶茑萝一倍。

【生态习性】喜光照充足的温暖环境，不耐寒，耐干旱、瘠薄，对土壤要求不严。

【繁殖】播种、扦插、压条繁殖。羽叶茑萝种子发芽适宜温度 20～25℃。要求阳光充足的环境，多数种类对日照时数要求不严。

【栽培要点】①直根性种类应直播或小苗时移栽需设棚架引蔓。适时施肥、浇水，雨季及时排涝；②进行嫩枝扦插时，在春末至早秋植株生长旺盛时，选用当年生粗壮枝条作为插穗，把枝条剪下后，选取壮实的部位，剪成 5～15cm 长的一段，每段要带 3 个以上的叶节。进行硬枝扦插时，在早春气温回升后，选取去年的健壮枝条做插穗，每段插穗通常保留 3～4 个节；③压条繁殖：选取健壮的枝条，从顶梢以下 15～30cm 处把树皮剥掉一圈，剥后的伤口宽度在 1cm 左右，把环剥的部位包扎起来，4～6 周后生根。生根后，把枝条边根系一起剪下，就成了一棵新的植株。

【应用方式】广泛用于庭院观赏、垂直绿化，常用作篱墙和棚架以及花篱零星点缀栽种。

8.2.21　牵牛花（*Pharbitis* spp.）

【别名】喇叭花、牵牛、朝颜花。

【科属】旋花科牵牛属。

【产地与分布】原产热带，现热带和亚热带均有栽培。

【形态特征】一年生蔓性缠绕草本花卉。蔓生茎细长，3～4m，全株多密被短刚毛；叶互生，全缘或具叶裂；聚伞花序腋生，一朵至数朵；花冠喇叭样，呈红、紫、蓝、白等色，还有红或蓝色花冠镶以白色边缘及黑色；花期 6～10 月，大都朝开午谢；蒴果，果熟期 8～10 月。

【栽培资源】（1）同属常见栽培的种有：

① 裂叶牵牛(*P. hederacea*)　叶具深三裂，花中型，1～3 朵腋生，有莹蓝、玫红或白色。

② 圆叶牵牛(*P. purpurea*)　叶阔心脏形，全缘，花型小，1～5 朵腋生，有白、玫红、莹蓝等色。

③ 大花牵牛(*P. nil*)　叶大柄长，具三裂，中央裂片较大，叶易长具不规则的黄白斑块；花 1～3 朵腋生，总梗短于叶柄，花大型，花径可达 10cm 或更大。

(2) 栽培品种　大花牵牛在日本栽培最盛，称朝颜花，园艺品种花型变化多样，有平瓣、皱瓣、裂瓣等类，花色丰富多彩。

【生态习性】牵牛花生性强健，喜气候温和、光照充足、通风适度，对土壤适应性强，较耐干旱盐碱，不怕高温酷暑，适生温度为 15～30℃。属深根性植物，喜肥沃、排水良好的土壤，忌积水。

【繁殖】牵牛花用播种法繁殖。在长江流域一般在 4 月初进行，播前最好能先浸种，2～3 周可发芽，适温为 25℃。北方则需要提前在温室中盆播，成苗后定植于露地。

【栽培要点】①牵牛花属深根性植物，地栽土壤宜深厚，最好直播或尽早移苗，大苗不耐移植；②盆栽植株，宜延迟播种，使株型较小；③种子成熟期不一致，应及时采收；④盆栽大花牵牛可使它不爬蔓，养成矮化丛生、丰美的株型便于保证优良品种的采种；⑤开花期间，每天及时摘除凋谢的花朵，不使结籽消耗养分，可延长花期。春季进入生长期，每月应追肥 1～2 次。

【栽培史】牵牛花作为药物在唐代传到日本，经过园艺家们的培育开始出现不同叶形、花态、花色的变种。

【应用方式】牵牛花花色丰富，是夏、秋常见的蔓性庭院花卉，可在篱垣、棚架旁种植，使茎蔓攀缘，垂直绿化效果好。不设支架可作地被。

8.2.22　福禄考(*Phlox drummondii*)

【别名】福禄花、福乐花、五色梅、草夹竹桃、桔梗石竹、洋梅花、小洋花、小天蓝绣球。

【科属】花葱科福禄考属。

【产地与分布】产北美南部，现世界各国广为栽培。

【形态特征】一、二年生草本。株高 15～45cm，茎直立，多分枝，有腺毛；叶互生，基部叶对生，宽卵形、矩圆形或被针形，叶无柄；聚伞花序顶生，有短柔毛；花萼筒状，花冠高脚碟状，裂片圆形；花色原种为玫红色，花期 5～6 月；蒴果。

【栽培资源】变种依瓣型分有圆瓣种(var. *rotundata*)、星瓣种(var. *stellaris*)、须瓣种(var. *firbriata*)、放射种(var. *radiata*)。福禄考园艺类型较多。

【生态习性】喜光、喜温和湿润气候、耐寒、不耐酷暑和干旱；喜排水良好、疏松土壤，根系忌涝湿和盐碱环境。

【繁殖】播种繁殖。可以播干粒种子也可先催芽，催芽方法如下：可将种子用低于 30℃ 的清水浸泡 8～10h，淋尽水后放于催苗盘中或其他容器中，然后置于自动恒温箱中，温度控制在 20～25℃，4～5d 胚根萌生，这时即可进行播种。苗床的土壤基质要求土壤的通透性良好，含养分并添加适量的无机肥。注意苗床保湿，在较理想的条件下，8～10d 一般都能整齐的出苗。

【栽培要点】福禄考整个生长发育期为 10～14 周。①移植上盆：福禄考小苗不耐移植，常在出苗后 4 周内移植上盆排水良好、疏松透气的盆栽介质；②温度调节：小苗出苗时的温度较高，可在 22℃，移植上盆的初期最好能保持 18℃，一旦根系伸长，可以降至 15℃ 左右生长，这样约9~10周可以开花。保持较低的温度可以形成良好的株形，福禄考可以耐0℃左右的低温，但其生育期相对较长。

【应用方式】花朵大方美丽，花色艳丽，花期久长，用于花坛、花镜，也可室内盆栽观赏和作切花。

8.2.23　美女樱(*Verbena hybrida*)

【别名】铺地锦、四季绣球、美人樱、草五色梅、铺地马鞭草、苏叶梅。

【科属】马鞭草科马鞭草属。

【产地与分布】原产巴西、秘鲁、乌拉圭等地，现世界各地广泛栽培。

【形态特征】为多年生草本植物，常作1~2年生栽培。茎四棱、横展、匍匐状，全株具灰色柔毛；叶对生有短柄，长圆形、卵圆形或披针状三角形，边缘具缺刻状粗齿或整齐的圆钝锯齿；穗状花序顶生，多数小花密集排列呈伞房状；花冠漏斗状，有白、粉红、深红、紫、蓝等不同颜色，也有复色品种，略具芬芳；花期长，花期为5~11月；蒴果，果熟期9~10月。

【栽培资源】同属观赏种有：深裂美女樱(*V. tenuisecta*)，叶深裂细化，花艳，其中开淡紫花的'英币星'和开蓝紫花的'想象'都有着较好的观赏性。另外还有直立美女樱(*V. rigida*)、细叶美女樱(*V. tenera*)和加拿大美女樱(*V. canadensis*)。

【生态习性】喜温暖湿润气候，喜阳、较耐寒，不耐阴和干旱，在炎热夏季能正常开花。对土壤要求不严，但在疏松肥沃、较湿润的中性土壤能节节生根，生长健壮，开花繁茂。

【繁殖】播种、扦插、压条、分株繁殖。①播种可在春季或秋季进行，常以春播为主。早春在温室内播种，2片真叶后移栽，4月下旬定植。秋播需进入低温温室越冬，来年4月可在露地定植，4月末播种，7月即可盛花。②扦插可于4~7月，在气温15~20℃的条件下进行，切成6cm左右的插条，插于温室沙床或露地苗床。扦插后即遮阳，经15d左右发出新根，当幼苗长出5~6枚叶片时可移植。③暖地地下部分可露地越冬，早春进行分株繁殖。

【栽培要点】①栽种前盆底要施入腐熟的有机肥和一些过磷酸钙为基肥；②美女樱除了施基肥外，在生长期每月需追施稀薄的液肥。种植土要保持湿润，但浇水不宜过勤，否则会引起基叶徒长或枯萎，影响孕蕾和开花。冬天盆土要偏干些为好；③当幼苗长到10cm高时需摘心，以促使侧枝萌发，株型紧密。每次花后要及时剪除残花，加强水肥管理，以便再发新枝与开花；④美女樱在生长期间要放在阳光充足处培养，母株易老化，需每2年更新1次。

【应用方式】宜用于花坛、庭园、花境，盆栽观赏或大面积栽植于园林隙地中。

8.2.24　贝壳花(*Moluccella laevis*)

【别名】领圈花、蚌壳花、象耳。

【科属】唇形科贝壳花属。

【产地与分布】原产亚洲西部及叙利亚。

【形态特征】一年生草本。株高40~100cm；茎四棱，叶对生，近圆形或心形，叶缘有钝齿；小花白色，六朵轮生，有香气，花萼较大，翠绿色，贝壳状，是观赏的主要部分，也有花萼为白色、黄色的品种，花期7~8月；小坚果三角形，果期8~10月。

【生态习性】喜阳光及排水良好的土壤，耐热、耐瘠薄，不耐旱。生长适温15~25℃。

【繁殖】播种繁殖。春、夏、秋均可，发芽适温18~25℃，约一周发芽，幼苗生长很慢，20d后才长真叶，1个多月后还像小苗。

【栽培要点】小苗长出 5～6 片真叶时即可移栽定植，苗高 10～15cm 时摘心 1 次，促使多分枝。成活后每月追肥 1 次，开花后停止施肥。

【应用方式】贝壳花花型奇异，素雅美观，是较好的插花衬材，也可栽于庭院、路边、墙下观赏。

8.2.25 罗勒（*Ocimum basilicum*）

【别名】九层塔、香草、零陵香、矮糠、密叶罗勒。

【科属】唇形科罗勒属。

【产地与分布】原产亚洲和非洲的温暖地区，我国大部分省区有分布，世界各地均有栽培。

【形态特征】一年生草本。株高通常 20～80cm，被毛，全株有强烈的香气；茎四棱，绿色或带紫红色；叶对生，卵形，全缘或有不规则锯齿；总状花序或轮伞花序，顶生，小花 6～8 朵轮生，间断排列成 5～9 层宝塔形，故称九层塔，花瓣上唇较宽，4 裂，下唇长圆形，全缘，花冠淡紫色或白色，或上唇白色，下唇淡紫色，花期 7～9 月；小坚果卵珠状，果期 9～12 月。

【生态习性】喜温暖湿润的环境，耐热不耐寒，耐干不耐涝，生长适温 16～28℃。对土壤要求不严格，但在排水良好、肥沃的沙质壤土或腐殖质土上生长较好。

【繁殖】播种繁殖，5～10 月均可播，为提高发芽率和发芽势，可用 50～55℃ 热水缓慢倒入浸种，浸种后要用清水反复搓洗种子，并在 25℃ 左右的温度下进行催芽。播后 10～15d 出苗。还可于生长期扦插繁殖。

【栽培要点】苗高 6～10cm 时，间苗 1 次，10～15cm 时带土移栽，经一次移栽后定植，因罗勒为深根性植物，故栽植土层深过 50cm 较好。定植成活后摘心，促发侧枝。幼苗期怕干旱，要注意及时浇水，夏秋天气干燥时也应及时补水。

【应用方式】布置花境，或植于园路、墙边、石旁，庭院等处，是芳香园的必选植物之一。在食用、茶饮、药用、美容、香料等方面占有重要地位。

8.2.26 红花鼠尾草（*Salvia coccinea*）

【别名】朱唇、红唇、一串红唇。

【科属】唇形科鼠尾草属。

【产地与分布】原产热带美洲，世界各地均有栽培。

【形态特征】多年生草本，可作一年生栽培。植株呈丛生状，高 30～90cm；全株有毛，茎四棱；叶对生，卵形或三角形，微皱，叶缘有钝锯齿；总状花序顶生，花萼筒状钟形，花冠下唇比上唇长，鲜红色，有香味。花期 7～9 月。

【生态习性】喜温暖、湿润和阳光充足的环境，适宜温度 15～30℃。以排水良好的肥沃砂壤土为好。

【繁殖】播种繁殖，以春播为主，也可秋播。为提高发芽率，播种前可用 50℃ 温水浸种，待水温下降至 30℃ 时，再放于 25～30℃ 的温度中催芽。红花鼠尾草为好光性种子，播后不覆土或覆薄土。在 20～25℃ 条件下 7～15d 发芽。易自播繁殖，还可扦插繁殖。

【栽培要点】红花鼠尾草生长强健，适应性强，苗高约 15cm 时进行定植，定植缓苗期过后摘心，促使侧芽萌发。小苗期应控制浇水，以利根系生长，并可起到壮苗的作用。生长期注意追施氮肥。见干浇水，浇则浇透，雨季须及时排水。花谢后剪除残花并补给肥料，能再度开花。红花鼠尾草播种植株第一次开花后一般不结实，第二次开花后才结实。种子成熟变成褐色应及时采收，否则易掉落。

【应用方式】红花鼠尾草花色红艳，花姿轻盈，可布置花坛、花境或草坪上丛植，也可盆栽观赏。根入药，茎、叶可食用，还可提炼精油。

8.2.27　蓝花鼠尾草(*Salvia farinacea*)

【别名】一串蓝、粉萼鼠尾草。

【科属】唇形科鼠尾草属。

【产地与分布】原产北美南部，我国各地均有栽培。

【形态特征】多年生草本，常作一年生栽培。全株被柔毛，株高 60～90cm；茎四棱，基部木质化，分枝多，丛生；叶对生，椭圆形至卵状披针形，叶缘有不规则锯齿；小花较多，密集轮生成顶生总状花序，花梗蓝紫色，花冠青蓝色或有时呈灰白色，花萼钟状，与花冠同色，有些品种花萼白色，花冠蓝色，花期 7～10 月；小坚果卵形，果熟期 8～10 月。

【生态习性】喜温暖、湿润和阳光充足的环境，不耐荫，半耐寒。生长适温 18～28℃。

【繁殖】多采用种子繁殖，也可扦插。春季播种，发芽适温 22～24℃，播后保持湿润，20～25d 即可发芽。

【栽培要点】小苗长出后需间苗 1～2 次，苗高 15cm 时定植，有 3 对真叶时摘心，促发侧枝。生长期每半月施肥 1 次，花前增施磷、钾肥。经常保持土壤湿润。花后摘除花序，仍能抽枝继续开花。种子成熟期不一致，需随熟随采。

【应用方式】蓝花鼠尾草蓝紫色的花序清新悦目，开花繁茂，是夏季布置花坛、花境的极好材料。点缀岩石、林缘、草地、池畔等处，更显幽静典雅。

8.2.28　一串红(*Salvia splendens*)

【别名】爆竹红、炮仗红、撒尔维亚、墙下红、西洋红、草象牙红。

【科属】唇形科鼠尾草属。

【产地与分布】原产巴西，世界各地广泛栽培。

【形态特征】多年生草本，常作一、二年生栽培。植株高 15～100cm，茎四棱，光滑；叶对生，卵形，边缘有锯齿；总状花序顶生，小花唇形，长筒状，下唇比上唇短，花瓣鲜红色，花萼钟状，宿存，与花瓣同色，花开时一串串似爆竹，故名爆竹红；变种有白色、粉色、紫色等，花期 7～10 月；小坚果椭圆形，果熟期 10～11 月。

【栽培资源】(1) 同属常见栽培的种和变种有：

① 深蓝鼠尾草(*S. guaranitica* 'Black and Blue')　花冠深蓝色，二唇瓣等长。

② 一串紫(*S. horminum*)　全株具长软毛，穗状花序较长，小花较小，有紫、堇等色。

③ 一串白(*S. splendens* var. *alba*)　花白色。

④ 矮一串红(*S. splendens* var. *nana*)　株高 15～20cm，花亮红色。

⑤ 天蓝鼠尾草(*S. uliginosa*)　上唇淡蓝色至白色，下唇天蓝色。

⑥ 彩苞鼠尾草(*S. viridis*)　上唇蓝紫色，下唇淡紫色至白色。

(2) 栽培品种　栽培品种较多，根据高矮分为三组。

① 矮性　株高 15～30cm，花期早。如'红国王'('Scarlet King')、'红皇后'('Scarlet Queen')。

② 中性　株高 35～40cm。如'红庞贝'('Red-Pompei')。

③ 高性　株高 65～75cm。如'高光辉'('Splendens Tall')。

【生态习性】喜温暖和阳光充足的环境，也耐半阴，不耐寒。生长适温 20～25℃，15℃以下叶片黄化、脱落，10℃以下受冻，并可导致死亡。要求疏松肥沃的土壤。

【繁殖】以播种繁殖为主，也可用扦插繁殖。宜春播，也可秋播。一串红为喜光性种子，播后不需覆土。在 20～23℃条件下，10～18d 可发芽。扦插繁殖可在夏秋季进行。

【栽培要点】①一串红喜光，栽植地应阳光充足；②生长过程中重复摘心（2～4 次）既可使花枝增多，株型丰满，又可控制花期；③开花前施磷肥可使花大色艳；④种子成熟后易散落，应在早霜前及时采收。

一串红播种出苗后，真叶有 2～4 对时应进行第一次摘心，整个生长过程中可摘心 2～4 次，促使多分枝，每株至少保持有 4～6 个侧枝。开花前一个月应停止摘心，但如果要推迟花期，则在现蕾时摘心。栽植前要施足基肥，进入生长旺期，可施追肥，每月 2 次，如在花前追施磷肥，可开花茂盛，花期延长。栽植环境须光照充足，若光照不足，植株易徒长，时间长了叶片变黄脱落。如开花植株摆放在光线较差的场所，往往花朵不鲜艳、容易脱落。

【应用方式】一串红花期长，色彩红艳，从夏末到秋天开花不断，且不易凋谢，是布置花坛的最好材料，大面积使用效果尤佳，花境、花带等也常见应用，盆栽布置窗台、阳台亦佳。因花序能长时间保持红色而不褪色，插花艺术中偶有使用。

8.2.29　观赏辣椒（*Capsicum frutescens*）

【别名】朝天椒、五彩椒、樱桃椒、珍珠椒、佛手椒。

【科属】茄科辣椒属。

【产地与分布】原产美洲热带，现世界各地均有栽培。

【形态特征】多年生草本，常作一年生栽培。株高 30～60cm；茎半木质化，植株高度和叶片均较普通食用辣椒小；单叶互生，全缘；花小，单生叶腋，有白色、浅紫色和紫色，花期 6～7 月；浆果，果实形状和色彩较多，果期 8～10 月。

【栽培资源】栽培种、变种、品种较多，一般根据果实的形状分为 3 组。

① 樱桃椒组　浆果圆形，直径约 2.5cm，黄色或紫色。

② 锥形椒组　浆果圆锥形、椭圆形或圆柱形，长约 5cm，红色。

③ 丛生椒组　浆果长 7～8cm，多数丛生枝顶，红色。

【生态习性】喜温热，不耐寒，要求阳光充足，怕霜冻、忌高温，果实发育适温为 25～28℃。要求湿润、肥沃的土壤。

【繁殖】播种繁殖，春季进行，播前先用热水浸种，发芽率较高，发芽适温 25～30℃，出苗后小苗拥挤时应注意间苗。

【栽培要点】当幼苗有 6～8 片真叶时即可移植，5～6 月定植。株高 8～10cm 时摘心 1 次，以促进分枝。开花前再摘心 1 次，促使多开花。10～15d 追肥 1 次，注意施肥过多易徒长；浇水过多易落花；光照不足花少、果色不佳。结果期要求干燥空气，雨水多则授粉不良。

【应用方式】果实五彩缤纷、玲珑可爱，是观果植物中的上品。多盆栽观赏，也可布置花坛和花镜。果实可食用。全株入药。

8.2.30　花烟草（*Nicotiana sanderae*）

【别名】红花烟草、美花烟草、烟仔花、烟草花。

【科属】茄科烟草属。

【产地与分布】杂交种，原种产南美。

【形态特征】一年生草本。株高 80～150cm，全株有细毛，茎基部木质化；叶对生，披针形或长椭圆形；圆锥花序顶生，着花疏散，花喇叭状，花冠圆星形，中央有小圆洞，内藏雌雄蕊，有白、淡黄、桃红、紫红等色，花期 8～10 月，夜间及阴天开放，晴天中午闭合。

【栽培资源】花烟草的品种很多，以植株高矮分为以下 3 种。

① 高生型　株高 45~55cm 左右，如'Perfume'系列。

② 中高生型　株高 25~30cm 左右，如'Hummingbird'系列。

③ 普通型　株高仅 10~15cm 左右。如'Domino'系列。

【生态习性】喜温暖、向阳的环境，耐旱，不耐寒。生长适温 16~26℃。要求肥沃疏松的土壤。

【繁殖】播种繁殖。春播，种子发芽喜光，播后不覆土，保持湿润，18~25℃条件下 2 周发芽，出苗整齐，注意间苗，适当施稀薄肥水，有 4~6 片叶时移植，经 1 次移植后定植。

【栽培要点】定植后浇透水，成活后摘心 1 次以促分枝。管理粗放，但光照不足易徒长，着花少，颜色淡。浇水掌握"见干见湿"的原则，15~30d 施 1 次肥。

【应用方式】花烟草开花醒目、繁多，用于花坛、花镜布置，或散植于林缘、路边、庭院等，也可盆栽。叶子入药。

8.2.31　矮牵牛(*Petunia hybrida*)

【别名】碧冬茄、灵芝牡丹。

【科属】茄科矮牵牛属。

【产地与分布】原产南美洲，现世界各地广泛栽培。

【形态特征】多年生草本，常作一、二年生栽培。株高 15~60cm；全身被黏毛，茎稍直立或卧倒；叶卵形，全缘，上部叶对生，中下部叶互生；花单生于枝顶或叶腋间，花冠喇叭状，花瓣外缘具上下起伏的波状浅裂，花色丰富，白色、深浅不同的红色和紫色，并有复色及间色镶边的品种，花期 4~10 月；蒴果。

【栽培资源】矮牵牛品种很多，分类依据也多，从花型和株型上可分为以下几类。

(1) 多花型　又叫丰花型，分株性好，花多而紧凑，花较小，直径 3~5cm，耐湿热。本型又可分为：①单瓣多花类：株型紧凑，适合盆栽，如'地毯'('Carpet')系列；②改良多花类：花朵数更多，花径介于大花型与多花型之间，抗性强，如'海市蜃楼'('Mirage')系列。

(2) 大花型　花大，直径 8~15cm，耐干热。本型又可分为：①单瓣大花类：花单瓣，如'梦幻'('Dreams')系列；②重瓣大花类：花重瓣，如'双瀑布'('Double Sascade')系列。

(3) 花篱型　植株低矮，灌丛状，花期长，如'潮波'('Tidal Wave')系列。

(4) 垂吊型　枝条长且多，下垂，如'波浪'('Wave')系列。

【生态习性】喜温暖和阳光充足的环境，耐寒，忌荫蔽，忌雨涝，对温度的适应性较强，生长适温为 13~18℃，夏季能耐 35℃以上的高温。宜疏松、肥沃和排水良好的微酸性沙质壤土。

【繁殖】一般用播种或扦插繁殖。春、秋播种均可，但秋季播种花期较长。因种粒细小，播种时可用细沙土拌种播，播后不覆土，轻轻按压，保持湿润，注意通风，温度 22~24℃条件下 4~7d 发芽，出苗后温度适当降低。有 1 片真叶时移植 1 次，移植时根系尽量带土，以便尽快恢复生长。

重瓣品种扦插繁殖，春季和秋季均可。取花后重新萌发的嫩枝作插穗，长 10cm，插入沙床中，保持湿润，在 20~25℃下半月即可生根，30d 可移栽。

【栽培要点】①当植株出现 3 对真叶时定植，定植后苗高 10cm 时摘心 1 次。生长过程中不能施肥过多，特别是氮肥，以防徒长、倒伏和花量减少；开花期少施或不施氮肥，增施磷肥；②旱季及时浇水，雨季及时排水；③生长期间一定要有充足的阳光，否则节间伸长、徒长，还会推迟开花。长日照有利于花芽分化和开花；④温度控制在 20℃左右，不要低于

15℃，温度过低会推迟开花，甚至不开花。根据株型和花期的需要，适当修剪，花后摘除残花。

【栽培史】矮牵牛自19世纪30年代育成以后，陆续有花色、花形、瓣型等新品种问世，我国矮牵牛于20世纪初开始引种栽培，仅在大城市有零星栽培。直到20世纪80年代初，从美国、荷兰、日本等国引进新品种后，才在全国各地大面积栽培。

【应用方式】矮牵牛花朵较大，色彩丰富艳丽，是极好的花坛材料和大面积片植材料，也可盆栽布置花带、花槽、空中美化、小面积景点摆设、窗台点缀、家庭装饰等，重瓣品种多作切花。

8.2.32　樱桃茄(*Solanum* × *hybrida*)

【别名】红铃。

【科属】茄科茄属。

【产地与分布】杂交种。

【形态特征】一年生或多年生草本。株高30～90cm，全株被细绒毛，枝条紫黑色或绿色；叶互生，叶缘波状或不规则深裂；小花腋生，星形，蓝紫色，花期3～4月；浆果球形，直径2～3cm，具棱状突起，幼果青绿色，以后逐渐变黄色，成熟后变为橙红色或红色，累累红果已到了6～8月。

【栽培资源】同属常见观赏栽培的种有：

① 乳茄(*S. mammosum*)　株高1～2m，茎叶有锐刺，幼果青绿色，成熟后金黄色，基部有5个极似乳头或手指头的突起，故名。

② 黄茄(*S. melongena* 'Inerme')　株高60～90cm，浆果卵形，幼果淡绿色，成熟后金黄色。

③ 玩具蛋茄(*S. melongena* 'Ovigerum')　株高30～50cm，浆果卵形，幼果白色，似鸡蛋，成熟后金黄色。

④ 南美香瓜茄(*S. muricatum*)　株高60～90cm，叶单出或3裂片或3出叶，浆果球形或椭圆形，未熟果白绿色，成熟后橘黄色，表面有紫红色斑纹。

⑤ 金银茄(*S. texanum*)　株高约30cm，浆果球形或椭圆形，幼果银白色，成熟后金黄色，果实次第成熟，两种颜色常同时并存，似金银挂满枝条，故名。

【生态习性】喜温暖至高温，要求阳光充足，生长适温20～30℃，以疏松、肥沃和排水良好的沙质土壤为好。

【繁殖】播种繁殖，春、秋季播，播后适当覆土，保持湿润，20～25℃条件下5～8d发芽，幼苗追肥1～2次，苗高7～10cm移栽。

【栽培要点】①土壤不能积水；②控制氮肥的施用；③栽培环境应光照充足。

定植成活后植株长到10～15cm时摘心1次，促使多发侧枝多结果。生长期保持土壤湿润，但不能积水，积水后根部易腐烂。每月追肥1次，注意氮肥的施用，过多则枝繁叶茂花果减少，磷、钾肥稍多有利于结果。栽植环境须光照充足，光照不足植株徒长，开花结果不良。果期过后立即修剪整枝，补充肥料，促进萌发新枝再开花。

【应用方式】成株结果上百粒，果枝上绿-黄-橙-红各色球果经久不凋，为高级插花材料，还可盆栽观赏、药用和食用。

8.2.33　冬珊瑚(*Solanum pseudo-capsicum*)

【别名】寿星果、珊瑚樱、玉珊瑚、珊瑚豆、吉庆果、红珊瑚、野辣茄。

【科属】茄科茄属。

【产地与分布】原产欧洲和亚洲热带，我国也有分布。

【形态特征】直立小灌木，可作一年生栽培。株高 30～100cm；叶互生，波状全缘；花腋生，较小，白色，花期 7～8 月；花后结果，浆果圆球形，橙红色，挂果期长，约 3 个月。

【生态习性】喜温暖、向阳和湿润的环境，不耐寒，生长适温 15～28℃，宜疏松、肥沃和排水良好的土壤。

【繁殖】播种繁殖，春季播，发芽适温 20～25℃，播后 10～15d 发芽，小苗长出 4～6 片叶时移植 1 次。

【栽培要点】小苗有 6～7 片叶时定植，成活率很高。生长期适当浇水，以不干旱为度，谨防阵雨淋浇，否则易染病，入冬后减少浇水，可以使挂果期延长。每 1～2 个月施肥 1 次，过多施肥易徒长，枝繁叶茂不结果。霜降前需移至温暖处，以免受冻落果。光照应充足，否则果实不红。果实成熟时，采集红色浆果，在水中洗出种子后晒干贮藏。

【应用方式】浆果浑圆，玲珑可爱，盆栽置于厅堂几架、窗台等，可增加喜庆气氛，也可室外丛植或作背景栽植。可药用，但全株有毒，叶比果毒性更大。

8.2.34　金鱼草(*Antirrhinum majus*)

【别名】龙头花、狮子花、龙口花、洋彩雀。

【科属】玄参科金鱼草属。

【产地与分布】原产地中海沿岸及北非，现世界各地广泛栽培。

【形态特征】多年生草本，常作二年生栽培。株高 20～70cm，叶对生或上部互生，全缘；总状花序顶生，密被腺毛，花冠唇形，基部膨大成囊状，上唇直立，2 浅裂，下唇 3 浅裂，在中部向上唇隆起，封闭喉部，花色有白、黄、红、紫或复色，花期一般 3～5 月；蒴果卵形，果期 4～7 月。

【栽培资源】栽培品种很多，分类方法也很多，根据植株高矮可分为以下几类。

① 高型　株高 60～150cm，冠幅 30～45cm，花期较晚且长。如'王冠'系列('Coronette')。

② 中型　株高 45～60cm，冠幅 45～60cm，花期居中。如'黑王子'系列('Black Prince')。

③ 矮型　株高 15～30cm，冠幅 30cm，花期较早。如'花雨'系列('Floral Showers')。

④ 超矮型　株高 10cm，冠幅 15～20cm。

【生态习性】较耐寒，不耐酷暑，喜阳光充足，也能耐半阴。生长适温 7～16℃。宜用肥沃、疏松和排水良好的微酸性沙质壤土。

【繁殖】播种繁殖为主，也可扦插。多在 8～9 月盆播或露地播，播种前用浓度 0.5% 左右的高锰酸钾溶液浸泡种子 1～2h，既可杀菌，又能促使种子迅速发芽，因种粒细小，应隔行混细沙撒播，播后不覆土，保持湿润，在 15～20℃ 条件下 7～10d 出苗，注意间苗，4～5 片真叶时移栽一次。

【栽培要点】①根据用途进行修剪；②易自交，留种植株应按品种隔离。

苗高 10～12cm 时定植，定植缓苗期过后视用途进行摘心或除芽。金鱼草喜肥，基肥应在定植前 20d 施入，生长期间每半月追肥 1 次。定植后保持土壤湿润，但不积水，否则根系易腐烂，茎叶易枯黄。生长期间应适当增强通风和光照，扩大营养生长面积，抑制徒长，使植株生长矮壮。金鱼草易自交，应注意留种母株的隔离。

【应用方式】中、矮型品种可布置花坛、花镜和盆栽；高型品种作切花。种子可榨油。

8.2.35　蒲包花(*Calceolaria herbeohybrida*)

【别名】荷包花。

【科属】玄参科蒲包花属。

【产地与分布】种间杂交种，原种产墨西哥、秘鲁、智利一带，现世界各地均有栽培。

【形态特征】多年生草本，作二年生栽培。株高20～40cm，全株被细小茸毛；叶对生，花序为不规则聚伞状，花冠二唇状，形成两个囊状物，上唇较小，直立，下唇膨大，中间空，柱头着生在两个囊状物之间，两边各有1枚雄蕊；唇瓣有乳白、黄、橙红等色，多数品种唇瓣上还有许多橙红、紫红、深褐等多色小斑点；花期2～5月；蒴果，果期3～6月。

【栽培资源】(1)同属常见栽培的种有：

① 皱叶蒲包花(*C.integrifolia*)　半灌木，高1～2m，叶面多皱，圆锥花序，小花密集，黄色或赤褐色，没有斑点，花期春至初夏。

② 墨西哥蒲包花(*C.mexicana*)　一年生草本，下部叶3裂，上部叶羽状全裂，花小，浅黄色。

(2)栽培品种　按品种花径可分为以下三类。

① 大花系　花径3～4cm，花色丰富，多为复色花。

② 多花矮性系　花径2～3cm，花较多，植株低矮，耐寒性强。

③ 多花矮性大花系　介于上两者之间。

【生态习性】喜凉爽、湿润和通风较好的环境，忌涝、喜光，但避免强光；不耐严寒，也畏酷热。生长适温7～15℃，高于20℃即影响生长和开花。要求富含腐殖质、排水良好的土壤。

【繁殖】播种繁殖，于8月下旬至9月上旬进行，因种子细小，播后不覆土或少覆土。保持湿润，在20℃的条件下，10d左右可出苗。小苗有2～3片叶时间苗或移栽。

【栽培要点】①控制氮肥施用量；②不能缺水，也不能淹水；③浇水施肥时，切不可沾污叶片；④留种植株应进行人工授粉。

苗高5cm时定植，定植后每7～10d施淡肥水1次，但注意氮肥不能太多，否则引起枝叶徒长，抽出花枝时，增施1～2次磷钾肥。注意浇水，不能干燥，也不能使根部水分过多，盛花期和结实期应控制浇水。浇水施肥时，切不可沾污叶片，开花后要适当控制浇水。生长期应有明亮的光照，但光照过强时要适当遮阳。过多的侧芽应及时摘除，以免影响开花和株型。蒲包花天然结实困难，必须人工授粉。

【栽培史】现在栽培的蒲包花是种间杂种。原种1822年传入欧洲，1830年英国育出许多杂种蒲包花，20世纪育出大花系蒲包花之后，德国开展大规模的育种工作，育出多花矮性系蒲包花。

【应用方式】蒲包花花期长，花色艳丽，花形奇特，是冬春季节的优良盆花。

8.2.36　毛地黄(*Digitalis purpurea*)

【别名】自由钟、钓钟花、德国金钟、紫花毛地黄。

【科属】玄参科毛地黄属。

【产地与分布】原产欧洲西部，我国一些城市有栽培。

【形态特征】多年生草本，作二年生栽培。株高60～120cm；除花冠外，全株被灰白色毛；叶粗糙，表面多皱，背面有明显的网状脉，边缘有钝锯齿，基生叶呈莲座状，具长柄，总状花序顶生，花茎挺直，花冠偏生一侧，钟形，下垂，紫红色、粉红色、白色，内有深色斑点，花期3～5月；蒴果，果期5～7月。

【生态习性】耐寒性强，喜光，也耐半阴，略耐旱，怕多雨、积水和高温。生长适温为13～15℃。适宜在湿润而排水良好的土壤上生长。

【繁殖】8～9月播种繁殖，如播晚了第二年不会开花或花开不好。播后不覆土，保持湿润，15～18℃条件下约10d发芽。小苗有5～6片叶子时移栽。也可分株繁殖，早春进行。

【栽培要点】每月追肥两次。浇水要适当，如土壤太湿，会引起茎基部腐烂。夏季注意通风降温。

【应用方式】植株高大，花序挺拔，花形优美，可作花境、花丛、背景材料等自然式布置，还可盆栽或岩石园应用。叶子入药。

8.2.37　柳穿鱼(*Linaria maroccana*)

【别名】小金鱼草、姬金鱼草。

【科属】玄参科柳穿鱼属。

【产地与分布】原产摩洛哥。

【形态特征】二年生草本。株高30～50cm，茎上部有黏质短柔毛，枝叶似柳；叶全缘，植株上部的叶对生，下部的叶互生；总状花序顶生，花冠唇形，有红、黄、白、青紫等色，下唇喉部凸起，有些品种凸起中部有黄斑，花冠筒基部伸长成距，距长超过花冠其余部分，花期5～6月；蒴果，果期夏季。

【生态习性】喜光，较耐寒，不耐酷热，生长适温为15～25℃。宜中等肥沃、适当湿润而又排水良好的土壤。

【繁殖】播种繁殖。9月下旬至10月上旬播种，用温热水浸种12～24h利于发芽，播后保持湿润，约15d发芽，小苗太密时要间苗。也可扦插或分株繁殖。

【栽培要点】小苗初期生长缓慢，当大部分小苗长出3～5片真叶时移栽定植，5～8片叶时要及时摘心，促使侧芽均衡生长多开花，并可适当控制高度。柳穿鱼管理粗放，开花期间要及时剪去残花，延长花期。

【应用方式】枝条柔细，花型、花色别致，适宜花坛、花境栽植和盆栽。还可药用。

8.2.38　龙面花(*Nemesia strumosa*)

【别名】囊距花、耐美西亚、爱蜜西。

【科属】玄参科龙面花属。

【产地与分布】原产南非。

【形态特征】一、二年生草本，株高30～60cm。叶对生，基生叶长圆状匙形，全缘；茎生叶披针形，有齿；总状花序顶生，花冠筒二唇形，上唇4浅裂；下唇2浅裂，基部呈袋状；有白、淡黄、深黄、橙红、深红和玫紫等色，喉部黄色，有深色斑点和须毛，花期春夏。

【生态习性】喜光照充足的温和气候，不耐寒，忌夏季酷热。要求轻松、排水良好而富含腐殖质的土壤。

【繁殖】播种繁殖。秋播或春播，发芽适温15℃左右，保持湿度，约10d发芽。苗期摘心可控制株高，使株丛繁茂，多开花。

【栽培要点】小苗有3～4对真叶时移栽定植，遮阳1周后全光照。"见干见湿"浇水，每半月追肥1次。夏凉地区，花后剪去残花，在茎基部可重发新梢，加强管理，可再次开花。

【应用方式】花美色艳，高茎大花种可作切花，矮种适于盆栽，或用于花坛，成片栽植效果更好。

8.2.39　蛾蝶花(*Schizanthus pinnatus*)

【别名】蛾蝶草、荠菜花。

【科属】玄参科蛾蝶花属。

【产地与分布】原产智利，我国很多城市有栽培。

【形态特征】一、二年生草本。植株有细毛，株高 20～40cm；叶互生，1～2 回羽裂；总状花序顶生，小花较多；花瓣深裂开展，下部瓣片常呈紫色或雪青色，上部瓣片颜色较浅，中部瓣片基部有黄斑，并有青紫色斑点。花期 4～6 月。

【生态习性】喜凉爽、温和的环境，耐寒力不强，忌高温、多湿。生长适温 15～25℃。肥沃、排水良好的土壤生长旺盛。

【繁殖】春播夏季开花；秋播第二年早春开花。播后用细土覆盖，保持适当湿度，在 15～20℃条件下 10～15d 发芽，子叶展开后移植 1 次。

【栽培要点】苗高 10～15cm 定植，定植成活后摘心 1 次促使多分枝多开花。15～20d 追肥 1 次，前期以氮肥为主，中后期以磷钾肥为主。见干见湿浇水。

【应用方式】蛾蝶花开花多，花色艳，是优良的早春花坛材料，也可室内盆栽观赏或作切花。

8.2.40　夏堇(*Torenia fournieri*)

【别名】蓝猪耳、花公草、花瓜草、蝴蝶草。

【科属】玄参科蓝猪耳属。

【产地与分布】原产亚洲热带，世界各地均有栽培。

【形态特征】一年生草本，株高 15～30cm。茎四棱，多分枝；叶对生，叶缘有细锯齿；腋生或顶生总状花序，花冠二唇形，有紫青色、桃红色、兰紫、深桃红色及紫色等，下唇较上唇色深，基部色渐浅，喉部有醒目的黄色斑块，花期 6～10 月；蒴果长圆形，果期 6～11 月。

【生态习性】喜阳光，耐半阴，较耐热，不耐寒。对土壤适应性较强，但以湿润而排水良好的壤土为佳。

【繁殖】播种繁殖，春季进行，因种子细小，可掺细沙播，播后不覆土，保持湿润，发芽适温 20～30℃，约 10d 发芽。真叶 5 片或苗高达 10cm 时移栽。

【栽培要点】生长健壮，需肥不多，管理简便。定植前施基肥，生长过程中追肥 2～3 次，适当摘心促发侧枝。置于光照充足的地方。

【应用方式】花期长，耐炎热，花朵小巧，姿色幽逸，为夏季少花时的优良花卉，特别适合花坛、阳台、花台等应用。

8.2.41　风铃草(*Campanula medium*)

【别名】钟花、瓦筒花。

【科属】桔梗科风铃草属。

【产地与分布】原产南欧，我国也有栽培。

【形态特征】两年生草本。全株具粗毛，株高 30～120cm，茎粗壮直立；基部叶卵状披针形，茎生叶披针状矩形；叶柄具翅，叶缘圆齿状波形，粗糙；总状花序顶生，花冠膨大，钟形，有 5 浅裂，花色有白、蓝、紫及淡桃红等色，花期 4～6 月。

【栽培资源】风铃草在园林中常用的栽培品种主要有以下两种系列。

① 珍珠系列　植物开花早，花形成紧凑球形。

② 'Star' 系列　白色和蓝色也已作为盆花和花坛的花卉应用。

【生态习性】喜冬暖夏凉、光照充足、通风良好的环境，不耐干热，耐寒性不强，喜深厚肥沃、排水良好的中性土壤，在微碱性土壤中也能正常生长。

【繁殖】采用播种繁殖，一般在夏秋两季播种，种子成熟后即播，因种子细小，可不覆土或薄盖过筛细土。种子发芽适温为 18～20℃，在适宜条件下 10～14d 发芽。苗高 5cm 左右时，移植至圃地或上盆定植，圃地定植的株行距以 20cm×40cm 较为适宜。

【栽培要点】①发芽后应注意保持湿度，出苗后应该及时间苗；②生长期应保持土壤湿润，每半个月施肥 1 次；③注意越冬防寒，越夏遮阳。

【应用方式】风铃草植株较大，花色明丽素雅，宜作花坛、花镜的背景材料或于林缘丛植，也可作切花，矮型品种多作盆栽观赏或布置岩石园。

8.2.42 六倍利(*lobelia erinus*)

【别名】半边莲、山梗菜、翠蝶花。

【科属】桔梗科半边莲属。

【产地与分布】原产南非，现在世界各地均有栽植。

【形态特征】多年生草本植物，常做一年生栽培。株高约 12～20cm；叶互生，近基部的叶稍大，广匙形，茎上部叶较小，披针状；花小，顶生或腋出，较繁密，花冠先端 5 裂，下部 3 裂片较大，形似蝴蝶展翅，花色鲜艳，有红、桃红、紫、紫蓝、白色等，花期为 3～7月；种子较小。

【生态习性】性喜温和，喜温暖湿润气候，不耐寒，也不耐炎热，最适生长温度为 10～25℃。喜弱酸性土质，喜光，也耐半阴，短日条件下生育期会延长。以疏松肥沃的黏壤土栽培为宜。

【繁殖】可采用播种繁殖和扦插繁殖。播种繁殖：与细沙混合后进行播种，播种后保持湿润，温度达到 20℃时可发芽，当幼苗具真叶 4～5 片时即可上盆，播种后 14～16 周可以开花；扦插繁殖：扦插适期为高温高湿季节。将植株茎枝剪下，扦插于基质中，在 24～30℃条件下，土壤保持湿润，约 30d 生根。

【栽培要点】①光照强度超过 55000 lx 进行遮阳，否则叶片会出现焦边的现象；②温度过高，基质长期维持在较高温度水平会导致徒长，可在移栽后三周开始施用生长调节剂对其进行控制。

【应用方式】适合用于盆栽、切花以及花坛、花境布置，还具有一定的药用价值。

8.2.43 藿香蓟(*Ageratum conyzoides*)

【科属】菊科藿香蓟属。

【产地与分布】原产美洲热带，现世界各地均有栽培。

【形态特征】多年生草本，作一年生栽培。植株高 30～60cm；茎基部多分枝，全株被毛；叶对生，心状卵形；头状花序缨络状，密生枝顶，花朵质感细腻柔软，花色淡雅，粉蓝，浅蓝或白色，从初夏到晚秋开花不断。

【栽培资源】常见栽培品种：

① '蓝带'('Blue Ribbon') 株丛密而圆整，花繁密，近覆盖全株。

② '粉球'('Pink Improved Selection') 株高 15～20cm，密丛，粉色花。

③ '夏雪'('Summer Snow') 高 15～20cm，花白色，丰满。

【生态习性】藿香蓟喜温暖、向阳环境，对土壤要求不严，耐微碱性土壤，适应性强。耐修剪，修剪后能迅速开花。

【繁殖】播种、扦插或压条繁殖。藿香蓟种子细小。种子发芽适温 18～25℃，培养土应以农肥、园田土各半，掺入少量的腐叶土，混合均匀后过筛。将种子均匀撒播湿土上。覆土不可过厚，以能盖严种子即可。盆土保持湿润。10d 左右可出苗。幼苗呈 2 对真叶时分苗。扦插育苗要选择大母株，采取健壮枝条，保留 2～4 片真叶，不留生长点。枝条长度为 5～6cm，剪口应在节下，随剪随插。扦插深度为插条长的 1/3～1/2。10d 左右生根。

【栽培要点】藿香蓟幼苗出现 2～4 个分枝时进行定植盆栽。盆土以农肥、园田土和细沙各 1/3，混合后过筛。小苗栽完后，盆土应压实，浇足水，放阴凉处，7～10d 后移至阳光处。在植株生长旺季，应注意保持水分，温度过高时每天浇 2 次水。每 10～15d 天浇 1 次稀饼肥水，并适当增施磷、钾肥。藿香蓟必须进行多次摘心，一般要摘心打尖 3～4 次。在第一批花开过后，要及时整枝修剪，一般老枝保留 5～6cm 高，上部剪掉，同时疏剪过密枝条。

【应用方式】藿香蓟株丛繁茂，花色淡雅，分枝能力强，可以修建控制高度，是花坛和地被种植的优良花卉。同时，也适宜于花境、林缘种植和缀花草坪。

8.2.44　雏菊(*Bellis perennis*)

【别名】延命菊、春菊。

【科属】菊科雏菊属。

【产地与分布】原产西欧、地中海沿岸、北非和西亚。

【形态特征】多年生草本作二年生栽培。株高 7～15cm；叶匙形基生，边缘具皱齿；头状花序单生，直径 3～5cm，高出叶面，舌状花多数，线形，白或淡粉色，筒状花黄色；瘦果扁平，倒卵形；昆明地区花期 2～3 月。

【栽培资源】有单瓣和重瓣品种，园艺品种均为重瓣类型，有大花和小花型品种。花型有蝶形、球形、扁球型，还有 10cm 高的四倍体矮生品种及斑叶品种。

【生态习性】雏菊性喜冷凉，较耐寒，不耐炎热。要求含有有机质肥沃、湿润、排水良好的沙质土壤。全日照下生长良好，也可稍耐荫。

【繁殖】播种、分株、扦插繁殖。播种繁殖，春秋季均可进行。在夏季高温和冬季严寒的地区只作二年生栽培，一般从 9～10 月播种，2 月下旬～3 月份开花。西南地区 8 月下旬可采用冷床播种。种子发芽适温为 15～20℃，播后 7～14d 可出苗。为保留优良品种的特性，也可用分株法繁殖。

【栽培要点】雏菊生长适温 5～18℃，苗龄 40～45d，幼苗 3 叶 1 心时开始定植。播种后 15～20 周开花。西南地区适宜种植中、小花单瓣或半重瓣品种；中、大花重瓣品种长势弱，结籽差。雏菊极耐移栽，大量开花时也可移栽。

【应用方式】雏菊花朵娇小，是春季花坛的重要花卉，也是优良的种植钵和道路、草地边缘花卉，还可用于岩石园。

8.2.45　金盏菊(*Calendula officinalis*)

【别名】金盏花、长生花。

【科属】菊科金盏花属。

【产地与分布】原产地中海地区和中欧、加那列群岛至伊朗一带，世界广泛栽培。

【形态特征】二年生花卉。株高 30～60cm，全株被软腺毛，有气味，多分枝；叶互生，长圆至长圆状倒卵形，基部抱茎；头状花序单生，舌状花淡黄至深橙红色，夜间闭合；花期 12～翌年 5 月；瘦果弯曲，船形或爪形。

【栽培资源】园艺品种多为重瓣，重瓣品种有 2 个类型：①平瓣型，②卷瓣型。另有长梗大花品种可做切花。

【生态习性】金盏菊喜冷凉气候，较耐寒，喜阳光，但不耐暑热。小苗能抵抗—9℃低温。对土壤要求不严，耐瘠薄土壤，但在疏松肥沃、排水良好的略带石灰质土壤下生长好。

【繁殖】播种繁殖。9月上中旬将种子播于露地苗床，因种子细小，覆土以不见种子为度，保持床面湿润。发芽适温20℃左右，约7d可出苗。春季播种也能出苗，但不如秋播生长开花好，花小不结实。

【栽培要点】9月上中旬播种，于10月下旬假植于冷床内北侧越冬。金盏菊枝叶肥大，生长快，早春应及时分栽。11月初将幼苗定植园地，定植成活后加强水肥管理，施氮肥可使植株生长旺盛并产生分枝，增强抗寒力，也利于翌春增多花量。早春，增施磷钾肥，春雨较多地区要理清排水系统，做到雨过地干，保证生长健壮，花繁叶茂。

【应用方式】金盏花本草纲目上记载：金盏，其外形也。古时又有人称：醒酒花、长春花。金盏菊是常见的早春花卉，在欧洲最早为药用，后逐渐用于观赏。可作花坛、花带、花境布置，大花品种可盆栽观赏。

8.2.46 翠菊(*Callistephus chinensis*)

【别名】江西腊、七月菊、蓝菊。

【科属】菊科翠菊属。

【产地与分布】中国特有种，原产中国东北、华北以及四川、云南各地。

【形态特征】一年生草本。高30~100cm，茎被白色糙毛，上部多分枝；叶互生，匙形或阔卵形，具有粗锯齿；头状花序单生，总苞多层，外层叶状，花单轮，浅堇紫色；花期7~9月。

【栽培资源】翠菊品种丰富，根据其特点，可从株高、花型、花色三个方面来进行分类。

① 株高 矮型种(30cm以下)、中型种(30~50cm)、高型种(50cm以上)。

② 花型 根据边花和心花的瓣化变异分为平瓣类、卷瓣类、桂瓣类三类，进一步分为10种花型，即葵花型、平展型、荷花型、秋菊型、慧芒型、鸵羽型、蓟菊型、盘桂型、卷散桂型、多托桂型。

③ 花色 分为绯红、桃红、橙红、粉红、浅粉、紫、墨紫、蓝、白、乳白等。

【生态习性】翠菊喜光稍耐阴，喜温暖湿润，忌酷暑。喜肥沃、湿润、排水良好的沙质土壤，忌连作。

【繁殖】播种繁殖。四季均能播种。发芽适温为18~21℃，5~8d可发芽。

【栽培要点】生长适温15~27℃，13周可开花，需3~4年轮植一次。育苗宜多次移植。苗高10cm即可定制，幼苗期需要1个月的长日照。第一次裸根分苗，以后到现蕾，可带土坨倒畦移栽二三次，定植株距20~30cm。多次移植可使茎秆粗壮，防止倒伏徒长。

【栽培史】1728年在我国首先发现本种，是世界翠菊属的分布中心。在我国南北各地久经栽培。1731年由传教士殷卡维勒传至欧洲后，再转传欧美各国，经过二百多年的栽培改良，在许多国家已经广为栽培。

【应用方式】翠菊花期长，品种多样，色彩丰富，矮型种适合作盆栽，布置庭院阳台或是花坛及边缘种植，中型品种可应用于花坛、花带、花境，高型品种主要做切花，也可用于花境背景。

8.2.47 矢车菊 (*Ceuntarea cyanus*)

【科属】菊科矢车菊属。

【产地与分布】主产欧洲地中海沿岸、亚洲及北非，中国约有10种。

【形态特征】一年生草本。高可达90cm，全株被白毛；叶互生，全缘或羽状裂；头状花序单生，具有长梗，管状花；花色有白、紫、蓝、粉、紫红，花期5~6月。

【栽培资源】同属常见栽培种有：

① 大矢车菊（C. americana）　宿根花卉，花大，径可达8~12cm，总苞片边缘膜质。

② 山矢车菊（C. montana）　宿根花卉，叶阔披针形，全缘，有银色绒毛。头状花序单生枝顶，有蓝、紫、粉、白不同花色品种。

③ 香矢车菊（C. moschata）　一年生花卉，叶长圆状披针形，羽状裂，头状花序单生枝顶，舌状花呈剪绒状，花有杏仁香气。多作切花用。

【生态习性】喜光、忌炎热、较耐寒。不择土壤，但在肥沃、湿润的沙质壤土上生长良好。

【繁殖】播种繁殖。春播或秋播。

【栽培要点】生长期少量施肥有利于开花。花后及时修剪去残花枝，秋季可再次开花。忌连作。

【应用方式】矢车菊花色美丽，质感轻盈，在园林中依据株型不同应用有差异，高型种可做花境材料；矮生种可用于花坛。切花应用时，水养持久。

8.2.48　瓜叶菊（*Senecio cruentus*）

【别名】千日莲。

【科属】菊科千里光属。

【产地与分布】原产非洲北部大西洋上的加那列群岛。现世界各地广泛栽培。

【形态特征】宿根草本，多作一、二年生栽培。植株低矮，叶大，叶面粗糙，心状卵形，掌状脉；叶缘具有波状或多角状齿，如黄瓜叶一般；花为头状花序簇生成伞房状，数十多至数百朵的花组成了一个大花序，集中于植株中央；花期12月~翌年5月。

【生态习性】瓜叶菊喜凉爽，冬畏严寒，夏忌酷暑。生长适温10~15℃，可耐0℃左右低温，在昆明地区可露地作二年生栽培。喜富含腐殖质且排水良好的沙质壤土。

【繁殖】多用播种繁殖。播种日期可根据用花日期来决定。一般瓜叶菊播种后及幼苗上盆，需5~6个月才能开花。如需在春节开花，可在8月份播种，需在五一节开花，可在9~10月播种。栽培盆土可用园土4份、腐叶土2份、堆肥土2份和河沙2份混合配制，并加入饼肥和过磷酸钙基肥。将种子均匀撒上，用细沙覆盖，其厚以不见种子为度。置放在20℃、少光照处理，盆上盖玻璃保湿保温，10~20d种子就可发芽出土。重瓣品种以扦插为主，在植株上部剪去后，取茎部萌发的强壮枝条在粗沙中扦插。

【栽培要点】瓜叶菊的移植宜早不宜晚，按4~5cm的株行距移植，移植后放在通风良好环境，生长迅速。上盆种植的关键是浅植，瓜叶菊趋光性强，应经常转盆，苗期生长以及上盆后7~10d，保持18~21℃。上盆后的生长适温为12~16℃，7~10℃对花芽分化是必要的。栽培中尤其在小苗期间要特别注意控制水分。显色初绽时，除应保持盆土润而不渍外，还应以0.1%的尿素喷施叶面。栽培管护期间，可每7~10d浇一次以有机肥为主的稀薄香麻渣肥液。栽后100d左右，再结合叶面喷水，每10~15d喷施磷酸二氢钾薄肥液一次，可促花芽分化，花色艳正。

【应用方式】瓜叶菊株丛整齐紧密，盛花时花朵覆盖全株，花期长，花色艳丽，是常见的冬春代表性盆花，也是圣诞节、元旦、春节等节日的常用盆花。另外，还可用于室外花坛、花带布置。星型瓜叶菊还可用作切花。

8.2.49　波斯菊（*Cosmos bipinnatus*）

【别名】秋英、扫帚梅。

【科属】菊科秋英属。

【产地与分布】原产墨西哥及南美洲。

【形态特征】一年生花卉。茎纤细直立，株丛开展；叶对生，羽状全裂；头状花序顶生，具有细长花梗，花序直径 5～10cm，管状花明显；秋季开花，花色有紫红、洋红、白色或双色等。

【栽培资源】（1）同属常见栽培种：硫华菊（*C. sulphureus*），高 20～200cm，花较小，舌状花全黄或橘黄。

（2）常见的栽培品种：①白花波斯菊（'albiflorus'），花纯白色；②大花波斯菊（'grandiflorus'），花较大，有白、粉红、紫；③紫花波斯菊（'purpurea'），花紫红色。

【生态习性】波斯菊喜光照充足；喜温暖，不耐寒，忌酷热；耐干旱瘠薄；忌大风，自播繁衍能力极强，肥水过多则茎叶徒长少花易倒伏。宜排水良好的沙质土壤。

【繁殖】播种、扦插繁殖。在 18～25℃时，播后 6d 发芽，生长迅速，播种至开花 10～11 周。通常 667m² 播种量为 1～1.5L，但在高温区播种，受发芽率降低和病害引起的损苗增加，应适当加大播种量。也可在初夏用嫩枝扦插繁殖，容易生根成活。

【栽培要点】为了使苗株生长健壮并减少病虫害的发生，在出现 2～3 片真叶后，每周可施 1 次氮磷钾复合肥，并经常松土，保持土壤疏松透气，严防积水烂根。出现 4～5 片真叶时，可摘心促发新枝，摘心时要留 2～3 片真叶，波斯菊播种的密度不能太大，且要及时间苗，改善通风透光条件。

【应用方式】波斯菊具有花期和花色种类较多，适应性强，适宜做大面积的栽植。在花坛、面积较大的庭院，或在山坡地上大片种植，都可以充分表现它茎高叶细的优雅花姿，具有野生自然情趣。

8.2.50　勋章菊（*Gazania splendens*）

【科属】菊科勋章菊属。

【产地与分布】勋章菊原产非洲南部。现世界各地广为栽培。

【形态特征】多年生宿根花卉。株高 20～30cm，具根茎，茎较短；叶由根际丛生，叶片披针形或倒卵状披针形，全缘或有浅羽裂，叶背密被白毛；头状花序，舌状花为白、黄、橙红等色，花瓣有光泽，花径 7～8cm；花期 4～5 月。

【栽培资源】同属常见栽培种：

① 单花勋章菊（*G. uniflora*）　叶片灰绿色，花色有黄、白、橙等。

② 羽叶勋章菊（*G. pinnata*）　叶羽状分裂，舌状花橙黄色，基部有黑眼。

【生态习性】性喜温暖、干燥、光照充足的环境。不耐寒，耐高温，怕积水。白天在阳光下开放，晚上闭合。勋章菊喜肥沃、疏松和排水良好的沙质壤土。

【繁殖】勋章菊可播种、分株、扦插繁殖。种子发芽温度以 16℃为宜，一周左右发芽。第一对真叶展开时，进行分苗移植；苗高 10cm 时开始定植，春播苗 3 个月后即能开花。分株通常在早春 3 月至 4 月进行，将株丛分割数丛，然后定植在指定地点。扦插随时皆可进行，切取健壮茎节上的芽，直接插入温床，在 25℃的温度条件下，两周后生根。

【栽培要点】勋章菊的生长适温为 15～20℃，勋章菊对 30℃以上的高温适应性较强，只是叶片生长迟缓，开花减少。冬季温度不低于 5℃，短时间能耐 0℃低温，如时间长易发生冻害。在生长和开花期需充足阳光。如栽培场所光照不足，则叶片柔软，花蕾减少，花朵变小，花色变淡。

【应用方式】勋章菊舌状花瓣纹新奇，花朵迎着太阳开放，至日落后闭合，非常有趣。可丛植或成片布置草坪、花坛、林缘、坡地边缘，十分自然和谐。点缀小庭园或窗台，又似张张花脸，生动活泼。同时也可作插花材料。

8.2.51　向日葵（*Helianthus annuus*）

【别名】太阳花、葵花、朝阳花。

【科属】菊科向日葵属。

【产地与分布】原产北美洲，世界各地均有栽培。

【形态特征】一年生大型草本。高 1～3m，茎直立，粗壮，被粗硬刚毛；叶互生，宽卵形，缘具有粗齿，基部 3 主脉；头状花序单生，极大，直径 10～30cm，常下倾，舌状花黄色，管状花棕色或紫色；花期 7～10 月。

【栽培资源】观赏向日葵品种繁多，有盆栽种、切花种、花坛种等，植株高度差异很大，矮的仅有 20～30cm，高的可达 2～3m，应根据需要选择不同用途的品种。

【生态习性】喜温暖湿润，光照充足。向日葵对土壤要求不严格，在各类土壤上均能生长，有较强的耐旱耐盐碱能力。

【繁殖】播种繁殖。根据应用需要全年均可播种。若 5 月用花，2～3 月播种；10 月用花，8 月播种。观赏向日葵种子大，露地栽培常用穴播，盆栽时用营养钵或穴盘点播育苗。发芽适温为 21～24℃，播后 7～10d 发芽。发芽率为 80%～90%。以盆栽矮生种为例，从播种至开花需 50～60d。

【栽培要点】盆栽观赏向日葵根据地上部冠幅的大小选用 10～18cm 的盆。生长期每旬施肥 1 次。盆栽不摘心，以单花为好。盆栽高干品种，发芽后 20d 用 0.25%～0.4% B9 溶液喷洒叶面，可控制植株高度。

若用于花坛观赏，可摘心 1 次，分枝可产生 4～5 朵花。重瓣品种不易结实，在开花时需进行人工授粉，可提高结实率。

【栽培史】从 19 世纪 80 年代初，观赏向日葵在欧洲应用以来，仅有 100 多年的栽培历史。从单瓣向日葵中选育出矮生种、橙色重瓣种和分枝性强的小花类向日葵，使观赏向日葵进入了切花和盆栽花卉市场。目前，观赏向日葵已在世界各地广泛栽培。

我国从 20 世纪 50 年代开始从欧洲引种，主要作为品种标本。自 20 世纪 80 年代末，开始小批量栽培。至今，新品种不断引进，生产规模逐年扩大，观赏向日葵已广泛应用于景点和环境布置，并取得了较好的景观效果。

【应用方式】观赏向日葵大花品种显得富丽堂皇，小花品种典雅动人，重瓣品种活泼可爱。盆栽点缀家庭小庭院、窗台，呈现欣欣向荣的气氛，成片摆放于公共场所和园林景点，依据品种的不同，高型品种可做花境、花坛、丛植的背景材料，矮型品种适用于盆花。另外，向日葵还是优良的切花材料。

8.2.52　麦秆菊（*Helichrysum bracteatum*）

【别名】蜡菊。

【科属】菊科蜡菊属。

【产地与分布】原产澳大利亚，现世界各地均有栽培。

【形态特征】多年生作一年生栽培。全株被微毛，茎粗硬直立；叶互生，长椭圆状披针形；头状花序单生枝顶，总苞片呈膜质，似舌状花；有白、黄、橙、褐、红等色，管状花黄色；花期5～7月。

【栽培资源】麦秆菊品种丰富，有高（大于80cm）、中（50～80cm）、矮（30～40cm），大花和四倍体特大花，还有重瓣品种。

【生态习性】麦秆菊喜温暖和阳光充足的环境，不耐寒，忌酷热。喜湿润、肥沃、排水良好的土壤。

【繁殖】播种繁殖。春季3～4月采用苗床播种或室内盆播，发芽适温为18～25℃，种子喜光，播后不必覆土，7～8d发芽，出苗后应及时间苗，幼苗经1次移植后，苗高8～10cm时可定植或盆栽，从播种至开花需120～140d。

【栽培要点】麦秆菊分枝性强，生长期摘心2～3次，促进分枝。露地栽培矮生种每平方米约20株。苗期或盆栽每月施肥1次，但施肥不能过量，否则植株易徒长、倒伏，叶片变薄，花朵变小，花色变淡。花期增施2～3次磷钾肥，对总苞的色彩和硬度极为有利。如需加工干花，可在秋季采收后除去叶片，成束倒挂于阴凉、通风处干燥，能保持2～3年。

【应用方式】麦秆菊是天然的干花材料，花朵色彩艳丽而不易退色，是完全不需要加工的上选干燥花材，可选择高型品种用作插花。另外，麦秆菊非常适用于多年生草本的混合花坛、花境或丛植栽培观赏。

8.2.53　皇帝菊（*Melampodium paludosum*）

【别名】美兰菊、黄帝菊。

【科属】菊科美兰菊属。

【产地与分布】原产中美洲。

【形态特征】一年生花卉。株高30～50cm，全株粗糙，分枝茂密；叶对生，阔披针形至长卵形，先端渐尖，锯齿缘；头状花序顶生，花朵星状，直径约2cm，舌状花金黄色，管状花黄褐色，花期从6～11月。

【生态习性】喜温暖、湿润，阳光充足的环境；不耐寒，要求有良好的通风，耐瘠薄，对土壤要求不严，但在肥沃疏松的沙质土壤中生长更好。

【繁殖】播种繁殖。2月中旬～8月中旬均可适时播种，发芽适温20～25℃，通常从播种至开花约45d。皇帝菊的种子有较强的自播能力，成熟后落地就能发芽。

【栽培要点】幼苗长到3～4片叶时进行第一次移栽，6～8片叶时定植，定植后摘心，以促发侧枝。生长期宜保持土壤湿润，但在花前则应注意控制浇水，以促进花芽分化。移栽定植后5d即可施肥，以后每10d左右施一次肥，苗期可按氮、磷、钾比例2∶1∶1施以复合肥，开花前可将氮、磷、钾比例调整为1∶1∶1，除根部施肥外，还可进行叶面喷施。

【应用方式】皇帝菊是夏、秋季重要的花境植物，可与一串红、长春花等混合使用，也可成片布置于花坛、路旁、坡地阳光充足处。同时，也是重要的盆栽植物，可运用于组合盆栽。

8.2.54　万寿菊（*Tagetes erecta*）

【别名】臭芙蓉。

【科属】菊科万寿菊属。

【产地与分布】原产墨西哥。

【形态特征】一年生花卉。株高60～90cm；叶对生或互生，羽状全裂，裂片有锯齿呈披针形，叶缘背面有油腺点；头状花序单生，舌状花有长爪，边缘皱曲，花黄色或橘黄色，花期 6～10 月。

【栽培资源】常见的同属栽培种有：

孔雀草（*Tagetes tenuifolia*） 为一年生花卉。株高 20～40cm，茎多分枝，羽状叶全裂，头状花序单生，舌状花黄色，基部具有紫斑，通常多数转变为舌状花而形成重瓣类型；花型有单瓣型、重瓣型、鸡冠型等；花色除红黄双色外，还有红、黄、橙等纯色品种。

该属园艺品种大多源自万寿菊、孔雀草和细叶万寿菊及其杂交后代。根据亲本和形态的差异，主要分为 4 个品种群。

① 非洲万寿菊品种群 African marigolds（African Group） 也称美国万寿菊品种群，亲本为万寿菊。株型紧凑，花大，花径 9～12cm。

② 法国万寿菊品种群 French marigolds（French Group） 亲本为孔雀草。花径 5cm，单花顶生，常重瓣，花色以黄色、红棕色、（深）橘黄色居多，也有复色品种。

③ 非洲—法国万寿菊品种群 Afro-French marigolds（Afro-French Group） 万寿菊和孔雀草的杂交后代。茎分枝多，有时具有紫色斑点。花径小，2.5～6cm，单花顶生或组成聚伞状，开花繁密，单瓣或重瓣，花黄色或橘黄色，常具有红棕色斑点。

④ 苏格兰万寿菊品种群 Sigent marigolds（Sigent Group） 亲本为细叶万寿菊。花小且多，聚伞花序，花径约 2.5cm，黄色或橙色花。

【生态习性】万寿菊喜温暖，能耐早霜。喜阳光充足，半阴处也可以生长开花。抗性强，对土壤要求不严，较耐干旱。

【繁殖】播种和扦插繁殖。以春播为主，发芽适温 22～24℃，播种后 5～10d 可发芽，生长温度 18～20℃。夏季露地扦插时，2 周可生根，1 个月开花。

【栽培要点】万寿菊从播种到开花需 7～12 周，幼苗期生长迅速，苗高 15cm 可摘心促分枝。开花期每月追肥可延长花期，但氮肥不可过多。万寿菊各类品种之间容易天然杂交。因此，若需要留种，需与其他品种保持百米以上距离。

【应用方式】万寿菊株型整齐，花色艳丽，常用于花坛成片种植表现群体美，也可用于花境的边缘；此外，也可盆栽种植；高型品种花梗长且挺直，作切花水养持久。

8.2.55　桂圆菊（*Spilanthes oleracea*）

【别名】千里眼、千日菊、金纽扣。

【科属】菊科金纽扣属。

【产地与分布】原产热带及亚热带地区。

【形态特征】一年生花卉。头状花序，呈圆柱形，花褐色。

【生态习性】喜温暖湿润、阳光充足的环境，不耐旱。喜疏松、肥沃的壤土，忌黏重土壤。

【繁殖】桂圆菊以播种繁殖为主，还可扦插。播种多春播，也可夏播。发芽适温为 20～25℃，5d 左右发芽。也可用新芽作插穗，插于蛭石或泥炭土中，遮阳保湿，10d 左右生根。

【栽培要点】生长期应保持土壤湿润，忌干燥。半个月施肥一次，开花前以复合肥为主，花期增施磷、钾肥。盆栽基质可用腐叶土、塘泥、泥炭土、沙及有机肥混合配制，花盆放于阳光充足的地方，防止植株徒长。花期应及时修去残花。

【应用方式】桂圆菊具奇妙的花型和花色，观赏期长，株型丰满，叶色独特，是花坛栽培和组合盆栽的佳品，尤其因它耐高温和湿热，是炎热地区夏季观赏的优良花卉之一。

8.2.56　百日草(*Zinnia elegans*)

【别名】步步高、百日菊、对叶梅。

【科属】菊科百日草属。

【产地与分布】原产墨西哥。

【形态特征】一年生草本花卉。全株有短毛；茎直立，侧枝成叉状分枝；叶抱茎对生，卵形至长椭圆形，全缘；头状花单生枝顶，舌状花多轮，近扁盘状，花色丰富，花期5～10月。

【栽培资源】(1) 同属常见栽培的种有：

① 小百日草(*Z. angustifolia*)　一年生花卉，头状花序小，花径2.5～4cm，舌状花单瓣或重瓣，管状花突起。

② 细叶百日草(*Z. linearis*)　一年生花卉，叶线状披针形，花径4～5cm，舌状花黄色或橙黄色，管状花不突起。

(2) 栽培品种　由于栽培园艺品种极多，依据花形、花径大小及株高，可分为以下几类。

① 按花型分

a. 大花重瓣型：花径12cm以上。

b. 纽扣型：花径仅2～3cm，全花呈圆球形。

c. 鸵羽型：花瓣带状扭曲。

d. 大丽花型：花瓣先端卷曲。

e. 斑纹型：花具不规则复色条纹或斑点。

② 按花径大小分

a. 大轮型：花径10～15cm。

b. 中轮型：花径6～8cm，舌状花多轮，株高30～70cm，分枝多，花量大。

c. 小轮型：花径仅2～4cm，株高30～40cm，多分枝，花朵密，舌状花多轮呈蜂窝型。

③ 按株高分

a. 高型：株高60～100cm，常用作切花。

b. 中高型：株高40～45cm，分枝多，株型圆整。

c. 矮生型：株高20～40cm，多分枝，花色丰富。

【生态习性】喜光亦耐半阴，喜温暖不耐寒，忌酷暑，耐旱。喜肥沃、排水良好土壤，忌连作。

【繁殖】播种繁殖。春季播种，发芽适温20～25℃，4～6d可发芽。

【栽培要点】百日草株高10cm左右，留下2对真叶摘心，以促进腋芽生长。侧根少，移植后恢复慢，适合苗小时定植。百日草花期长，但生长后期茎叶杂乱，花径小。因此，花后应剪去残花，减少养分消耗，促使多抽花蕾，且枝叶整齐。

【应用方式】生长迅速的百日草，姿态优雅富有变化，花色丰富而且鲜艳，是夏秋花坛的良好材料，可作花坛、花境、丛植；株丛紧凑、低矮的品种可以作窗盒和边缘花卉。切花水养持久。

第9章　宿根花卉

9.1　概述

9.1.1　宿根花卉定义

宿根花卉是指地下器官形态正常，未经变态成球状或块状的多年生草本植物。根据其生态类型，可把宿根花卉分为两大类。

① 耐寒性宿根花卉　即露地宿根花卉，主要是原产温带的耐寒或半耐寒宿根花卉，可露地栽培，花后地上部分全部枯萎，地下部分进入休眠状态，以地下部着生的芽或萌蘖越冬或越夏后再度开花。如芍药、鸢尾、菊花、桔梗。

② 不耐寒性宿根花卉　即温室宿根花卉，原产热带、亚热带，以观花观叶为主的耐寒力较差的宿根花卉。为常绿性，冬季茎叶仍为绿色，休眠不明显，或只是生长稍停顿，在寒冷地区不能露地越冬，需移入室内或温室。如竹芋、鹤望兰、君子兰。

9.1.2　生长发育特点

9.1.2.1　生长发育要求的环境条件

宿根花卉的生态适应性较一、二年生花卉要强，且不同种类的生态习性差异较大。耐寒性宿根花卉有春季开花种类，和夏秋开花种类，春季开花种类原产温带，通常由秋季的冷凉气候和短日照诱导休眠，休眠器官（芽或萌蘖）需要冬季低温解除休眠，在次年春季长日照条件下萌芽、生长、开花；而夏秋开花种类常需在短日照条件下开花。

不耐寒性宿根花卉通常只要温度适宜即可周年开花。许多种类开花与有效积温有关，遵循积温学说规律。

9.1.2.2　主要的繁殖方式

宿根花卉以营养繁殖为主，包括分株、扦插等，有时为了育种或获得大量植株也可采用扦插繁殖。

9.1.3　栽培管理措施

园林应用中的宿根花卉一般使用花圃中育出的成苗，小苗的培育需精心细致，栽培管理同一、二年生花卉，定植以后管理粗放。

定植后的宿根花卉，为使其生长旺盛，在营养生长期可追施2～3次饼肥沤制液，最好在春季新芽抽出时追肥，间隔为半月左右。在花芽分化前，需追施1～2次磷钾肥以促进花芽分化。盛夏高温期间，一般不再追肥。如要追肥，浓度要小，防止灼伤枝叶，气温下降后再定期追肥。

在生长期如遇连续1周左右无雨天气就需灌溉；如遇连日阴雨或暴雨，必须做到及时排水，做到雨过地干、不积水。夏季高温酷暑期，植株蒸腾量大，须每天浇灌及时补给水分。

宿根花卉栽培多年后，株丛过挤，生长衰弱，开花稀少，病虫害渐多，宜结合分株重新栽植一次，或淘汰弱株、老株，补齐新苗，使之更新复壮。

9.2　宿根花卉各论

9.2.1　紫茉莉(*Mirabilis jalapa*)

【别名】草茉莉、胭脂花。

【科属】紫茉莉科紫茉莉属。

【产地与分布】原产美洲热带。现普遍栽培。

【形态特征】多年生草本，常作一、二年生栽培。主根略肥大；茎直立，高60～90cm，无毛或疏生细柔毛，节稍膨大，多分枝；单叶对生，卵形或卵状三角形，全缘；花数朵簇生枝端，总苞钟形；花被漏斗形，芳香；有紫红、红、粉、白、黄及具斑点或条纹的复色品种；瘦果球形，黑色；花期6～10月。

【栽培资源】常见栽培品种有：①套筒类，总苞彩化而呈花瓣状，颜色多样，有砖红色、红黄色、白色等；②常苞类，总苞正常，颜色多样，有紫、红、粉、黄、白及各色斑点条纹等。

【生态习性】喜温暖，湿润，不耐寒，怕霜冻，喜半阴，肥沃疏松的土壤。

【繁殖】播种繁殖、扦插繁殖和分株繁殖。以播种繁殖为主，宜直播，于4月初播于露地苗床，因粒大宜点播，每穴1～2粒种子。种皮较厚，播前浸种处理可加快出苗。发芽适温15～20℃，7～8d可萌发。

扦插繁殖，于春、秋季剪取成熟的枝条扦插，很容易生根。北方秋末可于深秋将根部挖取窖藏，保持3～5℃，翌年春重新栽植。

【栽培要点】全日照或半日照，生长适温22～30℃，5℃以上可安全越冬。对水分要求不高，湿润及半干旱均可生长。生长期施肥3～5次1000倍复合肥。

【栽培史】18世纪作为观赏植物引入我国。

【应用方式】多用于林缘、路旁、篱边、建筑物周围丛植点缀，花坛、花境种植，矮品种可作盆栽。

9.2.2　香石竹(*Dianthus caryophyllus*)

【别名】康乃馨、麝香石竹、洋丁香。

【科属】石竹科石竹属。

【产地与分布】香石竹原产于欧洲南部、地中海沿岸。现今广泛栽培于全球。

【形态特征】多年生宿根草本或常绿亚灌木，常作一、二年生栽培。茎直立，多分枝，高30～90cm，茎节间膨大，茎基部半木质化，整个植株被有白粉，呈灰绿色；叶对生，线状披针形，基部抱茎，节膨大；花常单生，或2～5朵簇生，聚伞状排列，萼筒端部5裂，花瓣多数，单瓣、重瓣均有，花色丰富，有大红、粉红、紫红、黄白以及复色，芳香，自然花期为5～7月，果为蒴果。

【栽培资源】英皇家园艺学会按花色的分布分为以下四类。

①　全花一色型(Self)　重瓣的全部花瓣为同一色彩、有全白、全红、全粉红、全黄等多种。

②　花瓣上有各色斑纹型(Fancy)　有条纹、斑点或雪片状斑纹，颜色与花瓣底色呈

对比。

③ 花瓣边缘有环纹型（Pictee）　沿边有对比色的纹理环绕花瓣。

④ 花心异色（*Bicolour*）　1～2 种对比色浓色在花心位置。

栽培品种　香石竹经多年园艺在栽培，培育出很多品种，按花瓣形态分为以下两种。

① 羽瓣石竹　花瓣尖端有深深的裂口，状如羽毛，直径有 5～6cm。

② 重瓣石竹　一种是锦团石竹，花如团锦叠绣，另一种是矮石竹，植株矮小，娇小可喜。

【生态习性】香石竹耐寒性弱，多作温室地栽和盆栽培养。喜干燥、凉爽、光照充足和通风良好的环境，耐肥力，忌湿涝与连作，生长适温 15～20℃，每天光照应不少于 12h。要求生长在含丰富腐殖质、湿润而排水良好的微酸性的黏性土壤。

【繁殖】香石竹繁殖以种子播种和组培快繁为主，还可用扦插繁殖。种子繁殖可于 9～10 月播种，发芽适温为 21～22℃。播后 5～7d 发芽，也可于秋季在温室直播，翌年春季定植。切花生产中多采用组织培养快速繁殖脱毒苗。扦插繁殖，在春季、秋季扦插，以河沙加等量珍珠岩为基质，插穗选取母株中下部粗壮、节间短、长 5～10cm 的侧枝，扦插深度 1.0cm，插后压紧，浇足水，在 15～20℃ 的温度条件下，约 30d 后即可生根成活。

【栽培要点】香石竹栽培，盆栽地栽均可，①盆土可用腐叶土、园土、河沙按 2∶1∶1 的比例配制，并加入少量腐熟厩肥作基肥；②香石竹幼苗栽植深度不宜超过 2cm，栽后浇 1 次透水，以后盆土见干时再浇透水；③香石竹不耐水湿，除在生长旺盛期，开花期增加浇水量外，一般浇水不宜过多，保持土壤一定湿度即可。开花期忌土壤过干过湿；④香石竹生长期间，每隔 15～20d 追施 20%～25% 腐熟饼肥液 1 次。谢花后剪去花枝，每隔 1 周施肥 1 次，9 月以后可再次开花；⑤为使其株形丰满，保证开花数量和质量，应及时摘心整枝，并设支架支扶。在植株长到 7 对叶片时摘心，摘去枝梢及 2 对叶片。以后不断摘心；⑥香石竹生长期间温度以 15～25℃ 为最适宜。不耐酷热，夏季气温最高时应喷雾降温，并需要适当通风。冬季应保持 10℃ 以上温度。

【栽培史】香石竹已有 2000 年的栽培历史，16 世纪开始人工繁育改良野生香石竹，栽培至今，香石竹的品种越来越多，深受人们喜爱，已发展为大型切花，其生产量占全部切花的 17%，仅次于菊花。

【应用方式】香石竹品种繁多，花色艳丽具芳香，花期长，是世界上产量最大、产值最高、应用最普遍的切花之一。此外，香石竹矮品种可作为庭院种植或花坛布置，冬季也可作为室内小型观赏盆花，作为室内窗台、案几装饰，在园林布景中则用于花坛、花境、花台。花可入药。香石竹是伟大母爱的象征，按照欧美的习惯，母亲节这一天，要把红色的香石竹献给健在的母亲，把白色的香石竹献给已故的母亲。

9.2.3　满天星（*Gypsophila paniculata*）

【别名】锥花丝石竹、破铜钱、落得打、丝石竹、宿根霞草。

【科属】石竹科丝石竹属。

【产地与分布】原产于地中海沿岸，现在世界各地都有栽种。

【形态特征】多年生草本，高 30～90cm。全株无毛、稍被白粉；叶对生，披针形至线状披针形，顶端渐尖；多数小花组成疏散的圆锥花序，花小而多，花梗纤细，花瓣 5 枚，长椭圆形；蒴果种子小，花期 6～8 月，果期 8～9 月。

【栽培资源】同属常见栽培的种有：

① 霞草（*G. oldhamiana*）　高 60～100cm；叶短圆状披针形；聚伞花序顶生，花粉红或

白色。

　　② 匍匐丝石竹(*G. repens*)　高约 15cm，茎匍匐或横卧；花稍大，组成疏生圆锥花序。

　　③ 卷耳状丝石竹(*G. cerastioides*)　高约 10cm，茎匍匐生长；基生叶耳状；茎生叶倒卵形；花大。

　　【生态习性】耐寒，喜阳光，怕积水，适宜含石灰质、肥沃和排水良好的土壤。

　　【繁殖】可采用组培、播种、分株和扦插繁殖，单瓣品种以种子繁殖为主，种子在 21～27℃条件下约 10d 出芽，重瓣品种具有较高的观赏价值，但不能结籽，主要用组培繁殖或分株繁殖，分株繁殖宜在秋季进行。也可采用扦插繁殖，分为软枝扦插和半软质扦插。

　　【栽培要点】①满天星生长初期应勤浇水，促进新芽生长，但要忌积水，当植株长到 30cm 高时，要适当控水，现蕾期和开花期要求略干，夏季要防雨淋；②满天星生长适温为 15～25℃，当温度高于 30℃或低于 10℃时、日照少于 10h 时，易引起莲座状丛生，只长叶不开花；③定植后一个月左右，当苗长出 7～8 对叶时要进行摘心，即摘掉顶芽，留 4～5 节，促生侧枝。摘心后 2 周，等侧枝长至 10cm 左右时，抹除瘦弱的芽，留 5～7 个分枝。植株生长旺盛时，常易倒伏，应拉网固定或用竹竿支撑；④在栽植过程中要不断追肥，追肥成分以氮肥为主，花芽分化及孕蕾期以磷钾肥为主。氮肥过多会引起徒长，茎秆软弱，影响切花品质

　　【应用方式】满天星花朵繁茂，分布均匀，像天上的繁星，适合花坛、花镜和岩石园布置，充满野趣。其根、茎还可供入药。

9.2.4　耧斗菜(*Aquilegia* spp.)

　　【别名】耧斗花。

　　【科属】毛茛科耧斗菜属。

　　【产地与分布】分布于欧洲、亚洲、美洲温带，我国西南地区及北方。

　　【形态特征】多年生宿根草本。植株低矮，株高 30cm 左右；叶基生，三出二回羽状复叶，叶质地较薄；花梗细长，萼片 5，瓣化长于花瓣，辐射对称，花瓣 5，色浅于萼片色泽，花瓣向后延伸成距状；花色有紫、蓝、红、粉红、黄色等；夏季开花。

　　【栽培资源】常见同属栽培种有：

　　① 加拿大耧斗菜(*A. canadensis*)　株高 50～70cm，花数朵着生于茎上，花萼为红色，花瓣淡黄色，花期 5～6 月。

　　② 华北耧斗菜(*A. yabeana*)　花下垂，萼片紫色，花瓣浅紫色，花期较早，4 月下旬开花。

　　③ 杂交耧斗菜(*A. vulgaris*)　由多个种杂交形成。植株高大，花萼长 8～10cm，花色丰富，有红、黄、紫色系，花期夏季，常见花境中栽培应用。

　　【生态习性】适应性较强，耐寒，可耐冬季 0℃以下低温。生长发育对光照适应性较强，可在半阴环境中生长，在湿润、排水良好的肥沃沙质壤土上生长良好。

　　【繁殖】可用播种或分株。播种可在春、秋两季进行。春季播种，第二年开花；播种至发芽时间较长，需 1 个月时间，发芽周期较长；秋播发芽整齐度较高；植株生长一定时间后易衰退，可进行分株，可促使其发枝。

　　【栽培要点】①播种后避免高温，影响种子发芽；②秋播种子发芽后要注意保温，防止冬季低温冻害；③夏季生长季保持半阴环境较有利于幼苗生长；耧斗菜幼苗在高 10cm 左右进行移栽，移栽株距为 30cm，苗期加强肥水管理，开花前期增施追肥，在半阴环境中植株花期长，生长势旺盛。

　　【应用方式】叶形优美，花形奇特，常用于花境材料，可种植于林缘、岩石园中。

9.2.5　大花飞燕草 (*Delphinium grandiflorum*)

【别名】翠雀、飞燕草。

【科属】毛茛科翠雀花属。

【产地与分布】原产我国和西伯利亚。现各国引种在庭院中广泛栽培。

【形态特征】多年生草本，常作一、二年生草本栽培。植株中高，多分枝，全株被柔毛；叶掌状分裂，裂叶线状，叶互生；总状花序，花萼瓣化，蓝紫色，5枚，花瓣白色退化，呈圆形，夏季开花。

【栽培资源】园林中常见的同属栽培种有：

① 飞燕草 (*D. ajacis*)　一年生草本。高30~60cm，花重瓣，蓝紫、红和白色，春末夏初开花。

② 高飞燕草 (*D. elatum*)　宿根草本，高1~2m。花穗较长，原生种花色蓝色，现育成多花色品种。

【生态习性】性耐寒，喜凉爽气候，耐旱和耐半阴环境。忌炎热气候。在富含腐殖质、肥沃湿润的壤土上生长良好。

【繁殖】可用播种、扦插和分株繁殖。播种在秋季进行，种子播后在14~15℃环境下约3周发芽，生长适温在10℃左右，6~7周后进行移植，冬季借助一定的设施越冬，第二年春进行定植；扦插宜在夏季选用当年生枝条；多年生植株可用分株。

【栽培要点】①夏季需要凉爽环境，可遮阳降温；②冬季南方可自然越冬，北方要进行培土或覆盖；③生长季多施磷钾肥，可促使茎秆粗壮，抗倒伏；④植株高大，栽培中设支架，生长期每月施肥1次，花后剪去花梗。

【应用方式】因花姿似飞燕，优雅别致，花色美丽，是花境、花坛布置的优良材料，花径长而小花数量多，亦作切花栽培。

9.2.6　芍药 (*Paeonia lactiflora*)

【别名】将离、殿春、没骨花。

【科属】芍药科芍药属。

【产地与分布】芍药主产我国。

【形态特征】多年生落叶草本。植株高60~120cm，丛生，无主茎；叶为三出二回羽状复叶，叶光滑无毛，小裂叶披针形或卵状披针形，叶全缘；花生于枝顶或叶腋，花有单瓣、半重瓣和重瓣，花型丰富，花色艳丽，常有白、粉、红、紫、黄等色系，夏季开花，最佳赏期为4~6月；冬季10月后落叶，地上部分茎叶枯死，地下肉质根宿存；果为蓇葖果，被棕色毛，种子圆形。

【生态习性】芍药性耐寒喜光。在我国大部分地区冬季可正常越冬。生长发育过程要求全光照，也耐半阴。地下为肉质根，宜在土层深厚、肥沃、排水良好的沙质壤土中生长，忌盐碱地栽培，洼地生长不良。

【繁殖】多用分株繁殖。在8~9月将植株挖起，稍阴干后用工具将株丛切割，每丛有4个芽，切口裹草木灰进行栽植。分株后要适当遮阳，促根系恢复，第二年植株可正常开花。单瓣种类可采用播种繁殖。在蓇葖果呈棕黄色时采下，阴干后收种子，立即秋播。

【栽培要点】①宜在背风向阳、地势高燥处栽培，植株垄栽；②芍药根系肉质且深，在种植前应将土壤深翻，施足基肥，植株不宜深种或浅种，以芽覆土厚度为3~4cm为好，浇定根水；③春季来临，将培土去掉，萌芽后进行浇水施薄肥。现花蕾后将过多的腋生花蕾抹除，保证养分的集中供应；④花谢后，及时剪去花梗，减少养分消耗。秋枯黄叶后，将地下部分剪去；⑤冬季植株落后，保护根茎处隐芽免受低温影响，应在植株上培土 20cm。

【栽培史】芍药和牡丹并称为"花中二绝"，有"花相"之称，在我国春秋时期就有栽培，诗经中云："维士与女，伊其相谑，赠之以芍药"。

【应用方式】芍药在庭院中可孤植或丛植栽培，也可作花坛主材；或盆栽于门口处。芍药亦作切花栽培，其花瓶插时间较长，花型适中，色艳、色系丰富。芍药根含芍药苷、牡丹酚等，花含黄芪苷和除虫菊素。根可制成中药"白芍片"和"赤芍片"。

9.2.7 荷包牡丹(*Dicentra spectabilis*)

【别名】兔儿牡丹。

【科属】董菜科荷包牡丹属。

【产地与分布】原产我国北部河北、东北及日本、西伯利亚，现世界各地均有栽培。

【形态特征】多年生草本。地下茎稍肉质；株高 40～70cm，茎带红紫色，丛生；叶对生，2 回 3 出羽状复叶，全裂，具长柄，叶被白粉；总状花序长可达 50cm，向一侧成弓形，弯垂；花瓣 4，交叉排列成两层，外层 2 枚稍联合为心脏形，基本膨大成囊状上部有 2 短钝距，外瓣玫瑰红色，内瓣白色，花约长 3.5cm；花期 4～5 月。

【生态习性】性耐寒，喜向阳，亦耐半阴，好湿润、富含腐殖质、疏松肥沃的沙质壤土。忌高温、高湿。

【繁殖】多分株，亦可播种、扦插繁殖。分株繁殖，春季分株的苗当年可开花。早春 2 月当新芽萌动而新叶未展出之前，将植株从盆中脱出，抖掉根部泥土，去掉腐烂部分，用利刀将根部周围蘖生的嫩茎带须根切下，进行分栽。相隔 2～3 年才能分 1 次，不要挖伤地下部的半肉质根茎，每丛不少于 3～4 个芽；栽植时株行距为 40cm×80cm，栽后充分浇水。

扦插繁殖，多在 3 月下旬，新芽长出 7～10cm 时，剪取插穗，进行扦插，插后喷水，适当遮阳，约 1 个月后生根。也可于花谢后剪去花序，7～10d 后剪取下部有腋芽的健壮枝条 10～15cm，切口蘸硫黄粉或草木灰，插于素土中，浇水后置阴凉处，月余可生根。

播种繁殖，种子成熟后，随采随播，可秋播或层积处理后春播，实生苗三年可以开花。

【栽培要点】荷包牡丹肉质根，稍耐旱，怕积水，春秋和夏初生长期的晴天，每日或隔日浇 1 次，阴天 3～5d 浇 1 次，常保持盆土半熵，对其生长有利，过湿易烂根，过干生长不良叶黄。盛夏和冬季休眠期，盆土要相对干一些，微润即干。

荷包牡丹上盆定植或翻盆换土时，宜在培养土中加骨粉或腐熟的有机肥或氮、磷、钾复合肥，生长期 10～15d 施 1 次稀薄的氮磷钾液肥，花蕾显色后停止施肥，夏季休眠期要置于通风良好的阴处，不能见直射光，并常向附近地面洒水，提高空气湿度，降低温度。

【应用方式】可丛植或作花境、花坛布置。因耐半阴，又可作地被植物。低矮品种可盆栽观赏，切花应用时，水养可持续 3～5d。

9.2.8 落新妇(*Astilbe chinensis*)

【别名】升麻、金毛三七。

【科属】虎耳草科落新妇属。

【产地与分布】原产我国长江流域至东北各地；朝鲜、俄罗斯亦有分布。

【形态特征】多年生宿根草本。高 50～100cm；根状茎暗褐色，粗壮；茎无毛；基生叶为二至三回三出羽状复叶；顶生小叶片菱状椭圆形，侧生小叶片卵形至椭圆形；茎生叶 2～3，较小；圆锥花序长，花序轴密被褐色卷曲长柔毛；花密集；萼片 5，卵形；花瓣 5，淡紫色至紫红色，线形；蒴果，种子褐色；花果期 6～9 月。

【生态习性】性强健，耐寒，喜半阴和腐殖质丰富的微酸性或中性土壤，也耐轻碱；忌高温干燥和积涝。

【繁殖】播种和分株繁殖。以播种繁殖为主。春、秋均可，以春播为宜。种子最适发芽温度为25～30℃。可用250mg/L丙酮液处理，能打破部分种子的休眠。将种子与细沙混合，均匀撒播，覆浅土，保持湿润。

分株繁殖，将植株挖出，剪去地上部分，每丛带有3～4个芽，另行栽植即可。一般分株后第二年可开花。

【栽培要点】幼苗可摘心促分枝。栽培地要施足有机肥，春季施2～3次复合肥，生长季节应保证有充足的水分供应，保持根系活动层土壤湿润。春末及夏初连续掐尖2～3次，使植株矮壮，花序大，分枝多。若不需采种，花后应尽早剪去残花，可促进新花序的生长，延长花期。寒冷地区，秋季分栽太晚时应覆盖保护越冬。生长2～3年需要分株更新。

【应用方式】落新妇是花境中优良的竖线条材料，适宜种植在疏林下、溪边、林缘，亦可与山石配置。也可作为盆栽观赏。

9.2.9　蔓花生(*Arachis duranensis*)

【别名】假花生、遍地黄金。

【科属】蝶形花科落花生属。

【产地与分布】原产于亚洲热带及南美洲，现台湾、福建、广西、广东、云南等地栽培较多。

【形态特征】多年生草本。全株散生有小绒毛，高10～15cm，匍匐生长，茎为蔓性，茎间长1.5～2cm，倒卵形，全缘，晚上会闭合；花腋生，蝶形金黄色，花柄较长，花期春季至秋季；荚果。

【栽培资源】常见同属的仅此1种栽培。

【生态习性】喜温暖湿润气候，在全日照及半日照条件下或在盛夏阳光充足、高温多雨季节生长最好，对土壤要求不严，但以沙质壤土为佳。对有害气体的抗性较强，有较强的耐阴性和一定的耐旱、耐热性、但耐寒性较差，生长适温为18～32℃。

【繁殖】扦插、播种繁殖。以夏、秋季为佳。选取中上部茎段，剪成3～4个茎节左右的小段，下剪口在基部芽下方0.1～0.3cm处，1～2节插入基质中，保持湿润，4周后能生根。

【栽培要点】扦插发根后去掉顶芽，促进分枝。如作地被植物，株行距以15cm×15cm为宜，栽培期间需30～60d禁止践踏，短期内可形成致密草坪。施肥量依生长势而定，每1～2月施肥1次，茎叶老化时修剪，春季可强剪。

【应用方式】常作为地被植物，也适合吊盆悬垂栽培。也可做土壤改良的绿肥作物，具有水土保持覆盖等用途。

9.2.10　天竺葵(*Pelargonium hortorum*)

【别名】洋绣球、石腊红、洋葵。

【科属】牻牛儿苗科天竺葵属。

【产地与分布】原产南非，现世界各地均有栽培。

【形态特征】多年生常绿草本。茎肉质多汁、粗壮，茎基常木质化，叶圆形、肾形或掌状分裂，叶两面皆被毛，叶互生，叶面上常具暗红色马蹄形环纹，全株有特殊气味；花腋生或顶生，聚成伞形花序，花单瓣，高脚蝶状，色有白、粉、紫、红；花期夏季或温暖地区全年开花。

【栽培资源】栽培种质资源丰富，同属栽培种有：

① 香叶天竺葵（*P. graveolens*）　茎粗壮，叶掌状分裂，裂叶深至近基部，茎叶富含挥发性芳香物质，花红色。主要用于提取芳香油。

② 蔓性天竺葵（*P. peltatum*）　植株茎较软，蔓生、匍匐下垂，分枝多，叶盾状，花较小，花色较丰富，有白、红、粉、桃色等，常作垂吊植物栽培。

③ 马蹄纹天竺葵（*P. zonale*）　植株高 30cm，叶圆呈心形，表面有褐红色马蹄形斑纹，花小、腋生，色白或红色。

④ 大花天竺葵（*P. domesticum*）　植株高达 50cm 以上，灌木状草本，全株被毛。叶片软皱不具马蹄纹，叶缘具尖齿。花大，开花直径可达 5cm。

【生态习性】生长发育喜欢阳光充足、凉爽的环境。植株茎粗多汁，耐旱。夏季高温常会造成半休眠，注意适当遮阳。夏季应控制浇水，土壤含水量过多易造成烂根。冬季喜温暖，不耐寒。

【繁殖】主要采用扦插繁殖。温暖地区四季都可进行。选优良品种的当年生壮枝，剪成 10cm 左右长的小段，先在荫蔽处放置几小时，再蘸草木灰扦插于基质中。

【栽培要点】①天竺葵耐旱喜光，生长期忌涝湿，春季栽培要适当控水，水过多则易引起叶黄化或徒长；②天竺葵植株枝条易衰老，导致栽培中枝条发叶和开花较少，因而要进行及时修剪，宜春秋两季进行修剪，将过密枝适当疏剪，老枝则由基部剪去，花谢后也要修剪；③生长期可在开花前期、花后期追施薄肥；④冬季越冬要求 10℃以上。病虫害较少。

【应用方式】天竺葵具有花期长，叶形和色俱佳，在庭院中作基础栽培或作花境主材，丛植或作花坛材料。盆栽观赏亦可。蔓生性的种类作垂盆植物应用，可作立体装饰。香叶天竺葵是重要的香草植物，庭园栽培可起到缓解情绪等作用。

9.2.11　旱金莲（*Tropaeolum majus*）

【别名】金莲花、旱荷花。

【科属】旱金莲科旱金莲属。

【产地与分布】原产南美秘鲁、巴西等地。我国各地均有栽培。

【形态特征】多年生肉质草本。茎蔓生，灰绿色，光滑无毛或被疏毛；叶互生，叶柄长 6～31cm，向上扭曲；叶片圆形，形式莲叶而小，有主脉 9 条，边缘为波浪形的浅缺刻；单花腋生，花黄色、紫红色、橘红色或杂色；花瓣 5，通常圆形，边缘有缺刻；花期 6～10 月。

【栽培资源】同属植物约 90 种，常见栽培的有：

① 小旱金莲（*T. minus*）　植株矮小，花径约 4cm，花瓣窄，下 3 瓣中央有深色斑。

② 盾叶旱金莲（*T. peltophorum*）　全株具毛，花橙红色，距长 2.5cm，下 3 瓣具长爪与粗齿缘。

③ 五裂叶旱金莲（*T. peregrinum*）　叶深 5 裂，花黄色，径约 2.5cm，下 3 瓣小，边缘具毛。

【生态习性】喜凉爽，但畏寒，能忍耐短时间 0℃低温，在华南地区可露地越冬。要求光照充足。喜排水良好、肥沃的沙质壤土，怕水涝，土壤过湿容易造成叶片枯黄。

【繁殖】以播种繁殖为主，亦可扦插繁殖。播种繁殖，一般于 2～3 月在温室或温床内播种，发芽适温 15～20℃，播后 7～10d 可发芽。种子的种皮较厚，播前用 40～45℃的温水处理 12 小时，有助于发芽。若在 9 月于温室播种，则可从 11 月直到翌年春、夏均可开花。

扦插繁殖，可剪取带有 3～5 个芽的嫩茎作插穗，插于基质中，在 10～15℃条件下 2 周左右即可生根。

【栽培要点】栽培时要适时支架，绑缚枝蔓。花前每 1～2 周施稀薄肥水 1 次，促使开花茂盛。整个生长季需要充足的水分，并保持较高的相对湿度。一般栽培 3 年植株就要更新，老植株生长不旺，开花不多。北方盆栽温室内越冬，最低温度不得低于 10℃。

【应用方式】可以盆栽装饰阳台、窗台，或置于室内书桌、几架上；庭院中可栽植于低矮的栅篱旁，令蔓茎蜿蜒生长，或在矮墙边和假山石旁种植。气候适宜地区也可作地被栽植。

9.2.12　新几内亚凤仙(*Impatiens linearifolia*)

【别名】五彩凤仙花、四季凤仙。

【科属】凤仙花科凤仙花属。

【产地与分布】原产新几内亚。

【形态特征】多年生常绿草本。茎肉质，光滑，青绿色或红褐色；多叶轮生，叶披针形，叶缘具锐锯齿，叶色黄绿至深绿色，叶脉及茎的颜色常与花的颜色有相关性；花单生叶腋，偶有两朵花并生于叶腋的现象；花色极为丰富，有洋红色、雪青色、白色、紫色、橙色等；花期 6～8 月。

【生态习性】喜炎热，要求充足阳光及深厚、肥沃、排水良好的土壤。

【繁殖】新几内亚凤仙的繁殖有播种、组培、扦插 3 种方法。生产中常采用扦插法进行繁殖。扦插季节以春、夏、初秋为宜，可以将当年生枝条截成几段，每段 2～3 节。扦插基质用素砂或蛭石均可。为了提高扦插生根率，插穗用生根粉处理，5～6d 即有新根产生，2 周后，当根长 2～3cm 时可上盆。

【栽培要点】①新几内亚凤仙的栽培适宜温度为 16～24℃。若温度适合，可周年开花。②雨季注意通风，降低温度；③施肥少量多次，养分过多，叶片有褐色斑点，肥料含氮量控制在 50～100mg/L；④光照要求(3～5)×10^{4}lx，光照强时开花早、小。

移栽后 2～3 周当苗高达到 10～15cm 时，施少量复合肥。管理需要精细，浇水以"见干见湿"为原则。每隔 7～10d 喷一次叶肥或每隔半月施一次沤制的稀薄肥水，其长势很快；要经常摘心积累营养以促发侧枝，使株型更加丰满。

【栽培史】早期的园艺栽培品种高达 1.0～1.2m，对生长环境的要求也较严格。后经多年选育，其栽培习性和观赏性状均得到改良，株型变得紧密矮生，适合花坛栽植或盆栽。

【应用方式】新几内亚凤仙花色丰富、娇美，用来装饰案头墙几，别有一番风味。露地栽培，从春天到霜降花开不断。因其花色丰富，株型优美，是园林摆花的好材料，也是作花坛、花境的优良素材。

9.2.13　何氏凤仙(*Impatiens holstii*)

【别名】玻璃翠。

【科属】凤仙花科凤仙花属。

【产地与分布】原产非洲热带，现广泛栽培于世界各地。

【形态特征】多年生常绿草本。本种的特点为花瓣平展，不同于其它凤仙花；株高 20～40cm，茎稍多汁；叶翠绿色而得名；花大，直径可达 4～5cm，只要温度适宜可全年开花；花色有白、粉红、洋红、玫瑰红、紫红、朱红及复色。

【生态习性】性喜冬季温暖、夏季凉爽通风的环境，不耐寒，越冬温度为 5℃左右；喜半阴，适宜生长的温度为 13～16℃；喜排水良好的腐殖土。

【繁殖】常用扦插法繁殖，也可用播种繁殖。扦插繁殖全年均可进行，但以春、秋季为最好，一般选取 8～10cm 带顶梢的枝条，插于沙床内，保持湿润，约 3 周左右即可生根，也可进行水插。播种繁殖于 4～5 月在室内进行盆播，保持室温 20℃，约 1 周即可生根，苗高 3cm 左右时即可上盆。

【栽培要点】①何氏凤仙，在夏天要放在有遮阳与通风良好的地方；冬天室温不能低于12℃，同时要放在向阳处，否则叶片易发黄与脱落；②宜选用疏松、肥沃、排水良好的培养土，若盆土排水不好易引起烂根。

幼苗上盆后，需要摘心 2～3 次，促使侧枝生长，枝型丰满。每批花开后要及时修掉残花，使开花不断。浇水不能过勤，要见干见湿。但夏季向叶面与地上喷水，以增加湿度；冬季每隔 7～10d 喷洒枝叶 1 次。在生长时期每半个月施 1 次以磷、钾肥为主的稀薄复合肥料，氮肥不能太多，否则枝叶过于茂盛而影响开花量。

【应用方式】何氏凤仙常用作盆栽观赏花卉，温暖地区或温暖季节可布置于庭院或花坛。

9.2.14　蜀葵(*Althaea rosea*)

【别名】一丈红、蜀季花、端午锦。

【科属】锦葵科蜀葵属。

【产地与分布】原产中国，现世界各国广泛栽培。

【形态特征】多年生草本，常作二年生栽培。株高 1～3m，直立，不分枝，全株被柔毛；叶子互生，近圆或心形，粗糙多皱，5～7 掌状浅裂，具长柄；花单生叶腋或聚成总状花序顶生，花瓣 5，短圆形或扇形；花色有紫红、红、粉、黄、白等色，单瓣、半重瓣至重瓣；花期 5～9 月。

【栽培资源】(1) 同属常见栽培的种有：

药用蜀(*A. officinalis*)　花红色至淡粉色，花期 7 月。

(2) 栽培品种　花色甚多，形态上有三个主要类型：①重瓣种；②丛生种，植株较矮，基部数个分枝，重瓣性差；③堆盘型，外部有一轮大花瓣，中间由许多小花瓣组成，叶波状浅裂。

【生态习性】蜀葵性喜凉爽气候，耐寒，喜阳，耐半阴，忌炎热与霜冻，忌涝，喜土层深厚、肥沃，排水良好土壤。

【繁殖】常用播种繁殖，也可分株和扦插。春播、秋播均可，在 15℃ 下 2～3 周发芽，能自播，次年开花。分株在花后进行，挖出多年丛生根，快刀切成数丛，每丛带 2～3 个芽，定植即可。扦插选用基部萌蘖，取 8cm 长插于沙质壤土内，置于阴凉处等待生根。

【栽培要点】①种子成熟后易散落，应及时采收；②蜀葵易杂交，不同品种应保持一定距离以保持品种纯度；③植株易衰老，栽植 3～4 年后应将地上部分剪掉以便及时更新。

蜀葵栽培简便，不需特殊管理。幼苗长出 2～3 片真叶时，移植一次以加大株行距，1 次移栽后便可于 11 月定植。幼苗期施 2～3 次氮肥为主的液肥，开花前结合中耕除草，追施 1～2 次磷、钾肥，保持充足水分以延长花期。花后及时将地上部分剪除以利新芽萌发。

【应用方式】蜀葵花大色丰，可作花境或在建筑物前、路旁、庭院角隅处丛植、列植，也可作切花或盆栽。花、茎、叶、根、种子可入药，清热凉血。花瓣中花青素易溶于热水和酒精，可作饮料、食品的着色剂。茎皮富含纤维可代麻用做绳索。

9.2.15　芙蓉葵(*Hibiscus moscheutos*)

【别名】草芙蓉、紫芙蓉、秋葵。

【科属】锦葵科木槿属。

【产地与分布】原产北美。

【形态特征】多年生草本，高大呈灌木状。株高 1～2cm，茎粗壮直立，基部木质化，呈丛生状；单叶互生，卵状椭圆形，叶柄和叶背密生灰色星状毛；花大，花径可达 20cm，单生于茎上部叶腋处，有白色、粉红色、紫色等；花期 6～8 月，蒴果扁球形，果熟期 10 月。

【生态习性】性强健，喜温暖和阳光充足，耐寒、耐水湿，忌干旱，略耐阴，在肥沃深厚，临近水边的沙质土壤中生长繁茂。

【繁殖】用播种、扦插、分株、压条等方法繁殖，多采用春夏扦插或春秋分株繁殖。取半成熟枝条，插入湿润沙壤土中，约 1 个月即可生根。

【栽培要点】芙蓉葵萌发力和生长势都很强，由于开花多，花期长，在生长期需增施磷、钾肥。

【应用方式】芙蓉葵植株高大，生长健壮，花大色艳，宜作花境背景或路旁，草地边缘丛植有花灌木的效果，也可在室内阳台、窗边作装饰。

9.2.16 四季秋海棠（*Begonia semperflorens*）

【别名】四季海棠、瓜子海棠、洋秋海棠、腊叶秋海棠、玻璃海棠。

【科属】秋海棠科秋海棠属。

【产地与分布】原产南美巴西，现我国各地均有栽培。

【形态特征】为多年生常绿草本。株高 10～30cm；须根发达；茎直立，稍肉质，光滑无毛；单叶互生，叶卵圆至广卵圆形，边缘有锯齿，绿色或紫红色；花单性，雌雄同株，聚伞花序腋生，花色有红、粉红和白等色，单瓣或重瓣，雄花较大，花瓣 2 枚，宽大，萼片 2 枚，雌花稍小，花被片 5，常年开花，以春秋二季最盛；蒴果

【栽培资源】四季秋海棠品种较多，根据花色、花径大小、叶色、单瓣或重瓣等可大致分为几个品种类型：

① 矮性品种 植株低矮，花单瓣；花色有粉、白、红等；叶绿色或褐色。

② 大花品种 花单瓣，花茎较大，可达 5cm 左右；花色有白、粉、红等；叶绿色。

③ 重瓣品种 花重瓣，不结实；花色有粉、红等；叶绿色或古铜色。

【生态习性】四季秋海棠喜温暖、湿润和阳光充足的环境，稍耐荫，不耐干旱，怕高湿和寒冷，忌夏季阳光直射。生长适温 18～22℃，冬季低于 10℃ 则生长缓慢，夏季温度超过 32℃ 则茎叶生长较差。

【繁殖】可用播种、扦插、分株和组培繁殖。以播种法应用最多。一般在春季 4～5 月及秋季 8～9 月播种最适宜。种子均匀撒播在盆内的细泥上，将盆土浸湿，盖上玻璃放在半阴处，保持土壤湿润，10d 后就能发芽。发芽适温为 15℃ 左右。扦插多用于重瓣品种，一年四季均可，多在 3～5 月或 9～10 月进行。

【栽培要点】①四季秋海棠喜温暖湿润，春、秋生长旺盛期土壤需要含有较多的水分，浇水要及时，保持土壤湿润；夏季和冬季为半休眠或休眠期，要少浇水，保持盆土稍干状态；②盛夏高温季节，要采取避强直射光和降温措施，加强通风排水；③春、秋生长期需掌握薄肥勤施的原则，主要施腐熟无异味的有机薄肥水或无机肥浸泡液。生长缓慢的夏季和冬季，少施或停止施肥；④当花谢后，一定要及时修剪残花、摘心，才能促使多分枝、多开花。栽培土壤要求富含腐殖质、排水良好的中性或微酸性土壤。

【应用方式】四季秋海棠植株低矮，株型整齐，花期长，花色多，是夏季花坛的重要材料。既适用于庭园、花坛等室外栽培，又是室内家庭书桌、茶几、案头和商店橱窗等装饰的佳品。全草可入药。

9.2.17 情人草（*Limonium latifolum*）

【别名】干枝梅、杂种补血草。

【科属】蓝雪科补血草属。

【产地与分布】多生于盐碱地。分布辽宁、陕西、甘肃、山东、山西、河南、河北、江苏、内蒙古等地。

【形态特征】多年生草本。高达 60cm，全体光滑无毛；茎丛生，直立或倾斜；叶匙形或长倒卵形，基部窄狭成翅柄，近于全缘；花茎直立，多分枝，花序着生于枝端而位于一侧，或近于头状花序；萼筒漏斗状，干膜质，白色或淡黄色，宿存；花瓣5，匙形至椭圆形；蒴果，花期 7～10 月。

【栽培资源】常见的栽培品种有：①蓝雾（'Misty Blue'） 花色淡蓝，花小，多单生，聚伞花序排列成圆锥状；②紫焰（'Beltlaard'） 是杂种补血草的一个品种，花单生，花色淡紫持久；③二色补血草（'Bicolor'） 叶有疏生腺体。同一株花有白紫二色，聚伞花序排列成圆锥状，多单生，花期 5～6 月。

【生态习性】性喜干燥凉爽气候，好强光照，喜石灰质微碱性土壤，特别耐瘠薄，干旱。抗逆性强，能在沙质土、沙砾土、轻度盐碱地生长。

【繁殖】生产上多用组培法育苗。苗长到 5～8 片叶即可定植。也可种子繁殖。种子较小，在 18～21℃ 条件下，1 周即可发芽。当第 2～3 片真叶出现时即可分苗，5～6 片叶时可定植。

【栽培要点】情人草很容易种植，只要把握好"三关"。①温度关 白天温度 16～18℃，夜间 10～13℃，7d 就可出苗；②覆土关 它的种子微小，覆土不能超出 1cm，一般为 0.5cm，盖住种子为宜；③保温关 当种植后一定要保持苗床湿润，防止土壤板结，待出苗后，要控制浇水。

栽培应选择高燥地块，定植株 40cm×40cm，除施足基肥外，生长期每月施肥一次，用复合肥即可，加施适量硼作叶面肥施用。大棚栽培一般 3d 左右浇一次水。在花序抽生及生长发育期水肥要充足，否则花枝短小，花朵不繁茂。应注意通风，以防病害发生。同时，需拉网或立支柱以防倒伏。第一茬花切取后清除老枝枯叶，以促进新芽萌发。

【应用方式】情人草除具有药用的价值外，还具有很好的观赏价值，插花中常做为搭配材料，花材也可烘干做干花。

9.2.18 勿忘我（*Limonium sinuatum*）

【别名】星辰花、深波叶补血草、不凋花、匙叶花、斯太菊、矾松。

【科属】蓝雪科补血草属。

【产地与分布】主产地中海沿岸，现各国引种栽培。

【形态特征】宿根花卉常作一、二年生草本栽培。高 30～60cm，单叶互生，叶片倒披针形，下部叶有柄，上部叶无柄；总状花序顶生，花萼小，5 裂；花冠高脚碟状，裂片 5，蓝色、粉色或白色，喉部黄色；花期 4～5 月，小坚果，果期 5～6 月。

【栽培资源】(1) 同属常见栽培的种有：

① 金色补血草（*L. aureum*） 株高 10～30cm，全株无毛，叶基生叶柄有翼，花金黄色，花期 5～6 月。

② 宽叶补血草（*L. latifolium*） 株高 20～50cm，叶全缘下部叶脉白色，叶柄有翼，花萼与花瓣同色，蛋堇蓝色。

③ 中华补血草（*L. sinensis*） 株高 15～60cm，无毛，花序轴具有显著沟槽，苞片短于花萼，紫褐色，花瓣黄色。

(2) 栽培品种 由于栽培园艺品种极多，目前勿忘我的品种主要分早熟、晚熟两种。早熟品种有'旱蓝'、'金岸'、'蓝珍珠'等。中晚熟品种有'冰山'、'夜蓝'、'蓝丝绒'等。

【生态习性】喜干燥、凉爽的气候，忌湿热，喜光，耐旱，生长适温为 20～25℃。适合在疏松、肥沃、排水良好的微碱性土壤中生长。

【繁殖】有播种繁殖和组织培养育苗两种方式。播种一般在9月至翌年1月，种子具有嫌光性，将种子撒播后要稍加覆土、保持湿度。在15～20℃适温条件下，经10～15d发芽。播种要注意温度不要超过25℃，萌芽出土后需通风，小苗具5片以上真叶时定植。采用组培技术繁殖种苗，外植体可用幼嫩花梗、茎尖和幼叶，一般用MS培养基＋BA 0.1～0.8mg/L＋NAA 0.1～0.5mg/L，培养环境相对湿度为70%，温度22～24℃。

【栽培要点】从9月到翌年1月进行播种，花期冬季到初夏。在气候适宜地区，9～10月播种，采花期从12月下旬至翌年4月上旬，11～12月播种，翌年5～7月上旬开花，1月播种，3月下旬至5月采花。

勿忘我千粒重2.2～2.8g，用疏松的床土播种，将床土过细筛，装入播种床或育苗盘，稍压实，浇足底水，每平方米播种子约20g，与细沙混匀后撒播，地温控制在18～22℃，7～10d出苗。出苗后温度降至16～18℃，种子萌发后，要及时通风。第1片真叶出现后可分苗，具5片真叶时，便可移植。

【应用方式】勿忘我做成干花可保持一年。常在插花中做配花，配植花镜；花坛；丛植。也可将干花独插在花瓶里。

9.2.19　长春花(*Catharanthus roseus*)

【别名】日日春、日日草、日日新、三万花、四时春、时钟花、雁来红。

【科属】夹竹桃科长春花属。

【产地与分布】原产非洲东部及亚洲东南部，我国各地均有栽培。

【形态特征】为多年生草本，常作一年生栽培。茎直立，多分枝；叶对生，长椭圆状，叶柄短，全缘，两面光滑无毛，主脉白色明显；聚伞花序顶生，花有红、紫、粉、白、黄等多种颜色，花冠高脚蝶状，5裂，花朵中心有深色洞眼；花期春至深秋，开花繁茂；蓇葖果。

【生态习性】喜温暖、稍干燥和阳光充足环境。生长适温为15～22℃，冬季温度不低于10℃。忌湿怕涝，宜肥沃和排水良好的土壤，耐瘠薄土壤，但切忌偏碱性、板结、通气性差的黏质土壤。

【繁殖】扦插、播种繁殖。扦插繁殖一般在春季，插穗枝条要用嫩枝，将枝条底部插入湿沙中，温度控制在20～25℃，浇完水之后覆盖一层薄膜保湿，并将盆土放在通风的阴凉处待生根。播种繁殖时间主要集中在1～4月，播种宜采用较疏松的人工介质，可床播、箱播或穴盘育苗。介质要求消毒处理，播种后保持介质温度22～25℃。

【栽培要点】①光照充足：长春花是喜阳花卉，光照充足才能更好地生长并开花；②水肥管理：怕湿怕涝，浇水量不宜过多，喜肥宜施薄肥。施肥时每10d可以采取一次复合肥和液肥轮流交替的施加方法。长春花盆土底部也要尽量铺一层基肥，以保证盆土的养分含量；③适当修剪与摘心：长春花幼苗期间若能摘一两次心，会使它的株型变得更加优美；④喜好高温忌低温：温度保持15℃以上，温度过低会停止生长，夜晚的室内温度经常在5℃以上。

【应用方式】花期较长，病虫害少，多种植于花坛；尤其矮性种，全株呈球形，且花朵繁盛，也可盆栽和岩石园观赏或花槽装饰，四季赏花。

9.2.20　钉头果(*Gomphocarpus fruticosus*)

【别名】气球花、风船唐绵、棒头果。

【科属】萝藦科钉头果属。

【产地与分布】原产非洲，现欧洲各地也有栽培。我国华北、华南、台湾及云南有栽培。

【形态特征】多年生半落叶灌木。具乳汁；茎具微毛，叶线形，对生或轮生；聚伞花序生于枝的顶端叶腋间，着花 3～7 朵；花萼、花冠 5 深裂，副花冠红色兜状，花期夏季；蓇葖果肿胀；种子卵圆形，果期秋季。

【栽培资源】常见同属的栽培种仅此 1 种。

【生态习性】性喜高温多湿，生长适温 20～28℃，不耐寒，越冬温度不低于 10℃，可耐荫。

【繁殖】春季播种当年秋季可开花；春季用半成熟枝扦插繁殖。

【栽培要点】栽培土以肥沃、排水良好的壤土为宜。日照 60%～80%。苗期生长慢，生长期每月施 1 次有机肥，注意打枝修剪，以免生长过高而倒伏。

【应用方式】果形别致，可供冬暖之地庭院点缀栽培或大型盆栽观果，同时切枝是插花的上好材料。

9.2.21 马鞍藤(*Ipomoea pescaprae*)

【别名】厚藤、二裂牵牛、沙藤。

【科属】旋花科番薯属。

【产地与分布】是一种广泛分布热带植物，几乎在全世界热带地区的海边都有它的踪影。

【形态特征】多年生的匍匐藤本植物。全株光滑，茎极长而匍匐地面；叶互生，厚革质，叶片的先端则是明显凹陷或是接近 2 裂，形如马鞍；花期全年不断，以夏季最盛；聚伞花序，花冠辐射对称，紫红色，直径约 8cm；花萼多数是 5 片，宿存、离生，粉红色至浅紫红色；蒴果球形。

【生态习性】性喜高温、干燥和阳光充足的环境，生长适温 22～32℃。其耐盐性佳，抗风、耐旱性佳，而耐寒性和耐阴性稍差。

【繁殖】马鞍藤可以播种、扦插、压条繁殖，最常用的是扦插繁殖。插穗老枝、嫩枝皆宜，且扦插时间不受限制。

【栽培要点】①栽培土以沙土或沙质壤土为佳；②排水、日照需良好。马鞍藤可在海边沙滩直接挖沟埋种，枝条埋深 8～10cm，埋沙长度 20～40cm，埋入沙中的长度偏长有利于马鞍藤的成活，在藤蔓茎节的地方有不定根长出，可形成新的植株；③扦插后每天喷水 2 次，使沙地 2cm 以下保持湿润即可。施肥可用有机肥，2～3 个月少量施用一次。

【应用方式】马鞍藤是典型的沙砾海滩植物，它同时是沙砾不毛之地防风定沙第一线植物，可改变沙地微环境以利其他植物生长，具有美化海岸及固沙功用。

9.2.22 五爪金龙(*Ipomoea cairica*)

【别名】槭叶牵牛、番仔藤、台湾牵牛花、掌叶牵牛。

【科属】旋花科番薯属。

【产地与分布】原产热带亚洲或非洲，现已广泛栽培或归化于全热带。

【形态特征】多年生缠绕草本。茎细长，有细棱；叶掌状 5 深裂或全裂，聚伞花序腋生，花序梗长 2～8cm，具 1～3 朵花；花冠紫红色、紫色或淡红色、偶有白色，漏斗状；花期以夏季为盛。蒴果近球形，种子黑色。

【生态习性】喜阳光充足、温暖湿润气候，疏松肥沃土壤。多生于低海拔地区向阳处，生长适温为 22～32℃。

【繁殖】五爪金龙可用播种或扦插法繁殖，5 月份播种最为合适，覆土 1cm，5～6d 可发芽。双叶展开时即可分苗。

【栽培要点】①栽培土质以湿润的壤土或沙质壤土为佳；②性喜高温高湿，排水需良好，光照要充足；③每年早春修剪整枝 1 次，避免茎叶杂乱。

【应用方式】五爪金龙常生于荒地、灌丛、山地、水边，种子繁殖力强。尤其在庭院可缠绕生长在篱笆、围栏以及大小灌木和乔木上，可作垂直绿化材料。

9.2.23　月光花（*Calonyction aculeatum*）

【别名】嫦娥奔月、天茄儿、夕颜。

【科属】旋花科月光花属。

【产地与分布】原产热带美洲，现广布于全热带。

【形态特征】为多年生缠绕草本。全株有乳汁，茎绿色，单叶互生，叶片卵形；花大，夜间开放，一至多朵排列成总状花序；花两性，萼片 5；花冠白色，瓣中带淡绿色，冠檐浅 5 圆裂，花期 8～10 月；蒴果卵形，果期 9～11 月。

【生态习性】喜阳光充足和温暖，不耐寒，遇霜冷即冻死，对土壤要求不严，在向阳湿润条件下生长良好。

【繁殖】可以用种子繁殖。秋末采种晒干贮藏，来年 3～4 月播种。另外月光花蔓节上易生不定根，所以也可以扦插和压条繁殖。

【栽培要点】①小苗尚可移植，大苗不耐移植；②生长力强，枝蔓众多，支架应及早设立。

月光花在小苗长出 3～4 枚真叶后进行定植。可按株行距 50cm×50cm 挖穴。通常每穴栽种小苗一株，先将其扶正，并把根系理顺，然后填土踩实。月光花喜微潮偏干的土壤环境，夏季高温时节为其生长旺盛阶段，此时应保证水分的供应。除在定植时施用基肥外，生长旺盛阶段可以每隔 2～3 周追肥一次稀薄液体肥料。应该及时设立支架，以保证小苗长大后有所依附，顺利上架。

【应用方式】月光花适合栽培在花园和庭院中，作为垂直绿化的材料，白色大花香气扑鼻，可点缀夜景，还可作夜间临时的切花。

9.2.24　猫须草（*Clerodendranthus spicatus*）

【别名】肾茶、肾草、化石草、腰只草。

【科属】唇形花科猫须草属（肾茶属）。

【产地与分布】产于我国云南南部、广东、海南、广西南部、台湾及福建。国外产马来西亚、印度、南沙群岛。

【形态特征】多年生草本。高 1.1～1.5m，茎直立，四棱形；叶对生，叶柄被短绒毛；叶片卵形；轮伞花序具 6 朵花，在主茎和侧枝顶端组成间断的总状花序，长 8～12cm；花冠浅紫色或白色；花期 5～11 月，果期 6～12 月。

【生态习性】喜温暖湿润的气候，较耐阴，生长适温为 20～30℃，对土壤要求不严格。

【繁殖】猫须草常用扦插繁殖。结合摘心工作，把摘下来的粗壮、无病虫害的顶梢作为插穗，直接用顶梢扦插。

【栽培要点】①喜略微湿润的气候环境，要求生长环境的空气相对湿度在 50%～70%；②喜欢高温气候；对冬季温度要求很严，当环境温度在 8℃ 以下停止生长，在霜冻出现时不能安全越冬；③遵循"淡肥勤施、量少次多、营养齐全"和"见干见湿，干要干透，不干不浇，浇就浇透"的两个施肥（水）原则，并且在施肥过后，晚上要保持叶片和花朵干燥。

【应用方式】猫须草雄蕊酷似猫的胡须，花序为轮伞形，十分美观。常种于房前屋后的园圃之中，作观赏及药用。

9.2.25　彩叶草(*Coleus blumei*)

【别名】洋紫苏、锦紫苏、五彩苏。

【科属】唇形科彩叶草属。

【产地与分布】原产印度尼西亚爪哇，现世界各地均有栽培。

【形态特征】多年生草本，常作一年生栽培。全株有毛，茎四棱，基部木质化；单叶对生，卵形，边缘有锯齿，叶片有各种颜色及杂有各色斑点或镶边，终年鲜艳夺目，最佳观赏期6~8月；花小，白色或蓝紫色。

【栽培资源】栽培园艺品种较多，叶形叶色差异明显，据此可分为以下几类。

①　大叶型　具大型卵圆形叶，分枝少，叶面凹凸不平。

②　彩叶型　叶小，长椭圆形，先端尖，叶面平滑，叶色有红、橙红、黄绿、白底绿斑等。

③　皱边型　叶缘裂并且有波皱，裂纹与波纹的变化很大，叶色也有很多种。

④　柳叶型　叶细长，柳状，叶缘具不规则的缺裂和锯齿。

⑤　黄绿叶型　叶小，黄绿色，植株矮，分枝多。

【生态习性】喜湿润和阳光充足，也能耐半阴，但忌强光、不耐寒，生长适温15~25℃。

【繁殖】主要用播种和扦插繁殖，四季均可，寒冷地区一般3月于温室中进行。播后不覆土或覆薄土，保持湿润，在25~30℃条件下10d左右发芽。扦插极易成活，可结合摘心和修剪进行嫩枝扦插，剪取生长较好的长10cm左右的枝条，插入干净消毒的河沙中，入土部分必须带节，以利生根，插后置于疏荫环境，保持土壤湿润，15d左右生根。也可水插。

【栽培要点】①喜湿润，浇水要充足；②多施磷肥，以保持叶色鲜艳；③生长期间应给予温暖环境，低于5℃易发生冻害；④喜阳光充足，但忌烈日曝晒。

在整个生长期内，每长出2~4片叶时要摘心1次，以控制株高并有利于形成丛生冠形。彩叶草喜肥，入秋后每10d施1次肥，施肥时，切忌将肥水洒至叶面，以免叶片被灼伤而腐烂。生长期间应注意经常供水和保持较高的空气湿度，空气干燥叶片容易失去光彩。在全光照下叶色鲜艳，但如光照过强，则叶面粗糙，叶色发暗而失去光泽；在低光照下叶子颜色鲜艳度不够。

【应用方式】彩叶草色彩鲜艳，叶形美丽，可布置花坛、花带、镶边、花丛、室内装饰，还可切叶瓶插。

9.2.26　薰衣草类(*Lavandula* spp.)

【科属】唇形科薰衣草属。

【产地与分布】本属约28种，分布于大西洋岛屿及地中海地区至索马里、印度及巴基斯坦；很多国家有栽培。

【形态特征】亚灌木或小灌木，稀为草本，株高约30~100cm。全株被毛，叶对生、线形、披针形或羽状裂；轮伞花序具2~10花，通常在枝顶聚集成顶生间断或近连续的穗状花序，花冠管外伸，冠檐2唇形，上唇2裂或微凹，下唇3裂，花蓝色或紫色；小坚果光滑。

【栽培资源】本属常见栽培的种有：

①　薰衣草(*L. angustifolia*)　全株具薰衣草典型香气。枝条具有长的花枝(约60cm)及短的更新枝(20~30cm)，长在花枝上的叶较大，疏离，长在更新枝上的叶小，簇生；叶灰绿色，狭长。小花蓝色，易与顶端花穗分离。花期夏季至秋季。

②　齿叶薰衣草(*L. dentata*)　株高30~60cm，叶狭长，绿色，叶缘有排列整齐的锯齿。

小花蓝灰色或淡紫色，苞片很短，紫色。冬至春季开花。

③ 宽叶薰衣草(*L. latifolia*)　全株具有像樟脑之刺激性香气，株高 30～80cm。叶在茎基部丛生，在上部极稀疏；叶片相对较宽，叶缘有浅锯齿。花紫色，不易从花穗分离。花期夏末至秋季。

④ 羽叶薰衣草(*L. pinnata*)　株高 30～60cm。叶灰绿色，二回羽状复叶，小叶线形或倒披针形。小花多数聚生，紫蓝色，无苞片。一年四季花开不断，但以冬至春季开花繁茂。

⑤ 法国薰衣草(*L. stoechas*)　是狭叶薰衣草和宽叶薰衣草的杂交种。多年生常绿草本，株高 50～60cm。枝茎呈边角较平滑的四棱型，老枝条褐色，具条状剥落的皮层。花小，紫色或暗紫色，花的顶端有四片长长的粉红色或紫红色的苞片。

【生态习性】性喜干燥，怕涝，要求日照充足，耐热、耐寒，忌高温高湿和水涝，生长适温 15～25℃。以深厚的沙壤土为好。

【繁殖】可用扦插、播种、压条等方法繁殖，以扦插繁殖为主。春、秋季剪取节距短、粗壮且未抽穗的一年生半木质化枝条顶芽，长 8～10cm，去除下部 2 节的叶片，先插于水中 2h，再插入基质中，保持湿润和 20～25℃条件，2～3 周生根。

播种繁殖也在春、秋季进行。薰衣草种子休眠期较长，播种前应浸种 12h，再用 20～50mg/L (50ppm) 赤霉素浸种 2h，因种子细小，播后覆薄土，18～25℃下 10～20d 发芽，出芽后适当照光，否则小苗易徒长细弱。

【栽培要点】①栽培土壤土层应深厚；②见干浇水，勿使水涝；③花期长，需肥量大，应勤施肥。

苗高约 10cm 时可移栽。栽培土以深厚的沙壤土为好，定植成活后应摘心，促使多发侧枝。生长期每月施 1 次肥，适时浇水，见干再浇，根部不要有水分滞留。高温多雨季节注意通风降温，降低湿度。薰衣草喜光照充足，但夏季高温高光强时可适当遮阳，一般遮去 50%的阳光。花后进行修剪，去除残花老叶，老化的植株可减去 2/3，利于萌发新枝新叶。

【应用方式】叶形花色典雅清丽，最适作花境、花丛，在路边、墙下、草坪上栽植也有很好的效果。薰衣草是著名的香料花卉和药用花卉，在世界上久负盛名，还是较好的食用花卉和蜜源植物，剪切后可做鲜切花和干燥花，制作花艺饰品或香包熏香。

9.2.27　随意草(*Physostegia virginiana*)

【别名】假龙头花、芝麻花、囊萼花、棉铃花、虎尾花、一品香。

【科属】唇形科假龙头花属。

【产地与分布】原产北美，现世界各地均有栽培。

【形态特征】多年生草本，株高 60～120cm。茎丛生，稍四棱形；叶亮绿色，对生，长椭圆形或披针形，边缘有锯齿；小花密集成顶生穗状花序，有白、深桃红、玫红、雪青等色，花期 7～9 月。

【生态习性】喜光，耐寒、耐热、耐半阴，忌夏季燥热干旱。生长适温 18～28℃。宜湿润而排水良好的沙质壤土或壤土。

【繁殖】分株、扦插或播种繁殖。分株繁殖在早春萌发前或花后均可进行，地下匍匐茎易萌发长出小苗，切下另行栽植即可，2～3 年分栽 1 次。扦插繁殖通常在 4～5 月进行，剪取当年萌发的新梢 10cm 左右，插于基质中，插后保湿，约 2 周生根。播种繁殖 4～5 月进行，播后约 2 周发芽。

【栽培要点】定植成活后摘心 1 次，促使多分枝。定植前施足基肥，以后 15～30d 追肥 1 次。栽培地宜保持足够的湿度和光照，干旱和荫蔽影响开花。花前多施磷、钾肥，可促进开花。植株过高易倒伏，适时适度去除顶梢，切花栽培最好张网固定枝条。第一批花后及时剪除残花，并追肥 2 次，促进新梢生长，可以再度开花。

【应用方式】植株挺直整齐，叶秀花艳，宜作自然式片植或丛植栽培观赏，还可布置花镜，作切花水养持久。

9.2.28　特丽莎香茶菜(*Plectranthus ecklonii* 'Mona Lavender')

【别名】吸毒草、莫纳薰衣草、莫娜紫香茶菜、梦幻紫、紫凤凰、艾氏香茶菜。

【科属】唇形科香茶菜属。

【产地与分布】　20 世纪 90 年代南非植物园培育出来的栽培品种，原种香茶菜属植物产于非洲南部的亚热带和热带地区。近几年我国很多城市都有栽培。

【形态特征】多年生草本植物，株高 70～100cm。茎四棱，紫色，丛生状；叶卵圆形至披针形，叶面深绿色，有光泽，叶背浓紫色；小花聚成松散的总状花序，淡紫色或紫蓝色，花瓣上有深紫色斑纹，有香气；花期从秋季可延至次年春夏。

【生态习性】性喜温暖湿润和短日照条件，耐半阴，生长适温 16～27℃。要求疏松肥沃、排水良好的土壤。

【繁殖】扦插繁殖，全年均可。剪植株中部的枝条，长 8～10cm，留下 2 片叶片，每片再剪去半片，留下半片，其余叶片均剪除。插后置于半阴处，保持湿润，温度 25℃左右 10～15d 生根。

【栽培要点】①保持阳光充足；②勤浇水，勤施肥；③适时修剪。

扦插苗生长期间应经常保持土壤湿润，不可过干。每 1～2 周施一次复合肥或有机肥，施肥时注意不要从叶上施，否则叶片会枯黑腐烂。不论室内外栽培，给予充足的光照有利于生长，短日照更有利于开花。特丽莎香茶菜生长较快，一旦枝条过长过散可随时修剪，以使株型丰满紧凑，花后可短截修剪，促发新枝。

【应用方式】特丽莎香茶菜光亮的叶面和暗紫的叶背明暗对比，小花深浅绰约，辅以吸收甲醛等有害气体的功能，是室内尤其是现代装饰风格的室内绿化布置的极好材料，也可室外作花丛、花群等。能释放负氧离子，消毒杀菌，净化空气，还有驱蚊作用。故名吸毒草。

9.2.29　迷迭香(*Rosemarinus officinalis*)

【科属】唇形科迷迭香属。

【产地与分布】原产地中海沿岸，我国有栽培。

【形态特征】多年生草本。亚灌木状，常绿，全株有香气，株高 1～2m；叶对生或丛生于枝上，线状针形，较肥厚，全缘，边缘反卷，灰绿色，叶面近无毛，叶背有白色绒毛，无叶柄或具短叶柄；花腋生，唇形，紫色、蓝紫色、粉色、白色等，夏季开花。

【生态习性】喜温暖，耐旱，耐瘠薄，不耐寒，忌高温高湿，生长适温 15～25℃。

【繁殖】播种、扦插繁殖。春、秋季进行。种子发芽困难，发芽率低，播前应用 30℃温水浸种 8～12h，并搓去表面黏膜，播后覆少量细土。还可扦插、压条繁殖。

【栽培要点】当幼苗长至 6～8 片真叶时即可移栽定植。生长初期苗高 15cm 时摘心，促发侧枝，以后生长过程中每个叶腋都会发芽长枝，使通风不良且影响株型，应定期修剪，每次修剪最多减去枝条长度的一半，太过强剪影响发枝。秋末至春季每月施肥 1 次。

【应用方式】迷迭香可赏可用。盆栽或庭院栽植，香气弥漫，使人神清气爽。还可食用、茶饮、药用、香料工业、室内净化空气等应用。

9.2.30　墨西哥鼠尾草(*Salvia leucantha*)

【别名】紫绒鼠尾草、紫柳。

【科属】唇形科鼠尾草属。

【产地与分布】原产墨西哥及中美洲，我国很多城市有栽培，云南栽培较多。

【形态特征】多年生草本，冬季寒冷地区作一年生栽培。常绿，株高 40～100cm；全株被白毛，茎四棱，基部木质化，呈亚灌木状；叶对生，披针形，似柳叶，绿白色，正面皱缩；轮伞花序顶生，明显高于叶丛，小花紫色，绒毛白色、紫色。花期秋季；果期冬季。

【生态习性】喜阳光充足、湿润和温暖的环境，也耐半阴，耐热，耐瘠薄，不耐寒。生长适温 16～26℃。喜疏松肥沃的土壤。

【繁殖】繁殖容易，播种、扦插、分株均可。北方春播，南方秋播，具体方法参见一串红。扦插多用嫩枝插，具体方法同特丽莎香茶菜。分株多在花后进行，把老植株分成每丛 2～3 苗，另行栽植，栽后浇水。

【栽培要点】墨西哥鼠尾草管理粗放，定植后置于全光照环境，光照不足植株容易倒伏。生长期保持土壤湿润，不可过干。苗期每月施 2 次含氮量较高的肥料，成株后每月施 1 次平衡肥。开花后及时剪除残花，老化的植株可重剪更新。

【应用方式】墨西哥鼠尾草抗性强，生长迅速，管理粗放，株丛茂盛，花期长，可丛植于公园、街头绿地、庭院、路边、草地、山石等场所，还可作背景材料。花枝剪切后作鲜切花或干燥花。

9.2.31　香紫苏(*Salvia sclarea*)

【别名】南欧丹参、香丹参、麝香丹参、莲座鼠尾草。

【科属】唇形科鼠尾草属。

【产地与分布】原产欧洲南部，我国陕西、山西、甘肃、河北、河南、浙江、新疆等省有种植。

【形态特征】二年生或多年生草本植物，株高 1～2m。茎四棱，基部木质化，全株被短绒毛，有强烈香气；单叶对生，绉缩，叶缘有锯齿；轮伞花序，苞片较宽大，粉红色或白色，小花紫红色、粉红色或白色，花期 6～9 月；小坚果圆形，果期 7～10 月。

【生态习性】喜光，耐寒、耐旱、耐瘠薄，对土壤的适应性强。

【繁殖】播种繁殖，春秋均可。在 2～14℃时，约 10d 即可出苗。

【栽培要点】苗高 10cm 左右移栽定植，幼苗怕涝，应注意保持湿润但不积水，并给予充足光照，开花前期需要有充足水分。成长期昼夜温差大，容易积聚香气。

【应用方式】香紫苏主要是作为香料植物种植，也可布置花境、花丛，庭院或作干燥花。

9.2.32　棉毛水苏(*Stachys lanata*)

【别名】水兔子。

【科属】唇形科水苏属。

【产地与分布】原产欧洲巴尔干半岛、黑海沿岸至西亚地区。我国广泛引种栽培。

【形态特征】多年生草本。株高约 60cm，茎直立，四棱形；叶长圆状椭圆形，叶缘具小细齿，质厚，茎叶密被灰白丝状绵毛；顶生轮伞花序，花萼管状钟形，唇形花冠，上唇卵圆形，全缘，下唇 3 裂近平展，花紫红色，花期夏秋。

【生态习性】喜冷凉光照充足的环境，极耐寒，不耐高温，较耐旱和耐瘠薄，对土壤适应性较强，在排水良好的壤土上生长较佳，生长适温 16～26℃。

【繁殖】播种或分株繁殖。播种于春季进行，约两周出苗，小苗出土后保持土壤稍干燥，使根系生长良好，忌过湿土壤；分株繁殖宜在秋冬季进行，将植株挖掘起来后，修剪老叶、枯叶，将植株分割，每株带有 2～3 苗，栽培后置于半阴环境管理 1 个月，恢复生长势后在全光照条件管理。

【栽培要点】①露地栽培宜在地势高燥的地区种植，或在平地上采用高畦栽培；②植株在夏秋季高温多湿期，注意防涝，控制土壤积水，防止植株烂根；③生长季每月施 1 次薄肥；④栽培中应及时剪去残叶，保证通风良好，减少病害的发生。

【应用方式】植株形态奇特，叶被银白色绒毛，花亦美丽，可用于花坛、花带、花境中作镶边材料种植，在庭院中群植或作地被植物栽培观赏。

9.2.33　钓钟柳(*Penstemon campanulatus*)

【别名】象牙红。

【科属】玄参科钓钟柳属。

【产地与分布】原产墨西哥及危地马拉。

【形态特征】多年生草本，作一年生栽培。株高 40~60cm；叶无柄，交互对生，叶缘有疏齿；圆锥花序顶生，小花钟状，唇形，上唇 2 裂，下唇 3 裂，有紫、紫红、粉红、白等色，花冠筒内有白色条纹，花期 7~10 月。

【生态习性】喜光照充足、凉爽、湿润，忌炎热干旱。对土壤要求不严，但以排水良好、含石灰质的沙质壤土为佳。

【繁殖】播种、扦插或分株繁殖。春、秋季均可播，种子采收后即可播，在 18~21℃ 以上才能发芽。结实率低的品种及优良品种，可于秋季扦插或春季分株繁殖。

【栽培要点】定植后摘心，促发侧枝。生长期每半月施肥 1 次，注意浇水和排水。

【应用方式】钓钟柳花期长，株形秀丽，花色鲜艳，可布置花坛、花镜或盆栽。

9.2.34　喜荫花(*Episcia cupreata*)

【别名】红桐草、红绳桐。

【科属】苦苣苔科喜荫花属。

【产地与分布】原产美洲墨西哥、古巴、西印度群岛等地热带雨林下。

【形态特征】多年生常绿草木。株高 10~15cm，茎匍匐，多分枝，全株密被柔毛；叶对生，椭圆形，边缘有锯齿，叶面多皱，绿色或深褐色，叶脉银白色；茎基部叶腋处易生匍匐茎，向四周悬垂伸展，在顶端形成小植株；花单生叶腋，花瓣 5 枚，花色亮红或红黄色，花期夏、秋。

【生态习性】喜荫花喜温暖、高湿和通风半阴的环境，忌阳光直射，不耐寒。喜疏松肥沃、排水良好的酸性沙壤土。

【繁殖】分株或扦插繁殖。春末夏初与换盆换土结合进行分株，分盆栽植即可。多用叶插法，春末至秋初均可进行，取下发育健壮的植株带柄叶片，插入沙床或其他基质中，保持湿润和一定温度，给予充足散射光，插后 15d 左右即可生根。也可将茎节上子株剪下扦插成活率高。

【栽培要点】①喜荫花根系较浅，盆栽适宜选浅盆；②喜欢较强散射光，生长期需遮阳；③施肥时忌肥水洒在叶面，以防引起叶片腐烂。

每年春季换盆，盆底放少量腐熟基肥，结合换盆进行修剪。生长期需要半阴，光照不足影响开花，夏季中午需遮光 70%~80%，以早晚见光为好。生长适温 20~30℃，冬季不低于 10℃，生长旺盛期保证充足水分和较高空气湿度，每半个月施一次液肥，花前加施 1~2 次磷、钾肥，可使花繁茂，色艳丽。冬季控制浇水，盆土保持稍干。

【应用方式】喜荫花植株小巧可爱，耐阴性强，花期长，花叶兼美，适合室内盆栽摆放和吊挂装饰，或作室内花园及温室的地被植物。

9.2.35 袋鼠爪花（*Anigozanthos manglesii*）

【别名】袋鼠花、鼠爪花、澳洲袋鼠花。

【科属】苦苣苔科袋鼠爪花属。

【产地与分布】原产澳洲，现全球多国引种作盆栽或切花栽培，我国上海、北京、云南、广州等地引种温室栽培。

【形态特征】多年生草本植物。株高40～120cm，叶丛生，地下具块茎，叶披针状条形，灰绿色；花序从叶丛中抽生，顶生总状花序，花梗被绒毛；唇形花冠，酷似袋鼠爪，花色艳丽，有橙黄、黄、红和绿等色，春夏开花。

【生态习性】生长强健，适应性强。喜温暖湿润，耐高光强和耐旱，较耐瘠薄，不耐寒，喜排水良好的壤土。在我国热带地方可露地栽培。

【繁殖】可用分株、播种和组织培养方式进行繁殖。分株繁殖在秋冬季将母株分割后，稍晾干进行种植，在半阴环境中养护1个月，保证土壤湿润，恢复生长势后置于全光照进行栽培。秋季进行盆播，将种子点播于沙质壤土上，出苗后待小苗生长至第二年春季再进行移栽。

【栽培要点】①生长旺盛期保持土壤湿润，注意不可浇水过多，积水易造成植株根系腐烂；②夏秋季高温期注意控制大气湿度，干燥环境较有利于植株生长；③生长过程不需太多肥料，忌施磷肥，栽培土壤宜为酸性，生长期中对铁需求量较大，可补施铁肥；④冬季注意防寒，宜在温室中越冬。

【应用方式】袋鼠爪花花期较长，花形奇特、色艳宜作高档盆花或切花，在温带地区还可作花境中优良材料。

9.2.36 非洲紫罗兰（*Saintpaulia ionantha*）

【别名】非洲堇、非洲紫苣苔、大花非洲苦苣苔。

【科属】苦苣苔科非洲紫苣苔属。

【产地与分布】原产热带非洲。

【形态特征】常绿宿根草本。植株矮小，全株被绒毛；叶基生，莲座状，肉质，卵圆形，边缘具浅锯齿，基部心形，表面暗绿色，叶柄红褐色；花腋生，红褐色，高出叶丛，花色紫色、蓝色、红色、白色，花期长，可全年开花。

【生态习性】喜温暖湿润，通风良好而半阴的环境，怕暑热，忌阳光暴晒，不耐高温，不耐寒。生长适温18～26℃，越冬不低于10℃。

【繁殖】播种、扦插和分株繁殖。

播种：春秋皆可，以9～10月最好，发芽率高。非洲紫罗兰种子细小，播种不覆土，保持湿润，在20～25℃下15～20d即可发芽。

扦插：选取生长健壮充实的叶片，连叶柄切下2～3cm，将叶柄插于扦插基质种，遮阳并保持较高湿度，约20d即可生根，2～3个月长出幼苗即可上盆。

分株：在春季结合换盆进行。

【栽培要点】①中午遮去直射光，叶片受阳光直射后易干边、枯黄，且叶片变小；②浇水施肥时将叶片托起，肥水沾于叶片易起斑腐烂；③水温易高于叶温，否则叶片产生斑条，或变白坏死，甚至腐烂；④忌氮肥过多，易徒长而开花少。

栽培过程中保持较高空气湿度，适当浇水以免引起茎叶腐烂，夏季需充分灌水，并喷水降温，注意通风。冬季温度低于10℃则生长缓慢，叶片下垂，叶色不良，开花终止。生长期每15d追施腐熟液肥一次，盛夏和越冬不追肥。

【应用方式】非洲紫罗兰花叶俱美，叶如丝绒，花色绚丽，花期长，是优良的室内小型观赏盆花。用于客厅、书房、案几、窗台的点缀。还能吸收 CO_2，散发的香气有明显杀菌作用，起到净化空气的作用。

9.2.37　桔梗（*Platycodon grandiforus*）

【别名】包袱花、铃铛花、六角荷。

【科属】桔梗科桔梗属。

【产地与分布】原产中国，自西南和华南至东北地区广布，俄罗斯远东地区、日本和朝鲜也有分布。

【形态特征】多年生宿根草本植物。整株光滑无毛，茎直立；叶片长卵形，互生，少数对生，边缘有锯齿；花较大，单生于茎顶或数朵成疏生的总状花序，钟形，花色较多，有紫蓝、翠蓝、净白等多种颜色，多为单瓣，亦有重瓣和半重瓣，花期为6～9月；蒴果。

【生态习性】对土壤肥力要求不高，一般中等肥力即可生长。喜光、喜温暖湿润气候。耐寒、耐寒、不耐涝，积水时易造成烂根。适合在土层深厚、排水良好、土质疏松而含腐殖质的沙质壤土上种植。

【繁殖】以播种繁殖为主，秋播、春播均可。先用40℃温水进行浸种，温度降到20℃时用清水淘洗种子，并将其他杂质淘出。将充分吸水的种子置于22℃条件下进行催芽，5～7d便可出芽。将出芽种子晾干至表水脱去，呈松散状时进行播种。

【栽培要点】①间苗、补苗。苗高2cm时适当疏苗，当高至3～4cm时定苗；②及时除草，根据实际情况，能及时除草、松土、施肥。一般第一次在苗高7～10cm时进行；③肥水管理，6～9月为开花盛期，在开花前应追肥2～3次。

【应用方式】桔梗花色鲜艳，形似僧冠，又如悬钟，是一种清幽淡雅的美丽花卉广泛应用于花篮、花束，可增添插花的观赏效果，也可作盆栽花或地植于花境、花坛。

9.2.38　蓬蒿菊（*Argyranthemum frutescens*）

【别名】玛格丽特、茼蒿菊、木春菊、木茼蒿。

【科属】菊科木茼蒿属。

【产地与分布】南欧，庭院广泛栽培。

【形态特征】多年生亚灌木做一年生花卉。茎基部木质；叶二回羽状，线性深裂；头状花序，舌状花白色或淡花色，舌片线形或线状长圆形，管状花黄色；花期全年（2～4月最盛）。

【栽培资源】目前，世界各地栽培的蓬蒿菊都是杂交培育品种，主要有荷兰、德国、以色列、丹麦等国生产的种子、扦插苗或组培苗，花色有白、黄、粉红等，也有单瓣和重瓣品种。

【生态习性】喜光亦耐阴；喜凉爽湿润气候，有一定抗寒力，越冬温度5℃以上，不耐炎热；易移植。要求富含腐殖质、肥沃疏松、排水良好的土壤。

【繁殖】播种和扦插繁殖。秋季播种，播后不覆土，发芽适温16～18℃，1～2周发芽。扦插繁殖春、秋季都可进行，插穗选择成熟、健壮的枝条。适温20～24℃条件下，约2周生根。

【栽培要点】苗高10～15cm时，可摘心，促其分枝。生长初期，可施几次淡肥，以后视生长情况，可加施较浓的追肥，花芽分化期，改施以磷肥为主的液肥1～2次，显蕾后即停止施肥。浇水要见干见湿，以偏干为好。花后及时清除残花，有利于新花蕾形成再度开花。

【应用方式】茼蒿菊可用于花坛、花境，以及边缘种植。盆栽种植时，将盆栽茼蒿菊主干中茎部 40cm 以下的侧枝摘去，只留下 40cm 以上的茎叶，到春天便可长成可爱的"伞形"。

9.2.39 宿根天人菊(*Gaillardia aristata*)

【别名】荔枝菊。

【科属】菊科天人菊属。

【产地与分布】原产北美洲西部。

【形态特征】宿根花卉。全株具长毛；叶互生，基部叶多匙形，上部叶小，披针形及长圆形，全缘至波状羽裂；头状花序单生，总苞鳞片线状披针形，舌状花黄色，基部红褐色，中央管状花裂片尖或芒状；瘦果。

【栽培资源】同属常见栽培种：

天人菊(*G. pulobella*) 一年生花卉，茎分枝多。叶披针形或长椭圆形，全缘或基部成波状裂。花径 5cm，舌状花黄褐色或赤褐色，基部紫色，其上有细长的紫色毛茸。

【生态习性】宿根天人菊耐寒，喜温暖、阳光充足。宜排水良好的沙质壤土。

【繁殖】播种、扦插、分株繁殖。播种于春、秋季进行，春播当年可开花。可以秋季播种，北方地区需露地覆盖保护越冬。扦插时期从春季发芽后至秋季生长停止前均可以进行，最适合的扦插时期在多雨的季节较好，此时空气湿度较大插条叶片不易萎蔫，有利于植株的成活。在 3～4 月或 9 月可分株繁殖。

【栽培要点】当幼苗在穴盘中长到 2～3 对真叶的时候，将其移栽至 8cm×8cm 营养钵中。移栽时生长点一定不要埋入土中。根系周围用土压实，移栽后及时浇水，保持通风。定植前一定要施足底肥，一般采用腐熟的鸡粪及少量的骨粉等混合使用。定植时，株行距为 30cm×30cm 为宜，栽植深度为将基部 1～2 片叶片埋入土中为宜，根部用土压实，浇透水。生长前期要多次松土除草，增强土壤的透气性。

进入花芽分化和孕蕾期间应增施复合肥，喷施 0.2％～0.5％的磷酸二氢钾和 0.1％的尿素溶液，每周一次。花后及时去除残花，修剪生长过密的枝条和病枯枝。

【应用方式】天人菊花姿娇娆，色彩艳丽，花期长，适应性强，管理粗放，适合在公路、广场、公园、街道绿地以及厂区等自然地形地貌应用，可大片自然丛植或坡地覆盖形成大色块，组成精美的图案。也可用于花镜丛植或花坛布置，有些品种也可供花坛或盆栽使用。

9.2.40 大花金鸡菊(*Coreopsis grandiflora*)

【别名】剑叶波斯菊。

【科属】菊科金鸡菊属。

【产地与分布】原产美国南部。

【形态特征】多年生宿根花卉。株高 60～80cm；茎直立，有分枝，全株稍被毛；基生叶全缘，上部或全部茎生叶 3～5 裂，裂片披针形；头状花序大，具有长总梗，内外总苞近等长，花单瓣或重瓣，呈鲜黄色，舌状花先端有 4～5 齿；花期 5～8 月；瘦果。

【栽培资源】同属常见栽培种：

① 剑叶金鸡菊(*C. lanceolata*) 叶多簇生基部，全缘叶，基部有 1～2 个小裂片。有大花、重瓣、半重瓣品种。

② 轮叶金鸡菊(*C. verticillata*) 叶掌状深裂，各裂片又有细裂。有粉色品种。

【生态习性】性强健，喜光、稍耐阴。对土壤要求不严，耐干旱瘠薄，耐寒，也耐热，对二氧化硫有较强的抗性。

【繁殖】分株或播种繁殖。根部易萌蘖，分株易成活。大规模生产常用播种繁殖。

【栽培要点】栽培管理简单，定值株行距 20cm×40cm。幼苗长出真叶后，施一次氮肥，当长出 2～3 片真叶即可移植，对刚移植在盆中的幼苗应及时浇水，除草。移植一次后，就可栽入花坛之中，期间追施 2～3 次液肥，同时配合磷钾肥，使其枝繁叶茂，花朵繁盛。花期长，只需摘除残花，新的花蕾很快便会长出。

【应用方式】花色鲜黄亮丽，植株轻盈，特别适合露地栽培布置花坛、花境。也可大面积栽培作地被。还可作切花材料。

9.2.41 菊花(*Chrysanthemum morifolium*)

【别名】黄花、更生、九花。

【科属】菊科茼蒿菊属。

【产地与分布】原产中国。

【形态特征】宿根花卉至亚灌木。茎直立；叶互生，羽状浅裂或深裂，叶缘有粗大锯齿或深裂，基部楔形，有柄，托叶有或无，菊叶是识别品种的依据之一；花梗高出叶面，头状花序单生或数朵聚生枝顶，舌状花雌性，管状花两性，微香；花序的大小、颜色、形态及花期等依品种、品系变化极大，种子瘦果。

【栽培资源】(1) 种的起源　菊属共约 30 个种，在我国分布有 17 个左右，有菊花、毛华菊(*Dendrathema vestitum*)、紫花野菊(*D. zawadskii*)、野菊(*D. indicum*)、小红菊(*D. chanetii*)、甘野菊(*D. lavandulifolium*)等。陈俊愉院士认为现代菊花的原始种是多个野生种之间经天然杂交，并经长期人工选择而成。主要亲本有毛华菊、紫花野菊、野菊等。

(2) 品种分类　菊花品种丰富，全世界有 2 万～3 万个，我国有 3000 个以上，品种可按自然花期、花(序)径、花瓣形态、整枝方式和应用方式进行分类。

① 根据自然花期分类

夏菊：6～9 月开花，日照中性，10℃左右花芽分化。

秋菊：10～11 月开花，花芽分化与花蕾发育都需要短日照，15℃以上花芽分化。

寒菊：12～翌年 1 月开花，花芽分化与花蕾发育都需要短日照，高温下花芽分化。

四季菊：四季开花，花芽分化及花蕾发育日照反应均为中性。

② 根据花(序)径分类

小菊：花(序)径 6cm 以下；

中菊：花(序)径 6～10cm；

大菊：花(序)径 10cm 以上；

一般常将大菊与中菊并称大、中菊，而小菊则自成一类。

③ 根据花瓣形态分类

目前中国使用的主要是中国园艺学会、中国花卉盆景协会于 1982 年在上海的菊花品种分类学术会议上，对花径在 10cm 以上晚秋菊的分类方案。把菊花分为五个瓣类，包括 30 个花型和 13 个亚型。但在实际应用中没有使用亚型，并且对 30 个花型中一些相似花型做了合并。

④ 根据整枝方式和应用分类

a. 盆栽菊：普通盆栽菊按培养枝数不同分为：

ⅰ. 独本菊(标本菊)：一株一茎一花。又称为标本菊或品种菊。

ⅱ. 案头菊：与独本菊相似，但低矮，株高 20cm 左右，花朵硕大，供桌面上摆设。

ⅲ. 立菊：一株多干数花。

b. 造型艺菊：一般也作盆栽，但常做成特殊艺术造型。

　ⅰ. 大立菊：一株数百至数千朵花。

　ⅱ. 悬崖菊：通过整枝、修剪，整个植株体成悬垂式。

　ⅲ. 嫁接菊：在一株花卉的主干上嫁接各种花色的菊花。

　ⅳ. 菊艺盆景：由菊花制作的桩景或盆景。

c. 切花菊：剪切下来插花或制作花束、花篮、花圈等的菊花品种。

d. 花坛菊：布置花坛及岩石园的菊花，常用植株矮且枝密的多头型小菊。

【生态习性】喜凉爽、阳光充足，具有一定的耐寒性，喜肥沃、排水良好的土壤，怕涝，忌连作。

【繁殖】扦插法、嫁接法、播种法以及组织培养。庭院小菊主要是秋菊，以扦插繁殖为主，剪去开过花的茎上部，待长出侧芽，长到 8～10cm 时可作插穗，扦插后 15d 左右可发根，发根幼苗 1 周内移植。

嫁接法：通常用黄蒿（*Artemisia annua*）、青蒿（*A. apiacea*）和白蒿（*A. sieversiana*）为砧木，用劈接法嫁接接穗品种的芽。

播种法：种子于冬季成熟，采收后晾干保存。于 3 月中下旬播种，约 1 周即可有萌芽。实生苗初期生长缓慢。

组织培养：菊花的茎尖、叶片、茎段、花蕾等部位都可用作外植体。通常采用未开展的、直径 0.5～1cm 的花蕾作外植体易于消毒处理，分化快。茎尖培养分化慢，常用于脱毒培养。

【栽培要点】庭院菊、盆花菊、切花菊及不同的菊艺栽培方式均不同。普通盆栽菊栽培方式大致有 3 种，即一段根法、二段根法、三段根法。

一段根法是利用扦插繁殖的菊苗栽种后形成开花植株，上盆一次填土，整枝后形成具有一层根系的菊株。

二段根法与一段根法相似，利用扦插苗上盆，第一次填土 1/3～1/2，经整枝摘心后形成侧枝，当侧枝伸长时根据生长势强弱分 1～2 次将侧枝盘于盆内，同时覆以培养土促其发根（第二段根）。此法培养的盆菊各枝间生长势均匀，株矮叶茂，花姿丰满。

三段根法在北京地区应用较多。栽培中通过 3 次填土，3 次发根。此法培养的盆菊需时长，不利于批量生产，但是由于根系发达，株壮叶肥，花朵大，姿态优美，能充分发挥品种特色。

【栽培史】菊花在中国已有长达 3000 年以上的历史，品种达 3000 以上，类型丰富多彩，栽培地区广袤，栽培方式多种多样，艺菊技巧精到巧妙，育种原理与技巧精彩高效，花卉装饰及多种应用花样翻新。还有丰富的菊文化和多种利用途径，如（茶用、药用、食用）等。

早在西周时代，《礼记》月令篇中有"季秋之月，鞠有黄华"之句。在此以菊花在最后 1 个月开放来指示月令。战国时期，屈原在《离骚》中有"朝饮木兰之坠露，夕餐秋之落英"，歌颂菊花秉性高洁，不同凡响，是菊花和民族文化结缘的开始。秦汉时期，菊花开始作饮食，据古书云，秦咸阳曾有过较大规模的菊花交易市场。晋唐时期，菊花渐渐从饮食药用向田园过渡，半饮食半观赏。陶渊明有诗"采菊东篱下，悠然见南山"，证明菊花已在田园观赏栽培。南北朝时，每年夏至人们常把菊花和小麦研成灰，用来防虫。进入唐代，种植者日趋普遍，田园、庭院四处可见，咏菊诗篇大量出现。唐太宗有诗"细叶抽轻翠，园花簇金黄"。李白写有"时过菊潭上，摘此黄金花"。李商隐的诗句"暗暗淡紫紫，融融治治黄"。这些都说明了菊花在唐代色彩日渐丰富，观赏价值日益提高。宋代是菊花栽培的全盛时期，逐渐由露地栽培向整形盆栽过渡，当时已能栽培一株开上千多花的大立菊和用小菊盘扎的扎景。公元 1104 年，我国第一部菊谱，也是世界第一部艺菊专著，刘蒙泉《刘氏菊谱》问世。

此后相继出现了不少菊谱、菊志等艺菊专著，至今仍有六七部宋代菊谱存世。从史铸《百菊集》中可知，当时绿菊、墨菊已育出问世。到了明清两代，菊花栽培技术进一步提高，品种也进一步发展，同时也有很多有学术价值的专著问世。

民国时期战乱频繁，专著不多。1949年新中国成立之后，是艺菊事业走向科学化、现代化和规模化生产发展的时期。相关部门科研院校，整理出3000多个菊花品种，至此菊花栽培已达到了前所未有的水平，并有其广阔的前景。

菊花在公元709～749年经朝鲜传入日本，在日本是皇室象征。明末开始，菊花传入欧洲。欧美国家大都喜爱花朵整齐、丰满的类型，于是培育了许多可供周年生产的切花品种。

【应用方式】菊花是中国的传统名花，花文化丰富。在园林景观中，是重要的秋季园林花卉，适用于花坛、花境、花丛及盆栽用花。另外，菊花花朵美丽，水养持久，是国际上销售量最大的鲜切花之一。此外，菊花还可食用或药用。

9.2.42　紫松果菊（*Echinacea purpurea*）

【别名】松果菊、紫锥花、紫锥菊。

【科属】菊科紫松果菊属。

【产地与分布】原产北美洲，世界各地多有栽培。

【形态特征】多年生宿根花卉。全株具有粗硬毛；叶互生，基生叶卵形，缘具有粗齿，茎生叶卵状披针形，基部抱茎；头状花序单生枝顶，舌状花一轮，管状花深褐色，盛开时橙黄色；花期6～7月。

【生态习性】喜生于温暖向阳处，稍耐寒，喜肥沃、深厚、富含有机质的土壤。

【繁殖】播种或分株繁殖。播种可在春季或秋季进行，早春播种的当年可开花。对于多年生母株，可在春秋两季分株繁殖。每株需4～5个顶芽从根茎处割离，然后进行栽植管理。

【栽培要点】松果菊在幼苗出现3个左右分枝，高约10cm时进行定植。进入夏季后，植株生长旺季，应增加灌溉。每10～15d浇1次稀饼肥水，并适当增施磷、钾肥，可使植株矮化，花多色艳。露地定植时均要选择向阳环境，对土壤深翻后施以腐熟厩肥或加入一定量骨粉、芝麻渣等。花蕾形成时每周施肥1次，临近花期可叶面喷施2次高锰酸钾液肥，则花色艳丽持久，株形丰满匀称。在花后清除残花花枝与枯叶。

【应用方式】紫松果菊植株高大，花期长，可用于花境、花丛，颇具自然野趣。另外，水养持久，是优良的切花，也是很好的药用材料，主要用于治疗感冒、咳嗽、上呼吸道感染等疾病。

9.2.43　非洲菊（*Gerbera jamesonii*）

【别名】扶郎花。

【科属】菊科非洲菊属。

【产地与分布】原产南非及亚洲温暖地区。

【形态特征】宿根花卉。叶基生，羽状浅裂或深裂；花茎高出叶丛，舌状花有1～2轮或多轮，管状花常与舌状花同色，花色丰富，可周年开花。

【栽培资源】非洲菊栽培品种很多，有单瓣品种、重瓣品种；各种花色和花瓣形状。

【生态习性】非洲菊喜温暖、阳光充足、空气流通环境。要求疏松、肥沃、微酸性沙质土壤，pH6～6.5为宜，也耐pH7的土壤，在碱性土中易有缺铁症。

【繁殖】以播种、分株繁殖为主。种子宜采种后立即播种。种子播种后覆土宜浅。在20～23℃下约10d可发芽。分株繁殖常在春季进行，以3年分株一次，每丛带4～5片叶，可栽于露地，也可直接定植在温室栽培。

【栽培要点】种植时易深耕施足基肥，作高畦或垄栽，定植时需将根颈露于土表上，以防止根腐病和颈霉病。经常摘除生长过旺的外层老叶，有利于新叶和新花芽的发生，也有利于通风。冬季室温保持在 12℃ 以上，可不休眠，周年开花。夜温超过 16℃ 生长活跃，但花茎弱，易倒伏。

【栽培史】1878 年 Rehman 首先在南非的德兰士瓦省发现本种，接着在同一年 Jmaeson、Wood 和奈路逊也采集到非洲菊。同年 Bolus 将非洲菊送到英国植物园，并以较早的发现者之一 Jameosn 命名，学名为 *Gerbera jamesonii* Bolus。英国人 Iwrin Lynch 最早进行非洲菊的杂交育种。其后，法国的 M. Adnet 选育出切花用的大部分品种。荷兰的 Van Wijk 系大花非洲菊，非常受欢迎，现在已在切花生产上普遍采用。非洲菊自引种到我国以来，因其花色丰富，颜色艳丽，倍受消费者喜爱，种植面积不断扩大。

【应用方式】非洲菊是重要的切花花卉。此外，也有适合花坛、盆栽使用的品种，一年四季开花不断，是最受欢迎的花卉之一，在南方地区可露地夹植在道路两旁，或者密植于花坛里。

9.2.44　加拿大一枝黄花(*Solidago canadensis*)

【别名】一枝黄花。

【科属】菊科一枝黄花属。

【产地与分布】原产北美洲东部。

【形态特征】多年生宿根花卉。植株高大，全株被粗毛；叶互生，披针形，叶缘有锯齿；圆锥花序生于枝端，稍弯向一侧，小头状花序黄色，多而密集；花期夏、秋。

【栽培资源】同属常见栽培种：

毛果一枝黄花(S. virgaurea)头状花序大。该种变种多，有作切花的('Gigantean')、有矮生种('Praecox')、有可盆栽的('Minutissima')。

【生态习性】喜凉爽、耐寒，喜光，耐旱、耐瘠薄，对土壤要求不高，在沙质壤土中生长良好。

【繁殖】春、秋季播种或分株繁殖。在适温下，种子一般 10～15d 发芽。分株易成活。

【栽培要点】摘心可促进分枝。定植地宜选在向阳、土壤肥沃处，否则枝条易徒长倒伏。栽培管理粗放。2～3 年分株更新。

【应用方式】一枝黄花类高型者，是优良的花境材料，矮型者株丛紧密，可丛植观赏。此外，该种花卉是优良的切花花材，可作为散形花材使用，用于丰富造型，衬托主花或填补空隙。

9.2.45　黑心菊(*Rudbeikia hirta*)

【别名】毛叶金光菊。

【科属】菊科金光菊属。

【产地与分布】原产美国东部地区。

【形态特征】多年生宿根花卉，常作一、二年生栽培。株高 30～100cm；茎直立，多棱，全株被白色粗硬毛，枝叶粗糙，上部叶互生，长椭圆形至阔披针形，下部叶近匙形；头状花序，单生枝顶，舌状花单轮开展，金黄色，管状花棕黑色，呈半球形，花期 5～11 月。

【栽培资源】同属常见栽培种：

① 全缘叶金光菊(R. *fulgida*)　基生叶 3～5 浅裂，茎生叶互生，长椭圆形，全缘或具疏齿，叶柄较基生叶短。

② 二色金光菊(*R. bicolor*)　一年生花卉，高 30～60cm。舌状花二色，上部黄色，基部为黄、棕红、橘黄色而与管状花不同色。

【生态习性】黑心菊喜光照、耐寒、耐旱。

【繁殖】用播种、扦插和分株法繁殖。春秋均可分株。春播或秋播，发芽适温 10～15℃，2 周发芽，次年可开花。通常秋播在小苗生长初期生长缓慢，次年花期推迟，因此，秋季可扦插繁殖。

【栽培要点】长江以南地区，9 月播种于露地苗床，待苗长至 4～5 片真叶时移植，11 月定植，露地越冬；黄淮流域，于春季 3 月中旬可露地播种，采取保温覆盖措施。

【应用方式】黑心菊具有亮丽的色彩，且花期长，花朵繁盛，可成丛、成片布置于花坛、花境，也可在草地边缘成自然式栽植。也可作为切花使用。

9.2.46　红掌(*Anthurium andraeanum*)

【别名】红鹤芋、哥伦比亚安祖花、红鹅掌。

【科属】天南星科花烛属。

【产地与分布】原产于南美洲热带，现在欧洲、亚洲、非洲皆有广泛栽培。

【形态特征】多年生常绿草本植物。具肉质根，无茎，叶从根茎抽出，具长柄，单生、心形，鲜绿色，叶脉凹陷；花腋生，佛焰苞蜡质，正圆形至卵圆形，鲜红色、橙红肉色、白色；肉穗花序，圆柱状，直立；可常年开花。

【栽培资源】栽培品种介绍，主要园艺品种有：

① 可爱花烛(*A. a.* cv. 'Amoenum')　苞深桃红色，肉穗花序白色先端黄色；

② 克氏花烛(*A. a.* cv. 'Closoniae')　苞长 20cm，宽 10cm，心脏形，端白色，中央带淡红色；

③ 大苞花烛(*A. a.* cv. 'Grandiflorum')　佛焰苞大，长 21cm，宽达 14cm；

④ 粉绿花烛(*A. a.* cv. 'Rhodochlorum')　高达 1m，苞粉红，中心绿色，肉穗花序初开黄色后变白色等。

【生态习性】性喜温热多湿而又排水良好的环境，怕干旱和强光暴晒。其适宜生长昼温为 26～32℃，夜温为 21～32℃。能忍受的最高温为 35℃，低温为 14℃。光强以 16000～20000lx 为宜，空气相对湿度(RH)以 70%～80% 为佳。

【繁殖】红掌主要采用分株、扦插和组织培养进行繁殖。分株结合春季换盆，将有气生根的侧枝切下种植，形成单株，分出的子株至少保留 3～4 片叶。扦插繁殖是将老枝条剪下，每 1～2 节为一插穗，插于 25～35℃ 的插床中，几周后可即可萌芽发根。现广泛采用组织培养进行繁育。

【栽培要点】①红掌根系偏肉质，栽培基质要求疏松透气；②红掌需肥量较大，但每次浇肥浓度又不能太高。一般浇肥的 EC 值在 1.3 左右，pH 值为 5.7。越冬期间室温以保持在 16℃ 以上为宜，冬季寒冷和潮湿均会引根系腐烂。

宜选用腐叶土(或泥炭土)、苔藓加少量园土和木炭以及过磷酸钙的混合基质。从 10 月至翌年 3 月要适当控制浇水，其他时间浇水要充足，否则影响开花，但需注意浇水要干湿相间。为保持较高的湿度，每天要向叶面上喷水 2～3 次夏季需遮去 60% 的阳光。冬季放室内南窗附近培养，不需遮光。生长期间约每月施 1～2 次氮、磷结合的薄肥或进行根外追肥。

【栽培史】1853 年特利阿那(M. Triana)博士在哥伦比亚发现本种，1876 年由安德勒(M. Andre)传至欧洲。夏威夷从 1940 年广泛进行育种改良，育出许多花形和花色十分优异的品种。目前，荷兰在红掌的系统研究中居于领先地位。

【应用方式】红掌是国内外新兴的切花和盆花，每朵花的花期可达一个月，全年均可开花。由于其花苞艳丽，植株美观，观赏期长，市场需求量增大。盆花多在室内的茶几、案头做装饰花卉。

9.2.47　火鹤花(*Anthurium scherzerianum*)

【别名】火鹤花、猪尾花烛。

【科属】天南星科花烛属。

【产地与分布】原产中美洲，在欧洲栽培普遍。

【形态特征】多年生常绿草本。叶革质丛生，长圆披针形，先端尖，基部圆形；肉穗花序橙红，呈螺旋状卷曲，佛焰苞阔卵形，有短尖，鲜红色；花期2～7月。

【栽培资源】火鹤花园艺变种很多，佛焰苞有紫色带白斑、白色、红色、黄色、白底粉点、绿带红斑、鲜红色、红带白斑的变种。

【生态习性】喜高温植物，并喜湿润环境，忌日光直射。生长适温25～28℃。空气湿度宜高。全年宜于适当遮阳的光下栽培。培养土以富含腐殖质、疏松而排水良好的壤土最好。

【繁殖】火鹤花的繁殖方法通常采用分株繁殖、扦插繁殖和组织培养繁殖，但前两种方法很难满足当前市场的需求，组织培养是火鹤花快速繁殖的有效途径。

【栽培要点】①喜温暖、潮湿的环境，宜散射光；②室内栽培时，宜放在湿润的沙砾上，增加湿度。

栽培方法与红掌相似，但较红掌所需温度略低。栽培上可用腐殖质土、粗泥炭土按2∶1混合而成。4～10月为生长期。每周追肥一次，现蕾后开花前更不能缺肥。休眠期要节制浇水。观花品种喜半阴环境，观叶品种应避免直射阳光。每隔三年换盆一次，仅将表层土换去即可。

【栽培史】本种是由危地马拉的钱再尔(M. Scherzer)发现的，在欧洲栽培普遍，经育种产生许多花梗粗短、多花性的品种。

【应用方式】花朵由佛焰苞和肉穗花序组成，花序螺旋状卷曲，光彩夺目，风姿楚楚。景观用途盆栽观赏，也可作切花，还可作阴地植物。

9.2.48　萱草(*Hemerocallis fulva*)

【别名】黄花菜、忘忧草、金针菜、宜男草、鹿葱、川草花、忘郁、丹棘。

【科属】百合科萱草属。

【产地与分布】原产于中国中南部，欧洲南部至日本均有分布。现各地均有栽培。

【形态特征】多年生宿根草本。根状茎粗短，具纺锤形肉质块根；叶基生成丛，长带状披针形，排成两列，中脉明显；花葶自叶丛抽出，顶生聚伞花序排成圆锥状，着花6～12朵；花冠阔漏斗形，花被裂片6，下部合成花被筒，盛开时上部开展而反卷，边缘波状，橘红至橘黄色；花期6～8月；蒴果长圆形，果期8～9月。

【栽培资源】同属常见栽培的种有：

① 大花萱草(*H. hybrida*)　多倍体萱草，为园艺杂交种。花葶高80～100cm，着花6～10朵；花开直径14～20cm，有红、紫、粉、黄、乳黄及复色；花期7～8月。

② 小黄花菜(*H. minor*)　植株高30～60cm；花葶顶部叉状分支，着花2～6朵；花瓣长5～10cm，芳香，花期6～8月，花蕾可食用。

③ 黄花萱草(*H. flava*)　顶生疏散圆锥花序，着花6～9朵，花葶高约125cm；花柠檬黄色，直径约9cm，芳香；花期5～7月。花蕾可供食用。

④ 黄花菜(*H. citrina*)　花序上着生花多达30朵，花序下苞片呈狭三角形，花芳香；花期7～8月。

此外，还有童氏萱草（*H. thunbergh*）和大苞萱草（*H. middendorffii*）。

【生态习性】萱草性强健，耐寒力强。适应性强，喜湿润也耐旱，喜阳光又耐半阴。对土壤要求不严，但以富含腐殖质，排水良好的湿润土壤为宜，耐瘠薄和盐碱。

【繁殖】萱草以分株繁殖为主，也可播种或扦插繁殖。分株繁殖春、秋均可进行，在秋季落叶后或早春萌芽前将老株挖起分栽，每丛带 2～3 个芽，每 3～6 年分株一次。

扦插繁殖多于花后进行，割取花茎上萌发的腋芽，置于荫蔽的环境下 2 周即可生根。

【栽培要点】萱草适应性强，管理简单粗放，分株栽植时株行距 0.5m×1.0m 左右，每穴 3～5 株，栽前要施足充分腐熟的基肥，以堆肥为主，并经常灌水，以保持湿润。萱草适应性虽强，但干旱、潮湿、贫瘠土壤易生长不良，开花少而小，生育期可每 2～3 周追肥一次。

【栽培史】萱草在我国有悠久的栽培历史，早在两千多年前的《诗经魏风》中就有记载。

【应用方式】萱草可成片栽于园林隙地和林下作地被，多丛植或岩石园自然栽植，还可布置在花境或路旁作边缘及背景材料，也可作切花。其花可供食用，根茎部分可入药。

9.2.49　玉簪（*Hosta plantaginea*）

【别名】玉春棒、白鹤花、玉泡花、白玉簪、白萼。

【科属】百合科玉簪属。

【产地与分布】原产中国，现世界各地均有栽培。

【形态特征】多年生宿根草本。株高约 40cm；根状茎粗大；叶基生，具长柄，叶片卵形至心状卵圆形，先端尖，基部心形；顶生总状花序，着花 9～15 朵；每花被 1 苞片，花单生或 2～3 朵簇生，白色，管状漏斗形，筒长约 13cm，花有浓香，夜间开放；花期 7～9 月；蒴果果熟期 10 月。

【栽培资源】玉簪属植物约 40 种，我国有 6 种。同属常见栽培的种有：

① 紫萼（*H. ventricosa*）　株高 60～70cm；总状花序顶生，着花 10～30 朵；花小，淡紫色，无香味，单生于苞片内；花期 6～8 月。

② 狭叶玉簪（*H. lancifolia*）　叶灰绿色，披针形至长椭圆形，两端渐狭；花茎中空，花淡紫色；花期 8 月。

③ 剑叶玉簪（*H. ensata*）　总状花序顶生，着花 10 朵以上；花蓝紫色或紫红色，直立或开展，漏斗状；花期 7～8 月。

【生态习性】玉簪性强健，耐寒，性喜阴湿环境，不耐强烈日光照射，要求土层深厚，排水良好且肥沃的沙质壤土。

【繁殖】玉簪以分株繁殖为主，特别花叶品种只能用分株繁殖；也可播种繁殖。分株一般在春季萌芽前或秋季叶枯黄前进行，将老株挖出，可以晾晒 1～2d，每 2～3 芽带根用快刀切分，另行栽植。

播种可 9 月份于室内盆播，在 20℃ 条件下约 30d 可发芽出苗，春季将小苗移栽露地，2～3 年即可开花。

【栽培要点】①玉簪喜阴湿环境，栽植宜选择不受阳光直射、土层深厚的肥沃地；②多采用穴植，以株行距 30cm×50cm，穴深 15～25cm 为宜，以不露出白根为度，覆土后与地面持平。种植穴应施足基肥，生长初期至开花前追施 2 次氮肥和磷肥。

【栽培史】中国自汉代起就有玉簪应用的记载，至今已有 2000 多年的历史。1789 年传入欧洲，以后以传至日本，欧美各国也已栽培 150 多年。20 世纪中期掀起培育新品种的高潮，培育出许多花叶品种，20 世纪 80 年代中国引进该品种，并利用组织培养方法获得花叶重瓣品种"花叶仙女"（cv. Fairy Variegata）。

【应用方式】玉簪是较好的阴生植物，多植于林下作地被植物，或植于建筑物庇荫处以衬托建筑，或配植于岩石边，也可作切叶、切花材料和用于盆栽观赏。其嫩芽、花可食，全株可入药，鲜花还可提制芳香浸膏。

9.2.50 火炬花（*Kniphofia uvaria*）

【别名】火把莲、红火棒。

【科属】百合科火焰花属。

【产地与分布】原产南非，各地广泛栽培。

【形态特征】火炬花为多年生宿根草本。植株高 60～120cm，茎粗壮直立；叶革质，基生，呈带状披针形，叶背略有白粉；总状花序着生数百朵圆筒状小花，呈火把状；花冠呈橘色，花自下而上逐渐开，花期 6～8 月；蒴果黄褐色，果期 9 月。

【栽培资源】同属常见栽培的种有：

① 多花火炬花（*K. multiflora*）　花多密集，白色，花丝为花被片的 2 倍。

② 小火炬花（*K. triangularis*）　植株低矮，花色有橙红，黄色，花期 7～10 月。

【生态习性】喜温暖湿润阳光充足的环境，以生长在疏松肥沃的沙壤土为最佳。有时也半耐阴。

【繁殖】以分株繁殖为主，多在秋季花期后进行，先挖起地下部分，露出基部的短粗茎，需连根一起分株。也可进行种子繁殖。

【栽培要点】火炬花定植株距为 30～40cm，大型为 60cm，生长期需要充足的水分，栽植地应施用适量的有机肥，注意花后去残，有利于提高抗寒力。

【应用方式】火炬花花色鲜丽，是一种观赏性的花卉，多植于草坪之中作配境，在花坛、花境中片植，花枝是良好的切花材料。

9.2.51 君子兰类（*Clivia* spp.）

【别名】剑叶石蒜。

【科属】石蒜科君子兰属。

【产地与分布】原产南非，我国各地均有栽培。

【形态特征】常绿宿根花卉。根系肉质、粗大、叶基部形成假鳞茎；叶二列状交互迭生，宽带形，革质，深绿色；花葶自叶腋抽出，直立扁平；伞形花序顶生；花漏斗状，红黄色至大红色；浆果球形，成熟时紫红色。

【栽培资源】同属常见栽培的种有：

① 大花君子兰（*C. miniata*）　叶宽大，叶表面深绿色而有光泽。花葶粗壮，每花序着花 7～36 朵。花色橙色或红色，早春开花。目前，我国所有的君子兰品种都属于大花君子兰，花色以红色和橘色为主，按花系品系分类，属红色和桔色花系。

② 垂笑君子兰（*C. nobilis*）　叶片较大花君子兰稍窄，叶缘有坚硬小齿；花葶着花 40～60 朵，花呈狭漏斗状，开放时下垂，花被片也较窄。花期夏季。

【生态习性】君子兰喜凉爽、潮湿、通风良好的环境；不耐严寒，畏强烈的直射阳光；生长的最佳温度在 18～22℃之间。喜深厚肥沃疏松的土壤，适宜室内培养。

【繁殖】君子兰可采用播种或分株繁殖。人工授粉才结实。授粉后 8～9 个月果实变红可采收。种子采收后在通风透光处放置 10～15d 完成后熟，温水浸泡 24h，室温 20～25℃，

10～15d可发芽。叶长 4～5cm 时可分苗上盘。分株繁殖宜在 3～4 月换盆时进行，将母株叶腋抽出的吸芽切离，另行栽植。小芽生后半年可分株，一般在生产中多用此法。

【栽培要点】①君子兰根系发达，宜用深盆栽；②冬季予以适度干燥，促其逐渐进入半休眠状态。生长期每半月追施液肥 1 次，盛夏炎热多雨，施肥容易引起根部颈腐，故需停止使用。经常注意盆土干湿情况，出现半干就要浇 1 次，但浇的量不宜多，保持盆土润而不潮就是恰到好处。

【栽培史】20 世纪初由德国人带入青岛的有垂笑君子兰和君子兰 2 种。当时在青岛君子兰被称为德国兰，因其叶片窄长，又称青岛大叶，只在德国租界内栽培观赏。1945 年伪满光复后，君子兰才从宫廷流入民间栽培。后来由于不断更新，出现了很多新品种。

【应用方式】君子兰类植物花、叶、果、兼美，观赏期长，叶片青翠挺拔、高雅端庄，花亭亭玉立，是布置会场、楼馆会所和美化家庭环境的名贵盆花。

9.2.52　射干(*Belamcanda chinensis*)

【别名】蝴蝶花、山蒲扇、扁竹兰。

【科属】鸢尾科射干属。

【产地与分布】原产中国、日本、朝鲜，现世界各地均有分布，多生于山坡、草地、沟谷及滩地。

【形态特征】多年生宿根草本。植株高 50～100cm；叶两列互生，呈扁平宽剑形，叶茎抱茎，嵌叠状排列成一平面，聚伞花序呈伞房状，2 歧，顶生，花被片 6，橙色至橙黄色，有红色斑点；花期 6～9 月，蒴果果熟期 7～10 月。

【栽培资源】同属常见栽培的种有：

矮射干(*B. flabellata*)　较射干植株低矮，株形紧密，叶片宽，花梗短茎叶反转。

【生态习性】射干性强健，喜干燥和阳光充足的环境，较耐旱，耐寒霜，对土壤要求不严，以疏松肥沃、排水良好的沙壤土为宜。

【繁殖】射干采用播种或分株法繁殖，以分株繁殖为主。分株于早春进行，将带有 1～2 个幼芽的根茎切断，待切口稍干后地栽或盆栽即可。播种以 3 月上旬春播或 10 月秋播，播后 15d 左右发芽，幼苗有 3～4 片真叶时定植，3 年可开花。

【栽培要点】①栽培管理简单粗放，于春季萌动后和花期前后适量施薄肥，利于开花；②地栽每年施肥一次即可。

【应用方式】射干花色亮丽，叶形优美，花姿轻盈，可盆栽于室内观赏，可在草坪、坡地、林缘片植或丛植，也可做小路镶边，是优良的花坛、花境材料，还可作切花。花可食用，根状茎药用，于春秋季采挖，去须根，洗净晒干切片生用，有消热解、消炎散结、利咽的功效。

9.2.53　扁竹兰(*Iris confusa*)

【别名】扁竹根、扁竹。

【科属】鸢尾科鸢尾属。

【产地与分布】原产我国西南地区林缘、沟谷或山林草地。

【形态特征】多年生草本。根状茎横走，地上茎直立；扁圆柱形；叶聚生于茎顶，基部鞘状，相互嵌叠，排成扇状，叶宽剑形，黄绿色，两面略被白粉，无明显纵脉；花总状分枝，每一分枝着生 4～6 枚膜质苞片，内有 3～5 朵花，花白色或浅蓝色，花期 2～4 月；蒴果果熟期 5～7 月。

【生态习性】扁竹兰喜阳光充足，稍耐阴，以适度湿润，排水良好的土壤为宜。

【繁殖】采用分株繁殖。将地下横走的根茎以节切割后另行栽植即可。

【栽培要点】常作露地栽培，栽植前施足基肥，若土壤疏松排水良好则根茎顶部可低于地面，若土壤黏重则要略高于地面才利于植株生长，每年秋季再施肥1次，生长期追施稀薄液肥。生长期每周浇1次水，气温降低浇水量也需随之减少，冬季与寒冷天气应将株丛加以覆盖以防寒。

【应用方式】用于早春花丛或花境或庭院角隅。

9.2.54　德国鸢尾(*Iris germanica*)

【别名】蓝紫花、香根鸢尾、蓝蝴蝶。

【科属】鸢尾科鸢尾属。

【产地与分布】原产欧洲中部，现世界各地广泛栽培。

【形态特征】宿根草本。根茎粗壮；叶剑形；花茎高60～100cm，具2～3分枝，每茎着花3～8朵，具香气，垂瓣倒卵形，反曲下垂，紫色，重肋具黄白色须毛和斑纹，旗瓣拱形直立，深蓝紫色，花期5～6月。

【生态习性】德国鸢尾根茎粗壮，适应性强，喜阳光充足，以排水良好，湿润的土壤为宜，也耐旱。

【繁殖】常用分株繁殖，也可播种繁殖。

分株繁殖：每隔2～4年进行一次，于初冬或早春休眠期，将老株挖起，分割根茎，每块具2～3个芽，切口晾干后即可播种。

种子繁殖：通常在9月种子成熟后，随采随播，春季便可萌芽，需2～3年方可开花，也可冷藏法打破种子休眠或播种后使其在冬季继续生长，则可加速育苗，提早开花。

【栽培要点】以早春或晚秋种植为好，地栽时深翻土壤，施足基肥，以含石灰土的碱性土壤为宜。生长季保持土壤水分，花前追肥1～2次，每3～4年挖起一次，更新母株。

【应用方式】德国鸢尾花色鲜艳，常用于花坛、花镜和花丛的布置，同时又是促成栽培和切花的好材料，瓶插可赏3d左右。

9.2.55　垂花火鸟蕉(*Heliconia rostrata*)

【别名】倒垂赫蕉、五彩赫蕉、垂序蝎尾蕉、金鸟赫蕉、垂花海立康、金鸟蝎尾蕉。

【科属】芭蕉科火鸟蕉属。

【产地与分布】原产阿根廷、秘鲁，我国华南有引种栽培。

【形态特征】宿根草本。具根茎；叶革质，基生成二列；顶生穗状花序，下垂；苞片15～20，排成二列，不互相覆盖，船形，基部红色，渐向尖变黄色，边缘绿色；花黄绿色；果肉质，花期6～8月。

【栽培资源】常见栽培品种如下：

① 金鸟赫蕉(*H. latispatha*)　假茎细长，绿色。叶长椭圆状披针形，革质。5～10月开花，穗状花序顶生，直立，花序轴黄色，微曲成"之"字状；船形苞片5～9枚，长三角形，金黄色，苞片顶端边缘绿色；舌状花小，绿白色。

② 红苞蝎尾蕉(*H. pstttacorum*)　是金鸟赫蕉的栽培种。5～10月开花。花序顶生，直立，花序轴黄绿色，苞片有3～7枚，苞片中部黄色，中部至先端为鲜红色。

【生态习性】喜温热、湿润、半阴环境。生长适温20～25℃，越冬温度10℃以上。盆栽介质可用轻松、肥沃壤土。生长期需充分给水。夏季需给予半阴，否则叶子易受灼伤。

【繁殖】分株、播种繁殖。主要以分株繁殖。时间在春季进行。分株时把苗从地里挖起，把泥去掉，然后找出茎根自然分离处。用手掰开或利刃把地下茎切成若干块，栽在含有腐殖质丰富、疏松、肥沃的沙质壤土上，深度 8～10cm。

【栽培要点】①地栽或盆栽均用疏松、肥沃壤土。生长期需充分浇水，每半月施肥 1 次，切忌低温干燥；②夏季开花期适当遮阳，增施 2 次磷钾肥；③冬季强剪整枝 1 次，剪除枯叶和开过花的老茎，保持株形美观，越冬温度 12℃ 以上；④分株苗栽植，第 2 年可开花，成株栽植数年后会丛生拥挤，应强制分植，才能促进新株萌发；⑤栽培土质以富含有机质的壤土或沙质壤土为佳，排水、日照需良好，而且要避强风。

【应用方式】垂花火鸟蕉两列下垂的船形苞片，鲜艳美观，十分奇特，是珍贵的切花材料。花期长达 45～60d，也适用于室内景观布置和盆栽观赏。

9.2.56　地涌金莲（*Musella lasiocarpa*）

【别名】地金莲、地涌莲、地母鸡宝兰花。

【科属】芭蕉科地涌金莲属。

【产地与分布】原产我国云南西北部金沙江干热河谷，云南特有的野生花卉。近年经过人工移植引种，主要分布于亚洲及非洲热带亚热带地区。

【形态特征】多年生常绿草本植物。植株矮小，一般高 1m 以下；茎丛生，地上部分为假茎，高 60～100cm；叶大，浓绿色或粉绿色，长椭圆形，顶端锐尖，形似芭蕉叶；花序莲座状，生于假茎顶部，苞片金黄色，花被呈淡紫色，花 2 列，花期较长；浆果。

【生态习性】喜暖不耐寒，喜夏季湿润、冬春稍干燥的气候，喜阳光充足环境，根系要求排水好、肥沃而疏松的土壤。

【繁殖】分株、播种繁殖。以分株繁殖为主，于春季或秋季进行，把根部分蘖成幼株，连同地下匍匐茎从母株上切离另行种植。

【栽培要点】①露地栽培秋末和早春需施以腐熟有机肥；②干旱季节要适当浇水，夏季气温高，需水量增加，避免阳光直射。不耐寒，气温在 10℃ 以下就应移入室内，最好置于阳光可照射到的玻璃窗附近。适当控制水分，室温高时可往叶片上喷洒清水。每年春季换盆；③盆栽盆土可用泥炭土 6 份，园土和河沙各 2 份配制，另加少量饼肥末作基肥。生长季节约每月施 1～2 次稀薄饼肥水。由于地涌金莲生长较快，故需每年春季换 1 次盆。

【应用方式】其假茎低矮而粗壮，先叶后花，花冠硕大奇美，因此观赏价值极高。地涌金莲开花奇特，花期长，庭园中可作花坛中心或植于山石旁、窗前、墙隅，也可作切花之用，摆放于室内，增添景致。

9.2.57　鹤望兰（*Strelitzia reginae*）

【别名】天堂鸟、极乐鸟花。

【科属】芭蕉科鹤望兰属。

【产地与分布】原产非洲南部。

【形态特征】常绿宿根草本，高达 1～2m。茎不明显；叶对生，两侧排列，革质，长椭圆形或长椭圆状卵形，叶柄中央有纵槽沟；花序外有总佛焰苞片，绿色，边缘晕红，着花 6～8 朵，外花被片 3 个、橙黄色，内花被片 3 个、舌状、天蓝色，花形奇特，宛如仙鹤翘首远望；秋冬开花，花期长达 100d 以上。

【栽培资源】常见同属观赏种有：

① 白花天堂鸟（*S. nicolai*）　叶大，叶柄长 1.5m，叶片长 1m、基部心脏形，6～7 月开花，花大，花萼白色，花瓣淡蓝色。

② 无叶鹤望兰（*S. parvifolia*）　株高 1m 左右，叶呈棒状，花大，花萼橙红色，花瓣紫色。

③ 邱园鹤望兰(*S. kewensis*)　是白色鹤望兰与鹤望兰的杂交种,株高1.5m,叶大、柄长,春夏开花,花大,花萼和花瓣均为淡黄色,具淡紫红色斑点。

④ 考德塔鹤望兰(*S. candata*)　萼片粉红,花瓣白色。

【生态习性】喜温暖、湿润气候,怕霜雪。生长适温白天20~22℃、晚间10~13℃。冬季温度不低于5℃。鹤望兰夏季宜遮阳冬季需充足阳光。

【繁殖】分株、播种繁殖。种子可在任何季节播种,种子的发芽率一般为50%左右,其发芽适宜温度为25~30℃。种子点播后,经20~25d开始长出胚根,再经35~40d,叶出土。

【栽培要点】选择排水良好、疏松肥沃、富含腐殖质的沙壤土作为基质,可用腐叶土、细沙、园土各1份配制而成,栽植时不宜过深,以不见肉质根为准,否则影响新芽萌发。其喜湿润、怕渍水,盆土应保持微潮状态,夏秋季节需充足水分,每天可向叶面喷水1~2次,花后适当减少浇水次数,合理供水。鹤望兰生长季节每隔7~10d可施一次稀薄肥水。冬季置于阳光充足处,但忌阳光直射,夏季应稍遮阳,否则易引起叶片干枯。栽植在通风处。

【应用方式】鹤望兰叶大姿美,花形奇特。盆栽鹤望兰适用于会议室、厅堂环境布置,其花茎为秋冬季节的高级切花。也可用于宾馆、接待大厅和大型会议焦点花卉装饰。

9.2.58　旅人蕉(*Ravenala madagascariensis*)

【别名】旅人木、散尾葵、扁芭槿、扇芭蕉、水木。

【科属】旅人蕉科旅人蕉属。

【产地与分布】原产于马达加斯加。我国广州及海南有少量栽培。

【形态特征】常绿乔木状多年生草本植物,高达30m。树干直立丛生,圆柱干形像棕榈,外形像一把大折扇;叶长圆形,外形像蕉叶,2行排列互生于茎顶;花为穗状花序腋生,两性,每边花序轴长有5~6枚佛焰苞,总苞片船形,先端锐尖,佛焰苞长25~35cm,宽5~8cm,内有花5~12朵,排列成穗状花序;花萼片3枚披针形,革质;花瓣3枚、白色,蒴果,种子肾形。

【生态习性】喜光,喜高温多湿气候,生长适温25~32℃,冬季温度不低于16℃。要求疏松、肥沃、排水良好的土壤,忌低洼积涝。

【繁殖】分株繁殖。在早春和花后将母株旁生的子株,用利刀从基部切开,小心分开根茎,每株须带2~3个芽,直接盆栽或地栽。

【栽培要点】盆栽用30~40cm木桶,盆土用肥沃园土、腐叶土加少量粗沙的混合土。盆底多垫粗瓦片以利排水,有利于肉质根的发育。栽植时不宜过深,以不见肉质根为准,过深影响新芽萌发。生长期每月施肥1次,特别在长出新叶时要及时施肥。旅人蕉生长迅速,盆栽必须每年换盆。夏季注意防强风吹刮,以免叶片撕裂,影响株形美观。

【应用方式】旅人蕉树姿高雅,树形别致,叶硕大奇异,姿态优美,富有热带风光,适宜庭园树或独赏树,或孤植,列植置景。常在热带公园、风景区栽植观赏。

第 10 章　球根花卉

10.1　概述

10.1.1　球根花卉的定义和种类

10.1.1.1　球根花卉的定义

球根花卉是指地下器官(包括根和地下茎)变态膨大,成球状或块状的多年生草本植物。

球根有两种功能,一是储存营养,为球根花卉新的生长发育提供最初营养来源;二是可用来繁殖新的个体,可通过分株或分割来进行营养繁殖。

10.1.1.2　球根花卉的种类

球根花卉按其地下器官的形态特征可分为球茎、鳞茎、块茎、根茎和块根类;依生态习性可分为春植球根花卉和秋植球根花卉。

(1) 依地下器官的形态特征分类

① 球茎类　地下茎肥大变成球形、扁球形,外部有数层由叶片退化的膜质表皮,球体上有节、芽和侧芽,内部实心,质地坚硬。如唐菖蒲、小苍兰、慈姑。

② 鳞茎类　由多数肥厚鳞片着生于极度短缩的盘状茎上形成。外被干皮或膜质皮的叫有皮鳞茎,如郁金香、水仙、朱顶红;外面无包被的叫无皮鳞茎,如百合、贝母。

③ 块茎类　地下茎肥大呈不定形的块状体,其顶端通常具几个发芽点,表面也分布一些芽眼。如马蹄莲、白头翁、仙客来。

④ 根茎类　地下茎膨大呈根状,其上具明显的节与节间,节上有芽,节处生根,并有横生分枝,每个分枝的顶端为生长点,如荷花、姜花、美人蕉、球根鸢尾。

⑤ 块根类　根明显膨大呈块状,外形同块茎,但其上无芽眼,有不定根。如大丽花、花毛茛。

(2) 依生态习性分类

① 春植球根花卉　春季栽植,夏秋开花,入冬后地上部分枯死,地下部分休眠。如美人蕉、唐菖蒲、大丽花。

② 秋植球根花卉　秋季栽植,秋冬季开始生长发育,次年春季至初夏开花。如郁金香、水仙、风信子。

10.1.2　生长发育特点

10.1.2.1　生长发育对环境条件的要求

① 对温度的要求　春植球根花卉原产热带、亚热带。生长季节要求高温,耐寒力弱,秋季温度下降后,地上部分停止生长,进入休眠。耐寒力弱的种类需要在温室中栽培。秋植球根花卉一般原产温带冷凉气候地区,较耐严寒,秋植寒冷气温下,地下部分开始萌发抽生,地上部分则生长很少;严寒时,停止生育,被迫休眠;春季气温转暖时,恢复生长,地上部分迅速抽叶开花;入夏高温,地上部分生长减弱或枯黄,进入休眠,花芽分化一般在夏

季休眠期进行。

② 对光照的要求　大多数球根花卉喜阳光充足，一般为中日照花卉，只有少数种类是长日照花卉，如唐菖蒲。

③ 对水分的要求　球根是旱生形态，土壤中不宜有积水，尤其在休眠期。

④ 对土壤的要求　大多数球根花卉喜疏松肥沃、中性至微碱性的沙质壤土或壤土。少数种类如番红花属的一些种类和品种在潮湿、黏重的土壤中也能生长。

10.1.2.2　主要繁殖方式

球根花卉主要采用分球繁殖，可以分栽自然增殖球或人工增殖球，自然增殖力差的块茎类花卉主要采用播种繁殖。还可依花卉种类不同，采用鳞片扦插、分珠芽等方式繁殖。

10.1.3　栽培管理措施

10.1.3.1　土壤管理

球根花卉对整地、施肥、松土的要求较宿根花卉高，喜土层深厚、疏松。因此，栽植球根花卉的土壤应适当深耕，一般在 40～50cm，并在土壤中施足基肥。用于球根花卉的有机肥必须充分腐熟，否则会导致球根腐烂。

10.1.3.2　肥水管理

球根花卉喜磷肥，对钾肥需求量中等，氮肥不宜多施。施肥的原则略同于浇水，休眠期不追肥，一般旺盛生长季应定期追肥。

球根花卉栽植时土壤湿度不宜过大，湿润即可。种球发根后发芽展叶，正常浇水，保持土壤湿润，生长期则应供足水分。球根接近休眠时，土壤宜保持干燥。休眠期原则上不浇水，夏秋季休眠的种类在土壤过于干燥时可浇少量水，使球根干缩即可。

10.2　球根花卉各论

10.2.1　白头翁(*Pulsatilla chinensis*)

【别名】毛公花、毛姑朵花。

【科属】毛茛科白头翁属。

【产地与分布】原产我国，除华南外各地均有野生种。

【形态特征】多年生草本。植株高 15～35cm，地下有块茎，三出二回羽状复叶，叶缘有锯齿，叶密被白色长毛；花梗从叶丛中抽生，被毛，花单生，花萼 6 片瓣化，蓝紫色，花期 4～5 月；花谢后，花柱宿存有银丝状毛。

【栽培资源】同属栽培种有：

① 朝鲜白头翁(*P. cernua*)　叶基生，羽状深裂，花紫红色。

② 欧洲白头翁(*P. vulgaris*)　全株被长毛，小裂叶线形，花蓝色至深紫色。

【生态习性】性喜凉爽气候，耐寒忌热，忌湿和盐碱，喜半阴，在干燥、向阳、肥沃的排水良好的沙质壤土上生长良好。

【繁殖】可用播种、分株繁殖。可在春季和秋季播种，播后保湿，1～2 周后开始发芽；秋末落叶后，将植株挖掘后取块茎在室内用湿沙层积，第二年春取块茎进行催芽，萌芽后切割块茎，栽于盆中。

【栽培要点】①白头翁地下块茎肉质，栽培中要求土壤排水良好，盆栽忌黏土，露地栽培宜在地势高向阳处；②实生繁殖宜随采随播，保证播种发芽率，次年播种的需要进行种子贮藏；③童期生长较缓慢，生长季可薄肥勤施，夏秋季保证间干间湿，冬季控制水分。

【应用方式】白头翁花色艳丽、花后结实的形态奇特，常在林间群植，或在花境中栽植，盆栽观赏亦有较高价值。植物根状茎可入药。

10.2.2　花毛茛(*Ranunculus asiaticus*)

【别名】芹菜花、波斯毛茛。

【科属】毛茛科毛茛属。

【产地与分布】原产欧洲东南部和中东地区。现世界各地均引种栽培。

【形态特征】多年生花卉，地下部分为块根。植株高25～40cm，三出二回羽状复叶，小裂叶深裂；花梗中空，有1～4朵小花组成，花有单瓣和重瓣，花有鲜黄、白、红、紫色；花期春季。

【生态习性】喜光照充足、通风良好的冷凉环境，耐半阴，忌霜冻，不耐旱，喜湿润、肥沃疏松的壤土。冬季不耐0℃以下的低温。

【繁殖】可用分块根和播种繁殖。重瓣品种分块根在秋季进行，人为将块根分割后使每一块根都带有部分茎，独立栽植；夏季结籽采收后，种子通风处阴干后，入秋后9月份播种，发芽适温20℃，3周后发芽，小苗在温暖地区可露地越冬，在华北地区需在温室中越冬。

【栽培要点】①花毛茛幼苗期在秋冬生长期注意肥水充足，每半月施1次肥，花后再施2次；②生长期水分管理忌过湿或过旱，保证土壤湿润；③夏季地上部分干枯后，将块根挖掘后进行贮藏，秋后再进行种植；④不留种的植株在花谢后就进行摘除花枝，避免结果减少养分消耗，有利于营养向地下块根输送；若要留种，则每株只留一花结实，其余花朵及时摘除。

【应用方式】花毛茛色艳，花姿优美，重瓣种类是优良的切花品种，亦是花坛、花境群植的优良材料，也宜用于林缘下、岩石园中片植观花。

10.2.3　大花酢浆草(*Oxalis bowiei*)

【别名】酸溜溜、酸不浆。

【科属】酢浆草科酢浆草属。

【产地与分布】原产南非，现世界各地均有栽培。

【形态特征】多年生草本，株高10～15cm，植株被短柔毛。根茎匍匐，具肥厚的纺锤形根及呈卵圆形的被膜球茎。叶多数，基生；小叶3，伞形花序基生，总花梗高于叶丛，具花4～10朵；花瓣5枚，基部具爪，花有粉红、红、紫红等色，花期10月～翌年4月。蒴果。

【栽培资源】常见的栽培种有：

①多叶酢浆草(*O. adenophylla*)　块茎，小叶9～22枚，叶色灰绿色至淡绿色。花淡紫色、粉红色等。花期5～6月。

②伞房酢浆草(*O. corymbosa*)　被膜球茎，小叶3枚，暗绿色，被毛。花淡蓝色、紫红色等。花期5～6月。

③巴西酢浆草(*O. braziliensis*)　球茎，小叶3枚，暗绿色。花色浅玫红至紫红色。花期5月。

④南非酢浆草(*O. hirta*)　球茎，小叶3枚，绿色，被毛。花堇色，花冠筒黄色。花期秋季。

⑤紫色酢浆草(*O. purpurea*)　被膜球茎，小叶3枚，叶面绿色，光滑，叶背淡紫色。花粉红、白、紫、蓝紫等色，花冠筒黄色。花期秋季。

【生态习性】大花酢浆草要求温暖湿润、通风良好的环境，喜阳光，但也耐半阴。耐寒性不强，要求含腐殖质而又排水良好的沙质壤土。

【繁殖】大花酢浆草以分株为主。春秋两季进行分株，把休眠的根茎取出横向埋进土里，栽后浇透水，置于阴处缓几天苗。也可用播种法，春秋盆播保持土壤湿润，25℃左右时在7～10d发芽，春播苗当年开花，秋播时来年开花。

【栽培要点】①因大花酢浆草具有在光照下开放、阴处闭合的特性，须种植在光照好的地方；②种植时块茎应浇水，开花期间，基质必须保持湿润，以防止叶片黄化，但水分过多则易引起根系腐烂；③萌芽时施少量化肥，平时施几次液肥即可。

大花酢浆草在秋季发芽前，当叶片完全生出后，1～2d浇一次水，同时开始追施液肥，可每10～15d浇一次腐熟淡液肥。开花期每7～10d施肥一次。花后浇水、施肥照常进行。进入夏季休眠期，可不再施肥，并要控制浇水。

【应用方式】大花酢浆草矮生繁密，花期甚长，花色鲜艳，姿态娇美。可用于室内盆栽观赏，或花坛、花境的镶边，为优良的地被植物。

10.2.4 仙客来(*Cyclamen persicum*)

【别名】萝卜海棠、兔耳花、一品冠。

【科属】报春花科仙客来属。

【产地与分布】原产南欧及突尼斯和地中海沿岸一带等地，现世界各地均有栽培。

【形态特征】多年生草本。株高20～30cm，具扁圆形多肉块茎；叶丛生块茎顶端，具长柄，肉质，褐红色，叶片大，肉质，近心形，有银白色斑纹，背面暗红色；花单朵腋生，花大型；花梗细长，肉质；花梢下垂，花瓣向外反卷如僧帽状；有白、粉红、洋红、紫红等色，还有皱，齿边及具香气的类型和品种；花期自秋至春；蒴果球形，种子褐色。

【栽培资源】栽培品种较多，按花型分类：

① 皇冠型　开花时花瓣反卷，花瓣平展，直立或基部向上旋转、扭曲联合成开放型筒状。自基部向上逐渐开张，因看似皇冠而定名。

② 蝴蝶型　开花时花瓣反卷，花瓣大而宽、平展、直立成折叠状，因看似瞬间停留小憩的蝴蝶而定名。

③ 灯笼型　开花时花瓣下垂，呈半开状，花瓣边缘有深浅不同的皱褶和细缺刻、花瓣较宽，因花开时的形状似灯笼而定名。

④ 牡丹型　此类型花为仙客来雄性不育系所特有。花瓣多枚，因花开时形似开放的牡丹而定名。

【生态习性】性喜温凉湿润及阳光充足的气候和肥沃、疏松、排水良好的微酸性沙质壤土。忌夏季高温高湿，休眠期喜冷凉干燥；生长发育适温15～20℃，生长期适宜的相对湿度为70%～75%。为半耐寒性球茎花卉。

【繁殖】播种和分球根繁殖。播种繁殖，春秋均可，播后置于18～20℃温度条件下，保持黑暗，4～5周可发芽。如播种前用30℃温水浸种2～3h，可提早半月左右出土。

分球根繁殖，在老球根休眠以后的9～10月进行。选好的老球根用利刀切开，每个茎块上都必须有芽根，切口要及时涂抹草木灰或硫黄粉，放在阴凉、通风、干燥处，待切口干缩后再进行分球根栽培。

【栽培要点】播种发芽后应将盆移至光照充足处，保持湿润。幼苗3片真叶时，及时移苗分栽；分栽时株间距5cm左右，以后随苗增大，逐渐换入大一号盆中，并注意栽植深度。出土幼苗很快形成小球茎，栽时不能将球全埋入土内，要露出2/3；幼苗生长7～8片叶时即可定植14～16cm径的花盆中。

盆栽土可用草炭、蛭石与炉渣等配制，pH值6.5；定植时将球2/3埋入土中。使室温气温保持 28℃以下，夏季要注意加强通风，生长期每周或 10d 追施 1 次氮磷钾等量稀薄液肥，现蕾时需适时喷施 0.3‰磷酸二氢钾水溶液；花期要停止施肥并控制浇水。

【栽培史】原产地中海沿岸，20 世纪二三十年代引进我国。

【应用方式】仙客来花形别致，色彩丰富娇艳，株态翩翩，是冬春季优美的盆花。常用于室内布置，摆放窗台、案头、花架、装饰会议等。又可作切花。

10.2.5　大岩桐(*Sinningia speciosa*)

【别名】丝绒花、落雪泥。

【科属】苦苣苔科大岩桐属。

【产地与分布】原产巴西热带高原，世界各地均有栽培。

【形态特征】多年生草本，球状块茎肥大，呈扁圆形。地上茎极短，株高 15～25cm，全株密布白色绒毛；叶多对生，椭圆形或卵状椭圆形，稍呈肉质，边缘有锯齿；花大，顶生或腋生，每梗 1 花；花瓣丝绒状，5～6 浅裂，裂片矩圆形，花冠阔钟形，花有白、粉、红、紫、蓝及斑点、镶边等复色。有单瓣、复瓣之分，花期 4～7 月。蒴果。

【栽培资源】(1) 其他栽培种　同属常见栽培的种有：

① 王后大岩桐(*S. regina*)　叶面绿色，背面紫色，花从叶腋中抽出，一般 4～6 枝，花茎顶端有一朵下垂的花，花朵似拖鞋状，紫色，冠喉处有较深的紫斑。

② 杂种大岩桐(*S. hybrida*)　王后大岩桐等为其重要亲本，叶缘具浅齿，花期 6～8 月，花色艳丽，花期较长，为夏季室内盆栽佳品。

(2) 栽培品种　园艺杂种较多，按叶型花型特征可分为以下几类。

① 厚叶型　花冠 5 裂，裂片圆，早花；花大型，质厚。

② 大花型　花具 6～8 枚裂片，叶稍小，叶数多，叶脉粗。

③ 重瓣型　此型花大，2～3 层乃至 5 层的波状花瓣重叠开放。

④ 多花型　以美国育出的多花性品种为著名，花筒稍短；具 8 枚裂片。

【生态习性】大岩桐性喜温暖、湿润及半阴的环境，不耐寒冷，忌阳光强烈直射，适宜在疏松肥沃、排水良好的土壤中生长。

【繁殖】大岩桐种子繁殖容易，多不采用扦插或分球繁殖。春秋两季均可播种。种子极微小，宜播在轻松的介质，不覆土，发芽的适宜温度为 20～22℃，适温下 10 余日即可发芽。

【栽培要点】①因大岩桐喜肥，缓苗后可开始追施肥水，生长旺盛期每周追施 1 次稀薄液肥；②春末以后阳光渐烈，中午应适当遮阳，开花后光照宜稍强些，利于种子成熟与块茎发育；③浇水时，切不可将泥土沾污叶面或花蕾，否则会产生黄斑和腐烂；④大岩桐自花不孕，采种须人工辅助授粉，可选择适宜的亲本进行有目的杂交。

分苗或直接栽入盆中，初期保持高空气湿度。在生长期，冬季宜维持 18℃以上，春末和夏季中午要适当遮阳，否则光线过强，则其生长缓慢；大岩桐喜肥，每周施一次液肥，开花后逐渐减少至停止；花后及时剪去花梗，减少养分消耗。休眠期停肥控水，置通风透光适温处，也可将球茎挖出，埋于湿沙中。

【栽培史】19 世纪 60 年代国外园艺专家开始杂交育种。到 20 世纪 60 年代，美国已育出大花、深蓝色白边等重瓣品种。20 世纪到 90 年代，又选育出迷你型矮化品种。

【应用方式】大岩桐花姿妩媚、花色艳丽、花瓣质感如丝绒，最适宜于室内盆栽观赏。也用于花坛、花镜、绿地、庭院等。

10.2.6　大丽花(*Dahlia pinnata*)

【别名】大丽菊、大理花、地瓜花。

【科属】菊科大丽花属。

【产地与分布】原产墨西哥、危地马拉及哥伦比亚一代。在中国各地均有栽培，以辽宁、吉林等地最盛。

【形态特征】多年生球根花卉。地下具有纺锤状肉质块根；株高依品种而异，茎中空；单叶对生，羽状分裂，叶边缘有粗锯齿；头状花序顶生，具有长梗，舌状花中性或雌性，有单色及复色，中央管状花黄色，两性；花期夏秋季。

【栽培资源】(1) 同属主要原种有：

① 红大丽花(*D. coccinea*)　部分单瓣大丽花品种的原种，花瓣深红色。

② 卷瓣大丽花(*D. juarezii*)　仙人掌型大丽花的原种，是不规则装饰型及芍药型大丽花的亲本之一。花红色，有光泽，重瓣或半重瓣。

③ 树状大丽花(*D. imperialis*)　株高 1.8～5.4m，秋季木质化。花大，花头下弯，舌状花花白色，有淡红紫晕，管状花橙黄色。

④ 麦氏大丽花(*D. merckii*)　是单瓣型和仙人掌型大丽花的原种，株高 60～90cm，株型开展，花瓣圆形，堇色，花梗长。

(2) 栽培品种　由于栽培园艺品种极多，在花形、大小及色彩上，均与原种大不相同。目前国内常用以下几种分类方法。

① 依据花型可分为：单瓣型、领饰型、托桂型、牡丹型、球型、小球型、装饰型、仙人掌型；

② 依舌状花形状可分为：直瓣仙人掌型、曲瓣仙人掌型、裂瓣仙人掌型；

③ 依植株高度有：高型、中型、矮型、极矮型；

④ 依花色分类：红、粉、黄、橙、紫、堇、淡红、白色等单色及复色。

【生态习性】大丽花为短日照花卉。喜凉爽气候，既不耐寒，又畏酷暑，在夏季气候凉爽，昼夜温差大的地方，生长开花较好。喜富含腐殖质和排水良好的沙质壤土。

【繁殖】播种、扦插、分株繁殖。培育新品种及矮生的花坛、花境品种，多用播种繁殖。扦插繁殖一年四季皆可进行，但以早春扦插最好，将块根置于花槽中，覆上湿沙土，使根冠露出土面，待芽高 6～7cm，基部一对叶片展开时，剥取扦插，2 周后生根，便可分栽，春插苗成活率高，当年即可开花。分株，在春季发芽前将贮存的块根进行分割，每个块根需带根颈芽 1～2 个，切口涂草木灰防腐，另行栽植。

【栽培要点】定植前施足基肥。生长期避免高温高湿，适当追肥，苗期每 10～15d 追肥一次，现蕾后每 7～10d 追肥一次，以饼肥水为好。浇水应控制水分，每次只浇正常量的八成，以此控制植株的高度。大丽花开花时易倒伏，可加立柱支撑，并适当休整、整枝、摘心。

【栽培史】约于 1519 年墨西哥人从山地开始引种种植于庭院，英国约从 1798 年开始栽培，以后相继传到法、德、日、荷兰、美等国，并展开了育种工作，到了 1955 年，大丽花全世界的育成品种突破 3 万种。到了 20 世纪 60 年代全国约有 300 个品种，多作盆栽观赏。到了 20 世纪 80 年代引进实生矮性小花型种"小丽花"，是秋季重要的花坛花卉。

【应用方式】大丽花植株粗壮，花期长，花色、花型多变，是夏秋季节重要的园林花卉。适宜于布置展览、花坛、花境或庭前种植，其中矮生品种可布置花坛，高型品种可作切花。

10.2.7　蛇鞭菊(*Liatris spicata*)

【别名】麒麟菊、猫尾花。

【科属】菊科蛇鞭菊属。

【产地与分布】原产北美洲墨西哥湾及附近大西洋沿岸一带，世界各地有栽培。

【形态特征】球根花卉。春植球根，地下茎具有黑色块根；地上茎直立；叶线形或披针形，全缘；头状花序排列成密穗状，花穗长 15～30cm，约占整个花葶长的 1/2，花色分淡紫和纯白两种；花期夏末。

【生态习性】蛇鞭菊性喜阳光充足，种植地应选择疏松、肥沃、湿润的土壤。适应性强，抗旱抗寒。冬季−8℃的严寒气候条件下不需任何防寒措施，植株能安全露地越冬。

【栽培资源】栽培品种有：矮蛇鞭菊（*L spicata* 'Montana'） 株高 25～50cm，叶较原种宽，花穗稍短，花蓝紫色。主要用于花坛。

【繁殖】春、秋季分株繁殖。块根上应带有新芽一起分株。分株繁殖方法简便，容易成活，不影响开花，但繁殖量小。也可在春、秋季播种繁殖。通常第一年播种苗不开花，第二年春季生长量明显增大，并开始开花。

【栽培要点】生长期要保持土壤湿润。若花期花茎折曲，易倒伏，可设竹棍支撑。对露地越冬的植株，在春季开始生长时应施肥一次，促进生长，生长期最好每月施肥一次，开花时停止。花后把花葶剪去和摘除残叶，并加施肥料，可再次开花。种子成熟期不一致，应注意分期采收种子。

【应用方式】蛇鞭菊总花轴直立，色彩艳丽，花期长，在街心花园可成行、成丛种植，亦可装点花坛、花境，作背景材料蛇鞭菊是很好的切花材料，寓意鞭策、鼓舞。

10.2.8 马蹄莲（*Zantedeschia aethiopica*）

【别名】水芋、观音莲。

【科属】天南星科马蹄莲属。

【产地与分布】原产非洲南部的河流或沼泽地中。

【形态特征】多年生草本。具肥大肉质块茎；叶基生，具长柄，叶柄一般为叶长的 2 倍；叶卵状箭形，全缘，鲜绿色；花茎着生叶旁，高出叶丛，佛焰苞形大、开张呈马蹄形；肉穗花序圆柱形，肉穗花序包藏于佛焰苞内，鲜黄色，花序上部生雄蕊，下部生雌蕊；果实肉质，包在佛焰苞内；自然花期从 3～8 月，花有香气；果实为浆果。

【栽培资源】（1）栽培资源按叶柄的色泽划分，常见栽培的园艺类型有：

① 白柄种 叶柄基部白绿色。开花早，着花多，佛焰苞大而圆。

② 绿柄种 叶柄基部绿色。佛焰苞长大于宽，顶端尖且向后翻卷，黄白色，开花迟。

③ 红柄种 植株较为健壮，叶柄基部带有红，佛焰苞长宽相近，外观呈圆形。花期中等。

（2）按花色划分，常见的栽培品种有：

① 黄花马蹄莲 苞片略小，金黄色，叶鲜绿色，具白色透明斑点。深黄，花期 7～8 月份。

② 红花马蹄莲 苞片玫红色，叶披针形，矮生，花期 6 月份。

③ 银星马蹄莲 叶具白色斑块，佛焰苞白色或淡黄色，基部具紫红色斑，花期 7～8 月份，冬季休眠。

④ 黑心马蹄莲 深黄色，喉部有黑色斑点。

【生态习性】性喜温暖气候，不耐寒，不耐高温，生长适温为 20℃ 左右，0℃ 时根茎就会受冻死亡。冬季需要充足的日照，光线不足则花少，稍耐阴，不耐干旱。喜疏松肥沃、腐殖质丰富的黏壤土。

【繁殖】繁殖以分球繁殖为主。植株进入休眠期后，剥下块茎四周的小球，另行栽植，培养一年，第二年即可开花。也可播种繁殖，种子成熟后即行盆播。发芽适温 20℃ 左右，15d 左右出芽。

【栽培要点】①栽培用土要含微酸性，生长以施基肥为主，马蹄莲喜肥沃疏松的微酸性土壤；②马蹄莲生长开花要求空气清新，对烟熏及有毒气体十分敏感。

生长期间要经常保持盆土湿润，通常向叶面、地面洒水，以增加空气湿度。每半月追施液肥 1 次。开花前宜施以磷肥为主的肥料，以控制茎叶生长，促进花芽分化，保证花的质量。生长期间若叶片过多，可将外部少数老叶摘除，以利花梗抽出，2～5 月是开花繁茂期。植株开始枯黄，应渐停浇水，适度遮阳。

【应用方式】马蹄莲花朵美丽，苞片形状奇特，花期特别长，是装饰客厅、书房的良好的盆栽花卉，也是切花，花束、花篮的理想材料。

10.2.9　大花葱(*Allium giganteum*)

【别名】高葱、砚葱。

【科属】百合科葱属。

【产地与分布】原产中亚和喜马拉雅地区。

【形态特征】多年生球根花卉。鳞茎球形，灰黄色；叶基生，呈狭披针形；小花密集呈伞形花序，花葶高 120cm，花淡紫色，花期 6～7 月；种子黑色，7 月成熟。

【生态习性】喜阳光充足，忌湿热多雨。适应性强，较耐寒，能耐贫瘠土壤，但喜肥沃、排水良好的沙质壤土。

【繁殖】播种和分鳞茎繁殖。能自播繁衍。

【栽培要点】秋季播种，次年春季发芽，待夏季地上部分枯萎后，挖出小鳞茎放置通风良好处，秋后再另行栽植；播种需 3～4 年。秋季进行分鳞茎繁殖，覆土厚度不超过鳞茎的一倍，株距 15～45cm。生长季节应及时浇水松土，施肥，进行适当遮阳和增加空气湿度。北方栽培可露地过冬。

【应用方式】大花葱适应性强，早春萌发时嫩叶间粉紫色，有观赏价值，且花期长，花序球状，在花境中别具一格。

10.2.10　六出花(*Alstroemeria aurantiaca*)

【别名】秘鲁百合。

【科属】石蒜科六出花属。

【产地与分布】原产南美洲的智利、阿根廷，我国均有栽培。

【形态特征】多年生草本，具横向生长的肥大根茎。植株高 45～60cm；叶在茎上直立着生，叶呈披针形，光滑；伞形花序，总花梗 3～8 束，每束着生花 2～3 朵，小花具梗；花有红、粉红等多色。

【栽培资源】同属植物约 60 种，常见栽培的有：

① 粉红六出花(*A. ligtu*)　叶全缘，线状披针形；花粉色或橙红色。

② 海曼莎六出花(*A. haemantha*)　叶长披针形；花深红色。

③ 扑克尔六出花(*A. pulchra*)　叶线状披针形；花白色至粉色。

【生态习性】喜温暖、肥沃、排水好及保水好的土壤。喜光，稍耐半阴，忌积水，有一定的耐旱能力。

【繁殖】分株繁殖和播种繁殖。分株繁殖宜在 9 月中旬至 10 月上旬进行；播种多在秋季进行。

【栽培要点】六出花分株时要注意尽量少损根茎，用剪刀将根茎切离，每小丛要保留2～3 个老芽。播种后经 1 个月 0～5℃ 自然低温移至 15～20℃ 条件下，待种子发芽后温度保持在 10～20℃，当幼苗长到 4～6cm 高要及时进行分栽定植。定植前要结合整地施用充足的有机肥，定植的株行距为 40～50cm，定植地要选择排水性能好、肥沃的沙质地。夏季高温应注意肥水管理，春秋两季为生长开花旺季，应保证充足的水肥供应，多施氮、钾肥。

【应用方式】六出花花色多，花期长，可用于花境和盆花栽培，也是优良的切花花卉。

10.2.11 贝母(*Fritillaria thunbergii*)

【别名】浙贝母、象贝母。

【科属】百合科贝母属。

【产地与分布】原产浙江、江苏、湖南、湖北等地。

【形态特征】多年生球根花卉。地下部分有鳞茎，有对合而生的鳞茎2枚；茎上有紫色晕；叶线状披针形，下部叶对生，中部叶3～5枚轮生，上部叶互生；花单生茎顶端的叶腋，花钟形，下垂，花绿白色或黄绿色，基部有腺体；蒴果。

【栽培资源】同属植物约100种，常见栽培种：

① 花贝母(*F. imperialis*)　鳞茎，黄色，有臭味；茎高1m以上，上部有紫色斑点；叶披针形；伞形花序，花钟形，下垂，花期4～5月。

② 蛇头贝母(*F. meleagris*)　叶线状披针形；花紫红色，花被片有网络状条纹，有淡紫色脉。

③ 伊贝母(*F. persica*)　花淡黄色，无网络状条纹，内部有紫色斑点。

④ 波斯贝母(*F. imperialis*)　叶狭披针形；总状花序，花钟形，下垂，深紫色。

【生态习性】喜凉爽温和气候和肥沃、排水良好的土壤，耐寒耐阴。

【繁殖】分栽小鳞茎、扦插鳞片繁殖和播种繁殖。

【栽培要点】多在秋季进行栽植。种球覆土厚土为5～6cm；栽植地应深翻，施用充分腐熟的有机肥及过磷酸钙作基肥。生长期需注意蔽荫，开花前后要适当追肥，注意保持土壤湿润。播种繁殖在6月种子成熟后采下并立即播种，翌年春季发芽，3～4年开花。

【应用方式】贝母的叶、花均具观赏价值，在庭院中花坛、花境，可作切花，贝母还可作药材栽培。

10.2.12 嘉兰(*Gloriosa superba*)

【别名】火焰百合、嘉兰百合、蔓生百合。

【科属】百合科嘉兰属。

【产地与分布】原产云南南部，亚洲和非洲热带地也有分布。

【形态特征】多年生蔓性草本。块状根茎，肥大；叶互生，对生或3片轮生，叶先端卷曲；伞形花序，花被片6，离生，花瓣反曲，边缘皱波状；花期约5～9月；蒴果。

【生态习性】嘉兰喜温暖湿润，要求土壤疏松肥沃，排水性良好，耐阴，不耐寒。

【繁殖】切根状茎繁殖和播种繁殖，还可进行扦插繁殖。早春时，将分布密集的根状茎切成10～12cm一段，且每一段块茎必需有芽眼浅埋入沙中。播种在秋季采收后进行，也可在翌年2～3月播种；扦插在春季将蔓生枝条剪下，每2～3节作为扦穗，插入沙土中。

【栽培要点】嘉兰的越冬温度不低于8℃，12℃以上可以正常生长，其生长的最适温度为22～24℃。生长期可以适当密植，充分利用栽植地。宜施用马粪来提高产量。要设支架以绑缚枝蔓。

【应用方式】嘉兰花色鲜艳，花期长，是热带、亚热带地区垂直绿化的优良花卉。果壳、种子能提取秋水仙碱，块状茎药用。全株有毒。

10.2.13 风信子(*Hyacinthus orientalis*)

【别名】五花水仙、洋水仙。

【科属】百合科风信子属。

【产地与分布】原产南欧、地中海东部沿岸及小亚细亚半岛一带，现全国各地均有栽培。

【形态特征】多年生球根花卉。鳞茎球形，皮膜具有光泽，常与花色有关；叶基生，4～6枚，带状披针形，质肥厚；花高约40cm，总状花序上密生着10～20朵小钟状花，花斜生或下垂，花多具香气，花色有红、粉、白、蓝、紫、黄、橘黄，花期3～4月；蒴果球形。

【栽培资源】（1）同属常见栽培的种有：

① 罗马风信子（*H. orientalis* var. *albulusr*）　叶5～8枚，直立有纵沟，花小，花筒纤细，花期稍早，宜作促成栽培。

② 普罗文斯风信子（*H. orientalis* var. *provincialis*）　全株细弱，叶有深纵沟，花少且较疏散，花筒基部膨大，裂片舌状。

（2）栽培品种　风信子的栽培品种甚多，有大花和小花品种，有早花和晚花品种，还有各种颜色和重瓣品种。

【生态习性】喜温暖、空气湿润、阳光充足的环境。要求疏松肥沃、排水良好的沙壤土中生长，较耐寒，忌高温。

【繁殖】以分鳞茎繁殖为主，也可进行播种繁殖。播种繁殖培养4～5年才能开花。

【栽培要点】风信子一般秋季栽植，栽植前将母球周围的子球分离，另行栽植培养。栽种时应施足基肥，各季及开花前后都要追肥1次。

促成栽培应选择充实健壮的鳞茎，秋季将鳞茎上盆，土质宜疏松肥沃。栽培后要浇透水，将其放在向阳处，并覆土，遇雨要遮盖。经两个月的低温使根系充分生长，芽开始萌动时将盆移至半阴处，温度保持在5～10℃，待叶发出后，移到阳光下。为防止蒸腾作用过强，要经常进行叶面喷水。

【栽培史】风信子有着很长的栽培历史，可追溯到15世纪。最早在土耳其的花园中种植，很快从土耳其传到了捷克斯洛伐克、匈牙利、奥地利、法国等欧洲国家。18世纪在欧洲广泛种植，并已经进行育种。风信子栽培种的数量在19世纪末达到了最高峰。中国的风信子开始于19世纪末，开始主要在沿海城市栽培，栽植并不普遍。直到20世纪80年代后，风信子才在全国各地广泛栽培。

【应用方式】风信子是重要的秋植球根花卉。花色艳丽，具有芳香，是布置花坛、花镜的优良材料，也可盆栽观赏，高型品种可供切花用。

10.2.14　百合（*Lilium* spp.）

【科属】百合科百合属。

【产地与分布】百合主要分布在中国、日本、北美洲和欧洲等温带。中国是世界百合的分布中心，以西南和华中地区为多。

【形态特征】多年生草本。鳞茎阔卵状球形或扁球形，无皮膜；地上茎直立；叶线性或披针形，具平行脉；花大，单生，簇生或总状花序，花被片6，花基部具蜜腺，花白、粉、淡绿、橙、橘红、紫或具有紫褐色斑点，花期5月下旬～10月，常具芳香；蒴果，种子扁平。

【栽培资源】（1）百合类常见栽培种有：

① 麝香百合（*L. longiflorum*）　鳞茎，呈黄白色；花单生或2～3朵生于短花梗上，花白色基部带绿晕，花筒长10～15cm，上部扩张呈喇叭状，具浓香，花期5～6月。

② 卷丹（*L. lancifolium*）　鳞茎，白色至黄白色；叶狭披针形，叶腋处有黑色珠芽；总状花序，花瓣橘红色，反卷，内部散生黑色斑点，花期7～8月。

③ 川百合（*L. davidii*）　鳞茎白色；叶线性；花2～30朵下垂，砖红色至橘红色，带黑

点，花被片反卷，花期7~8月。

④ 山丹（*L. pumilum*）　鳞茎白色；叶狭披针形；花一至数朵顶生，不反卷，红色，无斑点，花期6~7月。

⑤ 王百合（*L. regale*）　鳞茎红紫色；花喇叭状，1~20朵着生花梗上，白色，喉部黄色，花被外具粉红色晕，具芳香，花期8~10月。

⑥ 百合（*L. brownii*）　鳞茎黄色有紫晕；花乳白色，单生，喇叭状，基部黄色，背部中肋稍带粉紫色，具芳香，花期8~10月。

(2) 栽培品种　百合类的园艺品种很多，按品种的叶序和花型可分为四类。

① 百合组　叶散生，花茎喇叭形或钟形，花被片先端外弯。如王百合、麝香百合。

② 钟花组　叶散生，极少轮生；花朵直立，深红色，有光泽。如滇百合（*L. bakerianum*）、毛百合（*L. dauricum*）。

③ 卷瓣组　叶散生；花被片反卷或不反卷。如卷丹、山丹、药百合（*L. speciosum*）、宝兴百合（*L. duchatrei*）。

④ 轮叶组　叶轮生；花被片反卷或不反卷，有斑点。如青岛百合（*L. tsingtauense*）。

【生态习性】百合种类繁多，分布广，所需生态条件也不同，大多数百合喜湿润，冷凉气候。要求土壤疏松肥沃，排水良好，具有丰富腐殖质的土壤。多数种类喜微酸土壤。

【繁殖】百合采用分球，分珠芽，扦插鳞片及播种繁殖，还可以用组织培养。以分球法最为普遍。分球繁殖：将小球与母球分离，另行栽植，为使百合产生较多的小球，可适当深植鳞茎或在开花前后切除花蕾，也可在植株开花前后，将成熟茎切成小段，埋于湿沙中。

珠芽繁殖：叶腋处能自生珠芽的种类，待花后珠芽尚未脱落前采集并及时插入苗床或贮藏沙中，待春季栽种。扦插鳞片：春季选取成熟健壮无病的鳞片斜插于粗沙或蛭石中，鳞片内侧面朝上，顶端微露土即可。在15~20℃条件下，月余在鳞片伤口处便产生带根子球。播种繁殖：在种子成熟采后播种，20~30d可发芽，7~12个月可获得开花种球。

【栽培要点】百合的栽植地要求土层疏松深厚，排水良好，富含腐殖质的土壤。整地前施入充足的腐熟堆肥和适当磷、钾肥作为基肥，将肥料深翻入土混合均匀。种球忌与肥料接触，百合要深植，深度约为鳞茎的3倍，栽好后覆盖保持湿润。

春季萌芽生长期与花茎抽生期要有充足的水、肥供应。生长期施用氮肥，促进植株生长、叶色加深；施用磷肥促进生根；高大植株在生长期时，需要支柱缚扎，防止倾倒。生长中期及现蕾前要施1~2次骨粉或草木灰。采收后分栽，若不能及时栽种，应用潮湿沙假植并放置阴凉处。

作促成栽培的百合，9~10月将鳞茎栽于温室中，保持低温，待11~12月芽出后需要充足的阳光，将温度升至16~18℃，约12周开花。作切花的花枝，在第一朵花蕾开放时剪取；插瓶装饰的花朵要及时去除花药。

【栽培史】《圣经》上记载：以色列国王所罗门（公元前1033~975年）的寺庙柱顶上，就有百合的装饰。18世纪后，美国产的百合始传欧洲，中国原产百合也相继引入欧洲，以后百合在欧美广泛栽培。19世纪后期，由于百合病害的蔓延，大多数品种都濒于灭绝的危险。到20世纪初，欧洲人发现并引种我国的岷江百合，进行杂交育种，培育出许多适应性强的新品种。第二次世界大战后，欧洲国家相继掀起了百合育种的新高潮。

我国栽培历史悠久，汉代医药名家张仲景在《金匮要略》中详述其药用价值；南北朝时（公元420~589年）梁宣帝曾为百合题诗；唐代王劢著《百合花赋》；明代王象晋《群芳谱》中，集述了历代有关百合资料与诗赋词曲等；清代陈淏子的《花镜》中有山丹、百合、番山丹等百合属花卉记述。宋代罗愿《尔雅翼》记载：小者如蒜，大者如碗，数十片相累，状如白莲花，言白片合成也。故名百合。20世纪80年代以来，我国也开始了百合的杂交育种。

【应用方式】百合品种资源丰富，花色多，花期长，是重要的球根花卉。在园林中，用高、中茎种类作灌木林缘配置，中、低品种片植；作花坛、花境布置；也可作岩石园点缀；高茎品种是优良的切花花卉；利用自然花期的差异，还可以布置成专类园。

10.2.15　葡萄风信子(*Muscari botryoides*)

【别名】蓝壶花、葡萄百合、葡萄麝香兰。

【科属】百合科蓝壶花属。

【产地与分布】原产中南欧至高加索，我国各地均有栽培。

【形态特征】多年生球根花卉。地下鳞茎卵圆形，白色；叶基生，线性，稍肉质；总状花序顶生，多数小壶状花簇生顶端，花白色或蓝色，花期3～4月；蒴果。

【栽培资源】蓝壶花属有30多个种，分布于地中海地区和西亚，常见栽培的有：

① 亚美尼亚蓝壶花(*M. armeniacum*)　植株半直立性，叶狭线形或稍反卷，长约30cm；总状花序密集着生，花序长2～8cm，小花球形，亮蓝色，具明显白色开口，花期早春。

② 丛生葡萄风信子(*M. comosum*)　叶宽而长；上部花紫色或蓝色，不育，下部花淡黄色，可育。

【生态习性】葡萄风信子适应性强，较耐寒，不耐热，喜肥沃深厚，含丰富腐殖质的沙质壤土，在全光、半阴环境中都可生长。

【繁殖】分鳞茎繁殖和播种繁殖。将母株周围自然分生的小球分开，秋季另行栽植，1～2年即能开花。具有自播能力，可用种子繁殖，3～4年开花。

【栽培要点】葡萄风信子为秋植球根花卉，种植前要施用充足过磷酸钙或腐熟的厩肥作基肥，定植株行距10cm左右。栽植选用温暖向阳地方，是花茎迅速伸长。生长期注意适当追肥利于开花。

【应用方式】葡萄风信子植株低矮，花期早且长达2个月，宜作地被花卉，作草坪镶边，花坛栽植，还可栽种于岩石园中，此外还是切花和盆花的优良花卉。

10.2.16　虎眼万年青(*Ornithogalum caudatum*)

【别名】鸟乳花、海葱。

【科属】百合科虎眼万年青属。

【产地与分布】原产地中海沿岸，我国各地多盆栽。

【形态特征】多年生球根花卉。具有卵形鳞茎，呈绿色而光滑；叶基生，带状，近肉质；花葶长约100cm，50～60朵小花顶生呈总状花序，花星形，白色，花被片白色，中间有一条绿色带脊，花期4～5月；蒴果，种子黑色。

【生态习性】喜阳光耐半阴，忌炎热，不耐寒，对土壤适应性强，要求土壤排水良好。

【繁殖】春季分鳞茎或夏季分栽短匍茎繁殖，也可进行播种繁殖。分鳞茎不宜把小球种的太深，覆土厚度不超过球直径的1倍。播种繁殖需3～4年才能开花。

【栽培要点】虎眼万年青的成活率高。栽植前应施基肥，生长期要多施追肥，夏季要遮阳，冬季要防寒，土壤要求湿润排水良好。花后要去残，留种除外。其生长最适温度为15～28℃。

【应用方式】虎眼万年青的叶颇具特色，随风摇曳，其绿色鳞茎透明有质感，置于室内作盆栽观赏，此外可作花坛镶边或点缀岩石园。

10.2.17　郁金香(*Tulipa gesneriana*)

【别名】洋荷花、草麝香。

【科属】百合科郁金香属。

【产地与分布】多产于地中海、土耳其、中亚。现世界各地均有栽培。我国约产 10 种，主要分布在新疆。

【形态特征】多年生球根花卉。植株高 20～90cm，鳞茎卵球形，具有棕褐色皮膜；茎叶光滑被白粉，叶呈带状披针形至卵状披针形，边缘呈波状；花单生枝顶，呈杯状，花色丰富，有白、红、橙、紫等，花期 3～5 月，花白天开放，夜晚或阴雨天闭合；蒴果，种子扁平。

【生态习性】喜夏季凉爽干燥、冬季温暖湿润的环境。喜阳光充足，耐寒性强却不耐炎热。喜富含腐殖质且排水良好的土壤。生长最适温度为 18～22℃。

【繁殖】采用分球繁殖和组织培养，也可进行播种繁殖。以鳞茎栽培为主，秋植球根花卉，秋末萌发，早春开花，初夏进入休眠。

【栽培资源】根据花期、花型、花色将郁金香分为以下几种类型。

（1）早花品种　花期在 4 月中旬至下旬。植株矮小，花色有金黄、白色、橙红、橙黄等。一般为单瓣和重瓣。

（2）中花品种　花期在 4 月下旬，适合切花生产。

① 达尔文杂种系　是达尔文系和福特斯郁金香杂交所得。植株高 50～75cm；花大，花梗健壮，花冠略方形，花橙红色、深黄色、白色等。

② 特瑞安福安品系　是早花系与达尔文系杂交所得。花单瓣，许多品种花瓣有镶边。

（3）晚花品种　花期在 4 月下旬至 5 月上旬。

① 百合花型郁金香系　花瓣尖端明显长尖。常见栽培品种有：'五月'（'May Time'）；'红辉'（'Red Shine'）等。

② 线缘型　花瓣边缘呈锯齿状突起，花型独特。

③ 单瓣型　种球大而充实，植株高大。

④ 重瓣型　植株高大，种球肥大充实，重瓣，花朵较大。

⑤ 鹦鹉型　花大，花瓣边缘扭曲，栽培品种有：'黑鹦鹉'（'Blackporrot'）。

⑥ 绿色品种　花瓣中央呈绿色或花被片上含有绿色斑纹。

【栽培要点】郁金香为秋植球根花卉。定植前要深耕整地，施足基肥，生长季要追肥 5～6 次，郁金香对氮的需求量大，在春季多施，磷、钾用于秋季和花后。栽后适当灌水，宜水生根。地上叶枯萎时要及时收获种球，选择在晴天收获，方便清洁表皮，收后将残根、老残母球清除，之后放置通风处并注意消毒处理。

郁金香促成栽培时，一般选早花和中花品种，选用健壮，直径在 12cm 以上的种球。鳞茎挖出后，选择优质鳞茎风干，放在 20～25℃ 条件下 1 个月左右，促使形成花芽，再放在 17～18℃ 条件下 15～20d，促进花器官和根原基进一步形成。取出鳞茎，种植在土壤中，促使其生根发育。

【栽培史】欧洲最早在奥地利出现郁金香，从土耳其引入。1593 年，第一颗郁金香的种球由一个荷兰商人格纳，从土耳其引入。现在郁金香已遍布世界各地，其中以荷兰栽培最为盛行。在第二次世界大战时期，希特勒铁蹄凶残地践踏了荷兰的国土，荷兰人一直过着饥寒交迫的日子，为了求生，很多人以郁金香的鳞茎为食渡过难关，之后为了永记这个难忘的岁月，荷兰人将郁金香奉为国花，并大量栽植。中国 19 世纪开始引进。

【应用方式】郁金香是最重要的春季球根花卉花卉之一。花色丰富，开花整齐一致，可用于布置春季花坛、花境，也可丛植于草坪、林缘、小溪边，是重要的早春盆花；是著名的鲜切花材料。

10.2.18　百子莲(*Agapanthus africanus*)

【别名】百子兰、紫君子兰、紫穗兰。

【科属】石蒜科百子莲属。

【产地与分布】原产南非，我国各地均有栽培。

【形态特征】多年生草本。植株高 40～80cm；叶 2 列基生，线性、披针形，光滑；10～50 朵小花顶生呈伞形花序，花瓣 6，花冠漏斗形，花期 7～8 月，蒴果。

【栽培资源】同属常见栽培约 9 种，均产南非，常见栽培有：

① 东方百子莲(*A. orientalis*)　叶宽而软，向下弯曲，40～110 朵小花顶生呈伞房花序。

② 垂花百子莲(*A. pendulus*)　落叶草本，花深紫色，较耐寒。

【生态习性】喜温暖湿润、富含腐殖质而排水良好的肥沃土壤，忌积水，具有一定的抗寒能力。

【繁殖】分株繁殖和播种繁殖，以分株繁殖为主。播种繁殖需经过两个低温阶段才能发芽，实生苗 5～6 年才能开花。

【栽培要点】分株繁殖以秋季花后为宜，分株后应加强肥水供应。夏季应放在阴凉和通风良好的地方养护，并施用过磷酸钙和草木灰追肥。冬季应控制浇水，越冬温度不得低于 5℃。喜肥喜水，但不能积水，否则容易烂根。花前应多施磷肥，有利于花色艳丽，花后要严格控制浇水，宜干不宜湿。

【应用方式】百子莲花朵繁茂，花色艳丽，可用于布置花坛、花境；可作盆栽观赏，在温暖地区还可用于露地切花。

10.2.19　朱顶红(*Hippeastrum rutilum*)

【别名】百枝莲、株顶兰、孤挺花、华胄兰。

【科属】石蒜科孤挺花属。

【产地与分布】原产美洲热带和亚热带。

【形态特征】鳞茎球形，较大；叶 6～8 枚，带状或线形，与花同时抽出或花后同出；伞状花序，花 3～6 朵，花大漏斗形，平伸或稍下垂；花被片红色，中心及边缘有红色条纹，或白色具红紫色条纹，喉部有小而不明显的副冠；果实为蒴果。

【栽培资源】同属常见栽培的种有：

① 美丽孤挺花(*H. aulicum*)　花深红或橙色，有香气。

② 短筒孤挺花(*H. reginae*)　花被筒短，裂片倒卵形，花亮红色，具白色星点。

③ 网纹孤挺花(*H. reticulatum*)　花粉红或鲜红色，有不明显网状条纹。

【生态习性】朱顶红喜温暖湿润气候，生长适温为 18～25℃，忌酷热，阳光不宜过于强烈，应置荫棚下养护。怕水涝。冬季休眠期，要求冷凉的气候，以 10～12℃为宜，不得低于 5℃。喜富含腐殖质、排水良好的沙壤土。

【繁殖】朱顶红常用分球和播种繁殖，也可用组培、扦插繁殖。分球繁殖于 3～4 月将母球周围的小鳞茎取下繁殖。注意勿伤小鳞茎的根，可盆栽也可地栽，栽时需将小鳞茎的顶部露出地面。朱顶红经人工授粉容易结实，授粉后 60 余天种子成熟，熟后即可播种，播后置半阴处，保持 15～18℃和一定的空气湿度，15d 左右可发芽。实生苗需养护 2～3 年方可开花，最快的 18 个月就能开花。

【栽培要点】选用大而充实的鳞茎，用含腐殖质肥沃壤土混合以细沙作盆栽土最为合适，盆底要铺沙砾，以利排水。鳞茎栽植时，顶部要稍露出土面。将盆栽植株置于半阴处，避免阳光直射。生长和开花期间，宜追施 2～3 次肥水。鳞茎休眠期，浇水量减少到维持鳞茎不枯萎为宜。若浇水过多，温度又高，则茎叶徒长，妨碍休眠，影响正常开花。

【应用方式】朱顶红花大色艳，喇叭形，加上叶片鲜绿洁净，故特别适合盆栽。园林中可用于花境、丛植。其茎干较长，还可用作切花。

10.2.20　文殊兰类(*Crinum* spp.)

【别名】十八学士、白花石蒜。

【科属】石蒜科文殊兰属。

【产地与分布】原产于亚洲热带，我国南方热带和亚热带省区有栽培。

【形态特征】多年生球根草本花卉。地下为鳞茎；叶片宽大肥厚，常年浓绿；花葶一年四季均直立生出，高于叶丛；伞形花序顶生，着花 20 朵；花漏斗形，花瓣细条状，反卷，白或有红条纹或带红色，盛花期在 7 月；蒴果。

【栽培资源】同属常见栽培的种有：

① 文殊兰(*C. asiaticum* var. *sinicum*)　株高 1～1.5m。鳞茎较大，长圆柱形；叶多数密生，长带状，边缘波状；花茎从叶腋抽出；花被片窄线形，花被筒细长；花具芳香，白色。

② 红花文殊兰(*C. amabile*)　株高 60～100cm。鳞茎小；叶鲜绿色；花大，有强烈芳香，花瓣背面紫红色，内面白色带有明显的白红色条纹。不结实。

【生态习性】文殊兰性喜温暖、湿润、光照充足和肥沃沙质壤土环境，不耐寒，耐盐碱土，但在幼苗期忌强直射光照，生长适宜温度 15～20℃，冬季鳞茎休眠期，适宜贮藏温度为 8℃左右。

【繁殖】采用分株或播种繁殖。春季分株，将其吸芽分离母株另行栽植，栽植不宜太深。种子采下后应马上播下，把种子浅埋土中。保持湿度，极易发芽。

【栽培要点】①保证株形直立，根茎整齐，全株正常生长，应及时抹去蘖芽；②在酷暑盛夏时，对文殊兰应适当遮阳；夏季充足供水，保持盆土湿润；③3～4 月将鳞茎栽于 20～25cm 的盆中，不能过深，以不见鳞茎为准，栽后充分浇水，置于阴处；④地栽文殊兰每 2～3 年要分栽一次，否则生长不旺，开花稀少；⑤生长期每周追施稀薄液肥一次，花葶抽出前宜施过磷酸钙一次。花后要及时剪去花梗。9 月上旬或 10 月下旬将盆花移入室内，不需浇水，终止施肥。

【栽培史】云南西双版纳栽培甚多，被佛教寺院定为"五树六花"之一。

【应用方式】文殊兰花叶并美，具有较高的观赏价值，宜盆栽，布置厅堂、会场。在南方及西南诸地可露地栽培，丛植于建筑物附近及路旁，也可用作独特花型花卉布置花境。

10.2.21　蜘蛛兰类(*Hymenocallis* spp.)

【别名】水鬼蕉、蜘蛛百合。

【科属】石蒜科水鬼蕉属。

【产地与分布】原产中南美洲。

【形态特征】多年生球根花卉。地下为鳞茎，叶片长剑形，柔软；伞形花序顶生，花白色，花冠细裂达基部，略向下翻卷，花丝下部则结合成杯状；整朵花形似蜘蛛或鸡爪，夏季开花，花芳香。

【栽培资源】同属常见栽培的种有：

① 蜘蛛兰(*H. littoralis*)　花茎扁平；花白色，无梗，呈伞状，芳香，花筒部长短不一，带绿色。花被片线状；副冠钟形，具齿牙缘。花期春末夏初。

② 美丽蜘蛛兰(*H. speciosa*)　花茎从叶丛中抽出，粗大略扁，伞形花序，花雪白色，有香气。花期秋末。

【生态习性】蜘蛛兰生长强健,适应性强。性喜温暖湿润,光照充足。不择土壤,但以富含腐殖质、疏松肥沃、排水良好的沙质壤土为好。

【繁殖】蜘蛛兰采用分球繁殖。可在早春结合换盆,将大丛植株的鳞茎分割数株小丛,每小丛具有 3～4 个鳞茎,另行盆栽即可。

【栽培要点】①若盆土长期过湿和空气过于潮湿,均易引起烂根;②花谢之后要及时剪除残花葶,减少养分消耗,以利鳞茎生长充实,保证来年正常生长和开花。

春天栽植种球,勿深栽,球颈部分与地面相平即可,子球可稍深些。华北地区多温室长年栽培。生长旺季浇水要见干见湿,约每隔半个月施 1 次复合液肥。抽葶后要少浇水,浇水过多常易引起花朵萎黄。入秋后天气渐凉应控制浇水,保持盆土略干燥为好。

【应用方式】蜘蛛兰花形奇特素雅,芳香。可用于盆栽、花境。温暖地区可在林缘、草地边带植、丛植。

10.2.22 石蒜类(*Lycoris* spp.)

【别名】龙爪花、螳螂花、老鸦蒜、红花石蒜、一枝箭。

【科属】石蒜科石蒜属。

【产地与分布】原产中国及日本,中国是本属植物的分布中心。

【形态特征】多年生草本。地下部分具鳞茎,广椭圆形,外被皮膜;叶线形基生,深绿色,伞形花序顶生;花冠漏斗状或向上部开张反卷,花被裂片狭;雌雄蕊长而伸出花冠外,与花冠同色,花期 9～10 月。

【栽培资源】同属常见栽培的种有:

① 石蒜(*L. radiata*) 花型较小,花鲜红色,狭倒披针型,强度褶皱和反卷;花期 9～10 月。

② 忽地笑(*L. aurea*) 大花型,花鲜黄色或橙色,花被裂片背面具淡绿色中肋,褶皱和反卷。花期 7～8 月。

③ 长筒石蒜(*L. longituba*) 本种花茎最高,花型较大,花筒管亦最长。花朵纯白色,花被裂片腹面稍有淡红色条纹,顶端稍反卷,边缘不皱缩。花谢后不长叶。

【生态习性】石蒜类植物适应性强,耐寒力因产地不同而异,喜半阴。不择土壤,但喜腐殖质丰富的土壤和阴湿、排水良好的环境。

【繁殖】用分球、播种、鳞块基底切割和组织培养等方法繁殖,以分球法为主。分球繁殖是在休眠期或开花后将植株挖起来,将母球附近附生的子球取下种植,1～2 年便可开花。

【栽培要点】①石蒜类栽植不宜过深,以球顶刚埋入土面为宜;②栽植后不宜每年挖采,一般 4～5 年挖出分栽一次。石蒜类植物栽培管理简便,采收后贮存在干燥通风处。在栽培中还未见任何病虫害,无须使用任何农药,是保持绿色生态环境的最好球根花卉。

【应用方式】石蒜类植物生长强健,夏、秋季鲜花怒放,宜作林下地被植物,也是花境中的优良材料,可丛植或用于溪边石旁自然式布置。亦可盆栽水养或做切花。

10.2.23 火星花(*Crocosmia crocosmiflora*)

【别名】火焰兰、火烧兰、雄黄兰。

【科属】鸢尾科小番红花属。

【产地与分布】原产热带非洲和南非。

【形态特征】多年生草本。具扁圆形似荸荠状球茎,株高 50～70cm;叶狭长披针形,基生，具褶；花茎拱形弯曲，总状花序，花冠漏斗形，基部渐尖，花色橙红、橙黄、深橙红色，花期夏秋。

【生态习性】喜充足阳光，耐寒耐轻阴。在华东、华中地区能露地过冬。宜生长在排水良好，疏松肥沃的沙壤土中，水分充足。

【繁殖】常用分球繁殖，球茎自然繁殖能力强，一般 3 年分球 1 次。

【栽培要点】栽前充分翻耕，施足基肥，作高畦，栽植深度不超过 5cm。生长期保持土壤湿润，孕蕾期和花谢后各追 1 次肥，能使叶茂花盛，形成新的充实球茎。一般可在当年 6～8 月开花，球茎过小翌年才能开花。

【应用方式】仲夏季节开花不绝，可混栽于草花花境花坛中，作切花效果也极佳，水养持久。

10.2.24 水仙(*Narcissus* spp.)

【别名】凌波仙子、雅蒜、天葱、玉玲珑。

【科属】石蒜科水仙花属。

【产地与分布】主要原产于北非、中欧及地中海沿岸，其中法国水仙分布最广，中国及日本仅有两种。

【形态特征】多年生草本。鳞茎卵圆形，外皮膜质，褐色；叶 5～6 枚，基生，多数种类互生两列状，绿色或灰绿色；花单生或多朵成伞形花序着生于花茎顶端，下具膜质总苞，花茎直立；花被片 6 枚，花被中央有杯状或喇叭状的副冠；花多为黄色、白色或晕红色，部分种类具浓香；花期 3～4 月，蒴果。

【栽培资源】(1) 同属常见栽培的种还有：

① 喇叭水仙(*N. pseudonarcissus*)　鳞茎球形；叶扁平线形；花单生，大型，淡黄色，径约 5cm；副冠约与花被片等长；花期 2～3 月。

② 中国水仙(*N. tazetta* var. *chinensis*)　该种是法国水仙的重要变种之一。叶狭长带状；花茎与叶等长，每茎着花 3～11 朵，呈伞房花序；花白色，芳香；副花冠高脚碟状，较花被短得多；为三倍体，不结种子。花期 1～2 月。

③ 红口水仙(*N. poeticus*)　叶 4 枚，线形；花单生，少数一二朵；花被纯白色；副冠成浅杯状，黄色，边缘波皱带红色。花期 4～5 月。

(2) 栽培品种　按瓣型可以分为：

① 单瓣型　花冠色青白，花萼黄色，花被 6 瓣，中间有金色的副冠，形如盏状，花味清香，所以叫"金盏玉台"亦名"酒杯水仙"，花期约半个月；若副冠呈白色，花多，叶稍细者，则称"银盏玉台"。

② 重瓣型　花重瓣，白色，花被 12 瓣，卷成一簇，花冠下端轻黄而上端淡白，没有明显的副冠，名为"百叶水仙"或称"玉玲珑"，花期在二十天左右。花形不如单瓣的美，香气亦较差，是水仙的变种。

尽管我国水仙栽培品种只有 2 个，但在南方栽培历史悠久，各地区栽培的品种在花香和生态习性上产生分化，若按产地可分为以下 3 类：①福建漳州水仙：在漳州已有 500 多年的栽培历史；②上海崇明水仙：上海的崇明水仙具有花香幽雅、花期长等特点，在崇明已有 400 多年的栽培史；③浙江舟山水仙：舟山普陀水仙的适应性和抗寒能力要胜于漳州水仙一筹，形态介于上述两种之间。

【生态习性】性喜温暖、湿润，又要排水良好。以疏松肥沃、土层深厚的冲积沙壤土为最宜，pH5～7.5 均宜生长。喜阳光充足。

【繁殖】以分球繁殖为主，将母球上自然分生的小鳞茎瓣下来作种球，另行栽植。为培育新品种可采用播种法。

【栽培要点】①地栽培覆土为球高2倍，覆土过浅，小球发生多，影响开花；②可根据需要确定水仙球的浸泡日期，控制开花时间；③养水仙不要任何花肥，用清水即可。水仙生长健壮，白天应拿到阳台晒太阳。

水仙栽培有旱地栽培、水田栽培与无土栽培三种方法。水仙喜肥，除要求有充足基肥外，生育期还应多施追肥。浇水则视气候条件、球龄大小、生长发育期而定。

【栽培史】中国在1300多年前的唐代即有栽培，是中国的十大名花之一。除了常见的白色水仙外，19世纪30年代以来，荷兰、比利时、英国等国对黄水仙的育种和品种改良做了大量工作，每年还有新品种诞生。

【应用方式】水仙类花姿雅致，花色淡雅，芳香，叶清秀，是早春重要的园林花卉，可用于花坛、花境，尤其适宜片粒。水仙类水养持久，可置于书房或几案上。也可用作切花。

10.2.25　晚香玉(*Polianthes tuberosa*)

【别名】夜来香、月下香、玉簪花。

【科属】石蒜科晚香玉属。

【产地与分布】原产地墨西哥及南美，现中国各地均有栽培。

【形态特征】多年生常绿草花。地下具鳞块茎；叶基生，带状披针形，茎生叶短，且愈向上愈短并成苞状；穗状花序顶生，每穗着花12～32朵，小花成对着生；花白色漏斗状具浓香，至夜晚香气更浓；5～11月开放，蒴果。

【生态习性】喜温暖且阳光充足之环境，不耐霜冻，最适宜生长温度，白天25～30℃，夜间20～22℃。好肥喜湿而忌涝，于低湿而不积水之处生长良好。对土壤要求不严，以肥沃黏壤土为宜。

【繁殖】晚香玉多采用分球繁殖，于11月下旬地上部枯萎后挖出地下茎，一般每丛可分出5～6个成熟球和10～30个子球，晾干后贮藏室内干燥处。种植时将大小子球分别种植，大子球当年就可开花，供切花生产用的大子球直径宜在2.5cm以上。小子球经培养1～2年可长成开花大球。

【栽培要点】①"深长球，浅抽葶"是晚香玉植球深浅遵循的原则；②晚香玉喜肥，应经常施追肥：一般栽植1个月后施一次，开花前施1次，以后每1个半月或2个月施1次，在雨季注意排水和花茎倒伏。

栽植地要整地并施基肥，将大、小球以及去年开过花的老球分开栽植。大球株距25cm，小球株距10cm左右。大球植球深度以芽顶稍露出土面为宜，小球和老球芽顶应低于土面。栽植初期因苗小叶少，水不必太多；待花葶即将抽出时，给以充足水分和追肥；花葶抽出才可追施较浓液肥。夏季特要注意浇水，经常保持土壤湿润。

【应用方式】晚香玉为重要的切花材料。花序长，着花疏而优雅，是布置花坛和花境的优良竖线条花卉。花白色浓香，是夜花园的好材料。

10.2.26　葱莲(*Zephyranthes candida*)

【别名】葱兰、玉帘、白花菖蒲莲。

【科属】石蒜科葱莲属。

【产地与分布】原产墨西哥及南美各国，我国栽培广泛。

【形态特征】多年生草本。成株丛生状，鳞茎有皮，有明显的颈部；叶为线形，具纵沟，似圆柱状，基生，与花同时抽出；顶生一花；花冠漏斗状，花白色，花药黄色；花期7～10

月；蒴果。

【生态习性】喜光，亦耐半阴。喜温暖，亦耐寒。喜湿润，耐低湿。喜排水良好、肥沃的土壤。

【繁殖】葱莲多不结实，主要采用分球繁殖，通常在春季进行。地栽时要施足基肥，深度以鳞茎顶端露土为宜，选3～4个鳞茎一起丛植，一般每2～3年应分株1次。

【栽培要点】①盛夏应放在疏荫下养护，否则会生长不良，影响开花；②养葱兰尤需注重护根，栽培中遇到的缩头和回草现象，多半是根部已受到不同程度的损伤、僵化或腐烂，很难再向上部输送养分所致。

栽植地点应选避风向阳、土质肥沃湿润之处。生长期间应保持土壤湿润，每年追施2～3次稀薄饼肥水，即可生长良好、开花繁茂。盛花期间若发现黄叶及残花，应及时剪掉清除，以保持美观及避免消耗更多的养分。

【应用方式】葱莲株丛低矮，花朵繁多。适合花坛镶边、疏林地被、花径。叶翠绿而花洁白，盆栽装点几案亦很雅致。葱兰还可在水箱中栽种，叶片鲜亮。

10.2.27　韭兰（*Zephyranthes grandiflora*）

【别名】韭莲、风雨花、红玉帘、红花菖蒲莲。

【科属】石蒜科葱莲属。

【产地与分布】原产南美热带，现我国各地多有栽培。

【形态特征】多年生草本。成株丛生状，鳞茎有皮，株高15～30cm；叶扁片线形，绿色，基生，极似韭菜；花漏斗形，呈粉红色或玫瑰红色，苞片粉红色；花期4～9月。

【生态习性】葱兰喜光，耐阴性稍差。喜温暖。喜湿润，耐低湿。喜排水良好、肥沃的土壤。

【繁殖】韭兰主要采用分鳞茎繁殖。于早春掘取鳞茎丛，选已经肥大的子鳞茎栽种，当年可开花。每穴1株，栽种深度以鳞茎顶露土为宜；幼小子鳞茎需肥培2～3年才可以开花。将小鳞茎连同须根分开栽种，每穴2～3株。一般每隔2～3年分株1次。

【栽培要点】①栽前要施足基肥，平时多追速效肥，促使开花茂盛和子鳞茎的充分发育；②为使韭兰终年常绿，北方冬季需盖草培土保温防冻。韭兰生长繁殖很快，管理较粗放。病虫害发生较少，干时及时浇透水，生长季施肥1～2次，便能生长茂盛，开花繁盛。

【应用方式】韭兰株丛低矮、终年常绿、花朵繁多。适用于林下、边缘或半荫处作园林地被植物，也可作花坛、花径的镶边材料，在草坪中成丛散植，可组成缀花草坪，饶有野趣，也可盆栽供室内观赏。

10.2.28　大花油加律（*Eucharis grandiflora*）

【别名】亚马逊百合。

【科属】石蒜科油加律属（南美水仙属）。

【产地与分布】原产于哥伦比亚、秘鲁。我国南方有栽培。

【形态特征】多年生常绿草本植物，鳞茎被膜。叶宽椭圆形，深绿色；花茎自叶丛基部抽出，伞形花序；花白色，有芳香；外佛焰苞片2枚，卵状披针形；内佛焰苞片多数，丝状；花期冬春、夏季，蒴果。

【生态习性】喜高温、高湿。怕强光曝晒，需适当遮阳。适宜的生长温度为26℃，过冬温度不低于14℃。喜生长在疏松、肥沃、排水良好的土壤中。

【繁殖】主要采用分球和播种繁殖。

【栽培要点】①在生长旺盛期，不能损伤根系，若在移栽或换盆时伤根较多，则会造成开花延期达 1 年以上；②每次开花后，会有短期休眠，此时也应节制浇水，使其保持适度干燥，时间约 20～30d。

在南方温暖地区可露地栽培，北方地区只能在室内或温室栽培。盆土多用泥炭土、园土与少量腐熟的厩肥混合。种植初期，应少浇水，以促进根系生长。生长期每隔 10～15 天施液肥 1 次。在高温干燥条件下，会发生蚜虫危害，应注意防治。

【应用方式】大花油加律花色洁白如玉，芳香馥郁，且 1 年多次开花。可以点缀庭园，也可盆栽作室内摆设，更可作切花，插花寿命较长。

10.2.29 番红花类(*Crocus* spp.)

【别名】猫脸花、蝴蝶花。

【科属】鸢尾科番红花属。

【产地与分布】原产中亚、欧亚及巴基斯坦，现世界各地广为栽培。

【形态特征】球茎圆形或扁圆形，外被干膜质或革质外皮。叶基生，线形，中脉白色；花单朵顶生，花被片 6，具细长筒部，花色深紫、堇色、黄色、白色，花期春、秋季。

【栽培资源】植物学上根据花茎有无苞片、花药朝向以及球茎外皮质地和纹理分为 *Crocus* 和 *Crociris* 两个亚属。园艺上按花期分为春花和秋花两大类。

(1) 春花类 花茎先于叶抽出，花期 2～3 月。

① 春番红花(*C. vernus*) 花茎基部具佛焰苞片。叶宽线形，与花茎近等高，花白色或堇色，具紫斑，花期 2～3 月。

② 番黄花(*C. aureus*) 无基生佛焰苞。叶狭线形，明显高于花茎，花金黄色，较大，有乳白色变种，花期 2～3 月。

(2) 秋花类 花茎于叶后抽出，花期 9～10 月。

① 番红花(*C. sativus*) 具基生佛焰苞。叶多狭线形，常与花同时抽出，花大、芳香、淡紫色，花柱细长，先端 3 裂，伸出花被下垂，深红色，为药用部分，花期 10～11 月。

② 美丽番红花(*C. speciosus*) 无基生佛焰苞。叶狭长，花大色艳，花筒内侧上部紫红色，花色鲜黄有蓝色羽状纹，花期 9～10 月。是秋花种类中花最大的一种，观赏价值最高，有很多变种和品种。

【生态习性】番红花类喜温暖凉爽，阳光充足的环境，花芽分化适温大致在 15～25℃ 之间，晚花略低，早花稍高。具一定耐寒性。喜富含有机质、排水良好的沙壤土，肥不宜多，否则引起球茎腐烂，忌连作。

【繁殖】常用分球繁殖，球茎寿命仅一年，每年新老花茎更新一次，每个母球可形成一个新球。花谢叶枯时，将球茎挖起晒干，把新球从母球上分离开贮藏在通风凉爽处。能结实的种类也可播种繁殖。随采随播，3 年可开花。

【栽培要点】番红花类栽培管理比较简便。春花在 9 月下旬至 10 月上旬，秋花稍早，在 8 月下旬至 9 月上旬种植，秋花种种后很快发芽并于当年开花，春花种种后只长根，翌年春发叶开花，于 5 月间叶枯进入休眠。花期长灌水，保持土壤湿润，结实的种类应及时剪除花朵。庭院栽培时 3～4 年起一次球。

番红花类促成栽培也较简便，在球茎起球后种植前经 6～10℃ 低温干燥贮藏 8～10 周后温室栽培，元旦、春节即可开花。

【应用方式】番红花类植株矮小，叶丛纤细，花色艳丽，花期较早，可作嵌花草坪或疏林下的地被花卉，还可作花坛、花径或花境镶边，也可盆栽或水养供室内观赏。花柱上部入药具镇静、通经止血之效，花还可做染料。

10.2.30　小苍兰(*Freesia refracta*)

【别名】香雪兰、小葛兰、洋晚香玉。

【科属】鸢尾科香雪兰属。

【产地与分布】原产南非好望角,现世界各地均有栽培,我国最早在上海栽培。

【形态特征】多年生草本,具长卵形或圆锥形小球茎,外被褐色纤维质皮膜。基生叶二列状互生,剑形或线状披针形;花茎细长,穗状花序顶生略有扭曲,着花5~10朵,偏生一侧,漏斗形,疏散直立,有白、黄、红、紫、蓝紫等色,具芳香;花期3~5月,蒴果,果熟期6~9月。

【栽培资源】(1) 同属常见栽培的种有:

红花小苍兰(*F. armstrongii*)　叶长40~60cm,花茎强壮花筒部白色,喉部橘红色,花被片边缘粉紫色,花期4~5月。与小苍兰杂交出许多园艺变种。

(2) 栽培品种　常见栽培品种以颜色分有黄色系、红色系、紫色系、白色系。

【生态习性】小苍兰为秋植球根花卉,喜凉爽湿润,阳光充足,耐寒性较差,高温休眠。生长适温15~20℃,冬季以14~16℃为宜,越冬最低温度为3~5℃。短日照利于花芽分化,花芽分化温度8~12℃,要求疏松肥沃,潮湿且排水良好的沙地土,对二氧化硫敏感,生长会受影响。

【繁殖】小苍兰常用播种繁殖和分球繁殖,以分球繁殖为主。冬春花期过后待地上植株茎叶枯黄时,挖出球茎,分级贮藏于凉爽通风处,秋季栽植。播种繁殖在7~8月份播于冷床或盆播置于背风向阳出,盆土保持湿润,盆上遮阳,在20~22℃的适温下发芽。幼苗长出后注意通风保温,当年就可形成小球,但要经3~5年才能开花。

【栽培要点】①球茎出苗后多给予充足光照可使小苍兰株型丰满,开花繁茂;②若要提前开花可在栽植前将球茎放在8~10℃环境中处理30~40d;③小苍兰不耐干燥,水分不足会导致叶片先端枯萎或不开花;④性喜寒,室温超过20℃花会立即枯萎。

小苍兰在福建、云南等冬季气温较高地区可全年露地栽培,长江流域在冷室或塑料大棚栽培,北方地区要在温室栽培。盆栽通常在秋季进行,盆土用腐叶土、壤土和沙等量混合,每盆栽5~7个种球,覆土3cm,宜深不宜浅,用喷壶洒透水,放在阳光充足处,保持盆土湿润,2周左右发芽,霜降后入室,常施稀薄液肥,注意通风和光照,于翌年2月便可开花,花期可长达1月余。

小苍兰的切花生产常采用促成栽培。在8月中下旬至9月上旬间,将球茎放于湿锯末或水藓中8~10℃低温处理30~40d后定植,于11月下旬加温至12月上旬就可开花,从种植到开花大约需要3个月时间。在花蕾着色,有1朵小花快开时切取最好。

【栽培史】1815年传入欧洲,经育种改良形成多种花色,大量用于切花生产。1945年以后美国、荷兰等国育出花朵硕大的4倍体品种,生长健壮,植株高大,花色艳丽,用于促成栽培和切花生产。紧接着丹麦又育出播种繁殖的小苍兰品种,能像二年生花卉一样露地栽培,夏天播种,春天开花。

【应用方式】小苍兰品种多,色彩丰富艳丽,花期长,具香味,正值元旦、春节期间开放,是重要的盆花和切花材料,在温暖地区可用于花坛、花境或自然成片植。盆栽可用于窗台、阳台、卧室、橱窗等的装饰。花可提取香精。

10.2.31　唐菖蒲(*Gladiolus hybridus*)

【别名】菖兰、剑兰、十样锦。

【科属】鸢尾科唐菖蒲属。

【产地与分布】原产南非和地中海，现世界各地广为栽培。

【形态特征】多年生草本，具扁圆形球茎，外被膜质鳞片。株高 60～120cm，茎直立粗壮，稀分枝，于开花时抽出；叶基生，剑形，嵌叠状排成 2 列；穗状花序直立顶生，着花数十朵，小花漏斗状，边缘微皱；花色丰富，有蓝、紫、红、粉、黄、白等单色或复色，花期夏秋；蒴果。

【栽培资源】(1) 同属常见栽培的种有：

① 圆叶唐菖蒲(*G. tristis*)　叶稍圆筒状，花序较稀疏，侧向一方开放，花黄白色，带紫色或褐色细纹和斑点，花被片反卷，具芳香。

② 绯红唐菖蒲(*G. cardialis*)　叶被白粉，小花钟形，绯红色，具白色斑点。

③ 多花唐菖蒲(*G. floribundus*)　着花多达 20 余朵，花大白色。

④ 报春花唐菖蒲(*G. primulinus*)　植株较矮小，花着生稀疏，呈圆锥状排列，花堇紫色，略带红晕，易结实。

(2) 栽培品种　现代唐菖蒲的品种分类，目前国际上分类方法很多，尚无统一方案，但大体是按花期、花形、花色，花的大小和习性等分类。

① 按生长期分

a. 早花类　生长 70d 左右开花，生长期温度要求较低，早春于温室栽种，夏季开花，或夏季栽种秋季开花。

b. 中花类　生长 80d 左右开花。

c. 晚花类　生长期较长，90d 左右才能开花，种球耐夏季贮藏。

② 按花形分

a. 大花形　花径大，多而密，花期晚，球根增殖慢。

b. 小蝶形　花径较小，花瓣有皱褶并具彩斑。

c. 报春花形　花少而稀疏，花形似报春。

d. 鸢尾形　花序短，花少而密，向上开展，呈辐射对称，子球增殖力强。

③ 按生态习性分

a. 春花类　球茎小，植株也较矮小，花小色淡，有香气，耐寒性较强。

b. 夏花类　春天栽种，夏天开花，耐寒性弱。植株高大，花朵而美丽，花期、花形、花色、花径、香气等均富于变化。

【生态习性】唐菖蒲属长日照植物，喜光，不耐高温，不耐涝，夏季喜凉爽气候，忌闷热。生长适温白天 20～25℃，夜间 10～15℃，温度低于 10℃时，植株生长发育受抑制。喜欢深厚肥沃，排水良好的沙壤土，不宜在低洼积水处和黏重土壤中生长。

【繁殖】分球繁殖为主，也可切球、播种和组织培养的方法。

分球：花谢植株枯萎后，挖出球茎晒干。将子秋和新球从母球上分离，单独存放在 5～11℃通风干燥室内，翌年春种于田间，经 1～2 年可开花，初开时花序短，着花少。

切球：当种球数量少时可采用此法。将二年生球茎纵切成若干块，每块至少带 1 个芽和部分盘根，切口处涂抹草木灰，待切口干燥后种植。

组织培养：可获得脱毒苗，达到复壮目的，为培养优良健壮的品种开辟了新途径。

【栽培要点】①忌连作，最好前作曾经大量施肥；②宜通风干燥，地势高处，忌低洼阴冷；③栽植前种球最好先消毒，延缓栽植的贮藏在 2～3℃低温干燥环境以免种球变质或发芽；④以生产球根为目的，开花时及时剪除花序，以免影响球根养分积累。

唐菖蒲常用畦栽或沟栽，大面积球根或切花生产适宜用沟栽，栽种 15d 苗出齐，最多到 7、8 片叶子时开花。整个生长期追肥三次，第一次在茎叶生长，花序分化期以氮肥为主，第二次在花芽分化和花蕾形成期以磷、钾肥为主，促进花枝粗壮，花多大，第三次在花后保证地下球茎的生长。低温、低光照及短日照容易产生盲花，浇水过多易使花序弯曲。切花采摘时看到整个花序基部有 1～2 朵小花开始现色即可剪切。

【栽培史】目前世界广为栽培的唐菖蒲都不是原种，现代唐菖蒲是由约 10 个以上的原种经长期杂交选育而成的。17 世纪唐菖蒲由野生引入栽培。1737 年后英国、比利时，荷兰，德国等以原种绯红唐菖蒲（*G. cardinalis*）、对花唐菖蒲（*G. oppositiflorus*）和圆叶唐菖蒲（*G. tristis*）等为亲本育成了很多有价值的杂种和品种。20 世纪初，美国以小花种报春花唐菖蒲（*G. primulinus*）经改良后再与大花种杂交，育出大花报春花唐菖蒲（*G. primulinus var. grandiflora*），成为现代夏花唐菖蒲的中心系统。

【应用方式】唐菖蒲为世界著名切花，品种多，花期长，花色丰富艳丽，还可布置花坛、花境，矮生品种可盆栽。球茎入药，茎叶可提取维生素 C。对大气污染具有较强抗性，是城市美化和工厂绿化的好材料。

10.2.32　球根鸢尾（*Iris* ssp.）

【科属】鸢尾科鸢尾属。

【产地与分布】原产西亚及地中海沿岸，现世界各地广为栽培。

【形态特征】鳞茎较小，叶多基生，剑形至线形，嵌叠状着生；花茎自叶丛抽出，花单生呈蝎尾状或圆锥状聚伞花序，花自 2 个苞片组成的佛焰苞中开出，外轮 3 片大而弯或下垂的花被片呈垂瓣，内轮 3 片小而直立或呈拱形的称旗瓣；蒴果。

【栽培资源】栽培的主要种类有：

① 西班牙鸢尾（*I. xiphium*）　叶线形，外被白粉，中部具深纵沟。先端着花 1～2 朵，花黄色或浅紫色，垂瓣喉部有黄斑，花期 4～6 月。

② 网状鸢尾（*I. reticulata*）　地上茎无或甚短。叶簇生，四棱形。花单生顶部，深紫色，有香味，垂瓣喉部白色，有黄色鸡冠状突起，花期 3～4 月。

【生态习性】球根鸢尾类喜阳光充足而凉爽，耐半阴，耐寒，喜排水良好沙质壤土。

【繁殖】常用分球繁殖。鳞茎因母球开花耗尽养分寿命仅一年。夏季采收鳞茎后，放于通风干燥和冷凉处，不宜直接将子球与根系分离以防伤口腐烂，待秋季栽植时再分离，另行种植。

【栽培要点】①极端干燥会使花蕾发育不良，导致"盲花"；②温度超过 25℃，花芽容易枯死产生"盲花"；③长期处于光照不足条件也易产生"盲花"。

9 月中旬后选择向阳，高燥处栽植。在排水良好的沙壤土中施入基肥，种植深度 10cm 左右。定植后及时浇水并覆盖以保持土壤水分，生长期忌干燥，也不能积水，当有花茎伸出时控制浇水。整个生长期温度维持 25℃ 以下，温度过高应适当遮阳。

【应用方式】球根鸢尾类花茎挺拔，花姿优美，用于早春花坛、花境和花丛，也常大量用于切花。

10.2.33　郁金（*Curcuma aromatica*）

【别名】毛黄姜。

【科属】姜科姜黄属。

【产地与分布】产于我国东南部、南部至西南部，东南亚各地亦有分布。

【形态特征】为多年生草本。植株高约 1m，根茎肉质，肥大，芳香，根端膨大呈纺锤状；叶基生，叶片长圆形，叶面无毛，叶背被短柔毛；花葶单独由根茎抽出，穗状花序圆柱形，总长可达 40cm，小花数朵，生于苞片内，上部大型不育苞片长圆形，白色染紫红；花萼白色筒状，不规则 3 齿裂，花冠管呈漏斗状，裂片 3，白色而带粉红，上面 1 枚较大，两侧裂片长圆形；花期4~6月。

【栽培资源】　常见栽培品种为温郁金(cv. wenyujin)：植株高1~1.5m，叶两面均无毛，花冠裂片纯白色而不染红。花期4~5月。

【生态习性】喜温暖湿润气候，阳光充足，雨量充沛的环境，怕严寒霜冻，怕干旱积水。宜在土层深厚、上层疏松、下层较紧密的中性或微酸性沙质壤土栽培，忌连作。

【繁殖】郁金多用根茎繁殖。收获时，选取无病虫害、无损伤的根茎作种。种根茎置室内干燥通风处堆放贮藏过冬，春季栽种时取出。栽种前将大的根茎纵切成两半或小块，每块具2个芽以上，为了防止种根茎腐烂，待切面稍晾干后下种，也可边切边沾上石灰或草木灰后，立即栽种。畦栽，行距33~40cm，穴距27~33cm，每穴栽植根茎3~5块，芽朝上，覆土，稍加镇压。

【栽培要点】郁金以根茎栽植，齐苗后要及时进行中耕除草，常年进行3~4次，并结合追肥，肥料以人粪尿或硫酸铵等氮肥为主。9月间重施磷钾肥，以促进块根生长。干旱时，特别是在块根形成膨大期，必须注意灌溉，当水分过多、四周积水时，必须及时排除，以免根茎腐烂。

【应用方式】郁金是极好的早春花镜、花坛布置材料，可植于林下、水边等地，也可作为鲜切花。根茎是重要的传统中药材。

10.2.34　姜花类(*Hedychium* spp.)

【科属】姜科姜花属。

【产地与分布】广泛分布于亚洲和澳大利亚的热带至温带地区，我国主要产于西南部。

【形态特征】植物为多年生草本，具块状根茎。地上茎直立；叶2列，披针形或长椭圆形；穗状花序顶生，密生多花，苞片覆瓦状排列或疏离，每苞片具花一至数朵，小苞片管状，花萼管状，花冠筒纤细、极长，花唇瓣较大，2裂；蒴果。

【栽培资源】姜花属约50种，我国产约28种。常见栽培种有：

① 姜花(*H. coronarium*)　叶面光滑，叶背被短柔毛；穗状花序卵圆形，苞片椭圆形或宽卵形，每苞片内有花2~3朵，花白色，极芳香；花期8~12月。

② 圆瓣姜花(*H. forrestii*)　叶两面无毛；穗状花序圆柱形，花序轴长达30cm，苞片内卷成管状，每苞片内有花2~3朵，花白色，具芳香，花期8~10月。

③ 黄姜花(*H. flavum*)　叶两面均无毛；穗状花序长圆形，每苞片内有花2~3朵，小苞片内卷呈筒状，花黄色，芳香；花期8~9月。

【生态习性】姜花属植物性喜温暖、湿润环境，不耐寒，抗旱能力差，生长初期宜半阴，生长旺盛期需充足阳光。宜土层深厚、疏松肥沃、排水良好的微酸性沙质壤土。生长适温25~30℃。

【繁殖】姜花属植物可用播种、分株法繁殖。以分株法繁殖为主，春季切取地下块状根茎直接栽植即可，当年可开花。在岭南各地，四季皆可定植。

播种时应随采随播，种子发芽适温20~25℃，播种后20d左右陆续出苗，当幼苗长到40~50cm高时即可定植，实生苗一般三年可开花。

【栽培要点】姜花属植物一般于春季露地栽植，土壤宜肥沃，种植前应施足基肥，种后经常保持土壤湿润，经20~30d就可发芽生长。一般3~4年分株1次。生长期可追施1~2次腐熟、稀薄的氮肥。开花期应适当遮阳，可延长花期。冬季将茎枝剪除，以便翌年萌发新枝。寒冷地区，冬季挖取根茎放室内贮藏。

【应用方式】姜花属植物花美丽、芳香，是盆栽和切花的好材料；也可成片种植，或条植、丛植于路边、庭院、溪边、假山间，亦可浸提浸膏，用于调合香精；根茎可药用。

10.2.35　闭鞘姜(*Costus* spp.)

【科属】姜科闭鞘姜属。

【产地与分布】主要产于热带美洲、非洲、亚洲至大洋洲，我国约5种，产东南部至西南地区。

【形态特征】多年生草本。有块状、平生的根茎。地上茎发达且通常扭曲，极少分枝；叶螺旋排列，具边缘合生的叶鞘；花序稠密，顶生或稀生于自根茎抽出的花葶上；苞片呈覆瓦状排列，每苞片具花1朵，花萼管状，花冠筒阔漏斗状，唇瓣大，喇叭状；雄蕊花瓣状；蒴果。

【栽培资源】闭鞘姜属约150种，我国约5种。常见栽培的种有：

① 闭鞘姜(*C. speciosus*)　茎顶部常分枝；叶背密被绢毛；穗状花序顶生，椭圆形或卵形；苞片卵形，红色；花白色，较大，花冠裂片长圆状椭圆形；花期7～9月；果期9～11月。

② 光叶闭鞘姜(*C. tonkinensis*)　老枝常分枝，幼枝常旋卷；叶面无毛；穗状花序外被套接的红色鞘状苞片；苞片长圆形，被短柔毛，先端紫红色，花淡黄色，花冠裂片条状披针形；花期7～8月，果期9～11月。

【生态习性】闭鞘姜属植物性喜光，喜温暖、湿润环境，耐寒力较强，对土壤适应性强。根茎好气性强，宜选择水源充足、肥沃而排水良好的壤土或沙质壤土种植。生长适温为20～30℃。

【繁殖】可用播种、分株或扦插法繁殖。处理方法同姜花属。

【栽培要点】同姜花属。

【应用方式】闭鞘姜属植物具有较高的观赏价值，其株型好，多数种类花多而密，颜色艳丽，花形漂亮，是很好的庭院观赏植物，也可将其丛植于小区、公园、花坛等处；一些种类的苞片极大而颜色艳丽，也可作为鲜切花和干花应用。植物还可入药。

10.2.36　瓷玫瑰(*Etlingera elatior*)

【别名】姜荷花、火炬姜、菲律宾蜡花。

【科属】姜科茴香沙仁属。

【产地与分布】原产哥伦比亚、厄瓜多尔、印度尼西亚、印度等地。

【形态特征】多年生大型草本植物。植株丛生，株高3～10m，茎秆被叶鞘所包；叶互生，2行排列，深绿色，长圆状披针形，光滑且有光泽，叶长30～60cm；头状花序由地下茎抽出，玫瑰花型，苞片粉红色，肥厚，花上部唇瓣金黄色，花瓣革质，表面光滑，亮丽如瓷，50～100枚不等；花期夏季。

【生态习性】性喜高温多湿，稍耐阴，生长适温为22～28℃，冬季需要避风。喜疏松肥沃、排水良好的腐殖质土。

【繁殖】瓷玫瑰多以分株繁殖，可于每年花期过后进行，每小丛3～5单株，每株茎上保留下部2～4片叶。分株一年1次为好。也可用组织培养法繁殖，以刚萌动的嫩芽作为外植体，采用从腋芽——→丛生芽——→完整植株的繁殖途径进行繁殖。

【栽培要点】瓷玫瑰宜选择含水量充足但无涝害隐患且阳光充足的环境栽植，略阴也可；土壤带微酸性，肥力中上以上，以沙质壤土为好；忌选干旱的地方。植株栽植成活后，可10～15d进行一次根外施肥或半年追埋一次农家肥。因植株根系发达，生长稳定后可适当减少浇水次数。平时注意疏剪枯黄叶片与老茎，以利通风和采花。

【应用方式】瓷玫瑰是一种美丽的重要鲜切花，瓶插时间持久，也可盆栽观赏。

10.2.37　美人蕉类(*Canna* spp.)

【别名】小花美人蕉、小芭蕉。

【科属】美人蕉科美人蕉属。

【产地与分布】原产于美洲、亚洲及非洲热带地区，中国大部分地区都有种植。

【形态特征】多年生球根花卉。根茎肥大，地上茎肉质，不分枝；茎叶具白粉，叶互生，宽大，长椭圆状披针形，全缘；总状花序自茎顶抽出，花瓣直伸，雄蕊瓣化成艳丽的花瓣；花色有乳白、鲜黄、橙黄、橘红、粉红、大红、紫红、复色斑点等；花期北方6～10月，南方全年。

【栽培资源】　同属常见栽培的种有：

① 大花美人蕉(*C. generalis*)　是美人蕉的改良种，茎叶均被白粉，叶大，阔椭圆形，总花梗长，小花大，色彩丰富，花萼、花瓣被白粉，瓣化瓣直立不弯曲。

② 美人蕉(*C. indica*)　茎叶绿而光滑。花小，着花少，红色。

③ 紫叶美人蕉(*C. warscewiezii*)　株高1m左右，茎叶均紫褐色，总苞褐色，花萼及花瓣均紫红色，瓣化瓣深紫红色，唇瓣鲜红色。

④ 双色鸳鸯美人蕉　引自南美，是美人蕉属类中的珍品，因在同一枝花茎上开出大红与五星艳黄两种颜色的花而得名。颜色有大红、鲜黄、红粉、橙黄、复色斑点等，约有50多个品种。

【生态习性】喜温暖和充足的阳光，不耐寒，在全年平均温度高于16℃的地区可周年开花。要求土壤深厚、肥沃，盆栽要求土壤疏松、排水良好。

【繁殖】美人蕉采用分根茎或播种繁殖。全年可分生，北方在5月。将根茎切离，每丛保留2～3芽就可栽植。为培育新品种，可用播种繁殖。种皮坚硬，播种前需将种皮刻伤或开水浸泡，温度高于25℃，2～3周即可发芽。

【栽培要点】①分栽时必须带芽分割根茎；②根茎宜干燥贮藏，受潮易腐烂；③花后及时剪去花茎，减少养分消耗，促其连续开花。一般春季栽植，暖地宜早，寒地宜晚。株距30～40cm。水分充足，生长极旺盛，在肥沃的土壤上生育好，生长期应多追肥。美人蕉适应性强，管理相对简单。

【应用方式】美人蕉花大色艳，花期长，茎叶繁茂，宜作花境背景或花坛中心栽植，也可丛植于草坪边缘或绿篱前，展现其群体美。还可用于基础栽植，遮挡建筑死角。

第 11 章　室内观叶植物

11.1　概述

11.1.1　室内观叶植物的定义

室内观叶植物是指起源于热带、亚热带地区，在室内散射光条件下能正常生长发育的，用于装饰与造景的观叶色、叶形和质感美的一类植物。种类繁多，有木本和草本，有藤本和直立种类。

11.1.2　生长发育特点

11.1.2.1　生长发育对环境条件的要求

① 对温度的要求　室内观叶植物大部分原产美洲的低纬度地区、非洲南部以及东南亚的热带雨林地区，这些地区的气温特点是：接受太阳光热最多，年平均温度高，也无寒冷。因此，引自这些地区的大部分观叶植物，抗寒和耐高温能力都很差，尤其对低温反应更敏感。一般生长适宜温度为 15～34℃，最适生长温度为 22～28℃，且昼夜温差要小。

② 对光照的要求　室内观叶植物在原产地多是生长在林荫下，因此较耐阴，对光照时间长短要求也不严格。

③ 对水分的要求　花卉种类不同，对水分的要求不同。有些种类要求充足的水分，许多品种对空气湿度的要求比土壤水分更为重要，如竹芋类和附生类的气生植物、蕨类植物。二球根类及肉质根茎类、仙人掌类植物适宜在较干燥的环境中生长。

④ 对土壤的要求　室内观叶植物一般都为容器栽培，栽培土壤均采用基质栽培。需保证基质通气透水性好，含营养丰富，可溶性盐类含量低，无病虫害。

11.1.2.2　主要繁殖方式

主要是采用营养繁殖的方式，以扦插和分株为主，也可采用播种繁殖。

11.1.3　栽培管理措施

11.1.3.1　温度管理

由于大部分的室内观叶植物抗寒和耐高温能力都很差，因此冬天应保持在 6℃ 以上，否则容易遭受冻害；夏天温度超过 30℃，生长同样受到影响。

11.1.3.2　光照管理

大部分室内观叶植物对光照要求比较弱，强光直射极易引起叶片焦灼或卷曲枯萎，因此在光照强烈情况下需遮光 50%～80%。对于一些叶片具有斑纹色彩的在散射光下栽培，色彩更艳丽美观，过于荫蔽会引起叶片褪色或不鲜艳。在冬春季，无论叶片有无彩色，都应有适当光照，以利植物生长健壮，增强抗逆性。

11.1.3.3　肥水管理

观叶植物在幼苗期的是施肥一般是氮、磷、钾按 1∶1∶1 的比例配合施用，每周 1 次，施肥的原则为勤施、薄施。壮苗期肥料的配合比例和用量应适当变化，氮、磷、钾可按 1：2：2 的标准配比，用量可比幼苗期提高 1～2 倍。

不同种类的植物，对水分的要求不一样，观叶植物大多是阴生植物，适宜在空气湿润的环境中生长，故应多喷洒叶面水。特别是夏季，每天应喷 3～4 次。

11.2 室内观叶植物各论

11.2.1 肾蕨(*Nephrolepis auriculata*)

【别名】蜈蚣草、篦子草。

【科属】骨碎补科肾蕨属。

【产地与分布】原产热带和亚热带地区，中国南方各省均有分布。

【形态特征】多年生常绿草本。根状茎短而直立，下面向四周发出长匍匐茎，并从匍匐茎短枝上长出圆形块茎；草质叶披针形，长 30～70cm，一回羽状分裂，羽片以关节着生叶轴上；孢子囊群着生于侧小脉顶端。

【栽培资源】其他栽培种：

① 长叶肾蕨(*N. biserrata*) 大型蕨类，生长势非常强，栽培中有叶型与叶姿变化的品种。

② 高大肾蕨(*N. exaltata*) 栽培历史较长，并易产生变异。常见的品种有：'波斯顿'蕨('Bostoniensis')、'松皱'肾蕨('Fluffy Ruffles')羽片蓬松而皱折。

【生态习性】性喜温暖湿润和半阴环境，要求空气湿度较高。忌强光直射，不耐寒，怕霜冻。生长适温 20～25℃，冬季需要保持 5℃ 以上的夜温。宜栽于腐殖质丰富、肥沃和排水良好的微酸性土壤。

【繁殖】播种孢子、分株繁殖。以分株繁殖为主，在春季新叶未抽生前进行，分株前，适当保持土壤干燥，然后挖出老株，用利刃将大株丛切成 5～6 叶一小丛，分栽定植。

【栽培要点】栽培中注意保持温暖多湿的环境，经常向叶面及植株四周喷雾，以提高空气湿度。冬季注意保温。生长季节内每隔 10～15d 追肥 1 次，不可施用碱性肥，以免土壤碱化，最好施用油渣水。生长期间注意去掉黄叶、病叶。经常保持土壤湿润，有条件的可在棚室内设置喷雾装置，以提高空气湿度。

【应用方式】可作盆栽，切花，在适宜的地区可做地被。

11.2.2 凤尾蕨(*Pteris cretica* var. *nervosa*)

【别名】大叶井口边草、大叶凤尾蕨。

【科属】凤尾蕨科凤尾蕨属。

【产地与分布】分布于除江浙以为的长江以南各省区。

【形态特征】多年生常绿植物。株高 50～70cm，根状茎短而直立或斜升，叶簇生，二型，一回羽状，叶片卵圆形；不育叶狭披针形或披针形，且柄较短；能育叶线形，主脉下面强度隆起，光滑；侧脉两面均明显，稀疏，斜展。

【栽培资源】常见的栽培品种有：

① 银中斑凤尾蕨('Variegata') 为同属种的栽培品种。1～2 回羽状复叶，羽片淡绿色，中央有纵向银灰白色斑条。羽叶中脉和总叶柄红褐色或黑褐色。

② 银脉凤尾蕨('Victoriae') 为同属种的栽培品种。1～2 回羽状复叶，叶面绿色，叶脉银白色。

【生态习性】喜温暖、湿润、半阴环境。忌强光直射，肥沃排水良好的土壤中生长良好。冬季最低温不低于5℃。

【繁殖】分株、孢子繁殖。分株宜和换盆同时进行。选用腐殖土或泥炭土、素沙按2：1混合配制，再加适量的生石灰拌匀。孢子繁殖，将孢子撒播在盆中，发芽适温约25℃，发芽后最初几个月，播种盆要盖以玻璃板，以保持适度。

【栽培要点】夏季置荫棚下，秋末入温室，生长适温15～25℃，最低温度3～5℃。生长季节保证湿度，及时浇水，施肥，经常向叶面喷水，每周施肥1次，一般2年换盆1次，盆土可用腐叶土、珍珠岩、腐熟马粪和少量石灰配制。

【应用方式】适于室内盆栽，插花的衬叶；也可在郁闭的林下作地被，可作布置阴湿堤岸或山石背后的种植材料。

11.2.3　铁线蕨（*Adiantum capillus-veneris*）

【别名】铁线草、银粉背蕨美人粉、水猪毛七。

【科属】铁线蕨科铁线蕨属。

【产地与分布】原产美洲和亚洲的热带地区，我国长江以南均有分布。

【形态特征】多年生常绿草本。植株高15～40cm；根状茎细长横走，密被棕色披针形鳞片；叶薄革质，无毛；叶柄长5～20cm，纤细，栗黑色，有光泽，基部被与根状茎上同样的鳞片，叶片卵状三角形，鲜绿色；孢子囊群生于变形裂片顶端反折的囊群盖上，囊群盖肾形至短圆形。

【栽培资源】栽培品种有：光辉铁线蕨（'Brilliantelse'），羽裂，叶片先端带金黄色；红晕铁线蕨（'Glorytas'），羽叶具红晕。

【生态习性】喜温暖湿润和半阴环境；生长适宜气温为13～18℃，白天适温21～26℃，夜间为10～15℃。冬季气温低于5℃叶片会受伤害。

【繁殖】以分株繁殖为主，亦可采用孢子繁殖和组织培养。分株繁殖：通常在4月中上旬春季芽未萌发前结合换盆进行，将满盆的蕨株丛扣出，切断其根状茎，分别上盆即可。

【栽培要点】栽培中注意夏季要遮阳，长期强光会使叶片枯黄。喜明亮散射光。生长期宜充分浇水并保持较高的空气湿度。喜疏松、肥沃排水好的石灰质壤土；栽培用土宜用等量壤土、腐叶土和素沙配制。苗期宜略增施氮肥；生长期每2周追肥1次。

【应用方式】暖温带地区园林中可供山石园庇荫处配植，北方在温室内水池石上配置，或盆栽作室内暗处的观叶植物。

11.2.4　鸟巢蕨（*Neottopteris nidus*）

【别名】巢蕨、山苏花、台湾山苏花。

【科属】铁角蕨科，巢蕨属。

【产地与分布】分布于亚洲热带及广东、广西、海南、云南和台湾等地，现世界各地均有栽培。

【形态特征】多年生常绿草本大型附生蕨类植物。根状茎短，叶丛生于根状茎边缘顶端，向四周辐射状排列，叶柄长约5cm，近圆柱形；叶片阔披针形，浅绿色，革质，两面光滑；孢子囊群狭条形，生于叶脉上侧，囊群盖条形，厚膜质。

【生态习性】常附生于雨林或季雨林的树干上或林下岩石上，喜高温、湿润和半阴环境，不耐寒，生长适温20～22℃，冬季不低于5℃，畏强光，忌直射，夏季应遮阳。

【繁殖】分株、孢子繁殖和组织培养。分株繁殖，一般于4月中下旬进行，将生长健壮植株的根状茎连同叶片和根纵切(剪去叶片的一半),分株上盆或插在苗床上。置阴凉处,保持盆土湿润。

【栽培要点】栽培基质应通透性好,如草炭土、腐叶土、蕨根、树皮、苔藓等;或用棕皮将植株根部包好,放入木条或其他材料做成的多孔篮或花盆中,悬吊栽培,效果很好。夏季,宜在荫棚下养护;秋末入温室,生长适温 20~22℃,越冬温度5℃以上,生长期需高温、高湿,需经常浇水、喷雾,合理追肥;忌夏日强光直射。生长期缺肥或冬季温度过低,会造成叶缘变成棕色,影响观赏效果。

【应用方式】中大型盆栽植物。可植于室内花园水边、溪畔、荫蔽处,或悬吊于空中,或栽植于大树枝干上,还可作切叶。

11.2.5　鹿角蕨(*Platycerium bifurcatum*)

【别名】蝙蝠蕨、二叉鹿角蕨。

【科属】鹿角蕨科鹿角蕨属。

【产地与分布】原产澳大利亚。我国各地有引种栽培。

【形态特征】多年生常绿大型附生蕨类植物。根状茎肉质有分枝,紧密地贴附在树干上;叶2型,一种为"裸叶"(不育叶),扁平,圆盾状纸质,叶缘波状,偶具浅齿,紧贴根茎处;另一种为"实叶"(生育叶),丛生下垂,幼叶灰绿色,成熟叶深绿色,基部直立楔形,叶片长可达60cm,先端呈2~3回二叉状分裂,裂片长椭圆形。

【生态习性】喜温暖庇荫的环境,在原产地是典型的附生植物,常附生在树干分叉处的树皮裂缝上。冬季干燥时可耐0℃的低温;耐阴,有散射光即可。

【繁殖】常分株、孢子繁殖和组织培养方法。分株繁殖:全年均可进行,以6~7月为宜。选用腐叶土、河沙、壤土等量混合的栽培土。选择健壮的鹿角蕨用利刀沿盾状营养叶底部和四周轻轻切开,带根栽进盆中,并盖上苔藓保湿。

【栽培要点】生长期需维持高空气湿度,浇水宜勤,浇则浇透,但勿使水停滞在叶面,以免叶面腐烂;生长适温15~25℃,温度过高则生长停滞,进入半休眠状态。生长旺盛期可追肥1~2次。冬季过暖或过于干燥皆不利生长,10℃即可。高温、通风不良或光线过于幽暗易发生病虫害。

【应用方式】鹿角蕨株型繁茂,姿态优美,是极好的悬挂观赏花卉。热带林荫下贴附树干上,展现出热带野景。北方吊栽,悬挂在厅堂、会场阴暗无光处,亦属美观别致。

11.2.6　豆瓣绿(*Reperomia sandersii*)

【别名】椒草、翡翠椒草、青叶碧玉、豆瓣如意。

【科属】胡椒科草胡椒属。

【产地与分布】原产美洲和亚洲热带地区,广泛分布于热带和亚热带,我国云南、广西等地分布较多。

【形态特征】多年生常绿草蔓生植物。植株矮小,无主茎干;叶片平滑肉质,倒卵或圆形,先端钝尖形;花为穗状灰白色花序,单生、顶生或腋生;总花梗稍较花序轴短细,被疏毛或近无毛;花小,两性,无花被;浆果卵状球形,花期2~4月及9~10月。

【栽培资源】全世界约1000余品种,我国云南、广西有9种。同属观叶植物很多,原产美洲热带而常被栽培的有:圆叶豆瓣绿(*P. rotundifolia*)、钝叶豆瓣绿(*P. obtusiflia*)、皱叶椒草(*P. caperata*)和西瓜皮椒草(*P. sanhdersii*)。

【生态习性】喜温暖、多湿及半阴环境,忌直射阳光。在疏松、排水透气良好的土壤生长良好。耐寒性稍弱,冬季温暖保持在8℃以上。生长适温20~25℃,超过30℃和低于

15℃则生长缓慢。

【繁殖】扦插、分株繁殖。扦插：在4~5月选健壮的顶端枝条，长约5cm为插穗，上部保留1~2枚叶片，待切口晾干后，插入湿润的沙床中。也可叶插，用刀切取带叶柄的叶片，稍晾干后斜插于沙床上，10~15d生根。分株：主要用于彩叶品种的繁殖。盆土可用腐叶土、泥炭土加部分珍珠岩或沙配成，并适量加入基肥。生长期每半月施1次追肥，冬季节制浇水。

【栽培要点】①高温季节，盆栽宜置于通风阴凉处，避免阳光直射；②豆瓣绿有较强的抗旱能力，浇水过多易烂根，但要经常保持盆土湿润；③在5~9月间，2~3周可施用一次肥料；④越冬温度不宜低于10℃；⑤为了保持叶片翠绿，一般每2~3年换盆或更新一次；植株高10cm左右时，可适当摘心，促使侧枝萌发，保持株形丰满。

【应用方式】常用做小型盆栽或装饰。用白瓷盆栽培，置于装饰柜、博古架、茶几、办公桌上，雅致有味，或悬吊于室内窗前或浴室处，也极清新悦目。

11.2.7　金粟兰(*Chloranthus spicatus*)

【别名】珠兰、真珠兰、珍珠兰、鱼子兰、茶兰、茶鸡爪兰。

【科属】金粟兰科金粟兰属。

【产地与分布】原产我国南部(云南、四川、贵州等地)。现自然分布在亚洲热带、亚热带地区均已栽培。

【形态特征】半灌木，直立或稍平卧，高30~60cm。茎圆柱形，无毛；叶对生，厚纸质，椭圆形或倒卵状椭圆形，边缘具圆齿状锯齿，腹面深绿色，光亮，背面淡黄绿色；穗状花序排列成圆锥花序状，通常顶生，少有腋生；花小，黄绿色，极芳香；花期4~7月，果期8~9月。

【生态习性】性强健，喜阴湿环境和肥沃、疏松的微酸性土壤，忌直晒，稍耐寒。

【繁殖】分株、扦插繁殖。植株丛生性强，每年自根颈部多发新的根蘖，可将多年生老株脱盆后分株繁殖，分株苗应尽量多带宿土。也可扦插繁殖，在9月上旬剪取当年生健壮枝条，长10~15cm，保留上部2枚叶片，将基部一节去掉叶片插入素沙土或草炭土中，深3~5cm，放荫蔽处，保湿保温管护，10月中下旬即可发根。

【栽培要点】栽培土，掺河泥20%，但要求排水性能好。生长期宜常施追肥。夏季需置于荫棚下，每天浇水，忌日光直射。2~3年翻盆1次。冬季需放进温室。如在南方温暖地区露地栽培，可植于稍荫蔽处。栽培管理较为简便。

【应用方式】金粟兰枝叶青翠，花幽香似兰，适作地被植物成片栽植于林下、河边较潮湿处，也宜配置于山石旁、墙角下等稍荫蔽处，也可盆栽，孤植或片植庭园观赏皆可。

11.2.8　印度橡皮树(*Ficus elastica*)

【别名】印度榕树、缅树。

【科属】桑科榕属。

【产地与分布】原产印度、马来西亚，我国热带地区各大城市均有栽培，长江流域及其以北地区盆栽极广。

【形态特征】常绿乔木。树皮平滑，枝、干上有多数气根，下垂，树冠卵形；叶互生宽大具长柄，厚革质，椭圆形，全缘；幼芽红色，具苞片；夏季枝梢叶腋开花(隐花)；果长椭圆形，无果柄，熟黄色。

【栽培资源】印度橡皮树变种品种有：

① 白边橡皮树('Asahi')　叶片直立，两面均有光泽，叶缘有白色色带。

② 丽斑橡皮树（'Decora Variegata'） 绿叶上有黄斑。

③ 红肋橡皮树（'Decora'） 又名红缅树，叶片浓绿，叶面、脉间、叶柄红褐色。

④ 黄边橡皮树（'Aurea-marginata'） 叶片有金黄色边缘，入秋更为明显；白叶黄边橡皮树，叶乳白色，而边缘为黄色，叶面有黄白色斑纹。

【生态习性】性喜暖湿，喜光，亦能耐阴，不耐寒。要求肥沃土壤，宜湿润，稍耐干燥，其生长适温为 20～25℃，冬季温度低于 5～8℃时易受冻害。

【繁殖】扦插繁殖、高空压条繁殖。扦插繁殖：春、夏季扦插，需选植株中上部的隔年生健壮枝条为插穗；插穗前口处需待流胶凝结，或用木炭粉及砻糠灰吸干后，再插入疏松干净河沙或蛭石插床中，插深为穗长的 1/3～1/2，扦插苗床温度应控制在 22～26℃，湿度 80%～85%，全光喷雾育苗法，约 30d 可生根。

【栽培要点】其生长较快、喜肥，栽培时应做到水肥充足，除施基肥外，每月至少追施稀薄肥水 1 次，夏季应给予充足光照。通常春季新梢生长之前换盆或换土。幼苗高 80～100cm 时，根据需要摘心，促进侧枝萌发。在高湿、潮湿的环境中生长甚快，每 5～7d 生出一片叶。秋季逐步减少施肥和浇水，促使枝条生长充实。冬季应放在 10℃ 以上的房间内越冬，每年 4 月底至 10 月初搬至室外栽培。

【应用方式】孤植、列植、做行道树，亦可盆栽观赏、装饰、美化，常用于热带、亚热带宾馆、会所、饭店环境美化。

11.2.9 琴叶榕（*Ficus pandurata*）

【别名】琴叶橡皮树、扇叶树。

【科属】桑科榕属。

【产地与分布】原产印度、马来西亚。我国华东、华中地区广泛栽培。

【形态特征】常绿乔木，盆栽为 2～4m。干直立，分枝少；叶先端钝而稍阔，基部微凹入呈提琴形；叶柄短，叶为革质，全缘，光滑，叶脉中肋于叶面凹下并于叶背显著隆起，侧脉亦相当明显；隐花果球形。

【生态习性】喜光，喜高温多湿，亦耐阴，生长适温为 25～35℃，对土壤要求不严，喜微酸性，pH6.0～7.5 之间为宜，不耐瘠薄和碱性土壤。宜湿润、肥沃土壤。

【繁殖】扦插、压条繁殖。扦插时带叶的枝条应剪成一叶一节进行叶芽插，不带叶的枝条，以 2 节至 3 节为宜，将插穗埋于湿润的沙床中，用薄膜覆盖保温保湿，25℃ 左右的环境下一个月可生根，压条在 5～7 月份，选择健壮的枝条离顶端 15cm 处进行环状剥皮，宽 1.5cm，用腐叶土和塑料薄膜包扎，在 25℃ 的条件下，15～20d 生根，30d 后剪离母株直接盆栽。

【栽培要点】①盆栽土以腐叶土、培养土和粗沙的混合土为好；②从新叶展开时起至 8 月中旬，每隔 10d 施肥一次，以氮肥为主。生长量大时，可多施肥，停止生长或休眠时不施肥。每 2～3 年在春季换盆，土壤应呈微酸性；③春夏季生长旺盛期需充分浇水，并在叶面上多喷水，保持较高的空气湿度。休眠期应减少水量，保持盆土湿润，浇水也以微酸性为好；冬季栽培避免低温和盆土过湿。

【应用方式】庭园树、行道树，盆栽可用于宾馆、车站、空港、商厦等公共场所的厅堂摆放。

11.2.10 冷水花（*Pilea cadierei*）

【别名】透白草、透明草、铝叶草、白雪草。

【科属】荨麻科冷水花属。

【产地与分布】原产越南，多分布于热带地区，海拔 350～1400m 的林下或沟旁阴湿处，我国热带区域均有栽培。

【形态特征】多年生草本。茎肉质，高 25～65cm；叶对生，叶片狭卵形或卵形；雌雄异株，雄花序聚伞状，花被片 4，雌花序较短而密，雌花花被片 3，狭卵形；瘦果花期 7～9月，果期 9～11月。

【栽培资源】同属植物约有 200 种，常见栽培的有：

① 泡叶冷水花(*P. nummulariifolia*) 植株匍匐蔓延，分枝细而多，节处着地极易生根。叶表有泡状突起。

② 皱叶冷水花(*P. mollis*) 株高 20～50cm。叶十字形对生，叶脉褐红色，叶面主色为黄绿色，叶面起波皱。

③ 银叶冷水花(*P. spruceana*) 叶浓绿色，中央有一条美丽的银白色条斑，由叶基直达顶端。

【生态习性】较耐寒，喜温暖湿润的气候条件，怕阳光曝晒，喜半阴环境，在全部荫蔽的环境下常常徒长。对土壤要求不严，能耐弱碱，较耐水湿，不耐旱。

【繁殖】扦插、分株繁殖。

扦插法繁殖：选取生长充实的枝条，剪取茎先端 5～8cm 长作为插穗，直接插入以蛭石或素沙为基质的沙床中，入土深度不宜超过 2cm。置于半阴处，土温保持 18～20℃保湿，2～3 周即可生根，1～2 月后即可移植或上盆。

分株繁殖：可结合翻盆换土把整丛分成几份，同时对老茎进行短截，保留茎干基部 2～3 节，成活后腋芽很快就会萌发而抽生新的侧枝。

【栽培要点】①生长旺盛期每月需施 1 次稀薄液肥，入秋后应减少施肥，在冬季停止施肥；②浇水要见干就浇，但切忌积水；③夏季宜放在室内通风良好又有明亮散射光处，冬季宜放在朝南窗台上，阳光不足容易引起节间变长、茎秆柔软叶片变薄、叶色变淡并失去光泽；④当幼苗长到 12～15cm 时就可摘心，促使腋芽萌发，抽生侧枝。但摘心不宜过早或次数过多。

【应用方式】常用于中小型盆栽。植株外形圆浑紧凑，叶片花纹美丽，清新淡雅，适应性强，是室内盆栽或吊盆观赏佳品，也地栽布置室内花园良好品种。

11.2.11 镜面草(*Pilea peperomioides*)

【别名】金线草、翠屏草、一点金、象耳朵草。

【科属】荨麻科冷水花属。

【产地与分布】原产中国西南地区(云南、四川)，西南华北各地均有栽培。

【形态特征】多年生肉质草本。丛生，具根状茎；茎直立、粗壮、不分枝；节密集呈绿色，干时变棕褐色；叶聚生茎顶端，叶片肉质，近圆形或圆卵形、盾状；雌雄异株，花序单个生于顶端叶腋，聚伞圆锥状，花期 4～7月，果期 7～9月。

【生态习性】喜阴，但在阳光充足的温室内也生长良好，生长适温 15℃左右。适于在比较湿润排水良好的泥炭土上生长。

【繁殖】播种繁殖。镜面草种子细小，播种不宜深，播深不易出苗。

【栽培要点】①经常保持盆土湿润，但忌积水，浇水要见干见湿，为保持空气湿度，可经常向叶面喷雾；②喜明亮的散射光，忌烈日暴晒，以防灼伤叶片，叶色变黄；③生长适温在 15～20℃，越冬最低温度 10℃。夏季 30℃以上时会出现生长停滞，叶片易脱落。④生长季节每半月施稀薄液肥 1 次，浓肥及生肥会造成植株烂根甚至死亡。

【栽培史】20 世纪初期传入欧洲，在英国、瑞典、挪威等国均已被引种栽培。

【应用方式】叶形奇特，株态优美，四季常青，可以常年栽培观赏，适于温室、庭院和室内栽培，同时也是制作和装饰盆景的良好材料。

11.2.12 猪笼草(*Nepenthes mirabilis*)

【别名】担水桶、雷公壶、猴子埕、猪仔笼。

【科属】猪笼草科猪笼草属。

【产地与分布】原产于东南亚和澳大利亚的北部地区，在我国广东、海南等省有分布。

【形态特征】多年生常绿草本或半木质化藤本。茎木质或半木质，其叶为变态的单身复叶，革质，基生叶披针形密集，卷须较短；叶柄基部稍扩大略成鞘状，卷须末端有一小近圆筒状瓶状叶笼，笼色以绿色为主，有褐色或红色斑点和条纹；雌、雄异株，总状花序，与叶对生或顶生；花期为4～11月，果期9月～翌年2月；蒴果。

【栽培资源】重要变种：飞碟唇猪笼草(*N. mirabilis* var. *echinostoma*)瓶状体大小不一，长约狭卵形或近圆柱形，被疏柔毛和星状毛，瓶状体长8～16cm。

【生态习性】喜温暖喜有散射光的半阴环境。在湿度为80%～90%条件下生长最佳。

【繁殖】可通过压条、扦插、播种的方法来繁殖。选择成熟且粗壮的枝条，用利刀作茎皮环切或刻出一个V字形切口，涂抹生根粉并用湿水苔包裹后，再用塑料薄膜包裹并扎牢上下开口，待2～4个月新根长出后即可剪下，上盆种植。

【栽培要点】①生长期需经常喷水；盛夏期必须遮阳，以防止强光直射而灼伤叶片。秋冬季则宜置于阳光充足处，有利于叶笼的生长发育；②每年2月在新根尚未生长时进行换盆；③生长季节每月1～2次在植株基部施一些复合肥或有机肥。叶面施肥时宜薄肥多次。

【应用方式】猪笼草以其奇特、优美的变态叶，生动活泼的叶笼而具独特的观赏价值，主要具有清热止咳的药用价值。

11.2.13 虎耳草(*Saxifraga stolonifera*)

【别名】金丝荷叶、耳朵红、老虎耳、矮虎耳草。

【科属】虎耳草科虎耳草属。

【产地与分布】长江流域、华南、西南、华东至陕西等省区都有分布。

【形态特征】多年生常绿草本植物。有细长、紫红色的匍匐茎；叶通常数枚基生，肉质，广卵形或肾形，边缘有不规则钝锯齿；两面被长柔毛，正面有白色斑纹，背面紫红色或有斑点；圆锥花序稀疏，花瓣5，蒴果卵圆形；花期5～8月，果期7～11月。

【栽培资源】由于栽培园艺品种极多，目前按品种叶色特征可分为绿叶类、红叶类、斑叶类、复色叶类。

【生态习性】喜阴凉，忌高温，适宜的生长温度为10～25℃，光照强度能达到3000～3500lx的条件下生长最好，过强或过弱均不利于虎耳草的生长。

【繁殖】用分株繁殖。选择生长健壮的由匍匐枝长出的幼苗，在林下栽培，按行、株距各约17cm开穴，浅栽地表，把须根压在土里。

【栽培要点】经常除草，常向叶面喷水，保持湿润的小气候。其开花后有一休眠期，此期应注意少浇水；入秋恢复生长后，需增加浇水，每周施稀薄液肥2次；肥料需从叶下施入；冬季移入室内养护，置于窗台阳光充足处，温度在5℃以上即可安全越冬；炎热季节要放置在通风凉爽处，控制水分。

【应用方式】虎耳草可用于悬挂式、镶嵌式装饰，茶几、写字台、花架上的摆饰，窗口、墙角、厅堂等空间的悬垂式装饰等具有镇咳祛痰的药用价值。

11.2.14 变叶木(*Codiaeum variegatum*)

【别名】洒金榕。

【科属】大戟科变叶木属。

【产地与分布】原产东南亚和太平洋群岛的热带地区。

【形态特征】灌木或小乔木，高可达2m。叶薄革质，形状大小变异很大，有线形、线状披针形、长圆形等；叶绿色、淡绿色、紫红色等，有时在绿色叶片上散生黄色或金黄色斑点或斑纹；总状花序腋生，雌雄同株异序，花期9～10月；蒴果近球形。

【栽培资源】常见的栽培变异种有：

① 长叶变叶木(*f. ambiguum*) 叶片长披形。

② 复叶变叶木(*f. appendiculatum*) 叶片细长，前端有1条主脉，主脉先端有匙状小叶。

③ 角叶变叶木(*f. cornutum*) 叶片细长，有规则的旋卷，先端有一翘起的小角。

④ 螺旋叶变叶木(*f. crispum*) 叶片波浪起伏，呈不规则的扭曲与旋卷，叶先端无角状物。

⑤ 戟叶变叶木(*f. lobatum*) 叶宽大，3裂，似戟形。

⑥ 阔叶变叶木(*f. platypHyllum*) 叶卵形。

⑦ 细叶变叶木(*ftaeniosum*) 叶带状。

【生态习性】喜温暖湿润环境，不耐寒，属喜光性植物，但不耐强光直射，夏季适当遮阳，土壤以肥沃、疏松的壤土为好，冬季温度不低于5℃。

【繁殖】可用种子繁殖、扦插繁殖，常于春末秋初用当年生的枝条进行嫩枝扦插，或于早春用生的枝条进行老枝扦插。压条繁殖，选取健壮的枝条，从顶梢以下大约15～30cm处把树皮剥掉一圈，剥后的伤口宽度在1cm左右，生根后，把枝条边根系一起剪下，就成了一棵新的植株)。

【栽培要点】①4～8月生长期要多浇水，经常给叶片喷水，保持叶面清洁及潮湿环境；②生长期一般每月施1次液肥或缓释性肥料；③喜肥沃、黏重而保水性好的土壤，培养土可用黏质土、腐叶土、腐熟厩肥等调配；④变叶木冬季不得低于15℃。翌年春季气温回升时，剪去受冻枝条，加强管理，仍可恢复生长。

【应用方式】变叶木作中型盆栽，可陈设于厅堂、会议厅、宾馆酒楼；小型盆栽也可置于卧室、书房的案头、茶几。

11.2.15 发财树(*Pachira macrocarpa*)

【别名】马拉巴栗、瓜栗、美国花生、大果木棉。

【科属】木棉科瓜栗属。

【产地与分布】原产于中美洲墨西哥、哥斯达黎加及南美洲委内瑞拉、圭亚那一带，目前生产地主要集中在台湾、海南和印尼。

【形态特征】多年生常绿乔木。株高一般4～5m；主干直立，枝条轮生，茎干基部膨大；叶互生，质薄而翠绿，掌状复叶，小叶5～9片，具短柄或无柄；小叶长椭圆形，全缘，深绿色；花大单生，花瓣5片，淡黄绿色；花期4～5月，花后结出细椭圆形蒴果，9～10月果实成熟。

【栽培资源】同属植物约30种，多数株形优美，叶片茂密。常见栽培的有：

① 花叶马拉巴栗(*P. macrocarpa* 'Variegata') 小叶7～11枚，叶面有黄白色斑纹。

② 大叶发财树(*P. macrocarpa*) 大叶发财树叶片修长，一片片平展的叶子层层叠叠。

③ 大花发财树(*P. aquatica*) 小叶 5～9 枚，倒卵圆形或椭圆状披针形，长 10～30cm，花深粉红至紫色，长达 35cm。

【生态习性】喜高温、多湿和阳光充足的环境。喜光又耐阴，有一定的耐旱能力，适应性强，易于养护管理。对土壤要求不严格，喜肥沃、排水良好、富含腐殖质的沙质壤土为佳。

【繁殖】发财树可采用播种或扦插繁殖，也可采用水培繁殖。种子采收时要立即播下，播种后覆盖细土约 2cm 厚，然后放置半阴处，保持湿润，播后 7～10d 可发芽；扦插可与 5～6 月取萌枝做插穗，插入沙或蛭石中，注意遮阳和保湿，约 1 个月即可生根。

【栽培管理】①浇水以保持盆土湿润为宜，盆土过干易造成叶片脱落。夏季生长快，需水较多，应每隔 2～3d 浇 1 次水，并注意每天定时向叶面喷水，春、秋季 4～5d 浇 1 次水。冬季应保持盆土适当干燥；②发财树每 1～2 月追肥一次，以有机肥或复合肥为宜。在生长旺盛季节忌用氮肥，要多施磷、钾肥，或追施腐熟饼肥；③在全日照能使其叶节短、株型紧凑、丰满。

【应用方式】发财树树形轻飘美观，叶片全年翠绿，是目前十分流行的室内观叶植物。用它装点居室、书房或卧室，适于在家内布置和美化使用。

11.2.16　铁十字秋海棠(*Begonia masoniana*)

【别名】马蹄秋海棠、铁甲秋海棠、毛叶秋海棠。

【科属】秋海棠科秋海棠属。

【产地与分布】原产我国南部和马来西亚，现世界各地均有栽培。

【形态特征】多年生常绿草本，株高 30cm 以下。根状茎横卧，肉质；叶基生，叶柄上有长绒毛，叶缘有不规则锯齿，叶面粗糙，有独特的泡状突起和刺毛，叶色黄绿，沿主脉有一近十字形的紫褐色斑纹；复聚伞花序，花小，花期 3～5 月。

【生态习性】铁十字秋海棠喜温暖湿润，生长适温 20～25℃，不耐高温，怕强光直射。冬季要保持 10℃ 以上，喜疏松、排水良好、富含腐殖质的土壤。

【繁殖】常用分株、扦插繁殖。

分株可在春季换盆时进行，选择生长健壮的顶芽从基部根茎出切下，切口涂草木灰或生根粉，每 2～3 段栽 1 盆。放半阴处养护，一周后可恢复。

扦插以叶插为主，选择健壮成熟叶片，将叶片剪成直径 6～7cm 大小带有部分主脉的三角形小片，或整叶连叶柄斜插于沙床，叶柄向下，也可用刀片在叶背主脉及叶脉分支处划几刀，平铺于基质上，保持室温 20～22℃，插后 20～25d 生根，待长出 2 片小叶时即可上盆。

【栽培要点】刚盆栽苗需保持较高的空气湿度，盛夏季节需遮阳，给予散射光，叶面多喷水。生长旺盛期每半月施肥 1 次，使用液肥时切忌玷污叶面，施肥后最好用清水冲淋叶面。冬季叶片需多见阳光，减少浇水，暂停施肥。盆栽每 1～2 年于春季进行翻盆，可保持植株旺盛的生长势。

【应用方式】铁十字秋海棠植株矮小，叶片美丽，适用于宾馆、厅室、橱窗、窗台摆设点缀。可作中、小型盆栽，也可吊篮种植，悬挂室中，或作景箱种植。

11.2.17　银星秋海棠(*Begonia argenteo-guttata*)

【别名】麻叶秋海棠。

【科属】秋海棠科秋海棠属。

【产地与分布】原产巴西，现世界各地均有栽培。

【形态特征】多年生常绿小灌木，株高 60～120cm。须根发达；茎竹节状，半木质化，分枝较多，全株无毛；叶歪卵形，先端锐尖，边缘有细锯齿，分布有稠密的银白色斑点，叶背紫红色；花簇生，白色至粉红色。

【生态习性】银星秋海棠喜温暖、湿润的环境，生长适温15～25℃。喜明亮的散射光，怕强光直射。

【繁殖】用扦插法繁殖，四季均可进行，春季最佳。剪去粗壮的枝条，每3～4节作为一段插穗，中间插穗可不留叶片，顶稍则剪去下部叶片。扦插深度约4cm。也可进行叶插，但不定芽的产生较为困难。

【栽培要点】银星秋海棠丛生性不强，为了增加分枝，需进行摘心。同时在每年春季翻盆时，对植株进行强修剪，每根枝条的基部仅保留2～3个芽，促使新枝萌发。其他同铁十字秋海棠。

【应用方式】银星秋海棠茎高叶疏，挺拔潇洒，可将其放置于花架、书案，也可成排放置于花槽、过道等处。

11.2.18　蟆叶秋海棠(*Begonia rex*)

【别名】虾蟆秋海棠、毛叶秋海棠、王秋海棠、紫叶秋海棠。

【科属】秋海棠科秋海棠属。

【产地与分布】原产于巴西和印度东部，现世界各地均有栽培。

【形态特征】多年生宿根草本，植株低矮，高约17～23cm；具粗壮肥大的根茎；叶基生，盾状着生，叶形多变，叶基歪斜，叶深绿色，常具金属光泽，叶面上有美丽的色彩和不同的图案，叶和叶柄上密被茸毛；花梗出自根茎花小，淡红色，簇生，花期5月。

【栽培资源】观叶宿根秋海棠常见栽培的种有：

① 枫叶秋海棠(*B. heracleifolia*)　叶柄较长，有粗毛；叶圆形，掌状深裂达叶片中部，裂片5～9，边缘有锯齿，先端较尖，叶背红褐色，叶脉有毛；圆锥花序，花大，直径2.5～4cm，白色带红晕。

② 索利秋海棠(*B. solimutata*)　根状茎粗壮，横走；叶基生，卵圆形，直径约10cm，叶缘波状，叶面疣状凹凸不平，叶背面红色；花小，白色。

③ 莲叶秋海棠(*B. nelumbiifolia*)　根茎短粗；叶小，卵圆形，叶面深绿色，叶背褐红色；圆锥花序，花小，粉白色，雌雄异花，花多为雄花，花期从11月至次年1月。

【生态习性】喜温暖湿润的环境，要求温度20℃以上和较高的空气湿度。要求散射光充足。以肥沃、排水好的沙质壤土为宜。

【繁殖】多采用叶插和根状茎分株繁殖。叶插时可把叶剪成小片，每片带较大叶脉，斜插于基质中，半个月可生根。

【栽培要点】同铁十字秋海棠。

【应用方式】植株矮小，叶极美丽，是小型盆栽观叶植物；宜盆栽以供室内装饰、点缀，是较好的室内观叶植物材料。

11.2.19　孔雀木(*Dizygotheca elegantissima*)

【别名】手树。

【科属】五加科孔雀木属。

【产地与分布】原产澳大利亚、太平洋群岛。

【形态特征】常绿观叶小乔木，盆栽时常在2m以下。树干和叶柄都有乳白色的斑点；叶互生，掌状复叶，小叶7～11枚，条状披针形，边缘有锯齿或羽状分裂，幼叶紫红色，后成深绿色；总叶柄细长；栽培有宽叶及斑叶品种，其掌状复叶只有5～7枚小叶。

【生态习性】喜温暖湿润环境，不耐寒，属喜光性植物，但不耐强光直射，土壤以肥沃、疏松的壤土为好，冬季温度不低于5℃。

【繁殖】可用播种方法和扦插繁殖。扦插繁殖一般在4～5月间选生长充实的枝条，剪取8～10cm长的插穗，下端剪口可蘸上少许生根剂，然后插入沙土中，保持沙土湿润，温度在20℃左右，约30d可生根。

【栽培要点】生长适宜温度为20℃左右，幼苗期温度可稍高些，冬季温度最好不要低于15℃，老树可耐5～10℃短期低温，温度再低会受冻害。每年春季萌发新枝后需进行摘心，促发新枝，生长期浇水应干湿相间，并需经常向叶面上喷雾，以增加空气湿度，每月需追施1次腐熟的液肥；平时要求适量的光照，若光线不足易导致枝条徒长，可置于棚内明亮处养护，但忌夏季强光。

【应用方式】孔雀木树形和叶形优美，叶片掌状复叶，紫红色，小叶羽状分裂，非常雅致，为名贵的观叶植物。适合盆栽观赏，常用于居室、厅堂和会场布置。

11.2.20　八角金盘(*Fatsia japonica*)

【别名】八手、手树、八金盘、金刚纂。

【科属】五加科八角金盘属。

【产地与分布】原产于日本暖地近海的山中林间。中国早年引种，现广泛栽培于长江以南地区。

【形态特征】常绿灌木或小乔木，高可达5m。茎光滑无刺，叶柄长10～30cm；叶片大，革质，近圆形，掌状7～9深裂，裂片长椭圆状卵形，边缘有疏离粗锯齿；圆锥花序顶生；花瓣5枚，黄白色；果近球形；花期10～11月，果熟期翌年4月。

【栽培资源】八角金盘主要栽培品种有：白斑八角金盘：叶面有白色斑点；黄斑八角金盘：叶面有黄色斑点；黄纹八角金盘：叶上有黄色细纹；裂叶八角金盘：叶掌状深裂，各裂片再分裂。

【生态习性】喜阴湿温暖的气候。不耐干旱，不耐严寒。以排水良好而肥沃的微酸性土壤为宜，中性土壤亦能适应。

【繁殖要点】繁殖方法主要有：播种、扦插、分株三种。播种法：5月果熟后，随采随播。种子发芽适温15～20℃。当年生苗木可高达15～20cm。扦插法：温室栽培条件下，除盛夏外，全年皆可扦插；适期是2～3月用硬枝扦插和5～6月。分株法：分株多于春季换盆时进行。

【栽培要点】栽培以腐殖质壤土最佳。栽培处宜半阴。培养土要经常保持湿润，不可干旱，枯萎影响生育。性喜冷凉，忌高温，生育适温约13～23℃。夏季要求阴凉通风。

【应用方式】八角金盘适宜配植于庭院、门旁、墙隅及建筑物背阴处，还可成片群植于草坪边缘及林地。另外还可盆栽供室内观赏，用于布置门厅、窗台、走廊、水池边。叶片又是插花的良好配材。根、皮均可入药。

11.2.21　洋常春藤(*Hedera helix*)

【别名】常春藤、美国常春藤。

【科属】五加科常春藤属。

【产地与分布】原产于欧洲，现已广泛栽培。

【形态特征】常绿木质藤本植物。茎可达5m，多分枝，枝条上有气生根，嫩枝上褐色柔毛呈星状；营养枝深绿色，有光泽，生殖枝上叶片菱形至卵状；幼叶作掌状分裂，长7～12cm，宽3～7cm，呈暗绿色，叶面光滑平坦无绒毛，花序为球形伞状，花白色，果球形，黑色。

【栽培资源】（1）同属常见的栽培种有：

① 中华常春藤（*H. nepalensis* var. *sinensis*）　不育枝上的叶呈三角形或戟形叶片，全缘或具三浅裂；可育枝上的叶呈披针形，全缘

② 西洋常春藤（*H. helix*）　叶长 10cm，常 3～5 裂。叶表深绿色，背淡绿色，花梗和嫩茎上有灰白色星状毛。

③ 革叶常春藤（*H. colchica*）　叶长 10～12cm，宽 10cm，阔卵形，全缘，下部叶偶见 3 裂，革质。

（2）栽培品种　由于栽培园艺品种极多，常见的栽培品种有：金边常春藤（*H. helix* var. *aureovariegata*）、银边常春藤（*H. helix* var. *silver quetn*）。

【生态习性】性喜温暖、湿润和半湿润环境，极耐阴、较耐寒，不耐高温。洋常春藤较喜欢凉爽气候，在 13～15℃时生长最好，能耐短暂－3℃低温。对土壤的要求不高，但在肥沃、疏松和排水良好的中性或微酸性土壤中生长更好。

【繁殖】繁殖可采用扦插，扦插的季节可在春、夏、秋季。剪去 20～30cm 长的茎蔓，摘去下部的叶片，再将基部 2～3 节埋入土中，只要保持土壤湿润，20d 左右就可生根。也可将茎蔓连续压条，然后保持土壤湿润，节部很快会长出须根，生根以后可按 3～5 节一段，从中间处剪断，待其长至 10cm 左右即可分植。

【栽培要点】①夏季高温时期，洋常春藤生长缓慢，此时除做好遮阳工作外要经常给植株及周围环境喷水降温和增加空气湿度；②秋季为洋常春藤其生长旺盛期，要每半月喷施肥一次，但成型后植株可减少施肥；③冬季要使盆土偏干，以提高洋常春藤的耐寒能力。

【应用方式】洋常春藤蔓枝密叶，耐阴性好，叶片色彩丰富，有金边、银边、金心、彩叶和三色的。是优良的室内观叶藤本植物，可用于室内盆栽和垂直绿化，可装饰墙面、花槽等。

11.2.22　鹅掌藤（*Schefflera arboricola*）

【别名】七叶莲、七叶藤、七加皮、汉桃叶、狗脚蹄。

【科属】五加科鹅掌柴属。

【产地与分布】原产热带和亚热带，我国西南部至东部亦有野生分布。

【形态特征】藤状常绿灌木，蔓生。株高为 2～3m，树冠圆整，掌状复叶，叶革质，倒卵形或长椭圆形，叶面浓绿或散布深浅不一的黄色斑纹，叶背淡绿，无毛；小叶 5～9 片；果实成熟呈球形，红黄色。

【栽培资源】栽培品种有：卵叶鹅掌藤（*S. arboricola* cv.），叶倒卵状椭圆形；分枝多；叶片较宽阔，叶端钝圆；茎干和叶柄常呈黄色；叶面镶嵌不规则黄色斑块和斑点。

【生态习性】鹅掌藤性喜光、喜温暖湿润气候，具有一定的耐旱性和较强的耐寒力。生育适宜温度 20～30℃。以肥沃的壤土或沙质壤土最佳，土壤常保湿润。

【繁殖】鹅掌藤一般采用扦插繁殖，也可压条或播种繁殖。扦插繁殖一般以春、秋季为宜，选取发育成熟的枝梢，剪成 8cm 左右的插穗，除去下部叶片，然后插入沙床中。保持沙床湿润和地温 20℃左右，40～60d 即可生根。压条繁殖是将蔓生茎或茎直接弯曲压入土中，使其在节部生根。

【栽培要点】①鹅掌藤喜光耐高温，因此将其放于光线充足的地方有助于植株的生长。越冬温度不宜低于 3℃；②夏季可经常对叶面喷水，生长期可每月施加饼肥水一次，春至夏季是生育盛期，水分要充足，若分枝少时则可修剪或摘心，促使多分侧枝。

【应用方式】鹅掌藤成株秋季开淡绿色或黄褐色小花，果实成熟呈球形，红黄色，枝叶

柔美，清新宜爽，是室内植物好材料，适合庭园美化或盆栽。

11.2.23　鹅掌柴(*Schefflera octophylla*)

【别名】手树、鸭脚木、小叶伞树、矮伞树、舍夫勒氏木。

【科属】五加科鹅掌柴属。

【产地与分布】我国福建、广东、广西、海南、江西南部、浙江南部和西藏南部等地，日本也有分布。

【形态特征】常绿灌木或小乔木。分枝多，枝条紧密；叶片浓绿色，有光泽，掌状复叶，具小叶 5～8 叶，革质；圆锥花序顶生，长 25cm；冬季开花，花白色，有芳香；肉质果黑色，圆球形，果熟期 12 月至翌年 1 月。

【栽培资源】同属种有：

① 鹅掌木(*S. arboicola*)掌状复叶，幼叶密生星状短柔毛，后脱落。伞形花序，又复结为大圆锥花序，顶生小花，白色，芳香。

② 短序鹅掌柴(*S. bodinieri*)　灌木，小叶 5～11 枚，先端尾尖或镰刀状。

③ 异叶鹅掌柴(*S. diversifoliolata*)　乔木，小叶 8～14 枚，全缘。

【生态习性】鹅掌柴喜光，喜温暖、湿润和半阴环境，最适宜生长的温度为 16～18℃，生长势及适应性均较强，喜土质深厚、肥沃的酸性土壤。

【繁殖】主要采用播种和扦插繁殖。播种：12 月种子成熟后采收，贮藏至翌年 4 月下旬播种，将种子播于沙土中，保持盆土湿润，20～24℃经 2～3 周可出苗扦插：在春季新梢萌动之前，剪取一年生枝条，长 8～10cm 去掉下部叶片，扦插于素沙土或蛭石中，扦插基质的温度保持在 25℃，4～6 周可以生根。

【栽培要点】①生长期间盆土不可缺水，遇干旱会引起大量叶片脱落。在空气湿度高，土壤水分充足的环境中生长良好；②生长季节每 1～2 周施用一次稀薄液肥；③夏季宜遮挡直射光，放半阴环境中，冬季需日晒每天能着光半日生长良好；④对于萌发徒长枝条、老株衰弱或植株过于庞大时可结合换盆以重修剪，同时切去部分根系，重新栽植。

【应用方式】鹅掌柴适用于宾馆大厅、图书馆的阅览室和博物馆展厅摆放，亦可庭院孤植，是南方冬季的蜜源植物，叶和树皮可作药用。

11.2.24　蔓长春花(*Vinca major*)

【别名】长春蔓。

【科属】夹竹桃科蔓长春花属。

【产地与分布】原产欧洲，现普遍栽培。

【形态特征】蔓性半灌木。茎偃卧，花茎直立；叶椭圆形；花单朵腋生；花梗长 4～5cm；花冠蓝色，花冠筒漏斗状，花冠裂片倒卵形；花期 3～5 月。

【栽培资源】其他栽培品种：花叶蔓长春花(*V. major* cv. 'Variegata')，叶边缘白色，有黄白色斑点。

【生态习性】对光照要求不严，喜半阴环境。喜高温，生长适温 20～28℃。适应性强，生长迅速，每年 6～8 月和 10 月为生长高峰期。

【繁殖】扦插和压条繁殖。以扦插繁殖为主，春至夏季为适期，9～10 月也适合，选择 1 年生或当年生健壮枝条，剪取每段长 10～15cm，有 2～3 对芽的插条，插于沙床，保持湿度，2～3 周能发根。

【栽培要点】盆栽时，可同时种入多株，并适时摘心，为促进多分枝，在节部堆土可多长不定根，促进蔓条生长。生长期要充分浇水，保持盆土湿润，同时每月施肥1～3次，以半阴环境最好。虽喜温暖，也耐寒，冬季可耐0℃左右低温度。

【应用方式】为优良的地被植物，也可于山石避光面种植，以覆被山石更显生气；或于坡地林下种植，既美化坡地，有可保持水土。现也可用作盆栽，悬挂观赏。

11. 2. 25　菜豆树（*Radermachera sinica*）

【别名】幸福树、蛇树。

【科属】紫葳科菜豆树属。

【产地与分布】分布于我国台湾、广东、广西、云南、贵州等地。

【形态特征】小乔木。高达10m；2回羽状复叶，对生，革质；小叶卵形至卵状披针形，全缘，两面均无毛；顶生圆锥花序，直立，长25～35cm；花冠钟状漏斗形，白色至淡黄色，蒴果花期5～9月，果期10～12月。

【栽培资源】其他栽培种有：海南菜豆树（*R. hainanensis*），总状花序，少花，腋生或侧生，花萼淡红色，花冠淡黄色，钟状，花期4～9月。

【生态习性】喜温暖湿润气候和阳光充足环境，要求肥沃、疏松、湿润且排水良好的土壤。较耐旱，适应性较强，在石灰岩地或酸性土中亦能生长。

【繁殖】播种繁殖，种子较小，覆土不宜厚，春季3～4月播种，第二年定植，生长期间加强水肥管理，容易成活。

【栽培要点】生长适温为20～30℃，当环境温度达30℃以上时，要适当给予搭棚遮阳，增加环境和叶面喷水，或将其搬放到有疏荫的通风凉爽处过夏。越冬期间，最好能维持不低于8℃的温度，盆栽在春季抽生新梢时，可适当控制浇水，维持盆土比较湿润即可。高温季节每天要给植株喷水2～3次。休眠期，不可浇水太多，以免出现积水烂根。

【应用方式】菜豆树树干通直，花、叶优美，蒴果细长，宜作庭荫树和行道树；另外由于树形美观，树姿优雅，叶片亮绿色，也能耐阴，现也宜作室内盆栽观赏。

11. 2. 26　红脉网纹草（*Fittonia verschaffeltii*）

【别名】费通花。

【科属】爵床科网纹草属。

【产地与分布】原产秘鲁，现各地均栽培。

【形态特征】多年生常绿草本植物。植物低矮，茎匍匐，茎着地常生根，叶椭圆形至卵圆形，长7～12cm，先端钝，全缘，对生，深绿色，有红色叶脉，脉形似网；花小，花冠黄色，生于叶腋，筒状，二唇形，有较大苞片，生于柱状花梗上。

【栽培资源】（1）其他栽培种有：

① 白网纹草（*F. verschaffeltii* var. *argyroneura*）　茎有粗毛，叶片卵圆形，翠绿色，叶脉呈银白色。

② 大网纹草（*F. gigantea*）　茎直立，多分枝，叶先端有短尖，叶脉洋红色。

（2）常见栽培品种　姬白网纹草（*F. verschaffeltii* 'Minima'）为矮生品种，株高10cm，叶小，叶片淡绿色，叶脉象牙白色。

【生态习性】喜温和湿润气候及荫蔽环境，要求肥沃、疏松及排水良好土壤，生长适宜温度为18～22℃，不耐寒，不耐旱，避免强烈阳光直射。栽培以酸性土壤为宜。

【繁殖】分株或扦插繁殖。

扦插繁殖：以5～9月温度稍高时扦插效果最好。从匍匐茎上剪取插条，长10cm左右，一般需有3～4个茎节，去除下部叶片，稍晾干后插入沙床。温度在24～30℃时，插后7～

14d 即可生根。

　　分株繁殖：对茎叶生长比较密集的植株，匍匐茎在 10cm 以上带根剪下，都可直接盆栽，在半阴处恢复 1～2 周后转入正常养护。

　　【栽培要点】喜中等强度的光照，忌阳光直射，但耐阴性也较强。在室内最好摆放在明亮的窗边。生长适温为 18～25℃，耐寒力差，气温低于 12℃ 叶片就会受冷害，约 8℃ 植株就可能死亡。浇水时必须小心。最好能让培养土稍微湿润即可。对于生长旺盛的植株，每半个月可施一次浓度比正常的低一半的以氮为主的复合肥。

　　【栽培史】1860 年，*F. albivenis* 和 *F. gigantean* 两个种被引进英国和比利时，在长达 150 年的园艺应用中，选育了大量形态各异的栽培品种，作为一种小型盆栽观叶植物在欧美国家大量推广。我国在 20 世纪 70 年代才开始从国外引种网纹草，90 年代进行小批量生产。现我国南方已广泛栽培，在北方也开始在室内栽培。

　　【应用方式】红色叶脉色泽艳丽，有较佳的观赏性，常盆栽，可用于宾馆、居家或办公室的案几、窗台等处点缀；植株低矮，整齐可用于室外花坛、花带等布置装饰。

11.2.27　白斑枪刀药(*Hypoestes phyllostachys* 'White Spot')

　　【别名】星点鲫鱼胆。

　　【科属】爵床科枪刀药属。

　　【产地与分布】原产马达加斯加，现各地均有栽培。

　　【形态特征】多年生草本或亚灌木。高达 0.5m；茎稍粗壮，基本木质化。叶对生，叶卵形或卵状披针形，全缘，深绿色，叶面具白色斑纹；花单生，腋生，花冠二唇形，淡紫粉色，蒴果；花期 10～11 月。

　　【栽培资源】其他栽培品种有：粉斑枪刀药(*H. phyllostachys* 'Pink Spot')，叶面具堇粉色斑纹；深红嫣红蔓(*H. phyllostachys* 'Splash Select Red')，叶面具深红色斑纹。

　　【生态习性】喜温暖湿润和半阴环境。不耐寒，怕高温和强光暴晒。怕干风和干旱。生长适温为 20～25℃，冬季温度不低于 10℃。以疏松肥沃和排水良好的微酸性沙质壤土为好。

　　【繁殖】扦插、分株和播种繁殖。扦插繁殖：全年均可进行，以 5～6 月为好。剪取顶端枝条，长 8～10cm，剪除基部叶片，留株顶 3～4 个叶节，插入沙床。保持室温 18～22℃ 和较高空气湿度，插后 10～15d 生根。

　　分株繁殖：于春季植株的茎基处萌生蘖芽时进行。将植株自盆中托出，剪去老化叶片进行切割分栽，每蘖一盆，分株后放置于荫蔽通风处，待其发出新根便可正常管理。

　　播种繁殖：在春夏进行，采取盆播。发芽适温为 20～24℃，播后 10～15d 发芽。

　　【栽培要点】需经常喷水，保持较高的空气湿度。如盆土干燥，就会出现萎蔫下垂，严重时发生叶片脱落。生长期每半月施肥 1 次，加施磷钾肥或卉友 20-20-20 通用肥 2～3 次。秋季花后，应及时剪除，促使长出新枝叶。春夏季植株生长快，需经常摘心，形成紧凑繁茂株形。每年春季换盆时需重剪，促其更新。

　　【应用方式】植株低矮，叶色雅致。常作盆栽观叶植物，适合书桌、案头、窗台及阳台等处摆放观赏；也可用于室外布置、摆放，美化庭院。

11.2.28　散尾葵(*Chrysalidocarpua lutescens*)

　　【别名】黄椰子。

　　【科属】棕榈科散尾葵属。

　　【产地与分布】原产马达加斯加，现引种于我国南方各省。

　　【形态特征】常绿丛生状灌木或小乔木。茎干光滑，基部有环纹；羽状复叶，全裂，羽叶披针形，先端渐尖；细长叶柄稍弯曲，黄色，故称"黄色棕榈"；花成串，朵小，色金黄。花期3~5月。

【生态习性】性喜温暖湿润、半阴且通风良好的环境。不耐寒，越冬最低温要在10℃以上。喜富含腐殖质、排水良好的微酸性沙质壤土。

【繁殖】散尾葵可用分株繁殖和播种繁殖。分株繁殖于4月左右结合换盆进行，选基部分蘖多的植株，去掉部分旧盆土，以利刀从基部连接处将其分割成数丛。每丛不宜太小，须有2~3株，并保留好根系。

【栽培要点】①生长季节必须保持盆土湿润和植株周围的空气湿度；②散尾葵盆栽时，应较原来栽的稍深些，让新芽更好地扎根；③在室内栽培观赏宜置于较强散射光处；它也能耐较阴暗环境，但要定期移至室外光线较好处养护，以利恢复，保持较高的观赏状态。

散尾葵的生长旺盛期，一般每1~2周施一次腐熟液肥或复合肥，秋冬季可少施肥或不施肥，同时保持盆土干湿状态。

【应用方式】散尾葵株型高大丰满，叶丛柔美洒脱，可用于盆栽，是布置会议室、家庭居室、会场或阳台等的高档盆栽观叶植物。也是优美的重要切叶材料。

11.2.29　袖珍椰子(*Chamaedorea elegans*)

【别名】玲珑椰子、矮生椰子、袖珍棕。

【科属】棕榈科袖珍椰子属。

【产地与分布】原产中南美洲热带地区，现世界各地均有栽培。

【形态特征】常绿小灌木，株高一般不超过1m。茎干直立，不分枝，深绿色，叶羽状全裂，裂片披针形，互生，叶鞘筒状抱茎；肉穗花序腋生，花黄色，雌雄异株，雄花序稍直立，雌花序稍下垂；花期春季。

【生态习性】喜温暖、湿润和半阴的环境。生长适宜的温度是20~30℃，冬季温度不低于10℃。怕强光直射，耐干旱。栽培基质以排水良好、肥沃沙质壤土为佳。

【繁殖】袖珍椰子常用播种繁殖。春、夏季进行。种皮坚硬，播种前进行温烫催芽处理。一般经3~6个月才发芽出苗，次年春天可间苗，幼苗可上盆培育养护。

【栽培要点】①对环境湿度要求较高，浇水要掌握宁湿勿干的原则，以保持盆土湿润；②袖珍椰子最怕强光直射，短时间曝晒也会引起叶片焦枯，长期放在过干阴暗处，叶色也会变淡。

苗期分蘖较多，应及时分株。株高宜控制在40~60cm之间，因此施肥不宜多，一般苗期、春秋两季施3~4次稀薄液肥即可；每隔2~3年于春季换一次盆，以利生长。

【应用方式】袖珍椰子性耐阴，株型小巧玲珑，叶片青翠亮丽，十分适宜作室内中小型盆栽。可用于装饰客厅、书房、会议室、宾馆服务台等室内环境。

11.2.30　广东万年青(*Aglaonema* spp.)

【别名】亮丝草、万年青、粤万年青。

【科属】天南星科广东万年青属。

【产地与分布】原产亚洲南部，中国有2种，产于云南、两广南部的山谷湿地。

【形态特征】常绿草本。地下茎萌蘖力强，根系分布较浅；茎直立，肉质，不分枝，叶片生其基部；叶椭圆状卵形，互生，有光泽，叶柄长，中部以下鞘状；雌雄同株异花，佛焰苞花序浅绿色。

【栽培资源】(1)同属常见栽培的种有：

① 广东万年青(*A. modestum*)　叶椭圆状卵形，互生，有光泽，叶柄长，中部以下鞘状。

②爪哇万年青（*A. costatum*）　茎很短，在基部分枝，叶卵状心脏形，叶厚，暗绿色，有光泽，叶面具白色星状斑点。中脉粗，呈白色，花序大而前伸。

③波叶亮丝草（*A. crispum*）　叶密生于茎基部，革质，长卵形，绿色，翠绿的页面缀以银绿色的带、点、斑、晕等花纹。

（2）栽培品种　常见的重要观赏品种有：金边万年青（叶片为黄色边缘）；银边万年青（叶片为白色边缘）。此外，还有花叶、大叶、细叶、矮生等变种。

【生态习性】性喜高温多湿环境，生长适温为25～30℃。耐阴性强，忌强光直射。较耐寒，要求疏松肥沃、排水良好的微酸性土壤。

【繁殖】常用扦插或分株繁殖。扦插繁殖在春秋季进行，剪取10cm左右的茎段，每段带三个以上节，插于基质中。保持高温及较高的空气湿度，1～2个月生根。分株繁殖一般在2～3月间结合换盆进行，将丛生植株分为带根的数株，另行栽植。

【栽培要点】①喜阴湿环境，怕直射阳光，可长年放在荫蔽处生长，短时间的曝晒叶面也会变白后黄枯；②不耐寒，冬季需保持在8℃以上。刚上盆的植株浇水要适当控制，夏季高温季节应向周围地面喷水，以提高空气湿度。春、秋两季浇水要掌握见干见湿，冬季要节制浇水，春、秋两季每隔15～20d追施一次含氮、钾较多的液肥，盛夏季节一般应停止施肥。

【应用方式】广东万年青类植物叶形秀雅，叶色浓绿有光泽或五彩缤纷，特别适宜阴暗场所，如走廊、楼梯处，是优良的耐阴中型盆栽植物。

11.2.31　观音莲（*Alocasia amazonica*）

【别名】黑叶芋、黑叶观音莲、龟甲观音莲。

【科属】天南星科海芋属。

【产地与分布】原产西班牙、法国、意大利等欧洲国家的山区，现分布于西南及台湾、广东、广西等地。

【形态特征】地下部分具肉质块茎，并容易分蘖形成丛生植物；株高30～50cm；叶为箭形盾状，先端尖锐；叶柄较长，侧脉直达缺刻；叶浓绿色，富有金属光泽，叶脉银白色明显，叶背紫褐色；花为佛焰花序，从茎端抽生，白色。

【生态习性】喜温湿润、半阴的生长环境，生长适温为20～30℃，越冬温度为15℃。对土壤要求不严，但肥沃疏松的沙质土有利块茎生长肥大。

【繁殖】观音莲常用分株繁殖和分切块茎繁殖。一般于每年春夏气温较高时，将地下块茎分蘖生长茂密的植株沿块茎分离处分割，使每一部分具有2～3株，然后分别上盆种植。也可于春季新芽抽长前将地下块茎挖出，将块茎切段分离，用草木灰或硫黄粉对伤口进行消毒防腐，稍晾干后用水苔包扎，或置于通气排水的疏松土壤中，使其长出不定根，抽长新芽。

【栽培要点】①观音莲喜半阴，切忌强光暴晒。光线太弱也易引起徒长，植株生长纤细而易倒伏；②死亡和垂死的叶子最好剪去，并保持没有螨虫伤害。

在生长旺盛期可根据植株生长情况，每月施1～2次稀薄液肥，并增施磷钾肥，以利植株茎干直立。

【栽培史】以色列的卡梅尔公司以生产观音莲而闻名世界。

【应用方式】观音莲叶色墨绿光亮，叶脉观赏性强，是一种风格独特的室内观叶植物。

11.2.32　海芋（*Alocasia macrorrhiza*）

【别名】广东狼毒、痕芋头、山芋、滴水观音。

【科属】天南星科海芋属。

【产地与分布】原产亚洲热带，中国华南、西南及台湾常见山谷，东南亚也有分布。

【形态特征】常绿草本。茎粗壮，高达 3m；叶柄长达 1.5m，有宽的叶鞘；叶阔大，近 1m，盾状着生，聚生茎顶，顶端尖，有具白色斑点的品种；佛焰苞管部席卷成长圆状卵形或卵形，黄绿色。

【栽培资源】海芋可分为两群：

① 白花海芋 叶绿色无斑点，在自然状况下叶常绿，地下根茎为条块状。

② 彩色海芋 一般的叶绿色多少带斑点，一年生会落叶。

【生态习性】喜高温、高湿，耐荫，不宜强风吹，不宜强光照。在中国北方需在室内越冬，在南方可以露地生长。

【繁殖】海芋常用分株繁殖和扦插繁殖。5～8 月，海芋的基部常常分生出许多幼苗，待其稍长大时（3～4 片真叶），可挖出栽种成为新植株。生长多年的植株可于春季切割茎干一段作为插穗，约 10cm，涂以硫黄粉或草木灰，扦插在苗床床上，并给予低温，待其长至 3～4 片真叶后移栽到大田里。

【栽培要点】植株宜高植，以利排水，盆土应高出盆边，土面覆于水藓，可促进新根发生。置背风的半阴处栽培。定植缓苗后，每周浇施 1 次氮肥。夏季高温时，要经常浇水，叶面喷水。生长季节每个月要将老黄叶、病叶和多余的叶剪去，留 3～4 片叶子即可，以利通风透光，减少水分蒸发。

【应用方式】大型观叶植物。林荫下片植，叶形和色彩都很美丽。宜作室内装饰。

11.2.33 花叶芋（*Caladium hortulanum*）

【别名】彩叶芋、二色芋。

【科属】天南星科花叶芋属。

【产地与分布】原产南美热带地区，在巴西和亚马逊河流域分布最广。

【形态特征】多年生草本。株高 15～40cm，具块茎，扁球形；叶基生，叶片盾状着生，大小差异很大，薄呈纸质；叶柄细长，叶面图案美丽而多彩。

【生态习性】喜高温、高湿和半阴环境，不耐寒。土壤要求肥沃、疏松和排水良好的腐叶土或泥炭土。

【繁殖】常用分株繁殖。4～5 月在块茎萌芽前，将块茎周围的小块茎剥下，若块茎有伤，则用草木灰或硫黄粉涂抹，晾干数日待伤口干燥后盆栽。生产栽培中用叶片和叶柄进行组培快繁。

【栽培要点】定植后随着新叶的长出，可逐渐加大浇水量。此时每天需接受数小时的散射日光，环境温度保持在 22～28℃之间。生长期应保持充足的水分，每隔 15d 左右施 1 次腐熟的稀薄液肥，施肥时肥液不要沾污叶片。夏季炎热时，要避免强光直晒，中午要遮阳，以免灼伤叶片。应经常向植株叶片喷水和向花盆周围洒水。生长期还要及时剪除变黄下垂的老叶，如有抽生花茎也要剪除，以便使养分集中，促发新叶。入秋后，节制浇水，使土壤干燥，剪去地上部分，将块根上泥土抖去，并涂以多菌灵，贮藏于干的蛭石或沙中。

【应用方式】花叶芋是耐荫观赏植物，可在室内盆栽观赏，花叶芋的叶常常嵌有彩色斑点，或彩色叶脉，是观叶为主的地被植物。

11.2.34 黛粉叶（*Dieffenbachia* spp.）

【别名】花叶万年青、白玉黛粉叶、白叶万年青、山叶万年青、万年青。

【科属】天南星科万年青属。

【产地与分布】原产南美。中国广东、福建各热带城市普遍栽培。

【形态特征】常绿灌木状草本。茎干粗壮多肉质；叶柄粗，有长鞘；叶片大而光亮，椭圆状卵圆形或宽披针形，先端渐尖，全缘；宽大的叶片两面深绿色，其上镶嵌斑点或大理石状波纹；佛焰苞花序较小，浅绿色，隐藏于叶丛之中。

【栽培资源】栽培品种，主要是大王黛粉叶的栽培品种：①暑白黛粉叶（*D. a.* 'Tropic Snow'），浓绿色叶面中心乳黄绿色，叶缘及主脉深绿色，沿侧脉有乳白色斑条及斑块；②白玉黛粉叶（*D. a.* 'Camilla'），叶片中心部分全部乳白色，只有叶缘叶脉呈不规则的银色。

【生态习性】喜温暖、湿润和半阴环境。不耐寒、怕干旱，忌强光曝晒。较耐肥，要求疏松肥沃、排水良好的土壤。

【繁殖】粉黛叶常用分株、扦插繁殖，但以扦插为主。以 4～10 月为最佳，而枝条全枝皆可作为繁殖的材料，插穗每茎段约 10cm 即可，并保留 2～3 片叶片，剪下后可先置于阴凉处 1～2d，让切口微干后再扦插，伤口也可涂抹杀菌剂来防止腐烂，3～4 周生根。

【栽培要点】①黛粉叶每年均需修剪或换盆，如此才能保持株型美观；②绿叶多的品种较耐阴耐寒，乳白斑纹愈多的品种，缺乏叶绿素，应特别注意光线要明亮些，低温时特别注意保温。

在生长期应充分浇水，并向周围喷水，向植株喷雾。土壤湿度以干湿有序最宜。春秋除早晚可见阳光外，中午前后及夏季都要遮阳。生长旺盛期，10d 施一次饼肥水，入秋后可增施 2 次磷钾肥。春至秋季间每 1～2 个月施用 1 次氮肥能促进叶色富光泽。

【栽培史】本种是由德国植物学家 Dieffenbachi 发现的，19 世纪 60 年代传入英国，很快遍及欧洲、美洲和大洋洲。全世界广泛栽培，其栽培品种很多，已进入千家万户。

【应用方式】中小型盆栽。四季青翠，常具美丽色斑，是高雅的室内观叶植物，用其点缀居室、宾馆、饭店，极富时代气息。

11.2.35　绿萝（*Scindapsus aureus*）

【别名】魔鬼藤、石柑子、竹叶禾子、黄金葛、黄金藤。

【科属】天南星科麒麟叶属（绿萝属）。

【产地与分布】原产中美、南美的热带雨林地区。中国各地普遍栽培。

【形态特征】常绿藤本。藤长数米，节间有气根；随生长年龄的增加，茎增粗，叶片亦越来越大；叶互生，绿色，少数叶片也会略带黄色斑驳，全缘，心形。

【生态习性】性喜温暖、潮湿环境，要求土壤疏松、肥沃、排水良好。适生温度为 15～25℃，越冬温度不低于 10℃。

【繁殖】绿萝主要用扦插法繁殖，春末夏初剪取 15～30cm 的枝条，将基部 1 节至 2 节的叶片去掉，用培养土直接盆栽，每盆 3～5 根，浇透水，植于阴凉通风处，保持盆土湿润，一月左右即可生根发芽。

【栽培要点】①夏天忌阳光直射，在强光下容易叶片枯黄而脱落；②做柱藤式栽培的还应多喷一些水于棕毛柱子上，使棕毛充分吸水，以供绕茎的气生根吸收。

绿萝生长较快，栽培管理粗放。在栽培管理的过程中，夏季应多向植物喷水，每 10d 进行一次根外施肥，保持叶片青翠。盆栽苗当苗长出栽培柱 30cm 时应剪除；当脚叶脱落达 30%～50% 时，应废弃重栽。

【应用方式】小型吊盆、中型柱式栽培或垂直绿化。蔓茎自然下垂，是非常优良的室内装饰花卉。其叶亦是插花配叶的佳品。

11.2.36　龟背竹(*Monstera deliciosa*)

【别名】蓬莱蕉、铁丝兰、穿孔喜林芋、龟背蕉、电线莲、透龙掌。

【科属】天南星科龟背竹属。

【产地与分布】原产于墨西哥、美洲的热带雨林，我国引种栽培十分广泛。

【形态特征】多年生常绿草本。茎粗壮，节多似竹，故名龟背竹；茎上生有长而下垂的褐色气生根，形如电线，可攀附它物向上生长；叶厚革质，互生，暗绿色或绿色；幼叶心脏形，没有穿孔，长大后叶呈矩圆形，具不规则羽状深裂，自叶缘至叶脉附近有椭圆形的穿孔，孔裂如龟甲图案；叶柄长 30～50cm，深绿色花状如佛焰，淡黄色。

【生态习性】喜温暖湿润和半荫环境。生长适温 20～25℃，适宜富含腐殖质的中性沙质壤土。

【繁殖】龟背竹繁殖容易，可用扦插和播种方法。春、秋两季都能采用茎节扦插，以春季 4～5 月和秋季 9～10 月扦插效果最好。插条长 20～25cm，剪去基部的叶片。保留上端的小叶，保留短的气生根，插后保持 25～27℃ 和较高的空气温度，插后 1 个月左右才开始生根。

【栽培要点】①生长季节注意遮阳，尤其盛夏不能放在阳光下直晒；②施肥时注意不要让肥液沾污叶面。龟背竹的根比较柔嫩，忌施生肥和浓肥，以免烧根。

生长季节必须保持盆土湿润，夏季要经常向叶面喷水，保持较高的空气湿度。冬季温度要求不能低于10℃，否则叶片易枯黄脱落。冬季每隔 3～5d 喷浇一次枝叶。5～9 月，每隔 2 周左右施一次稀薄液肥，生长高峰期施一次叶面肥，越冬期间应少施肥或不施肥。龟背竹经 2～3 年种植，茎秆过高，不能直立，可插竹竿支撑，防倒伏。

【应用方式】株形优美，叶片形状奇特，极为耐阴，是有名的室内大型盆栽观叶植物。置于室内客厅、卧室、书房、宾馆、饭店、大厅及室内，叶片还能作插花叶材。

11.2.37　喜林芋(*Philodendron* spp.)

【别名】蔓绿绒。

【科属】天南星科喜林芋属。

【产地与分布】原产中、南美洲的热带地区。

【形态特征】常绿植物。蔓性、半蔓性或直立状；茎细，叶心形至卵状心形，叶缘因种和品种的不同变化很大，并且部分种类幼龄叶与老龄叶的形态区别很大；佛焰苞花序多腋生，不明显。

【栽培资源】(1) 常见同属观赏种有：

① 红苞喜林芋(*P. erubescens*)　叶鞘深玫瑰红色，不久脱落；叶柄深红色；叶面深绿色有光泽，晕深红紫色，边缘为透明的玫瑰红色，幼龄叶深紫褐色。

② 圆叶喜林芋(*P. oxycardium*)　叶较小，圆形，全缘，叶基浅心形，先端有长尖；叶片绿色，少数叶片略带黄色斑纹。

③ 琴叶喜林芋(*P. panduraeforme*)　叶掌状 5 裂，呈提琴状。生长较缓慢。

④ 春芋(*P. selloum*)　叶片可达 60cm，叶色浓绿，有光泽，叶片宽心脏形，羽状深裂。叶柄细长且坚挺，达 80cm。变种为斑叶春芋，叶片上有黄白色的花纹。

(2) 常见栽培品种　红苞喜林芋的两个栽培品种：

① 红宝石喜林芋(*P. erubescens* 'Red Emerald')　叶柄紫红色，叶长心形，深绿色，有紫色光泽，全缘。嫩叶的叶鞘为玫瑰红色，不久脱落。

② 绿宝石喜林芋(*P. erubescens* 'Green Emerald')　株形、叶型与红宝石喜林芋基本

相同，只是绿宝石喜林芋叶片为绿色，无紫色光泽。

【生态习性】性喜温暖、潮湿及半阴的环境，耐阴忌强光直射，怕干旱，生长适温为20～30℃。在土质肥厚、通透性好的土壤中生长良好。

【繁殖】喜林芋类常用分株法和扦插法繁殖。植株基部有小萌蘖长出，可以将生根的小萌蘖与母株分离，另行栽植；也可以取茎段扦插，侧芽长到5～8cm时，取下扦插。

【栽培要点】①耐阴性较强，可长年放在室内光线明亮处培养，怕强光直射；②温度低于10℃就会出现叶色泛黄、叶面扭曲等症状。

生长旺季保证水分供应，使盆土处于湿润状态，尤其夏季需水多，每3～4周浇施1次以氮肥为主的复合液肥，并经常向地面喷水，使环境具有较高的空气湿度。夏季避免阳光直射。冬季温室温度保持在15℃以上。

【应用方式】大、中型盆栽垂直绿化。喜林芋类植株优雅大方，叶大而美丽，常见栽培形式为绿柱式，是室内优良的观叶植物。

11.2.38　白掌(*Spathipyllum floribundum* 'Clevelandii')

【别名】白鹤芋、苞叶芋、一帆风顺。

【科属】天南星科白鹤芋属。

【产地与分布】原产哥伦比亚。

【形态特征】多年生常绿草本植物。具短根茎，多为丛生状；叶长圆形或近披针形，端渐尖，叶面深绿，有光泽，叶脉明显；叶柄长，下部鞘状；花为佛焰苞，微香，呈叶状，稍向内翻转，酷似手掌，故名白掌；肉穗花序黄绿色或黄色；花茎长而高出叶面，白色或绿色；花期5～8月。

【栽培资源】常见的栽培品种有：

① 绿巨人(*S. floribundum* 'Sensation')　株高1m左右。叶宽披针形，宽15～25cm。佛焰苞大型，白色，长18～20cm。

② 大银苞芋(*S. floribundum* 'Mauraloa')　杂交品种。株丛高大挺拔，高50～60cm。叶长圆状披针形，鲜绿色叶脉下陷。佛焰苞初为白色，后变为绿色。

【生态习性】性喜温暖湿润、半阴的环境，忌强烈阳光直射。不耐寒，生长适温为20～28℃，越冬温度为10℃以上。

【繁殖】白掌可用分株繁殖。在新芽生出前在株丛基部将根茎分割成数丛(每丛含有3个以上的芽)，用新培养土重新上盆种植。

【栽培要点】白掌生长速度快，需肥量较大，故生长季每1～2周需施一次液肥；同时供给充足的水分，经常保持盆土湿润，高温期还应向叶面和地面喷水，以提高空气湿度。秋末及冬季应减少浇水量，保持盆土微湿润即可。它要求半阴或散射光照条件，生长季需遮阳60%～70%，冬季要注意防寒保温，同时保持盆土湿润。

【应用方式】中、小型盆栽。白掌花叶兼美，轻盈多姿，生长旺盛，且又耐阴，故深受人们的青睐，常用于室内绿化美化装饰。花枝可作插花材料。

11.2.39　合果芋(*Syngonium podophyllum*)

【别名】长柄合果芋、紫梗芋。

【科属】天南星科合果芋属。

【产地与分布】原产中美、南美热带雨林。

【形态特征】多年生蔓性常绿草本植物。茎节具气生根，攀附他物生长；叶片呈两型性，幼叶为单叶，箭形或戟形；老叶成 5～9 裂的掌状叶，中间一片叶大型，叶基裂片两侧常着生小型耳状叶片；初生叶色淡，老叶呈深绿色，且叶质加厚，叶片常生有各种白色斑纹；佛焰苞浅绿或黄色。

【生态习性】喜高温多湿、疏松肥沃、排水良好的微酸性土壤。适应性强，生长健壮，能适应不同光照环境。

【繁殖】以扦插繁殖为主，切取茎部 2～3cm 为插穗，插于沙土中，生根温度为 20～25℃，10～15d 可生根。目前生产中多采用组培快繁。

【栽培要点】①合果芋每年都要换盆一次；②5～10 月生长旺季保持盆土湿润，每 2 周浇施一次稀薄肥水。夏秋季节避免强光直射。冬季停止施肥，减少浇水，室温保持在 12℃ 以上。生长过程中还应进行适当修剪，剪去老枝和杂乱枝。

【应用方式】合果芋美丽多姿，不仅适合盆栽，也适宜盆景制作，是具有代表性的室内观叶植物。其叶片也是插花的配叶材料。

11.2.40　吊竹梅(*Zebrina pendula*)

【别名】吊竹兰、斑叶鸭跖草、吊竹草、水竹草。

【科属】鸭跖草科吊竹梅属。

【产地与分布】原产墨西哥，在中国广东、云南地区可露地越冬。

【形态特征】常绿草本。茎多分枝，匍匐性，茎节膨大；叶互生，基部鞘状，端尖，全缘，叶面常具条纹，叶背紫色；小花数朵聚生在苞片内，紫红色。

【栽培资源】常见栽培品种有：

① 四色吊竹梅(*Z. pendula* 'Quadricolor')　叶表暗绿色，具红色、粉红色及白色的条纹，叶背紫色。

② 异色吊竹梅(*Z. pendula* 'Discolor')　叶面绿色，有两条明显的银白色条纹。

【生态习性】喜温暖、湿润的半荫环境。生长适温 10～25℃，越冬温度不能低于 10℃。畏烈日直晒，耐阴性强。不耐旱，耐水湿。喜疏松肥沃的腐殖土。

【繁殖】常用扦插繁殖。全年可进行扦插，把茎蔓剪成 5～8cm，每段带三个以上的叶节，也可用顶梢做插穗，直接用培养土扦插盆栽，保持温度 20～25℃，7～10d 可生根。

【栽培要点】吊竹梅养护时保持盆土湿润，茎蔓初生长期每半月追施 1 次液肥，茎蔓长满盆后停止施肥。冬季置于阳光照射处，其他季节要庇荫养护，并经常向叶面喷水。冬季要入室保暖，室温不得低于 8℃。盆养时，对枝蔓进行适当修剪、调整，培养 2 年后应将老蔓全部剪去，春季翻盆 1 次，促使萌生新蔓。平时要吊挂在荫棚中养护。

【应用方式】小型盆栽。吊竹梅枝繁叶茂，四季常青，茎蔓匍匐自然下垂，尤其适合于吊盆悬挂观赏，亦可水培。

11.2.41　天门冬类(*Asparagus* spp.)

【科属】百合科天门冬属。

【产地与分布】原产南非，中国有 24 种，分布南北各地。

【栽培资源】同属常见栽培的种有：

① 武竹(*A. sprengeri*)　多年生蔓生草本。具有肉质块根；叶状枝呈扁条形，3 簇生。花白色，有香气；浆果，成熟呈红色。

② 密叶武竹(*A. densiflorus* var. *sprengeri*)　植株高 30cm；茎拱枝状；叶翠绿色，浆

果红色，常用于布置花坛。

③ 文竹（*A. plumomus*）　多年生攀援草本。茎细长，绿色，其上有钩刺；叶水平排列成羽毛状；花小，白色，花期2～3月或6～7月。浆果球形，黑色。

④ 松叶文竹（*A. umbellatus*）　常绿亚灌木。具有块根，茎直立丛生，有刺；叶披针形，簇生，浓绿色；花白色，有香气。

【生态习性】天门类多数品种喜温暖湿润，耐寒不耐高温、耐半阴不耐旱。要求富含腐殖质和肥沃的沙质土壤。

【繁殖】播种或分株繁殖。种子成熟后去皮晒干，播种前浸种24h。多选在春季分株，3～5株一丛进行栽植。

【栽培要点】选用疏松肥沃、排水良好的土壤。夏季阳光强烈，要保证水分供应充足，保持空气湿润，多施氮钾肥，保证其生长旺盛。秋后要控制水肥，冬季应注意经常进行叶面喷水，保持空气湿润。

【应用方式】天门冬类株丛茂密，质感柔和，一些品种适宜室内盆栽或垂直绿化，另一些可用于切叶。

11.2.42　蜘蛛抱蛋（*Aspidistra elatior*）

【别名】一叶兰、箬叶。

【科属】百合科蜘蛛抱蛋属。

【产地与分布】原产中国，后引入世界各地栽培。

【形态特征】多年生草本。根状茎粗壮，植株高约70cm；叶基生，丛生状，深绿色，叶基部狭窄形成沟状；花单生在花茎上，乳黄之褐色；球果浆果，成熟后外形似蜘蛛卵，在块茎上生长。

【栽培资源】同属植物常见栽培的种有：

① 丛生蜘蛛抱蛋（*A. caespitosa*）　叶常3棱簇生，具纤细的柄，花紫色，坛状。

② 卵叶蜘蛛抱蛋（*A. typical*）　叶2～3枚簇生，其上有稀疏黄色斑点；花紫色，呈坛状。

【生态习性】喜温暖半荫环境，耐贫瘠，忌阳光直射，以疏松、肥沃土壤为宜。

【繁殖】分株繁殖，少播种繁殖。

【栽培要点】蜘蛛抱蛋多选择春季分株，生长期要给予充足的水分，薄肥勤施。夏季要进行叶面喷水，注意通风。叶萌发期要定期放在明亮处养护，以免造成叶片细长，影响观赏价值。

【应用方式】叶片深绿又极耐荫，可作林下地被，在阴面丛植，也可作盆栽观赏。

11.2.43　酒瓶兰（*Beaucarnea recurvata*）

【别名】象腿树。

【科属】龙舌兰科酒瓶兰属。

【产地与分布】原产墨西哥干热地区。

【形态特征】多年生常绿小乔木，高可达10m。地下根肉质；茎干直立不分枝，基部膨大似酒瓶，树皮龟裂成小方块；叶线形、粗糙，簇生于茎顶，弯曲下垂；圆锥花序，花小而白。

【生态习性】喜温暖干燥、阳光充足的环境，耐旱、耐阴，较耐寒，忌涝。土壤以疏松、肥沃、排水良好的壤土为宜，在酸性土中生长最佳。生长适温18～25℃，冬季不低于5℃。

【繁殖】播种繁殖。3～4月将种子播在腐叶土或泥炭土中，保持湿润，在15～25℃下，

15d 左右即可发芽，待小苗长至 10cm 左右时移栽。

【栽培要点】①每隔 1～2 年进行一次翻盆换土，②夏秋生长季忌暴晒，以免叶色发黄，叶尖枯焦。

酒瓶兰喜半阴，夏季需遮阳外，其他季节均可给予充足阳光。栽植时膨大茎基部要全部露出土面，生长季给予充足水肥以促进茎基膨大，浇水宜间干间湿，切忌积水，冬季控制浇水。

【应用方式】酒瓶兰茎干基部膨大奇特，叶片下垂如伞，观茎、观叶均可。盆栽用于点缀居室、公共场所。

11.2.44　朱蕉(*Cordyline terminalis*)

【别名】铁树、千年木、红竹。

【科属】龙舌兰科朱蕉属。

【产地与分布】原产中国热带地区和印度至太平洋热带岛屿。

【形态特征】常绿灌木，株高 90～300cm。根茎呈块状匍匐，地上茎细长直立，丛生不分枝；叶长 30～60cm，披针形，先端尖，绿色或具各色斑纹；圆锥花序，花小紫、红、黄或白色；浆果球形，红色。

【栽培资源】同属常见栽培的种有：

① 锦朱蕉(*C. terminalis* var. *amabilis*)　叶宽，深绿色有光泽具白色和红色条纹和斑。

② 细叶朱蕉(*C. terminalis* var. *bella*)　叶小，紫色有红边。

③ 三色朱蕉(*C. terminalis* var. *tricolor*)　叶阔椭圆形，新叶淡绿色，有红色和乳黄色不规则斑点。

【生态习性】朱蕉喜高温多湿环境，冬季稍耐低温，但不得低于 10℃。喜阳光充足，光照充足条件可在水中生长，夏季宜遮阳。

【繁殖】可用播种、扦插、压条繁殖。老龄植株可采到种子，春季播于松土壤中易发芽。切取茎干，每隔 5cm 处切一刻痕，深达干径 1/2，横埋于沙中，露出上部，置于遮阳处 15d 后就可从切口处生根，茎节处发芽，然后切断分栽即可。

【栽培要点】需每年翻土换盆，栽培土质需疏松肥沃且排水良好，生长期保持高湿和充足水分，经常追施稀薄液肥。对于多年生的老叶脱落，茎秆光秃的老株应结合扦插进行短截。

【应用方式】朱蕉株态优雅，叶丛披散如伞状，叶色艳丽纹斑斓，是常见的室内观叶植叶。可成片或成列摆放于公共场所，也可以中小型盆栽作室内装饰布置，枝叶还是插花素材。

11.2.45　龙血树(*Dracaena draco*)

【别名】千年木。

【科属】龙舌兰科龙血树属。

【产地与分布】原产热带非洲和加那利群岛。

【形态特征】常绿乔木，株高可达 18m。叶革质，剑形，簇生于茎顶，深绿色。

【生态习性】龙血树喜阳光充足，高温高湿环境，较耐阴和耐寒。若温度合适可一年四季生长。

【栽培资源】同属常见栽培种有：

龙血树（*D. fragrans*）叶长椭圆状披针形，簇生，绿色或具各种彩色条纹。花簇生成圆锥状，芳香。常见的栽培品种有：①金边香龙血树 'Massangeana' ②金边香龙血树 'Victoria' ③银边香龙血树 'Lindeniana'。

【繁殖】多用扦插繁殖。一年生和多年生茎干均可，取 5～10cm 插穗，插入或整个埋入土中，保持 25℃ 以上的高温，1～2 月即可生根。

【栽培要点】新株每年春季换盆，老株隔年更换。置于有明亮散射光处，过于荫蔽叶色会褪绿变黄。水分供应需均衡，过干过湿均不利生长，若积水则根系腐烂。生长期每半个月施肥一次，若要植株冬季休眠，则进入秋季后就停止施肥并控水。龙血树茎干耐修剪，可结合繁殖进行。

【应用方式】龙血树茎干挺拔雄伟，具热带风情，大型植株可布置庭院及室外公共场所，小型和水养植株可用于装饰室内空间。

11.2.46　富贵竹(*Dracaena sanderiana*)

【别名】绿叶龙血树、万寿竹、开运竹。

【科属】百合科龙血树属。

【产地与分布】非洲西部，20 世纪 80 年代初引入我国广东，现全国各地广泛栽培。

【形态特征】常绿灌木或小乔木，株高 1m 左右。植株细长直立，不分枝；叶对生或近互生，薄草质，长披针形，有光泽，具短柄，浓绿色。

【栽培资源】常见栽培的品种有：

① 金边富贵竹(*D. sanderiana* 'Variegata')　叶中央绿色，边缘金黄色。

② 银边富贵竹(*D. sanderiana* 'Margaret')　叶边缘银白色。

【生态习性】富贵竹喜高温高湿、半阴的环境，忌阳光直射，光照过弱会使金边、银边变淡。生长适温 20～40℃，越冬不低于 10℃。

【繁殖】一般采用扦插繁殖，沙插，水插均可，只要温度高于 15℃ 随时可以进行。剪除 8cm 左右不带叶的茎段或将高的茎秆剪短，插入蛭石或河沙的基质中，保持湿润和适当遮阳，10d 左右即可生根。若用水插，只需在玻璃瓶中装上不超过 5cm 的干净水，将插条插入水中，每周换 1～2 次水，不久便可长根。

【栽培要点】①富贵竹喜高湿空气，生长期除保持土壤潮湿外，还应常向叶面和四周洒水喷雾，增加空气湿度；②喜肥、耐肥，生长期可每 20d 追施一次氮肥为主的稀薄液肥；③不耐寒，冬季最低气温需保持在 10℃ 以上，④宜明亮散射光，夏季忌阳光直射。

【应用方式】富贵竹茎叶纤秀，富有竹韵，可单株做弯盆栽或水养，也可切段组合造型，用于书房、客厅、卧室等处布置。

11.2.47　花叶艳山姜(*Alpinia zerumbet* cv. *variegata*)

【别名】菜叶姜、斑纹月桃。

【科属】姜科山姜属。

【产地与分布】原产于中国和印度，我国南部各省有分布。

【形态特征】多年生常绿草本。株高 1m 左右，根茎横生；叶革质，有短柄，叶片矩圆状披针形，叶面绿色，有不规则金黄色的纵条纹，叶背淡绿色，圆锥花序顶生、下垂，苞片白色，边缘黄色，顶端及基部粉红色，花白色；花期夏季。

【栽培资源】同属常见栽培的种有：

① 艳山姜(*A. zerumbet*)　叶披针形，叶缘具短柔毛；顶生圆锥花序紫红色，花白色有紫晕，唇瓣黄色而有紫红色条纹，芳香；花期 4～6 月。

② 距花山姜(*A. calcarata*)　叶片线状披针形，两面无毛；花序轴绿色，梢被绒毛；唇瓣倒卵形、白色，杂以美丽的、玫瑰红及紫堇色斑纹；花期 4～8 月。

③ 斑叶山姜(*A. sanderae*)　叶灰绿色，长 25cm，从中脉两侧散满白色斑纹，花金

黄色。

【生态习性】花叶艳山姜性喜高温高湿的环境，喜明亮的光照，但也耐半阴，不耐寒。生长适温为 15～30℃，越冬温度为 5℃左右。在疏松、排水良好的肥沃壤土中生长较好。

【繁殖】花叶艳山姜以分株法繁殖，于春、夏间挖出带根茎的幼株，剪去地上茎的叶及 2/3 的茎种植；也可于早春(2～3月份)土壤解冻后，分栽长出的新芽。分株后的 3～4 周内要适当遮阳，节制浇水，不可浇肥，以免烂根。

【栽培要点】①花叶艳山姜对光照比较敏感，室内盆栽要放在比较明亮的地方，盛夏宜稍加遮阳；②当气温下降至10℃左右时，可将植株存放在房间内越冬。地栽应植于向阳避风处，能抗轻微霜冻，立冬后将叶丛剪除，③生长期多次追肥并充分浇水。在长叶之前可施以氮肥为主的液肥，立夏前后改施磷、钾肥，促其孕蕾开花，花后宜逐步减少灌水，休眠期也应保持土壤适度湿润。

【应用方式】花叶艳山姜叶色秀丽，花姿雅致，花香诱人，是很有观赏价值的室内观叶观花植物，常以中小盆种植，摆放在客厅、办公室及厅堂过道等较明亮处。其根茎和果实可入药。

11.2.48　孔雀竹芋(*Calathea makoyana*)

【别名】五色葛郁金、蓝花蕉、马寇氏蓝花蕉。

【科属】竹芋科肖竹芋属。

【产地与分布】原产巴西热带雨林地区。因叶色形俱美，现已被各国广泛引种作优良的室内观叶栽培。

【形态特征】多年生常绿草本。植株丛生密集，株高 30～50cm；叶片质薄，卵状椭圆形，长 20～30cm，宽 10cm，叶面绿色，微具有金属光泽，主脉呈羽状排列，侧脉之间有明显的长椭圆形、大小不等的深绿色斑块，叶背紫红色；穗状花序，小花紫、白色。

【栽培资源】肖竹芋属植物叶面具有美丽斑纹，具有金属光泽，许多种都是盆栽观叶的佳品，常见的种和品种有：

① 玫瑰竹芋(*C. roseopicta*)　株高 30～50cm，叶面革质，卵圆形；叶面青绿色，叶脉两侧排列墨绿色线条纹，叶脉和叶缘呈黄色条纹，叶背紫红色斑块。

② 豹纹竹芋(*C. leopardina*)　植株低矮。叶倒卵圆形，长 7～10cm，宽 4～6cm，鲜绿色，主脉两侧有黑绿色斑块交错排列。

③ 天鹅绒竹芋(*C. zebrina*)　株高 60cm，叶长椭圆形，长 30～60cm，宽 10～20cm，叶面有光泽，有浅绿色和深绿色交织的斑马状羽状条纹，叶背紫红色，花紫色。

④ 银影竹芋(*C. picturata* 'Argentea')　植株矮小，密集丛生，叶长 10～15cm，宽 5～10cm；叶面中央银灰绿色，叶缘边缘为翠绿色，叶背红褐色。

⑤ 金花竹芋(*C. crocata*)　株形低矮，高 15～20cm；叶椭圆形，长 4～6cm，宽 3～4cm；叶面暗绿色，叶背淡红色，花为橘黄色，花期 6～10月。

⑥ 红纹竹芋(*C. ornate* 'Roseo-lineata')　株高 40～60cm，叶卵形至披针形，叶墨绿色，叶长 20～30cm，宽 9～15cm；侧脉间有多条象牙形白色条纹，条纹在幼叶上呈粉红色，叶背紫红或淡红色。

⑦ 绒叶竹芋(*C. rufibarba*)　株高 30～50cm，叶披针形，叶面上有细小绒毛，叶边缘波状，叶色翠绿，叶背面红色。

【生态习性】性喜温暖湿润、半阴环境，忌高光强，不耐低温，生长适温 18～30℃，越冬温度在 10℃以上，在肥沃、富含腐殖质、排水良好的酸性壤土上生长良好。

【繁殖】主要采用分株或扦插繁殖。在温暖地区四季皆可。用刀具分割地下块根，每一材料带有茎叶或叶芽，将材料置于苗床上；夏季剪下 10～15cm 长的顶尖嫩梢，插入苗床，生根需要保持 20～28℃，大气湿度 80%～90% 的环境条件，扦插 30～50d 生根。

【栽培要点】①竹芋类植物产地高温多湿，不耐干旱，生长期要求高湿环境，大气湿度在 70%～80% 为宜，高温期注意早晚喷雾处理；②夏季高光强或干旱易造成叶片灼伤或叶缘干枯，宜放在荫蔽环境中养护；适宜的光照条件为全光照的 30%～50%；③生长季每月施 1～2 次薄肥，盆土要疏松通气性良好，以酸性环境为好；④二年左右换盆 1 次，可结合植株的繁殖进行；⑤栽培养护过程保持盆土湿润，不可浇水过多。

【应用方式】孔雀竹芋叶面斑纹绚丽，图案优美似孔雀翎眼，对弱光照有较强适应性，适宜布置客厅、会议室、书房和茶几案头，是室内观叶植物的珍品。

11.2.49　箭羽竹芋(*Ctenanthe insignia*)

【别名】宝箭竹芋。

【科属】竹芋科栉花芋属。

【产地与分布】南美洲热带雨林地区。现在热带亚热带地区广泛栽培应用。

【形态特征】多年生常绿草本，株高可达 1m 以上。叶片长椭圆形，长 25～30cm，宽 8～15cm；叶面黄绿色，主脉两侧暗绿色长椭圆形和圆形斑点交互式排列，叶背紫红色。茎暗红色。该属植物花序像梳子的梳齿一样排列整齐，因而得名"栉花"。

【栽培资源】同属栽培种有：栉花竹芋(*C. oppenheimiana*)，又称银羽冬叶，植株中高，叶长椭圆形，叶面上沿侧脉两侧有银白色条纹交互排列；茎细长，紫红色。

【生态习性】性喜温暖湿润、半阴环境。对低温敏感，越冬温度在 10℃ 以上。生长期宜保持 70%～80% 相对湿度，在肥沃、富含腐殖质、排水良好的酸性壤土上生长良好。

【繁殖】主要采用分株或扦插繁殖。在温暖地区四季皆可。处理方法同竹芋科其余植物。

【栽培要点】①生长季应保持叶面湿度，夏季高温期早晚进行叶面喷雾，防止叶缘枯黄；②生长季盆土湿润，不可浇水过多，水分过多会引起徒长甚至烂根；③冬季稍低温度会引起叶片卷曲成筒状，保证室温不低于 10℃；④施肥忌过多氮肥，易造成植株倒伏，保持株形应注意控水控肥；⑤光照不足或过干燥会影响叶面的光亮程度。

【应用方式】植株叶面斑块美丽、光亮，株形和叶形优美，适宜摆设于厅堂门口、会议室，室外可在庭院林下、林缘丛植或群植。

11.2.50　红线竹芋(*Maranta leucorneura* 'Fascinator')

【别名】红叶葛郁金、鱼骨草、红线豹纹竹芋。

【科属】竹芋科竹芋属。

【产地与分布】南美洲热带雨林。现广泛引种栽培，成为热带亚热带室内外常见的观叶植物种类。

【形态特征】多年生常绿草本。植株低矮，叶长 10cm，宽 4～6cm；叶面为黑绿色，主脉两侧有一条黄绿色带，主侧脉为鲜艳红色。

【栽培资源】常见的栽培品种有：豹纹葛郁金(*Maranta leucorneura* 'Erythroneura')，植株低矮，叶卵圆形，叶面翠绿，沿叶脉两侧有暗褐色卵形斑块。

【生态习性】性喜湿润湿润、光照充足的环境。生长适温 20～25℃，冬季温度不低于 10℃。生长期宜保持 70%～80% 相对湿度，在肥沃、富含腐殖质、排水良好的酸性壤土上生长良好。

【繁殖】主要采用分株或扦插繁殖。在温暖地区四季皆可。处理方法同竹芋科其余植物。

【栽培要点】①夏季高温期，每天早晚进行叶面喷雾保湿，防止叶片干燥；②室内栽培置于光线充足环境中养护，光线过暗易造成叶面上色彩暗淡；③冬季栽培要防低温影响。

【栽培史】葛郁金属植物地下块根似姜科的郁金，块根富含淀粉与葛根相似，因而得名。早期引种栽培作粮食作物用，在山区和生态农家园中还有种植，该属植物中有许多品种是观赏用的佳品，叶片上斑纹奇特，叶脉色艳，栽培较常见。

【应用方式】植株低矮，叶面醒目鲜艳，盆栽宜摆设于橱窗、花架，或单独置于案头，或盆栽悬挂于室内。

11.2.51　斑叶红里蕉(*Stromanthe sanguinea* 'Tricolor')

【别名】五彩竹芋、三色竹芋、彩虹竹芋。

【科属】竹芋科红里蕉属。

【产地与分布】原产南美洲热带雨林。现广泛引种栽培作观叶色的上品材料应用。

【形态特征】多年生常绿草本。植株高大，生长茂盛，是竹芋科中适应性最强健的种类。叶片质光滑较厚，似蕉叶而得名，叶面色丰富，有白色、红色条斑；花红色，鲜艳。

【生态习性】性强健，喜温暖湿润环境，对光照适应性较强，可在全光照条件下栽培，可在亚热带地区室外露地栽培。叶片质厚，是竹芋科植物中较耐旱的一类，在肥沃、富含腐殖质、排水良好的酸性壤土上生长良好。

【繁殖】主要采用分株或扦插繁殖。在温暖地区四季皆可。处理方法同竹芋科其余植物，环境条件宜保持 20～28℃，大气湿度 80％～90％。

【栽培要点】①栽培基质以通气性良好的培养土为好；②生长季保证通气良好，夏季高温期要适度遮阳，忌高光强和过干燥；③在亚热带地区进行露地种植宜在林缘或林下半阴环境中，温室盆栽宜放置于光照充足的环境中。

【应用方式】植株高大，盆栽株丛茂盛可摆设于客厅或列植布置会场；室外栽培常在花境中作背景丛植或在庭院中群植观叶色。

第12章 兰科花卉

12.1 概述

12.1.1 兰花资源和种类

12.1.1.1 兰花的范畴

广义的兰花是指兰科植物的总称，包括了常见的石斛兰、蝴蝶兰、春兰、卡特兰等。狭义的兰花主要是指兰属所有种植物，也就是俗称的中国兰或国兰(*Cymbidium* spp.)。

在植物分类学上，国兰属单子叶多年生兰科植物。国兰主要为春兰、蕙兰、建兰、寒兰、墨兰五大类，有上千种园艺品种。我国属于原产地，也有返销中国台湾、日本。国兰为多年生草本植物。根肉质肥大，无根毛，有共生菌。具有假鳞茎，俗称芦头，外包有叶鞘，常多个假鳞茎连在一起，成排同时存在。叶线形或剑形，革质，直立或下垂，花单生或成总状花序，花梗上着生多数苞片。花两性，具芳香。花冠由3枚萼片与3枚花瓣及蕊柱组成。萼片中间1枚称主瓣。下2枚为副瓣，副瓣伸展情况称户。上2枚花瓣直立，肉质较厚，先端向内卷曲，俗称捧。下面1枚为唇瓣，较大，俗称兰荪。

兰科是仅次于菊科的一个大科，是单子叶植物中最大的科，全世界有20000～35000种及天然杂交种，人工杂交的超过40000种。原产我国的有166属1000种以上，南北均产，主要分布在云南、海南岛和台湾。目前栽培观赏的有2000多种，仅是其中的一小部分。

12.1.1.2 兰花的种类

兰花按生态习性可分为地生兰类、附生兰及石生兰类、腐生兰类。

① 地生兰类　根生于土壤中，花序通常直立或斜向上生长，通常有块茎或根茎，部分有假鳞茎。多产于亚热带、温带和热带高山。兰属的少数种和兜兰属大部分种为地生。

② 附生兰及石生兰类　附着于树干、树枝、枯木、岩石表面或石缝中生长。花序弯曲或下垂，通常具假鳞茎，贮藏水分与养料适应短期干旱。主要产于亚热带，适于热带雨林气候。如蜘蛛兰属、石斛兰属、万代兰属。

③ 腐生兰类　不含叶绿素，终年寄生在腐烂的植物体上生活。叶退化为鳞片状，常有块茎或粗短的根茎，如中药材天麻。

12.1.2 生长发育特点

12.1.2.1 生长发育对环境条件的要求

① 对温度的要求　兰花种类繁多，分布广泛，对温度的要求差异较大。大部分兰花喜温暖，不耐寒。原产热带的种类，冬季白天要保持在25～30℃，夜间18～21℃；春兰和寒兰最耐寒，可耐夜间5℃的低温。

② 对光照的要求　种类不同，对光的要求不同，如热带兰中，有的喜光，有的要求半阴。生长季不同，对光照的要求也不同，夏季要遮阳，冬季要求光照充足。

③ 对水分的要求　喜湿忌涝，要求一定的空气湿度，生长期要求空气湿度在60%～

70%，冬季休眠期要求 50%。

④ 对土壤的要求　地生兰要求疏松透气、排水良好、富含腐殖质的中性或微酸性(pH 5.5～7.0)土壤。观赏栽培中，附生兰类对基质的通气性要求很高，常用苔藓、蕨根类作基质。

12.1.2.2　主要繁殖方式

兰科花卉主要以分株繁殖为主，也可以播种、扦插假鳞茎和组织培养。

12.1.3　栽培管理措施

12.1.3.1　温度管理

温度不适宜，兰花虽然也能生活，但生长不良甚至不开花。昼夜温差太小或夜间温度高，都不利于兰花的生长。

12.1.3.2　光照管理

光照强度是兰花栽培的重要条件之一，光照过强会使叶片变黄或造成灼伤，甚至死亡。光照不足又会导致生长缓慢、不开花、茎细长而不挺立及新苗或假鳞茎细弱。

12.1.3.3　肥水管理

兰花适于低浓度肥料，且很适合有机肥料和叶面喷肥的方式，遵循薄施勤施的原则。夏季生长旺季，一般浓度肥料可 10～15d 施一次，低浓度肥料 5d 施一次或每次浇水时作叶面喷洒。

浇水是兰花栽培管理上一项平常而重要的工作。不同种类、不同容器，浇水的次数、数量、方法均不一样。兰花对水质的要求也较高，水中的可溶性盐分忌过高，应是软水，以不含或少含石灰为宜，雨水是最佳水源。

12.2　兰科花卉各论

12.2.1　春兰(*Cymbidium goeringii*)

【别名】朵朵香、草兰、山兰。

【科属】兰科兰属。

【产地与分布】原产中国长江流域、西南各地以及朝鲜半岛、日本、东南亚部分地区。

【形态特征】常绿草本花卉。根肉质白色；假鳞茎稍呈球形，较小；叶 4～6 枚集生而刚韧，狭带形，长 20～60cm，宽 0.6～1.1cm，边缘有细锯齿；花单生，少数 2 朵，花葶直立，有鞘 4～5 片，花直径 4～5cm；花浅黄绿色，绿白色，黄白色，有香气；萼片狭矩圆形，端急尖或圆钝；花瓣卵状披针形，唇瓣 3 裂不明显，比花瓣短有 2 条褶片。花期 2～3 月。

【栽培资源】春兰依花瓣是单瓣还是重瓣分为正格花和奇花，又通过花被片的形态分为如下花型，每种花型都有一些著名品种。

（1）正格花

① 梅瓣　'宋梅''西神梅''万字''逸品'等。

② 荷瓣　'郑同荷''张荷素''绿云''翠盖'等。

③ 水仙瓣　'汪字''逸品''翠一品''龙字''西神梅'。

④ 百合瓣　'巧百合'等。

⑤ 素心瓣

⑥ 色花

（2）奇花

① 蝴蝶形　'冠蝶'‘迎春蝶'‘彩蝴蝶'等。

② 多瓣型　'四喜蝶'‘余蝴蝶'等。

③ 捧瓣型

【生态习性】喜温暖湿润，耐干旱，稍耐寒，忌闷热干燥和阳光直晒。最适宜生长开花的温度 15～28℃，低于 8℃ 或高于 35℃ 易停止生长。

【繁殖】春兰繁殖方法，包括分株繁殖和播种繁殖和组织培养法。分株繁殖常在春季 3 月中旬至 4 月底和秋季 10 月～11 月上旬进行。春兰种子极细，发芽率低，盆播很难发芽，可采用培养基繁殖，采种后应立即进行播种。组织培养将外植体接种在培养基上，置弱光培养室中培养，当形成原球体时，移入光培养室。

【栽培要点】中国古人通过长期育兰实践为我们总结出一条养兰"四戒"经验，即"春不出、夏不日、秋不干、冬不湿"。

春兰春天需放在靠近窗台的向阳处，夏季需放在冷凉、通风良好的半阴处培养。秋季正是孕蕾期，最喜欢湿润凉爽的环境，如果盆土或空气干燥，则不利其生长发育，秋天浇水量应适当增多，并经常向叶面上喷雾。秋分前后也需适当多施些腐熟的稀薄液肥。花期时可向根部施一些草木灰水，冬季兰花处于休眠状态，需节制浇水，一般以保持盆土见干见湿为宜。

【栽培史】春兰有悠久的栽培历史，多进行盆栽，就品种而言还是江浙的好，共有老品种近百种，出有"四大天王""老八种"等系列，江南春兰以绿为贵，重香味和瓣型，西南等地的兰花，重色彩和奇花。

【应用方式】春兰名贵品种很多，其叶态优美，花香为诸兰之冠，为客厅、书房的珍贵的盆花。除了盆栽观赏还可配植于假山石。

12.2.2　建兰(*Cymbidium ensifolium*)

【别名】秋兰、雄兰、剑蕙、骏河兰。

【科属】兰科兰属。

【产地与分布】原产中国华南、东南、西南的温暖湿润地区及东南亚、印度。

【形态特征】地生植物。假鳞茎卵球形，包藏于叶基之内；叶 2～6 枚，带形，有光泽，长 30～60cm，宽 1～2.5cm，前部边缘有时有细齿；花葶从假鳞茎基部发出，直立，总状花序具 3～13 朵花；花常有香气，色泽变化较大，通常为浅黄绿色而具紫斑；萼片近狭长圆形或狭椭圆形；蕊柱长 1～1.4cm。蒴果狭椭圆形，花期通常为 6～10 月。

【栽培资源】栽培品种：荷瓣型有'君荷'、'金荷'、'金皱虹荷'、'浏阳荷'等。梅瓣型有'一品梅'、'红一品'、'光登梅'、'绿梅'等。水仙瓣有'四季汪字'等。蝶形花有'宝岛仙女'、'大宝岛'、'峨眉三星'、'圣火'等。

【生态习性】喜温暖湿润和半阴环境，生于疏林下、灌丛中、山谷旁或草丛中，海拔600～1800m；耐寒性差，越冬温度不低于 3℃；怕强光直射，不耐水涝和干旱；宜疏松肥沃和排水良好的腐叶土。

【繁殖】常用分株繁殖。在春、秋季均可进行，将密集的假鳞茎丛株，用刀切开分栽，每丛至少 3 筒。将根部适当修整后盆栽。一般 2～3 年分株 1 次。

【栽培要点】①要求的光照略强，而耐寒力稍弱，冬季应加以遮护，以防低温遭受冻害；②建兰易发生黄锈病，夏、秋两季特别注意用甲基托布津防治；③适宜用五筒以上的兰盆栽植，每盆苗数稍多。

盆栽建兰，土壤保持湿润，切不可根部积水。夏季要向叶片多喷水。生长期每半月施肥

1次，盛夏高温强光时，设置遮阳设施，冬季放室内养护，以免冻伤叶片。要注意控光降温。

【栽培史】相传建兰曾被秦始皇的特使徐福前往日本寻求长生不老药时，携带至日本的骏河。当地的后辈，不知其原产地，便称其为骏河兰。建兰的栽培历史最悠久，品种繁多，久盛不衰。

【应用方式】建兰植株雄健，根粗且长。常置于林间、庭园或厅堂观赏，花繁叶茂，气魄很大。

12.2.3　蕙兰(*Cymbidium faberi*)

【别名】九节兰、九子兰、夏兰。

【科属】兰科兰属。

【产地与分布】原产中国，原分布于秦岭以南、南岭以北及西南广大地区。尼泊尔、印度北部也有分布。

【形态特征】地生草本。根肉质，淡黄色；假鳞茎不明显，叶5～7(9)枚，带形，直立性强，基部常对折而呈V形，边缘常有粗锯齿；花茎直立，总状花序，着花5～13朵，花直径5～6cm；花苞片线状披针形；花常为浅黄绿色，唇瓣有紫红色斑，有香气；侧裂片直立，具小乳突或细毛；中裂片较长，强烈外弯，有明显、发亮的乳突，边缘常皱波状；花期为4～5月初；蒴果。

【栽培资源】蕙兰在传统上通常按花茎和鞘的颜色分成赤壳、绿壳、赤绿壳、白绿壳等；在花形上也和春兰一样，分成荷瓣、梅瓣和水仙瓣等；花上无其它颜色，色泽一致的也称为"素心"。

【生态习性】原分布于秦岭以南、南岭以北及西南广大地区，是比较耐寒的兰花品种之一。

【繁殖】常用分株繁殖法。

【栽培要点】①要栽好蕙兰，复壮兰根是根本；②蕙兰不宜分盆，培养场地宜偏阳。

上盆填土时应注意下粗上细，连填土边轻轻震动，让兰根与培养土充分接触充实。填土高度以完全盖住假鳞率为宜，盆口留2cm左右空间，以利浇水。浇水以不干不浇、浇则浇透为宜。每年春季(3月初)与秋季(10月初)浇一次稀释腐熟有机肥。生长季节每10d喷一次兰菌王。

【栽培史】蕙兰原产中国，是我国栽培最久和最普及的兰花之一，是我国珍稀物种，为国家二级重点保护野生物种。

【应用方式】蕙兰株形典雅，叶态脱俗，花姿优美，不仅是栽在盆里的佳品，可以陈列观赏，还可以置于林间观赏。

12.2.4　寒兰(*Cymbidium kanran*)

【别名】雪兰。

【科属】兰科兰属。

【产地与分布】原产中国浙江、福建、江西、湖南、广东、广西、云南、贵州等地，日本也有分布。

【形态特征】地生植物。假鳞茎狭卵球形，包藏于叶基之内；叶3～7枚丛生，带形，薄革质，暗绿色，略有光泽；花葶发自假鳞茎基部，直立；总状花序疏生5～12朵花；花色丰富，有黄绿、紫红、深紫等色，一般具有杂色脉纹与斑点，常有浓烈香气；花期11月至翌年1月。

【栽培资源】我国寒兰通常以花被颜色来分变型。有以下四种：①青寒兰；②青紫寒兰；

③紫寒兰；④红寒兰。在日本名品为"曰妙"、"丰雪"。红寒兰的名品为"日光"，均属稀有珍品。台湾省成功栽培的寒兰线艺珍品仅有"雾山黄"一种。

【生态习性】寒兰忌热，又怕冷，多生长在陡坡茂密的阔叶林下，光照少，根基浅，根部覆盖一层薄薄的腐殖土，透水性较好。

【繁殖】寒兰多用分株繁殖法。当盆栽寒兰已生长满盆时才可分株，一般一年分一次较为合适。寒兰分株宜在春分节后进行，分株前应停止浇水。分株后的兰苗盆栽时应注意将根理直。浇足定根水后置于遮阳处，一周内不可浇水。一周后，可让其略受阳光。

【栽培要点】①合理遮阳；②严格控制浇水，平时尽量做到盆土潮润而不湿，微干而不燥是养好寒兰的关键；③严防污染，寒兰叶片长薄，气孔多，与空气接触面大，故特别需要空气清新，无污染的生长环境。

【栽培史】寒兰是日本仅有的原产兰花之王，已培育出多个栽培种。

【应用方式】寒兰花香形美，叶挺拔弓垂，秀逸飘举，叶花共雅，是我国广泛栽培的一种盆栽兰科花卉。

12.2.5　墨兰(*Cymbidium sinense*)

【别名】报岁兰、入岁兰、中国兰。

【科属】兰科兰属。

【产地与分布】其产地为我国南部的广东、广西、福建、海南、台湾以及西南部的云南等地；越南、缅甸亦有出产。

【形态特征】地生草本。根长而粗壮，假鳞茎椭圆形；叶4～5枚丛生，直立性，叶片剑形，革质，深绿色，有光泽；花茎直立，高出叶面，有花5～17朵，花瓣多具紫褐色条纹；花期11月至翌年3月。

【栽培资源】常见品种有'秋榜'、'秋香'、'小墨'、'徽州墨'、'金边墨兰'、'银边墨兰'、'国香牡丹'、'奇花绿云'、'十八娇'、'桃姬'和品种繁多的艺叶墨兰如'白中透'、'中斑'、'达摩鹤'、'达摩燕尾'等。

【生态习性】墨兰是典型的阴性植物，喜阴而忌强光，墨兰的生长适温为25～28℃，它不耐低温，2℃以下的低温也会产生冻害。墨兰原生于雨水充沛的南方林野，喜湿而忌燥。

【繁殖】墨兰以分株繁殖和组织培养为主。分株繁殖最好选在休眠期进行，即新芽未出土，新根未生长之前，或花后的休眠期。分开的兰株要进行整观、剪去烂根、枯叶。

【栽培要点】墨兰栽培地点要求通风好，具遮阳设施。墨兰浇水时间，夏秋两季在日落前后，入夜前叶面干燥为宜，冬春两季，在日出前后浇水最好，还要喷雾增加空气湿度，生长季节每周施肥一次，秋冬季应少施肥，每20d施一次，施肥后喷少量清水，施肥必须在晴天傍晚进行，阴天施肥有烂根的危险。

【栽培史】墨兰分布地域广阔，而且随着近年南种北移，几乎全国各地都已引种，包括严寒地带，都可在温室、家居中正常生长。

【应用方式】墨兰现已成为中国较为热门的国兰盆栽之一。在台湾已进入千家万户，用它装点室内环境和作为馈赠亲朋的主要礼仪盆花。花枝也用于插花观赏。

12.2.6　卡特兰(*Cattleya hybrida*)

【别名】阿开木、嘉德丽亚兰、嘉德利亚兰、加多利亚兰、卡特利亚兰。

【科属】兰科卡特兰属。

【产地与分布】原产中南美洲，以哥伦比亚和巴西分布最多。

【形态特征】常绿宿根花卉。附生，株高25cm以上；假鳞茎呈棍棒状或圆柱状，茎顶部生有叶 1～3 枚；叶片厚实呈长卵形，中脉下凹；花梗长 20cm，着生于假鳞茎顶端，有花 5～10 朵，花大而美丽，花径约 10cm，有特殊的香气，一年开花 1～2 次。

【栽培资源】常见的栽培品种有黄色的'香山''落日'；绿色的'榆林'；白色的'优美'；粉红色的'真美'；红色的'火球'；紫红的'长河'；双色的'圣诞糖果'等。

【生态习性】为多年生草本附生植物，多附生于大树的枝干上。喜温暖湿润环境，越冬温度夜间 15℃左右，白天 20～25℃，喜光，如果光线不足，则开花少、不开花或花的质量差。

【繁殖】多用分株、组织培养或无菌播种。分株繁殖常在 3 月待新芽刚萌发或开花后剪去腐朽的根系和鳞茎，将基部根茎切开，每丛至少有 2～3 个假鳞茎并带有新芽，株丛不宜太小，否则新株恢复慢，开花晚。新栽的植株应放于较荫蔽的环境中 10～15d，并每日向叶面喷水。

【栽培要点】栽培卡特兰，通常用泥炭藓、蕨根、树皮块或碎砖等作盆栽材料。栽种时盆底先填充一些较大颗粒的碎砖块、木炭块，再用蕨根两份、泥炭藓 1 份的混合材料，或用加工成 1cm 直径的龙眼树皮、栎树皮，在春秋季多喷水、保持较高空气湿度，需高温多湿，注意通风和遮阳，生长期每旬施肥 1 次。炎热季节，要注意通风、透气。生长季节盆中应放些发酵过的固体肥料，或 10～15d 追施 1 次液肥。

【栽培史】卡特兰可能是人类最早栽培的洋兰之一。根据有关资料记载，这种植物的茎于 1818 年被英国人用来作为捆扎材料，从巴西带到了英国。英国园艺学家威廉卡特里(William Cattley)将这些枝条栽培了起来，并于 1824 年开花。经过人们近 200 年的栽培育种，园艺品种十分繁多，已经成为一类重要的兰科观赏植物。

【应用方式】卡特兰花形、花色千姿百态，用于插花观赏。卡特兰与石斛、蝴蝶兰、万带兰并列为观赏价值最高的四大观赏兰类，在新娘捧花中更是少不了它的倩影。

12.2.7 大花蕙兰(*Cymbidium hybrida*)

【别名】虎头兰、喜姆比兰、蝉兰、西姆比兰。

【科属】兰科兰属。

【产地与分布】原产于印度、缅甸、泰国、越南和中国南部等地区。

【形态特征】常绿多年生附生草本。假鳞茎粗壮；叶 6～8 枚丛生与假鳞茎上，带状，革质；花朵硕大，直径 6～10cm，有黄、白、绿、红、粉红及复色等多种颜色，花期长达 50～80d。

【栽培资源】目前，按花色分主要栽培品种资源有以下几类：粉色系列：如'贵妃'、'粉梦露'、'楠茜'等品种；绿色系列：如'碧玉'、'幻影'(浓香)、'华尔兹'等品种；黄色系列：如'夕阳'(清香)、'明月'；白色系列：'冰川'(垂吊)和'黎明'。

【生态习性】常野生于溪沟边和林下的半阴环境。喜冬季温暖和夏季凉爽。生长适温为 10～25℃。夜间温度 10℃左右比较好。生长期需较高的空气湿度，大花蕙兰怕干不怕湿，大花蕙兰在兰科植物中属喜光的一类，光照充足有利于叶片生产，形成花茎和开花。

【繁殖】通常用分株法繁殖。分株时间多于植株开花后，新芽尚未长大之前，分株前应适当干燥，根略发白、绵软时操作。分切后的每丛兰苗应带有 2～3 枚假鳞茎，其中 1 枚必须是前一年新形成的。为避免伤口感染，可涂以硫黄粉或炭粉。放干燥处 1～2d 再单独盆栽，即成新株。分栽后放半阴处，不可立即浇水，待新芽基部长出新根后才可浇水。

【栽培要点】①一般 3～9 月宜选用含氮较多的肥料，如尿素；10 月应施用含磷、钾较多的种类，同时在开花后的 4～5 月和秋天的 9～10 月每月应施加 1～2 次追肥；②大花蕙兰喜昼夜温差大，白天生长温度在 25～28℃，晚间温度在 10～15℃，有利于花蕾生长。生长期要求 80%～90%的空气湿度，休眠时降低空气湿度。

春季注意通风，浇水时注意宁干勿湿，每半月采用浸底法施一次 1%的复合肥溶液，夏季适时遮阳，选用 50％的遮阳网，暂停施肥，温度高时要加强喷雾。秋季天凉后，加强肥水管理，每十天施一次 2％的磷酸二氢钾溶液，也可配合叶面施肥。

【栽培史】大花蕙兰是兰属人工杂交种，自 1889 年英国培育出第一个大花蕙兰品种以后，在 20 世纪 40 年代，欧美也选育出大量种间和品种间杂种。至今，大花蕙兰的栽培品种已有近 2 万个。

【应用方式】大花蕙兰植株挺拔，花茎直立或下垂，花大色艳，主要用作盆栽观赏。适用于室内花架、阳台、窗台摆放。

12.2.8 石斛兰(*Dendrobium nobile*)

【别名】石斛、吊兰花、石兰、金钗石斛。

【科属】兰科石斛兰属。

【产地与分布】原产亚洲和大洋洲的热带和亚热带地区。主要分布于亚洲热带和亚热带。

【形态特征】石斛兰为多年生落叶草本，附生。假鳞茎丛生，茎细长，不分枝，具多节，节处膨大，干后金黄色；叶革质，长圆形，长 6～11cm，宽 1～3cm，先端钝且 2 圆裂，基部具抱茎的鞘；总状花序从具叶或落了叶的老茎中部以上部分发出，具 1～4 朵花，花大，色彩艳丽；花柄基部被数枚筒状鞘。

【栽培资源】常见同属观赏种有：

① 密花石斛(*D. densiflorum*)　花金黄色，唇瓣橙黄色。

② 白花石斛(*D. nobile* cv.)　花白色，唇瓣中心深褐色。

③ 华丽石斛(*D. superbum*)　花淡紫红色，唇瓣紫红色。

④ 偏向石斛(*D. secundum*)　花淡紫红色，唇瓣橙黄色。

⑤ 聚伞石斛(*D. thyrsiflorum*)　花白色，唇瓣金黄色。

⑥ 蝴蝶石斛(*D. phalaenopsis*)　花玫瑰红色。

【生态习性】石斛属植物为附生植物，喜温暖，湿润和半阴环境，不耐寒，生长适温 18～30℃。多生于温凉高湿的阴坡、半阴坡微酸性岩层峭壁上，群聚分布。

【繁殖】常用分株法、扦插法和无菌播种法进行繁殖。分株于开花后进行，将母株从盆中倒出，一般一盆可分成 2～3 丛，每丛要带有 3～4 根老枝条，选用嫩枝扦插，扦插时间宜在梅雨季节进行为好，扦插介质用珍珠岩或河沙等疏松、卫生的材料，扦插后注意保湿与遮阳，待生根后即可移栽。

【栽培要点】①换盆时要少伤根部，否则遇低温叶片会黄化脱落。②石斛兰对空气湿度要求较高，盆内以保持湿润为最佳状态，旺盛生长期盆内不可积水，否则易腐烂。

盆栽石斛需用泥炭苔藓、蕨根、树皮块和木炭等轻型、排水好、透气的土壤。同时盆底多垫瓦片或碎砖屑，以利于根系发育。栽培场所必须光照充足，保持通风。对石斛生长、开花更加有利。栽培 2～3 年以上的石斛，植株拥挤，根系满盆，盆栽材料已腐烂，应及时更换。无论常绿类或是落叶类石斛，均在花后换盆。

【栽培史】古人把石斛兰当作药材，它对人体有驱解虚热、益精强阴等疗效。随着花卉产业的兴起，人们发现它有很高的观赏价值，因而归入洋兰的范畴，逐渐从草药圃跨进到大花园中去，成为当今非常时兴的新花。

【应用方式】石斛开花繁茂而美丽，有的具甜香味，花期长。可用作切花、盆栽、附木栽培，是优良的观赏植物。

12.2.9 树兰(*Epidendrum radicans*)

【别名】柱瓣兰。

【科属】兰科树兰属。

【产地与分布】原产热带美洲的佛罗里达、墨西哥、哥伦比亚及阿根廷北部。

【形态特征】附生或地生，直立或蔓生；叶1至多枚，叶互生，矩圆状披针形；总状花序或圆锥花序着生于顶端或叶腋，具1～2朵大花或多数小花；花萼与花瓣相同或相似，带状或披针形，唇瓣通常3裂；花色丰富，有橙红色、红色、白色、黄色、绿色、粉色等；花期6～11月。

【栽培资源】本属全球约有1000多种，附生或地生，经过多年的人工选择和杂交，培育出数以千计的优良栽培品种。

【生态习性】不同种类其原生地的生态环境差异很大，附生在树干，或生长在多雨潮湿的林缘，也有开阔地带阳光照射的草地或岩石上。

【繁殖】树兰的繁殖方法有扦插繁殖、分株繁殖和组织培养。扦插繁殖一般在花后，春秋两季进行，扦插时，将带有3条气生根以上的茎上部剪下，另植于新盆即成新株；分株是将成株自然长成的新芽或母株去除顶芽后长出的新芽用刀切下另植，也可在其子株有假鳞茎时从母株剪离，一般在开花后或春秋进行；组织培养主要是胚培养和茎尖培养。

【栽培要点】①光照强度要适宜，夏天应用遮光50%的遮阳网，冬季不遮；②开花期以保证适量水分为佳。大多数树兰可用含腐殖质的混合附生基质栽培，旺盛生长季节要求充足的水分供应；春夏秋三季生长旺盛，应每隔1～2周施一次复合肥。

【应用方式】树兰花色繁多、花期长，树兰既可作为盆花栽培，又是切花的优良材料。

12.2.10　血叶兰(*Ludisia discolor*)

【别名】美国金线莲。

【科属】兰科血叶兰属。

【产地与分布】产于广东、香港、海南、广西和云南南部。缅甸、越南、泰国、马来西亚、印度尼西亚和大洋洲的纳吐纳群岛也有分布。

【形态特征】多年生草本植物。具有粗壮的圆柱形肉质茎，匍匐，具节；叶片卵形或卵状长圆形，肉质，上面黑绿色，具5条金红色有光泽的脉，背面淡红色，具柄；叶之上的茎上具2～3枚淡红色的鞘状苞片；总状花序顶生，具几朵至10余朵花，花序轴被短绒毛；花白色或带淡红色，花期2～4月。

【生态习性】喜欢阴暗潮湿的环境，生于海拔900～1300m的山坡或沟谷常绿阔叶林下阴湿处，也常生于林下溪旁石壁或岩石上。

【繁殖】血叶兰繁殖以分株为主，春季结合翻盆时进行，分株时应晾干伤口方能栽下。

【栽培要点】①血叶兰不宜种得过深，种好后把盆浸在水里，见表土略湿即可取出；②血叶兰越冬可用塑料袋套在袋中，封闭袋口，放在有阳光的窗台上，温度应不低于5℃，这样可安全过冬。

盆栽血叶兰用土以轻松、通透性好的酸性土为佳，一般以腐叶土、山泥、细沙各一份混合，过筛，粗粒土填盆底，血叶兰喜阴湿。除夏季注意多给水外，春秋两季根据气候条件还应适当控制给水，冬季则应偏干。平时常在叶面上喷水，可清除叶面尘垢，有利观赏效果。

【应用方式】血叶兰可配植于水景假山，也可盆栽观赏，是颇具风韵的室内观赏植物。

12.2.11　文心兰(*Oncidium hybrid*)

【别名】跳舞兰、金蝶兰、瘤瓣兰。

【科属】兰科，文心兰属。

【产地与分布】文心兰原种原生于美洲热带地区。

【形态特征】宿根花卉。根状茎粗壮；叶1~3枚，可分为薄叶种、厚叶种和剑叶种，革质，常有深红棕色斑纹；花茎粗壮；花朵色彩鲜艳，以黄色和棕色为主，形似飞翔的金蝶，又似翩翩起舞的舞女，故又名金蝶兰或舞女兰；花的唇瓣通常三裂，或大或小，呈提琴状，在中裂片基部有一脊状凸起物，脊上又凸起的小斑点，颇为奇特，故名瘤瓣兰。

【栽培资源】栽培品种资源按花色的不同分，以黄色和棕色品种为主，还有绿色、白色、红色和洋红色等；按花的大小分有小花型，如迷你型文心兰和大花型种类，花的直径可达12cm以上。

【生态习性】原叶型（或称硬叶型）文心兰喜温热环境，而薄叶型（或称软叶型）和剑叶型文心兰喜冷凉气候。厚叶型文心兰的生长适温为18~25℃，冬季温度不低于12℃。薄叶型的生长适温为10~22℃，冬季温度不低于8℃。

【繁殖】文心兰的繁殖方法有组织培养与分株繁殖。分株繁殖春、秋季均可进行，常在春季新芽萌发前结合换盆进行分株最好。将带2个芽的假鳞茎剪下，直接栽植于水苔的盆内，保持较高的空气湿度，很快恢复萌新芽和长新根。

【栽培要点】①在进入高温、高湿的季节之前，应加强施肥，特别是要增加钾肥的比重，培养壮苗，以增强植株的抗病力；②每年需进行换盆，更换新的培养基质。

栽培材料可用水苔蕨根、苔藓等栽植于多孔的盆中。平时浇水以间干间湿为原则，每2~3d浇水1次，盛夏季节应每天浇水，还要经常向叶面喷水和花盆周围地面洒水，以增湿降温。冬季减少浇水，生长期每月施2~3次稀薄液肥，或0.1%复合化肥。冬季停止施肥。春、秋季要遮光30%，夏季遮光50%~70%。

【栽培史】本属植物全世界原生种多达750种以上，而商业上用的千姿百态的商品种多是杂交种。

【应用方式】文心兰植株轻巧、潇洒，花茎轻盈下垂，花朵奇异可爱，是世界重要的盆花和切花种类之一，适合于家庭居室和办公室瓶插，也是加工花束、小花篮的高档用花材料。

12.2.12　硬叶兜兰(*Paphiopedilum micranthum*)

【别名】鸡蛋花、花叶子。

【科属】兰科兜兰属。

【产地与分布】产云南东南、贵州西南、广西西南亚热带石灰岩常绿落叶林内或灌丛草丛中，常常生长在半山腰背阴处。

【形态特征】多年生常绿草本，地生兰或附生兰。植株低矮，叶呈两列排列，叶面上有深浅绿色相间的网格斑，叶背面有紫色的斑点，叶面光滑；在5~6叶龄期进行生殖生长，花葶紫红色，被长柔毛，长10~30cm，花单生，花大，白色、粉红色或红色，萼片和花瓣中央淡黄色而具有紫红色的横生红肋，中萼片宽卵形，花瓣宽卵形至近圆形，被短柔毛，唇瓣膨大呈囊状，形如鸡蛋大小，囊内有紫点，退化雄蕊黄色呈心形，花期2~4月。

【栽培资源】我国兜兰属植物盆栽常见的种类都为野生种，常见的栽培种有：

①杏黄兜兰(*P. armeniacum*)　地生兰或半附生兰。叶面上有浅绿色的网格斑，叶背面有紫色斑点；花葶长15~30cm，有紫点，花单生；花黄色或杏黄色，花瓣基部有小紫点，中萼片卵圆，背面顶端和基部具长柔毛，花瓣近圆形或宽卵圆形，唇瓣呈椭圆形囊状，囊内近基处有紫点，花期2~4月。

②巨瓣兜兰(*P. bellatulum*)　地生或半附生。叶面光滑，有浅色网格斑，叶背有紫色斑点；花葶较短，小于10cm，紫褐色，有白色毛，花1~2朵，白色或黄色，花瓣和萼片上

生紫色大斑点；中萼片宽椭圆形，背面有短柔毛，花瓣宽椭圆形，唇瓣呈长椭圆形囊状，形似墨斗鱼，囊宽仅 1.5～2cm，长 2.5～4cm，花期 4～7 月。

③ 麻栗坡兜兰(*P. malipoense*) 地生或半附生。叶面有浅绿色网格斑，叶背面紫色斑点；花葶长 25～30cm，紫色有长锈色柔毛，花单生，中萼片和花瓣绿色，中央淡黄，有紫色横生花肋，中萼片椭圆状披针形至近卵形，背面被长柔毛，花瓣呈倒卵形至卵圆形；唇瓣灰黄绿色，囊长约 4.5cm，囊内有紫点；花期 12 月～次年 3 月。

【生态习性】硬叶兜兰性喜凉爽、温暖、半阴环境，但在湿润环境中生长良好，肉质根不耐积水环境，在土壤肥沃、通风、排水良好的腐殖质上发育良好。

【繁殖】主要采用分株繁殖。兜兰属植物有从茎基部有萌蘖能力，产生幼小植株，花叶种类在肥沃土壤中地下横生走茎或根都进行出条繁殖。人工分株栽培在花后进行，结合换盆，先将母株与幼植株分离，种植后置于半阴环境中管理，注意保湿。

【栽培要点】①盆栽容器选用有良好的透气性的泥盆或土陶盆最佳，栽培基质宜用枯枝落叶、腐殖土、壤土进行配制，保证排水良好；②在盆栽时宜 3～5 株聚集式种植，根颈处要露出土面，防止浇水过多水分积在叶基造成的腐烂，种植后盆土表面宜用苔藓覆盖；③种植环境宜在通风、半阴和散射光处为佳，强光直射易造成叶片干枯，在开花期间宜放置于荫蔽处，可延长花朵的开放时间；④春夏季栽培注意保湿，每天早晚进行两次喷雾处理，秋冬季可适度控湿，一周喷雾两次，平时盆土保持湿润；⑤童期生长在夏秋季可进行一、两次在根际撒施薄肥，入秋季施一次复合肥。

【应用方式】硬叶兜兰植株小巧，叶色斑驳，花叶都具有较高的观赏价值，盆栽宜放置于茶几案头上欣赏；全草入药，味苦、性凉，具有清热解毒，补脑安神的功能，可用于麻疹、肺炎、神经衰弱的治疗。

12.2.13 鹤顶兰(*Phaius tankervilleae*)

【别名】千鹤兰、红鹤顶兰、红鹤兰、大白芨。

【科属】兰科鹤顶兰属。

【产地与分布】广布于亚洲热带、亚热带及大洋洲地区。除我国华南地区各省及云南、西藏东南部均有分布以外，在日本、澳大利亚、菲律宾甚至非洲的马达加斯加等地也有分布。

【形态特征】多年生常绿地生草本。植株大型，高 70～80cm；假鳞茎圆锥状，粗短肥厚、肉质，被鞘；叶 2～6 枚，互生，阔长圆状披针形，纸质，具纵向折扇状脉；总状花序由假鳞茎基部或叶腋抽出，高达 60～110cm，着花 10～30 余朵，花大，美丽，背面白色，内面暗褐色或棕红色；唇瓣管状，背面白色带茄紫色的先端，内面茄紫色带白色条纹。

【栽培资源】常见种类有大花鹤顶兰(*P. magniflorus*)、紫花鹤顶兰(*P. mishmensis*)、黄花鹤顶兰(*P. flavus*)等。

【生态习性】性喜温暖、湿润、半荫蔽的气候，生于海拔 700～1800m 的林缘、沟谷或溪边阴湿处。宜疏松肥沃、排水良好、富含腐殖质的微酸性土壤，忌干旱，忌瘠薄，轻耐寒冷，生长适温为 18～25℃。

【繁殖】常用分株和无菌播种繁殖。

【栽培要点】①鹤顶兰虽然是"地生兰"，但根系最忌通气不良和积水；②光照不宜太强，否则会生长缓慢、矮小。要求在温暖、湿润和半阴的环境种植。用肥沃、疏松和排水良好的腐殖土盆栽。冬季相对休眠，保持盆土微潮，不宜浇水太多。越冬温度应在 6℃以上。

【栽培史】人们栽植鹤顶兰的历史已经有 200 多年了，欧洲人 1778 年从中国引入第一株鹤顶兰后，在西方就开始了对鹤顶兰连续不断地研究和培育。

【应用方式】鹤顶兰花期长，具芳香，较耐阴，是极好的盆栽花卉，亦适合庭院荫地栽植作观赏花卉。

12.2.14　蝴蝶兰(*Phalaenopsis amabilis*)

【别名】蝶兰、台湾蝴蝶兰。

【科属】兰科蝴蝶兰属。

【产地与分布】原产欧亚、北非、北美和中美。在中国台湾和泰国、菲律宾、马来西亚、印度尼西亚等地都有分布，其中以台湾出产最多。

【形态特征】具肉质根和气生根。茎很短，常被叶鞘所包；叶基生，宽椭圆形，肥厚扁平，稍肉质；花序侧生于茎的基部，长达 50cm，不分枝或有时分枝；花序轴紫绿色，折状，常具数朵由基部向顶端逐朵开放的花；中萼片近椭圆形；花期 4～6 月。

【生态习性】由于蝴蝶兰生于热带雨林地区，本性喜暖畏寒，生长适温为 15～20℃。蝴蝶兰喜欢潮湿和半阴的环境。要求富含腐殖质、排水好、疏松的基质。

【繁殖】蝴蝶兰繁殖方法主要有播种繁殖法、花梗催芽繁殖法、断心催芽繁殖法、切茎繁殖法和组织培养法五种。

【栽培要点】①蝴蝶兰常见的栽培介质主要以水草、苔藓为主；②蝴蝶兰要全年施肥，除非低温持续很久，否则不应停肥；③选择适宜大小的花盆，用大盆后，水草不易干燥，而蝴蝶兰喜通气，气通则舒畅。

蝴蝶兰栽培温度应该维持在 15～34℃ 之间，夏季温度偏高时需要降温，并注意通风，若温度高于 32℃，通常会进入半休眠状态，要避免持续高温。新根生长旺盛期要多浇水，花后休眠期少浇水，浇水的原则是见干见湿。尽管蝴蝶兰较喜阴，但花期前后，适当的光可促使蝴蝶兰开花，一般应放在室内有散射光处，勿让阳光直射。

【栽培史】蝴蝶兰于 1750 年被发现，现已发现七十多个原生种，作为商品栽培的蝴蝶兰多是人工杂交选育品种。

【应用方式】蝴蝶兰花姿优美，颜色华丽，为热带兰中的珍品，有"兰中皇后"之美誉，是高档的切花，名贵的盆花。

12.2.15　万代兰(*Vanda coerulea*)

【别名】代兰。

【科属】兰科万代兰属。

【产地与分布】万代兰原产马来西亚和美国的佛罗里达州与夏威夷群岛，广泛分布于中国、印度、马来西亚、菲律宾、美国夏威夷以及新几内亚、澳大利亚。

【形态特征】常绿宿根。地下根粗壮，地上节处具气生根；茎直立向上；叶片带状，质厚，中脉下陷，无柄，左右互生；萼片和花瓣背面白色，正面黄褐色带黄色条纹；花序从叶腋间抽出，数量不等；花一般较大，花色华丽；花期 12 月至翌年 5 月。

【栽培资源】万代兰杂种和园艺品种极多，色彩丰富，从白、蓝、黄到红、粉都有。

【生态习性】喜高温、湿润，不耐寒，低于 5℃ 冻死。万代兰具有较强的抗旱能力，生性较粗放，是一类在热带地区比较容易栽培的兰花。多附生与原始森林中的乔木之上。

【繁殖】万代兰可以高芽繁殖，于秋末时，万代兰在叶腋处会长出高芽，当高芽长至 5～7.5cm 时，应用锋利及已消毒的刀子，自母株切下高芽，并种植在装有蛇木屑的盆子中，可移植至较大的盆子。切记在切口上必须涂药，以免受病菌感染。

【栽培要点】①万代兰不宜经常换盆，至少3年才能换盆1次；②万带兰都是典型的热带气生植物，日常管理中必须保证充足的水分和空气湿度。需要较强的光线，在高温季节需使用40%～50%的遮光网遮光，冬季不需要遮光。生长期水分要充足，在雨季靠自然条件即可保持旺盛的长势。干季必须使空气湿度保持在80%左右。保持通风良好，每周施一次薄肥。

【栽培史】万代兰是热带兰中的一大类，新加坡人对这种兰花尤为熟悉，著名的万代兰品种卓锦万代兰就是这个美丽热带国家的国花。

【应用方式】万代兰是兰花中的高大种类，开花茂盛，花期长，是重要的盆花，可盆栽悬吊观赏，亦是优良的切花。

第13章 水生花卉

13.1 概述

13.1.1 水生花卉的定义

水生花卉指在水中或沼泽地生长的花卉。按生态习性主要分为挺水植物、浮水植物、漂浮植物和沉水植物4类。其中在园林中的主要观赏类型是挺水植物和浮水植物，漂浮植物也有少量使用。

① 挺水植物 根生于泥中，茎叶挺出水面。对水的深度要求因类不同而异，包括藻生至2.0m水深的植物。如荷花、菖蒲、香蒲、水葱、千屈菜等。

② 浮水植物 根生于泥中，叶片漂浮水面或略高于水面，对水深的要求从1.5～3m不等。如睡莲、王莲、萍蓬莲、芡实、菱等。

③ 漂浮植物 根生长于水中，叶完全浮于水面上，可随水漂移，在水面的位置不易控制。如凤眼莲、大藻、浮萍等。

④ 沉水植物 根生于泥中，茎叶沉入水中，可以起到净化水体的作用。如莼菜、黑藻、眼子菜等。

13.1.2 生长发育特点

水生花卉因原产地不同对水温和气温的要求也有较大差异。如荷花慈姑等可在我国北方地区自然生长；而王莲等原产热带地区的种类在我国大部分地区不能露地越冬，需在温室中栽培。绝大部分水生花卉要求关照充足。也有少数能耐半阴，如菖蒲等。水生花卉喜富含有机质和腐殖质的黏质土壤。

水生花卉一般采用播种繁殖和分生繁殖(分株或分球)。

13.1.3 栽培管理措施

13.1.3.1 温度管理

不耐寒水生花卉要盆栽，冬天移入温室过冬，特别不耐寒的种类，如王莲，在我国大部分地区要进行温室栽培，夏季温暖时间可以放在室外水体中观赏。耐寒性水生花卉一般不需要特殊保护。

13.1.3.2 肥水管理

栽培水生花卉的土壤需含丰富的腐殖质和有机质，并且要求土质黏重。新开挖的池塘必须在栽植前施入大量有机肥。

不同种类的水生花卉对水深要求不同，园林应用中两类主要观赏类型挺水花卉和浮水花卉的栽培水深一般是80cm以下。水生花卉在清洁、轻微流动的水体中生长较好。

13.2 水生花卉各论

13.2.1 槐叶蘋 (*Salvinia natans*)

【别名】槐叶苹、蜈蚣漂、蜈蚣萍。

【科属】槐叶蘋科槐叶蘋属。

【产地与分布】我国南北各省区，日本、越南、印度、欧洲。

【形态特征】一年生漂浮植物。茎细长横走，密被棕色茸毛，无根；叶3枚轮生，草质，上面两叶浮于水面形成羽状排列，形如槐叶，正面深绿色，背面密被棕色茸毛，下面一叶沉于水中；孢子果4～8个成串生于沉水叶的基部，表面具疏生成束的短毛；小孢子果表面淡黄色，大孢子果表面淡棕色。

【生态习性】槐叶蘋生于海拔2000m以下的湖滨、池塘、稻田、水沟等水面。喜温暖，怕严寒，怕强光。

【繁殖】孢子繁殖，或以植株断裂进行营养繁殖。

【栽培要点】栽培管理简单，生长期间酌施肥料。

【应用方式】槐叶蘋形如槐叶，适应性强，可应用于园林静水水体景观并可治理水体污染。

13.2.2 浮萍 (*Lemna minor*)

【别名】青萍、水浮萍、萍子草。

【科属】浮萍科浮萍属。

【产地与分布】我国南北各省区，全球温带地区和热带地区。

【形态特征】多年生漂浮植物。叶状茎倒卵形、近圆形或椭圆形，全缘，表面绿色，背面紫色或浅黄色；垂生1条白色的丝状根，根不具维管束，先端有钝头的根帽；花细小白色，花期夏季。

【生态习性】浮萍生于海拔600～2500m的湖滨、池沼、水田、静水及水流缓慢的地方。喜温气候和潮湿环境，忌严寒。

【繁殖】常用种子繁殖和分株繁殖。

【栽培要点】①种子繁殖，随采随播，将种子用黄泥包成小团，每团包2～3颗种子，丢进栽培的水里；②分株繁殖，春、夏季，捞取部分母株，分散丢进栽培的水里；③经常清除水面杂草，保持栽培水面静止；注意灌水，防止干旱。

【应用方式】治理水体污染。

13.2.3 凤眼莲 (*Eichhornia crassipes*)

【别名】水葫芦。

【科属】雨久花科凤眼莲属。

【产地与分布】原产巴西。现广布于我国长江、黄河流域及华南各省。

【形态特征】多年生浮水草本。株高30～50cm，茎极短，具匍匐枝；叶基生，近倒卵状圆形，叶柄基部膨大成葫芦形，内部海绵质；穗状花序，花淡蓝紫色，花期7～9月。

【栽培资源】常见栽培种有：大花凤眼莲 (*E. crassipes* var. *major*)，花大，粉紫红色；黄花凤眼莲 (*E. crassipes* var. *aurea*)，花黄色。

【生态习性】喜生于温暖向阳、富含有机质的静水中，忌霜冻。耐碱性，pH9时仍生长正常。极耐肥，好群生。

【繁殖】播种、分株繁殖。播种繁殖，种子寿命长，能贮藏 10～20 年，可大量繁殖；分株繁殖在春、夏季进行，有长出匍匐枝，母株基部的腋芽侧长出匍匐枝，其顶端生长叶生根，形成新植株。母株与新株的匍匐枝很脆嫩，断离后又可成为新株。

【栽培要点】一般 25～35℃ 为生长发育的最适温度。39℃ 以上则抑制生长。7～10℃ 处于休眠状态；10℃ 以上开始萌芽。在 6～7 月间，将健壮的、株高偏低的种苗进行移栽，在花芽形成后可移栽到小盆。用偏酸性土或营养液培养。摘除老叶，留 4～5 片嫩叶及花穗，既能延长花期，又可移至案头等地观赏。

【栽培史】凤眼莲作为观赏植物于 1901 年，从东南亚引入台湾，20 世纪 30 年代，由台湾引入中国内地，其后，在中国南方作为动物饲料被推广种植。

【应用方式】凤眼莲株丛浓绿，花色艳丽，是装饰湖面、河沟的良好水生花卉，是园林水景中的造景材料。也可作水族箱或室内水池的装饰材料。花还可作为切花用。

13.2.4 莼菜(*Brasenia schreberi*)

【别名】水案板、马蹄草、湖菜。

【科属】莼菜科莼菜属。

【产地与分布】分布于我国云南、江苏、江西、湖南、四川等省，日本、印度、加拿大、大洋洲东部和非洲西部也有分布。

【形态特征】多年生浮叶植物。根状茎细瘦，横卧于水底泥中；叶互生，椭圆形，全缘，两面无毛，漂浮于水面；叶柄盾状着生，有柔毛；花腋生，花梗赤色；萼片 3，呈花瓣状，披针形，宿存；花瓣 3，暗紫色，披针形；花期 5～6 月。坚果。

【生态习性】喜温暖，光照充足，澄清水质。要求河、塘、湖之底土富含有机质、土层深厚，pH5.5～6.5 的淤泥土为好，水深 30～60cm 为宜。

【繁殖】莼菜常采用分株繁殖法，一年四季均可栽植，一般在 3 月下旬至 4 月中旬为最佳时间，定植时底土要求淤泥较厚，腐殖质含量丰富。移栽时起苗剪成每段 2～3 节，采用穴栽，每穴一株，穴距 30cm，将植株插斜水中。

【栽培要点】莼菜移栽当年，基肥充足就一般不需追肥。但在贫瘠土壤或基肥不足，发现叶小、发黄、芽细时应及时追肥。

【应用方式】莼菜叶形美丽，叶色翠绿富有光泽，用作水面绿化。夏秋，水中布满的一簇簇莼菜，仿佛给碧清如镜的水面绣上了翠绿的"花边"，美不胜收。

13.2.5 芡实(*Euryale ferox*)

【别名】鸡头米、鸡头苞、鸡头莲、刺莲藕。

【科属】睡莲科芡属。

【产地与分布】原产中国、印度、日本、朝鲜、俄罗斯，我国南北各地也广泛分布。

【形态特征】一年生水生草本。叶柄长，圆柱形中空，表面生多数刺；初生叶沉水，箭形，后生叶浮于水面；叶片椭圆状肾形或圆状盾形，直径 65～130cm，表面深绿色，叶脉凸起，花单生，花梗粗长，多刺，伸出水面；萼片 4，披针形，肉质，外面绿色，有刺，内面带紫色，花瓣多数，呈紫色，雄蕊多数；花期 6～9 月；浆果球形，果期 7～10 月。

【生态习性】性喜温暖，耐寒；喜阳光充足，宜肥沃土壤，适应性极强，深水或浅水皆可生长，以 0.8～1.2m 为宜，不可超过 3m。

【繁殖】播种繁殖。春、秋均可播种，春播选颗粒饱满的干种子，可用黏性泥土将拌有新高脂膜的 3～4 粒种子包成一团再播入；秋播以采集的果实直接当种子撒播即可。

【栽培要点】①育苗：播种前5～7d，在田中开挖好育苗池。清整后灌水10cm左右，等泥澄清沉实后，将已发芽的种子近水面轻轻放下（种子不要陷入泥中太深），水深随芡苗生长可逐渐加至15cm左右。②假植：当幼苗已有2～3片箭形初生叶时即可移苗假植。幼苗以35～50cm²的株行距移栽秧田内。栽苗时只要把种子和"发芽茎"栽入土中即可，切忌埋没心叶。③定植：6月中、下旬芡苗圆盾状后生叶直径达25～30cm时即可定植。定植前按2m²（紫花苏芡）或2.3m²（白花苏芡）的株行距（亩栽125～166株）开穴，穴挖成上面正方形（边长1.4m左右），下面锅底形，深15～20cm。开穴时施入适量基肥，过1～2d待穴内泥水澄清后就可移苗定植。芡苗栽于穴的中心，深度以刚埋没根和地下茎高为度一般7～10d就可返青。

【应用方式】芡实为观叶植物，叶大肥厚，浓绿褶皱，花色明丽，形状奇特。古典园林中配置水景，野趣盎然。常做景园池栽。

13.2.6　萍蓬草(*Nuphar pumilum*)

【别名】黄金莲、萍蓬莲。

【科属】睡莲科萍蓬草属。

【产地与分布】分布地域较广，主要产于福建、台湾、广东、湖北、浙江、贵州、黑龙江等省区，俄罗斯的西伯利亚地区、日本、欧洲北部和中部也有分布。

【形态特征】多年生浮叶型水生草本植物。根状茎肥厚块状，横卧；叶二型，浮水叶纸质或近革质，圆形至卵形，全缘，基部开裂呈深心形，叶面绿而光亮，叶背有柔毛；沉水叶薄而柔软；花单生，圆柱状花柄挺出水面，花蕾绿色；萼片5枚，黄色，花瓣状；花瓣10～20枚，狭楔形；花期4～5及7～8月；浆果，果期7～9月。

【生态习性】性喜在温暖、湿润、阳光充足的环境中生长。对土壤选择不严，以土质肥沃略带黏性为好。适宜生在水深30～60cm，最深不宜超过1m。生长适宜温度为15～32℃。

【繁殖】播种、分株、地下茎繁殖。播种繁殖：将头年采收贮存的种子在第二年春季进行人工催芽，播种土壤为清泥土，pH在6.5～7.0之间，加肥拌均匀，上水浸泡3～5d后，再加水3～5cm深，待水澄清后将催好芽的种子撒在里面，根据苗的生长状况及时加水、换水，直至幼苗生长出小钱叶（浮叶）时方可移栽。地下茎繁殖：在3～4月份进行，是将带主芽的块茎切成6～8cm长，侧芽切成3～4cm长，作繁殖材料。分株繁殖：5～6月进行，是将带主芽的块茎切成6～8cm长，然后除去黄叶、部分老叶，保留部分不定根进行栽种。

【栽培要点】①萍蓬草属植物的最适宜的温度为16～29℃。当日均温度为10℃左右时植株终止生长；②萍蓬草植物，在pH＝5.5～7.5的条件下都能正常地生长发育。但肥力与它有着密切的关系，土壤肥沃，花多，色彩艳丽，花期长，整个植株生长旺盛。

【应用方式】叶丛翠绿，花亮黄，叶花纤秀优美，在水中常为亮点，非常醒目，经常做景园池栽。

13.2.7　睡莲(*Nymphaea tetragona*)

【别名】子午莲、水芹花。

【科属】睡莲科睡莲属。

【产地与分布】原产北非和东南亚热带地区，少数产于南非、欧洲和亚洲的温带和寒带地区。我国各地均有栽培。

【形态特征】多年生水生植物。根状茎，粗短；叶丛生，具细长叶柄，浮于水面，近圆形或卵状椭圆形，直径6～11cm，全缘，无毛；花单生于细长的花柄顶端，有各种颜色，花瓣通常白色；萼片宿存，4枚，宽披针形或窄卵形，花期为5月中旬至9月；聚合果球形，果期 7～10 月。

【栽培资源】睡莲栽培种类较多，常见栽培的睡莲有：

① 白睡莲(*N. alba*) 花白色而大，直径 10～15cm，花瓣 16～24 枚，呈 2～3 轮排列，有香味，夏季开花。

② 块茎睡莲(*N. tuberose*) 花鲜黄色，直径约 10cm，午前至傍晚开花。

③ 印度红睡莲(*N. rubra*) 花深红色，直径 12～20cm，花瓣 12～16 枚，夏季开花。

④ 埃及蓝睡莲(*N. caeruloa*) 花淡蓝色，花瓣 30～50 枚排列成 3 轮，稍有香味，夏季开花。

【生态习性】喜强光，通风良好环境。对土质要求不严，pH 6～8，均生长正常，但在富含有机质的壤土上发育良好。生长季节池水深度以不超过 80cm 为宜。

【繁殖】播种、分株繁殖。睡莲的主要繁殖方法用分株繁殖，每年春季 3～4 月份，芽刚刚萌动时将根茎掘起，用利刀分成几块。保证根茎上带有两个以上充实的芽眼，栽入池内或缸内的河泥中。播种繁殖：将黑色椭圆形饱满的种子放在清水中密封储藏，直至第二年春天播种前取出。浸入 25～30℃的水中催芽，每天换水，两周后即可发芽。待幼苗长至 3～4cm 时，即可种植于池中。

【栽培要点】①睡莲在不同的生长阶段对水位也有一定的要求，盆栽露天摆放，初期浅水，盛期满水。池栽睡莲，水深超过 1m，应及时排水；②盆栽睡莲生长初期，不必追肥，花期应追施速效磷酸二氢钾；③越冬保护，盆栽可窖藏。耐寒品种可于池底冰下越冬；热带品种在北方可取出池中种球，在 10～15℃的温室中，用沙藏层积法保存，直到翌年转暖栽植。

【应用方式】有较高观赏价值，可池栽、盆栽，点缀平静水面或湖面效果好，另也可做切花。

13.2.8 王莲(*Victoria amazonica*)

【别名】亚马逊王莲。

【科属】睡莲科王莲属。

【产地与分布】原产南美洲亚马逊河流域，我国热带有栽培。

【形态特征】宿根大型水生草本。根状茎直立，短粗具刺；不同叶位的叶形状不同，有线形、戟形、近圆形等；叶缘直立且褶皱，浮于水面；叶面绿色，幼叶背面紫红色，老叶草绿色，网状脉突起，成隔板状，脉上具长刺；花单生，径 25～35cm，浮于水面，花初开为白色，后变为粉至深红色，午后开放，次晨闭合，具芳香，花期夏秋季。

【栽培资源】同属栽培种有：克鲁兹王莲(*V. cruziana*)叶片巨大，径 1～2.2m。花单生，初开白色，次日转变为红紫色。花色较王莲色略浅。花果期 7～9 月。

【生态习性】喜高温高湿，光照充足，不耐寒，喜水质清洁，底部淤泥肥沃。

【繁殖】分株、分球或播种繁殖。播种繁殖：王莲的种子在 10 月中旬成熟，采集后洗净并用清水贮藏。长江中下游地区于 4 月上旬用 25～28℃加温进行室内催芽，加水深 2.5～3.0cm，每天换水一次，播种后 1 周发芽。种子发芽后待长出第 2 幼叶的芽时即可移入盛有淤泥的培养皿中，待长出 2 片叶，移栽到花盆中。6 月上旬幼苗 6～7 片叶时可定植露地水池内。

【栽培要点】①幼苗期需要 12h 以上的光照；②王莲生长适宜的温度 21～24℃，生长迅速，当水温略高于气温时，对王莲生长更为有利。气温降至 10℃，植株则枯萎死亡；③王莲的栽植台必须有 1m³，土壤肥沃，栽前施足基肥。幼苗定植后逐步加深水面，7～9 月叶片生长旺盛期，追肥 1～2 次，并不断去除老叶，经常换水，11 月初叶片枯萎死亡，采用贮藏室内越冬。

【栽培史】现已引种到世界各地大植物园和公园。我国从 20 世纪 50 年代开相继从国外引种。

【应用方式】叶奇花大，漂浮水面十分壮观。多地区于温室水池内栽培供展览。热带多池栽，孤植于小水体效果好。

13.2.9 红菱(*Trapa bicornis*)

【别名】乌菱。

【科属】菱科菱属。

【产地与分布】原产欧洲，中国南方，尤其以长江下游太湖地区和珠江三角洲栽培最多。日本、越南、老挝等也有栽培。

【形态特征】一年生浮叶植物。根着生于水底泥中；茎圆柱形；叶二型，沉水叶对生，早落；浮水叶莲座状聚生于短缩的茎端，在水面形成莲座状菱盘；叶片倒三角形或菱形，表面深亮绿色，无毛，背面绿色或紫红色，花小，单生于叶腋，萼片 4；花瓣 4，白色；果具水平开展的 2 肩角，先端向下弯曲，弯牛角形，嫩果紫红色，熟时紫黑色。

【生态习性】红菱生于湖滨、池塘、湖湾、河湾中。喜温暖湿润，阳光充足，不耐霜冻，不耐深水，不抗风浪。开花结果期要求白天温度 20～30℃，夜温 15℃。

【繁殖】红菱主要采用种子繁殖，春分前后播种，播种时水深 50cm 左右，用拱棚覆盖农膜保温。

【栽培要点】由于红菱不抗风浪，不耐深水，选择稍避风浪的湖汊、池塘水深 2～4m 处栽培为好。在杂草较多的水面播种时，需将 2～3 个菱角包在泥团内再播种。追肥视水域不同而定，水肥泥沃可少施，水清泥瘠可多施，追肥严禁撒施(撒施容易灼伤叶片)，隔 2～3m 抓 1 把肥料施入水中即可。

【应用方式】水面绿化。

13.2.10 水皮莲(*Nymphoides cristata*)

【别名】银莲花、龙骨瓣荇菜。

【科属】龙胆科荇菜属。

【产地与分布】分布于四川、湖北、湖南、江苏、福建、广东、香港、台湾。

【形态特征】多年生浮叶植物。茎丛生，圆柱形，不分枝，形似叶柄；单叶顶生，近圆形，基部心形，全缘，背面密生腺体；花多数簇生叶柄基部，花冠白色，5 裂，裂片三角状，边缘流苏状；花期 2～8 月，蒴果近球形，种子常少数。

【生态习性】生长于水塘、湖泊中。

【繁殖】分株繁殖。

【栽培要点】种植于静水区，能迅速生长，不需多加管理。

【应用方式】水皮莲叶小而翠绿，白色小花覆盖水面，很是美丽。水皮莲与荷花伴生，微风吹来，花颤叶移，姿态万千。

13.2.11 荇菜(*Nymphoides peltatum*)

【别名】荇菜、金莲子、水荷叶。

【科属】龙胆科荇菜属。

【产地与分布】分布于我国云南、华南、华北及欧亚大陆温带地区。

【形态特征】多年生浮叶植物。叶互生，阔卵形或圆形，基部深心形，全缘；叶柄基部鞘状，绿色，偶有紫色斑点；花 3～5 朵簇生于叶腋，花冠黄色，5 深裂，裂片卵圆形，边缘流苏状；花期 4～9 月，蒴果被毛。

【栽培资源】同属常见栽培的还有：金银莲花（*N. indica*），全株光滑无毛。叶圆心脏形，花白色。

【生态习性】生于海拔 1800～2400m，水深 2m 以内的湖滨、池沼、水塘、湖泊中。性强健，耐寒又耐热，喜静水，适应性强。

【繁殖】分株繁殖，切匍匐茎分栽即可。

【栽培要点】种植于静水区，极易成活，温度适合生长迅速，不需多加管理，注意控制一定密度和数量，防止过分繁衍。保持 0～5℃，可在冻层下越冬。

【应用方式】莕菜叶花兼美，花期长，是优良的水体造景材料，可应用于湿地公园、水面绿化、水景园或缸栽观赏；具有一定的耐污能力，可用于人工湿地的建设。

13.2.12　荷花（*Nelumbo nucifera*）

【别名】莲花、水芙蓉、藕花、芙蕖、水芝、水华、泽芝、中国莲。

【科属】莲科莲属。

【产地与分布】原产中国，在中亚、西亚、北美、印度、中国、日本等亚热带和温带地区均有分布。

【形态特征】多年生水生草本。根状茎横生，肥厚，节间膨大；叶圆形，盾状，直径 25～90cm，表面深绿色，背面灰绿色，全缘稍呈波状；花梗和叶柄等长或稍长；花单生于花梗顶端、高托水面之上，花直径 10～20cm，美丽，芳香；有单瓣、复瓣、重瓣及重台等花型；花色有白、粉、深红、淡紫色、黄色或间色等变化；雄蕊多数，雌蕊离生，埋藏于倒圆锥状海绵质花托内；花托表面具多数散生蜂窝状孔洞，受精后逐渐膨大称为莲蓬，每一孔洞内生一小坚果（莲子），花期 6～9 月；坚果椭圆形或卵形；种子（莲子）卵形或椭圆形；果期 8～10 月。

【栽培资源】栽培品种很多，依用途不同可分为藕莲、子莲和花莲三大系统。根据《中国荷花品种图志》的分类标准共分为 2 系、5 群、13 类及 28 组。按国别如下。

(1) 中国莲系

① 大中花群

a. 单瓣类：1）单瓣红莲组；2）单瓣粉莲组；3）单瓣白莲组。

b. 复瓣类：4）复瓣粉莲组。

c. 重瓣类：5）重瓣红莲组；6）重瓣粉莲组；7）重瓣白莲组；8）重瓣洒锦组。

d. 重台类：9）红台莲组。

e. 千瓣类：10）千瓣莲组。

② 小花群

f. 单瓣类：11）单瓣红碗莲组；12）单瓣粉碗莲组；13）单瓣白碗莲组。

g. 复瓣类：14）复瓣红碗莲组；15）复瓣粉碗莲组；16）复瓣白碗莲组。

h. 重瓣类：17）重瓣红碗莲组；18）重瓣粉碗莲组；19）重瓣白碗莲组。

美国莲系

③ 大中花群

i. 单瓣类：20）单瓣黄莲组。

(2) 中美杂种莲系

④ 大中花群

j. 单瓣类：21）杂种单瓣红莲组；22）杂种单瓣粉莲组；23）杂种单瓣黄莲组；

24）杂种单瓣复色莲组。

  k. 复瓣类：25）杂种复瓣白莲组；26）杂种复瓣黄莲组。

  ⑤ 小花群

  l. 单瓣类：27）杂种单瓣黄碗莲组。

  m. 复瓣类：28）杂种复瓣白碗莲组。

【生态习性】喜光。性喜相对稳定的平静浅水，湖沼、泽地、池塘地。荷花的需水量由其品种而定，大株形品种能超过 1.7m，中小株形只适于 20～60cm 的水深。

【繁殖】种子繁殖和分藕繁殖。种子繁殖：5～6 月将种子凹进的一端在水泥地上或粗糙的石块上磨破，浸种育苗。要保持水清，经常换水，约一周出芽，两周后生根移栽。分藕繁殖：3 月中旬至 4 月中旬是翻盆栽藕的最佳时期。栽插前，盆泥要和成糊状，栽插时种藕顶端沿盆边呈 20 度斜插入泥，头低尾高。尾部半截翘起，不使藕尾进水。栽后将盆放置于阳光下照晒，使表面泥土出现微裂，以利种藕与泥土完全黏合，然后加少量水，待芽长出后，逐渐加深水位，最后保持 3～5cm 水层。

【栽培要点】①荷花生长前期，水层要控制在 3cm 左右，水太深不利于提高土温。夏天荷花盆内切不可缺水。入冬以后，盆土也要保持湿润以防种藕缺水干枯；②荷花的肥料以磷钾肥为主，辅以氮肥。如土壤较肥，则全年可不必施肥。③生长旺期，如发现叶片色黄、瘦弱，可用每盆 0.5g 尿素拌于泥中，搓成 10g 左右的小球，每盆施一粒，施在盆中央的泥土中，7d 见效。

【栽培史】中国栽培荷花历史悠久，早在三千多年已有栽培，在辽宁及浙江均发现过碳化的古莲子可以证明。中国台湾地区则是在 100 年前才由日本引进，在台南白河镇、嘉义一带，培植面积已近 350hm²，规模之广大，成为台湾最主要的观光地区之一。公元前约 500 年，荷花传入埃及。

【应用方式】花、叶清秀纯洁，清香悠远，常用于亭榭旁水面点缀和美化，另沼泽等湿地也常栽种。盆栽观赏也别有意趣。藕、莲子还有食用、滋补和药用之效。

13.2.13　千屈菜(*Lythrum salicaria*)

【别名】水柳、水枝柳、对叶莲。

【科属】千屈菜科千屈菜属。

【产地与分布】千屈菜分布于我国大部分地区。国外产于日本、朝鲜、俄罗斯，其他一些欧洲国家及非洲北部、北美洲、大洋洲也有分布。

【形态特征】多年生挺水草本植物。茎四棱形，直立多分枝；叶对生或 3 枚轮生，狭披针形；穗状花序顶生，小花密集，花瓣 6，紫红色；花期 6～9 月，蒴果扁圆形。

【栽培资源】常见栽培的有其变种：毛叶千屈菜(var. *tomentosum*)，全株被白棉毛。品种'紫花千屈菜'，花穗大，花深紫色；'大花桃红千屈菜'，花桃红色。

【生态习性】喜光、湿润及通风良好的环境。尤喜水湿，在浅水中生长最好，也可陆地栽植。耐盐碱，在疏松肥沃、富含腐殖质的土壤中生长较好。

【繁殖】千屈菜可用播种、分株和扦插等繁殖方式。

【栽培要点】千屈菜生命力极强，露地栽培选择浅水区和湿地种植，株行距 30cm×30cm。生长期要及时拔除杂草，保持水面清洁。冬季要剪除枯枝。盆栽可选用直径 50cm 左右的无泄水孔的花盆，装入盆深三分之二的肥沃壤土，并施足基肥，盆内保持湿润，旺盛生长期盆内保持水深 5～10cm。越冬前剪除枯枝，放入冷室越冬。

【应用方式】千屈菜姿态娟秀整齐，花色鲜丽醒目，开花繁茂，花期长。多用于浅水岸边丛植和水池片植，也可布置花镜，用于沼泽园，盆栽摆放庭院中观赏，或作切花。

13.2.14　杉叶藻(*Hippuris vulgaris*)

【科属】杉叶藻科杉叶藻属。

【产地与分布】分布于我国西南高山、华北北部和东北地区，亚洲其他地区也有分布，广布大洋洲。

【形态特征】多年生挺水或沉水草本植物。全株无毛，茎圆柱形，直立，不分枝，茎下部沉水，上部浮水或挺水；叶线形或圆形，轮生，全缘；花小，单生于叶腋，无花梗；核果椭圆形。

【生态习性】喜日光充足之处，在疏荫环境下亦能生长。喜温暖，怕低温，在16～28℃的温度范围内生长较好，越冬温度不宜低于10℃。

【繁殖】采用分株和扦插繁殖方式。分株繁殖，一般在3～4月进行。将地下茎挖出洗净，切取3～5个有分蘖株的茎栽在育苗圃或缸中，扦插繁殖，将水中的茎剪取后，剪成长8～10cm的插条，插入苗床进行培养，约20d生根。待苗生长健壮时，即可移栽定植。

【栽培要点】杉叶藻的生长较快，但在幼苗期生长较慢，因此，要及时清除杂草与杂物，适当追施肥，促进植株的生长发育，使整株形美观，提高其观赏价值。

【应用方式】外形奇特，无论池栽于露地，还是缸养于室内，均能成景。在园林中适宜成片种植，形成微型森林景观。

13.2.15　香蒲(*Typha orientalis*)

【别名】长苞香蒲、水烛。

【科属】香蒲科香蒲属。

【产地与分布】香蒲广布于我国华南、华中、华北、东北、西北地区，菲律宾、日本、原苏联及大洋洲等地也有分布。

【形态特征】多年生水生挺水植物，根状茎乳白色。地上茎粗壮，圆柱形，向上渐细；叶片狭线形，光滑无毛，叶鞘筒状抱茎；单性花，雌雄同株，穗状花序呈蜡烛状，浅褐色，雄花序位于花轴上部，雌花序在下部，中间间隔3～7cm的花序轴；花期5～8月。

【栽培资源】同属栽培的有：

① 小叶香蒲(*T. minima*)　株型矮小，高50～70cm，茎细弱，叶线形，花序小巧，雌雄花序不连接。

② 宽叶香蒲(*T. latifolia*)　株高100cm，叶较宽，雌雄花序连接。

③ 花叶香蒲(*T. latifolia* 'Variegata')　叶具不同颜色的条纹，观赏价值极高。

【生态习性】生于池塘、河滩。喜温暖，较耐寒，喜光照充足，不耐阴，适应性强，对土壤要求不严，以含丰富有机质的塘泥最好。

【繁殖】以分株繁殖为主，春季进行。

【栽培要点】春季将根茎切成10cm左右的小段，每段根茎上带2～3芽，选浅水处，按行株距50cm×50cm栽种，每穴栽2株。栽植后根茎上的芽在土中水平生长，待伸长到30～60cm时，顶芽弯曲向上抽出新叶，向下发出新根，形成新株，其根茎再次向四周蔓延形成新株。连续生长3年后，生长势逐渐衰退，应更新种植。

【应用方式】香蒲株丛挺秀，叶绿穗奇，宜成片布置于浅水处，用于点缀园林水池、湖畔，构筑水景。花序经干制后为良好的切花材料。

13.2.16 泽泻(*Alisma plantagoaquatica*)

【别名】水泻、水泽、水慈姑。

【科属】泽泻科泽泻属。

【产地与分布】产我国福建、四川、吉林、黑龙江等省区，日本、欧洲、北美洲的北温带地区也有分布。

【形态特征】多年生挺水或沼生植物。叶基生，具长柄，二型，沉水叶条形或披针形；挺水叶椭圆形、卵状披针形至卵形，全缘；圆锥状聚伞形花序，花两性，白、粉、浅紫色；花期5~10月，瘦果。

【生态习性】喜温暖湿润的气候，气温低于10℃即死亡。幼苗喜荫蔽，成株喜阳光，怕寒冷，宜选阳光充足，腐殖质丰富，而稍带黏性的土壤。

【繁殖】采用播种繁殖。

【栽培要点】秋植泽泻一般在6月下旬至7月上旬播种，播种时将拌草木灰的种子均匀撒于畦上，然后用竹扎扫帚将畦面轻轻拍打，使种子与泥土黏合，以免灌水或降雨时种子浮起或被冲走。一般每亩（1亩＝667平方米）用种1~1.5kg。待苗高10cm以上，有5片以上真叶时便可以移植，定植株行距25cm×25cm。泽泻在整个生长期需要保持田内有水，在插秧后至返青前宜浅灌，水深为1cm即可，以后逐渐加深，经常保持3~7cm的深水。

【应用方式】可应用于湿地公园、水面绿化、水景园等。

13.2.17 风车草(*Cyperus alternifolius*)

【别名】旱伞草、伞草、水竹。

【科属】莎草科莎草属。

【产地与分布】原产非洲热带及南欧，我国南北各省均有栽培。

【形态特征】多年生挺水植物。杆丛生，叶退化成鞘状，包裹杆基部；花序顶生，叶状苞片10~20枚，近等长，辐射状展开如伞，长约花序长的2倍；花期5~7月，果期7~10月。

【栽培资源】同属常见栽培的有：纸莎草(*C. papyrus*)，苞片伞状簇生于茎秆顶端，3~10片，线状披针形。

【生态习性】风车草喜温暖湿润，喜通风良好、光照充足的环境，耐半阴，耐寒性强，华东地区露地稍加保护可以越冬，不择土壤，在腐殖质丰富、稍黏的土壤中生长较佳。

【繁殖】分株、扦插和播种繁殖。

【栽培要点】分株繁殖宜在3~4月换盆时进行，把生长过密的母株从盆中托出，分切成数丛，分别上盆，随分随种，极易成活。一般在上盆后就是一盆完整的观叶花卉。

风车草生长较快，栽培容易。夏季高温季节，要保持较高的空气湿度和盆土湿润，避免强光直射。

【应用方式】旱伞草株丛繁密，苞叶如伞，是良好的水生观叶植物，常配置于溪流岸边或假山石的缝隙作点缀，别具天然景趣；也常作盆栽观赏。

13.2.18 雨久花(*Monochoria korsakowii*)

【别名】水白菜。

【科属】雨久花科雨久花属。

【产地与分布】主要分布于东北、华南、华中。日本、朝鲜、东南亚也有。

【形态特征】直立水生草本。根状茎粗壮；茎直立，高30~70cm，全株光滑无毛，基部有时带紫红色，叶基生和茎生；基生叶宽卵状心形，全缘，茎生叶叶柄渐短，基部增大成鞘，抱茎；总状花序顶生，有时再聚成圆锥花序；花 10 余朵，花被片椭圆形，蓝色；蒴果长卵圆形，花期 7～8 月，果期 9～10 月。

【栽培资源】常见栽培种有：箭叶雨久花（M. hastat），叶较小，箭形或三角形状披针形，顶端锐尖，基部楔形。花蓝紫色带红点。

【生态习性】适应性强，沙壤土及黏土都能生长，耐瘠薄，喜光也耐半阴，喜水湿。生长适宜温度为 15～30℃。

【繁殖】种子繁殖为主。种子成熟后掉落于潮湿的泥土中，第二年春天在适宜的环境条件下萌发，自行繁殖。

【栽培要点】露地栽培于春季 4～5 月间进行，沿着池边、水体边缘按带形或长方形栽植，株行距 20cm×25cm，当年即可在水面上成片生长。盆栽可将种苗直接栽入装有泥土的盆中，栽后将盆沉入池水中，水面高出盆面 10～15cm。

【应用方式】雨久花因其花大，色素雅，叶光亮，适应性强，可作水面及岸旁绿化，叶宜作盆栽观赏。

13.2.19　梭鱼草（*Pontederia cordata*）

【别名】海寿花、北美梭鱼草。

【科属】雨久花科梭鱼草属。

【产地与分布】原产北美，现我国各省都有栽培。

【形态特征】多年生挺水植物。株高 30～60cm，叶具长柄，枪矛状三角形至卵形，基部心形；春末至秋季开花，穗状花序，花序顶端着生上百朵紫色小花，蓝紫色带黄斑点，花被裂片 6 枚，近圆形，裂片基部连接为筒状。

【栽培资源】常见同属的仅此 1 种栽培。

【生态习性】性喜温暖，耐高温。喜光照，喜湿、怕风不耐寒，适宜在 20cm 以下的浅水中生长，生长适温 18～28℃，越冬温度不宜低于 5℃。

【繁殖】分株繁殖，春至夏季为适期，自植株基部切开即可；种子繁殖在春季进行，种子发芽温度需保持中 25℃左右。

【栽培要点】可把苗栽植于浅水的池土中。也可将苗株盆栽，再放入池水中，盆面浸水 5～10cm，池水太深需将盆底垫高。栽培土质以肥沃的壤土为佳，光照需良好。

【应用方式】可用于家庭盆栽、池栽，也可广泛应用于园林中，栽植于河道两侧、池塘四周、人工湿地。

13.2.20　黄菖蒲（*Iris pseudacorus*）

【别名】水生鸢尾、黄鸢尾。

【科属】鸢尾科鸢尾属。

【产地与分布】原产欧洲，我国各地引种栽培。

【形态特征】多年生湿生植物。基生叶宽剑形，先端渐尖，基部鞘状；苞片 3～4 枚，披针形，顶端渐尖；花黄色，外花被裂片 3 枚，倒卵形，有黑褐色的条纹，内花被裂片 3 枚，倒披针形，直立；花期 5 月，蒴果长形，果期 6～8 月。

【栽培资源】同属中主要水生观赏类型的种有：

① 溪荪花（*I. sanguinea*）　花蓝紫色，叶中脉显著。

② 燕子花（*I. laevigata*）　花蓝紫色，叶无中脉。

③ 玉蝉花（*I. kaempferi*）　花 1～3 朵，花深紫红色，外轮裂片较大，中部有黄斑和

紫纹。

【生态习性】常在水畔或浅水中生长。适应性强，喜光耐半阴，耐旱也耐湿，喜温暖湿润，较耐寒，生长适温15～30℃，温度降至10℃以下停止生长。

【繁殖】播种和分株繁殖。

【栽培要点】盆栽时，盆土以营养土或园土为宜，分株后极易成活，盆土要保持湿润或2～3cm的浅水。水边或池边栽种，栽后覆土压紧。摆放或栽种场所要通风、透光。冬季及时清理枯叶。

【应用方式】黄菖蒲花朵大，色彩鲜艳，适应性强，可点缀池边，也可在湖边浅水处成片栽植；其叶可做切叶，花可做切花。

13.2.21 再力花(*Thalia dealbata*)

【别名】水竹芋、水莲蕉、塔利亚。

【科属】竹芋科再力花属。

【产地与分布】原产美国南部和墨西哥，我国云南、海南、广东、广西等地引种栽培。

【形态特征】多年生挺水草本。全株有白粉，叶基生，卵状披针形，先端突出；叶柄极长；复总状花序，高2m以上，小花无柄，紫色，苞片状如飞鸟；夏至秋季开花。

【生态习性】喜温暖水湿、阳光充足的环境，不耐寒。在微碱性且富含有机质的土壤中生长良好。生长适温20～30℃，低于10℃停止生长。

【繁殖】分株繁殖，春季进行。

【栽培要点】栽植时以根茎分株培植。初春，从母株割下1～2个芽的根茎，栽入盆内，一般每丛10芽、每平方米1～2丛。栽培管理粗放。

【应用方式】再力花株形美观洒脱，叶色翠绿可爱，花序高出叶面，亭亭玉立，蓝紫色的花朵素雅别致，常成片种植于水池或湿地，形成独特的水体景观，也可盆栽观赏。

13.2.22 水葱(*Schoenoplectus tabernaemontani*)

【别名】冲天草、莞、莞草、葱蒲、蒲苹、水丈葱、管子草。

【科属】莎草科水葱属。

【产地与分布】产于我国东北、西北、西南各省区；朝鲜、日本，澳洲、南北美洲也有分布。

【形态特征】多年生挺水植物。地上茎圆柱形，中空，平滑；叶片线形；聚伞花序顶生，稍下垂；小坚果倒卵形或椭圆形，花果期6～9月。

【生态习性】喜光，喜温暖、湿润。耐寒、耐阴，不择土壤。最佳生长温度15～30℃，10℃以下停止生长。能耐低温，北方大部分地区可露地越冬。

【繁殖】分株和播种繁殖。

【栽培要点】露地栽植挖穴丛植，每丛保持8～12根茎秆，盆栽每丛保持5～8根茎秆，10～20d可发芽生根。盆栽可用于庭院摆放，选择直径30～40cm的无泄水孔的花盆，栽后将盆土压实，灌满水。沉水盆栽即把盆浸入水中，茎秆露出水面，生长旺期水位高出盆面10～15cm。冬前剪除地上部分枯茎。

【应用方式】水葱株形奇趣，株丛翠绿挺立，色泽淡雅洁净，富有特别的韵味，可用于水面绿化或岸边、池旁点缀，甚为美观。也常盆栽观赏，茎也可用于插花。

第14章　观赏凤梨

14.1　概述

14.1.1　观赏凤梨的定义

观赏凤梨是指所有具有观赏价值的凤梨科植物，多数为草本。茎短，叶硬，狭长形，莲座状着生，中心常形成杯状的持水结构。常见的种类和品种，主要是属于凤梨科的珊瑚凤梨属（*Aechmea*）、水塔花属（*Billbergia*）、果子蔓属（*Guzmania*）、彩叶凤梨属（*Neoregelia*）、铁兰属（*Tillandsia*）和莺歌属（*Vriesea*）这6个类群。它们以观花为主，也有观叶的种类，其中还有不少种类花叶并貌，既可观花又可观叶。观赏凤梨原产地生境条件差异较大，不同种类的生态习性差异亦较大，按生态习性可划分为：地生种类（如姬凤梨属、蒲雅凤梨属）、附生种类（如果子蔓属、莺歌属等）和气生种类（如铁兰属的一些种）。附生种类凤梨种资源最丰富，也是当前栽培中重要的资源组成。

14.1.2　生长发育特点

观赏凤梨原产于中、南美洲的热带、亚热带地区。喜温暖、潮湿的半遮阳环境。许多种生在热带雨林中，以附生为主，有的生在高山上和干旱沙漠地区。

观赏凤梨主要的繁殖方式为吸芽、扦插和种子繁殖。

14.1.3　栽培管理措施

14.1.3.1　温度管理

观赏凤梨生长的最适温度为15~20℃，冬季不低于10℃，湿度要保持在70%~80%以上，在气候干旱、闷热、温度低的情况下，凤梨的叶缘及叶尖极易出现焦枯现象。中国北方夏季炎热，冬季严寒，空气较干燥，要使其能正常生长，需人工控制其生长的微环境。夏季可采用遮光法和蒸腾法降温，使环境温度保持在30℃以下。

14.1.3.2　光照管理

观赏凤梨最好置于遮阳网下，强光易使叶片受灼，出现杂斑；但注意不要长久放在过阴处，叶片鲜艳的色泽常因之变浅变淡。

14.1.3.3　肥水管理

观赏凤梨喜潮湿的土壤和较高空气湿度。生长旺季及花期应保持盆土的潮湿，同时每天均应向其叶片和四周喷雾洒水数次以增加空气湿度。附生的观赏凤梨根系较弱，主要起固定植株的作用，吸收功能是次要的，因此保持叶面湿润，土壤稍干，保持杯状持水结构内要有一定的水分和养分，加水时用干净水，时间长了再用500倍的百菌清杀剂清洗根、叶部，防止腐烂。冬季应少喷水。

观赏凤梨需肥较其他室内植物少，每月1次薄肥即可；对磷肥较敏感，施肥时应以氮肥和钾肥为主，氮、磷、钾比例以10：5：20为宜，生产上也可以用稀薄的矾肥水，叶面喷施或施入凹槽内，生长旺季1～2周喷1次，冬季3～4周喷1次。

14.1.3.4 土壤管理

园林中栽培的观赏凤梨多为附生种，要求基质疏松、透气、排水良好，pH值呈酸性或微酸性。生产上宜选用通透性较好的材料，如树皮、松针、陶粒、谷壳、醋糖、珍珠岩等，并与腐叶土或牛粪混合使用，如3份松针叶落归根1份草炭加1份牛粪，或3份草炭加1份沙加1份珍珠岩等。

14.2 观赏凤梨各论

14.2.1 珊瑚凤梨(*Aechmea* spp.)

【别名】蜻蜓凤梨。

【科属】凤梨科光萼荷属。

【产地与分布】主要分布于南美洲亚马孙河流域的热带雨林中，该属植物资源丰富约有150种，许多种被引种作盆栽观赏。

【形态特征】多年生常绿草本，附生植物。植株外形呈莲座状或漏斗状，有中央水槽；叶缘有锯齿，叶上常有斑驳条纹，叶绿色、红色或杂色斑纹，有金边、银边、金心、银心或斑驳条纹线艺叶片的变种；花序直立，从叶筒中抽出，穗状、肉穗状或圆锥状，基部有红色苞片包裹，小花白色、黄色或红色，常隐藏于苞片之中；圆锥花序的种类小花裸露，无苞片包裹；浆果圆形。

【栽培资源】光萼荷属主要观赏种类有60多个，因其花序类型不同，种按花序分穗状花序、圆锥状和肉穗状3大类。常见栽培的种有：

① 美叶光萼荷(*A. fasciata*) 叶革质，长达60cm，绿色，被灰色鳞片，具虎纹状银白色横纹，花葶直立，穗状花序聚成圆锥状球形，花苞片革质，先端尖，淡玫红色，小花淡蓝色。栽培品种很多，主要有银边光萼荷('Albomarginata')，叶背具有银白色条纹；紫缟光萼荷('Purpurea')，叶丛带红色斑。

② 光萼荷(*A. chantinii*) 株高30～35cm，叶长30～35cm，绿色，具灰白色的横纹。花葶有分枝，苞片红色或粉红色。

③ 白果珊瑚凤梨(*A. angustifolia*) 叶丛稍开展，叶狭长，长60cm，宽1.5cm，叶片布紫色斑点，圆锥花序呈珊瑚状，花梗白色，红色苞片，花黄色，浆果白色，成熟蓝色。

【生态习性】该属植物产热带雨林地区，性喜温多湿环境，生长适温15～30℃，越冬10℃以上；花期适温15～20℃；耐强光亦耐半阴，喜湿忌涝。最佳环境湿度在80%～90%。

【繁殖】在生产中可采用播种和分株繁殖。盆花商品化生产中常用分株繁殖，即在开花后将母株基部长出的小植株剥离下来进行独立栽培，一般在早春，待小植株莲座叶丛打开后，叶片长至8～10cm并向外卷时，将其与母株扒开上盆；播种繁殖采用从成熟浆果中选取种，摘下浆果去果肉立刻播种，春季播种，种子点播于泥炭土：粗沙＝2：1，浇水保湿，温度25～28℃，1～2周种子发芽。

【栽培要点】①盆栽基质可用树皮、树根、泥炭土、蛭石、珍珠岩或河沙；可采用树根：泥炭土＝1：1；泥炭土：蛭石：珍珠岩＝1：1：0.5；配制盆栽培养土，保证盆土通气良好；②种植盆径13～18cm瓦盆或塑料盆；小植株上盆后需换盆1次；③栽培过程避免出现极端温度，生长过程出现低于5℃，连续1周低温会造成莲座状叶腐烂；花期栽培适温保持在15～20℃，遇30℃以上高温，花期缩短，花序色变淡；④人工栽培要强光，光照不足植株软弱，只叶不花，彩叶种类会褪色，夏季栽培要避免正午直射强光；⑤生长最佳环境湿度应保持在 80%～90%，栽培管理要注意植株中央水槽中要有一定水量，忌盆土过湿；⑥春夏季每 10～15d 施 1 次，秋冬每月 1 次，采用磷酸二氢钾、花宝、叶面宝，叶面喷施或肥液注入水槽。

【应用方式】植株株型优美，花苞色艳，观赏期长，叶花皆有较高的观赏性，盆栽在室内书房、客厅陈列较优。

14.2.2 姬凤梨(*Cryptanthus acaulis*)

【别名】紫锦凤梨。

【科属】凤梨科姬凤梨属。

【产地与分布】产于巴西东南部，生长在热带雨林底层或岩石上。

【形态特征】多年生常绿植物，地生。植株莲座状，中央无水槽，叶丛生平铺地面，外轮叶腋具匍匐茎，叶革质、较硬，披针形，波状叶缘具皮刺，叶绿色、红色或复色；叶背有白色鳞片；花白色，花小，隐于叶丛中。

【栽培资源】姬凤梨属植物常为小型植物，叶色丰富多变，常见栽培的品种和种有：

① 红姬凤梨(*C. acaulis* 'Ruber') 叶较小，边缘和中间具有紫铜色条纹，具有黄褐色鳞片。

② 二色姬凤梨(*C. bivittatus*) 植株莲座状，叶带状，长 22cm，边缘波状，稍肉质，深绿色，具铜褐色或浅黄色纵纹。

③ 双带姬凤梨(*C. bromeliodes* 'Tricolor') 叶丛生，叶片带状，绿色，叶缘波状，有乳白色纵向条纹，叶面有红色纵向条纹，叶基为红色，花簇生于叶丛中，蓝紫色。

④ 虎斑姬凤梨(*C. zonatus*) 植株莲座状，叶带状，边缘具细齿，叶面绿褐色，具浅黄灰色的粗横纹。

【生态习性】性喜半阴、温暖、干燥环境。生长适温在 20～25℃，喜强光亦耐半阴，栽培环境忌高湿。

【繁殖】主要采用分株繁殖。将叶腋基生出的吸芽掰下种于沙质基质中，前期保持荫蔽和温暖环境，生根后在全光照下栽培。

【栽培要点】①盆栽冬季越冬温度保持在 8℃以上；②栽培环境避免过阴，保证全光照的 70%以上，过阴环境叶色发暗，观赏不佳；③栽培中保持盆土半湿润，不能过量浇水，冬季不浇，春季 20℃以上恢复浇水，每月 1 次，用水忌碱性水；④以氮磷钾均匀混施，生长季每月 1 次，冬季和开花期暂停施。

【应用方式】姬凤梨植株呈莲座状，叶色丰富多变的小型植物，宜作迷你型盆栽观叶植物或瓶景材料。

14.2.3 短叶雀舌兰(*Dyckia brevifolia*)

【别名】厚叶凤梨、多浆凤梨、小雀舌兰。

【科属】凤梨科狄克凤梨属。

【产地与分布】产于巴西，生长于草原。

【形态特征】多年生常绿草本。叶丛生呈莲座状，叶硬，多浆，披针形，叶缘具白色尖锐皮刺；叶背面具有白色细纵条纹，穗状花序从叶丛中抽生，小花橙黄色，春夏季开花。

【栽培资源】同属植物约有 70 多种，主产于巴西，常见的栽培种有：

① 高茎小雀舌兰(*D. altissima*) 植物高约 45cm，冠幅 60cm，有地上茎，叶质硬，蜡质暗绿色，边缘具褐色刺，花桔黄色，由多朵小花聚成锥状。

② 疏花小雀舌兰(*D. rariflora*) 植株矮小，约 12cm 高，冠幅 15cm，叶质硬，边缘有

锯齿，叶表面有银灰色鳞片，花梗长 45cm，花大，桔黄色。

【生态习性】性喜半阴、温暖湿润环境，植株亦耐干旱，可耐短时 0℃低温，忌积水环境。

【繁殖】主要采用吸芽繁殖，将叶基产生的吸芽长成小植株后，将其从叶基部掰下后，在半阴环境中放一两天后，种于洁净的基质中，保持半干环境，生根后置于全光照下种植。

【栽培要点】①盆栽基质宜用排水良好的基质，保持盆土半干；②生长季可保证 2 周浇水一次，冬季保持盆土干燥；③栽培环境要求光照充足，盆栽浇水不能直接浇在叶面上，防止水分积于叶腋处造成腐烂；④冬季注意防寒，北方要在温室中越冬，南方地区室温不低于 8℃。

【应用方式】植株小巧，叶色青翠，有一定的耐旱力，可与其它多浆植物组合栽培置于书房、阳台、窗台上摆放；亦可在岩石园中栽培。

14.2.4　果子蔓(*Guzmania* spp.)

【别名】星花凤梨、姑氏凤梨、擎天凤梨。

【科属】凤梨科果子曼属。

【产地与分布】主产于中、南美洲热带和亚热带地区，多生于热带雨林的树上或林中。

【形态特征】多年生常绿附生植物或地生植物。植株莲座状或漏斗状，中央有水槽；叶宽带状，少数具虎纹斑或斑马纹，叶缘无齿而光滑；叶绿色或红色，有时有黄色斑点或线艺；穗状花序由叶筒中央抽出，花梗被绿色或红色苞片包裹，顶端花苞片组合成星形或锥形花穗；小花生于苞片内，少数种的花序由直立疏生的苞片构成；蒴果。

【栽培资源】果子蔓属植物栽培品种丰富，园艺品种依据花序分星类和火炬类，常见种有：果子蔓(*G. lingulata*)，植株高约 30cm，叶质薄软，叶片带状，光滑、全缘，翠绿色，花梗从花筒中央抽生，外围裹有鲜红色的阔披针形苞片，顶生穗状花序呈扁平星形，苞片鲜红色，小花白色。

常见品种有：

① 苋紫果子蔓(*G. lingulata* 'Amaranth')　株高 50cm，有 25～30 片叶，茎基呈紫色条纹，花穗状顶生呈星形，小花开时为紫红色，又称'紫星'。

② 红星(*G. lingulata* 'Minor')　植株形态与紫星相似，叶片无紫色条纹，花为红色。

③ 柠檬星(*G. lingulata* 'Remembrance')　植株形态与另外星类品种相似，叶片披针形，叶有叶艺，苞片为柠檬黄色，花黄色。

④ 火炬星(G. 'Torch')　植株莲座状，叶片宽带状，深绿色，花序头状，形似火炬，花基部苞片红色，顶部苞片为黄色。

此外，盆栽的常见品种还有'丹尼斯'、'红运当头'、'白雪公主'等。

【生态习性】性喜温暖湿润，生长适温 20～30℃，越冬温度保持在 15℃以上；在强光或半阴环境中生长可以，忌土壤高湿环境，保持良好的通风条件。

【繁殖】果子蔓属植物较少结籽，主要靠分株繁殖。在植株开花后，在母株基部会长出吸芽，小植株生长到 5～6 片叶期，莲座叶丛打开，高 10～15cm 时，在早春将其与母株扳开上盆，从小苗培育至开花需 2 年时间。

【栽培要点】①果子蔓抗性最差，冬季注意防寒，生长要保证 15℃以上的室温；②栽培中保证光照充足，夏季避强光，光照不足只叶不花，或叶色和苞片色暗淡，光照水平维持在全光照的 50%～60%；③喜湿忌涝，盆土保持湿润，不能过量浇水，冬季不浇，用水忌碱性水；④如盆土为泥炭土，需增土肥，生长季每周 1 次，冬季和开花期暂停施。

【应用方式】果子蔓属植物叶花俱美，花序艳丽，观赏期较长，可盆栽观赏，热带地区用作花坛花卉，或作切花材料，盆栽可在室内厅堂、书桌上摆设。

14.2.5　彩叶凤梨(*Neoregelia* spp.)

【别名】凤梨、杯凤梨、胭脂凤梨。

【科属】凤梨科彩叶凤梨属。

【产地与分布】产地巴西，生于热带雨林的大树上。

【形态特征】附生莲座状草本，植株筒状，中央有1个储水水槽，一般有叶20～25片；叶片革质，叶缘有锯齿，叶顶端绿色、褐色或深红色，有叶艺，有金心、金边或撒金斑点，生殖生长期，叶杯中央部分会成红色或白色；头状花序隐于水槽，高不过叶面，小花集生在一起，有白色、蓝色或粉色。

【栽培资源】彩叶凤梨花小，但植物在生殖生长期常出现斑驳叶色，主要以观叶为主。栽培园艺类型按莲座状叶丛中央的色泽分为彩心和绿心两类。彩心类型在幼年期生长叶色不变，至成年期生殖生长才会出现叶中央呈现鲜艳的红色、紫色等色泽。常见的栽培种有：

① 巴西彩叶凤梨(*N.bahiana*)　植株高约20cm，由20～25片叶组成，叶长15～20cm，宽3～4cm，叶绿色、革质边缘有锯齿，头状花序生于叶筒中，小花白色，有香味，开放时伸出水面。

② 斑叶红心凤梨(*N.carolinae*)　植株高20～30cm，扁平的莲座状叶呈放射状，叶长20～30cm，宽3～4cm，叶革质硬，叶缘有细锯齿，叶中央有宽幅乳白色纵纹，叶基在开花前变为粉红色而后鲜红色，头状花序生于叶筒中，小花紫色或淡紫色。常见品种有"五彩红星"(*N.carolinae* 'Meyenodorffii')、"金边五彩凤梨"(*N.carolinae* 'Flandria')。

【生态习性】性喜温暖湿润、半阴环境，不耐低温，生长适温在20～25℃；喜强光种类亦耐半阴，喜湿忌涝，通气良好的环境中生长较佳。

【繁殖】主要采用分株繁殖和种子繁殖。当母株基部长出的吸芽生长至莲座叶丛打开后，叶片长至20cm并向外卷时，将其与母株扳开独立上盆，宜在早春进行分株；采下成熟浆果去果肉，选种后立刻播种，春季播种，种子点播或撒播于沙床，盖膜浇水保湿，温度20℃，1～2周种子发芽；幼苗管理：小苗在散射光下生长，现3～4片真叶打开塑料膜，移栽上盆。

【栽培要点】①冬季生长不耐低温，注意越冬保持温暖；②红色叶和红心叶种类生长对光照要求更高，绿叶种类宜在半阴环境生长，保证光照条件为全光照的30%～50%，夏季栽培避免直射光；③栽培不能过量浇水，冬季不浇，春季20℃以上恢复浇，用水忌碱性水；④生长季大气温度维持在85%～90%以上，冬季保温保湿。

【应用方式】叶片青翠或叶色斑斓，开花期叶基出现鲜艳色斑，色泽醒目，极富观赏性，且此类植物耐热、耐阴和耐旱十分适宜家居栽培，是室内盆栽陈列的佳品。

14.2.6　铁兰(*Tillandisa* spp.)

【别名】木柄凤梨、花凤梨。

【科属】凤梨科铁兰属。

【产地与分布】分布于美洲热带和亚热带地区。铁兰种类繁多，有产于沙漠、热带雨林、红树林和附生于岩壁上。

【形态特征】多年生常绿草本，有地生、附生或气生种类。植株莲座状、筒状、线状或辐射状；附生或地生种类叶为宽带形，中央有水槽；气生种类叶为线形，叶表面被银白色鳞片，穗状花序从叶丛中抽出，花穗有密生的艳丽花苞片，小花位于其中，花瓣3，蒴果。

【栽培资源】铁兰属植物种类繁多，按生态习性分多为附生种类和气生种类，栽培种类多为附生类型，常见的种有：

① 艳花铁兰（*T. cyanea*）　植株附生，高约 15cm，叶线形，质硬，穗状花序从叶丛中抽生，长 20cm，椭圆形、扁平，苞片二列，交互叠生，初为绿色，后变为粉红色，小花从苞片顶部抽生，开紫红色小花。

② 歧花凤梨（*T. flabellata*）　植株附生，叶长 20cm，宽 2cm，叶薄质硬，叶表面被白粉，每个小花序为穗状花序，花茎由 9 个穗状花序分枝组成，形成多歧花序，苞片粉色，小花紫色。

【生态习性】铁兰种类繁多，种类生境差异较大，附生种类性喜高温湿润环境；气生种类耐旱且耐寒，铁兰生长喜光，要求环境通风良好。

【繁殖】多数铁兰结籽困难，种子细小，沙播发芽和栽植成活率较低，传统的方法是采用分株繁殖。采用开花后将母株基部长出的吸芽剥离下来栽培，当小植株莲座叶丛打开后，叶片长至 5～10cm 并向外卷时，将其与母株扳开上盆，宜在早春进行分株；气生种类有丛生性状的，也可以将小植株分离栽培，具有匍匐茎或长茎种类可将茎段剪下栽植。

【栽培要点】①附生种类的栽培基质以通气良好清洁为好，常以泥炭土、蛭石、珍珠岩、河沙进行配制，地生种类宜用石砾和粗沙种植；②附生种类的生长适温在 15～30℃，注意保证冬季生长温度在 15℃ 以上；③栽培中保持强光或散射光 8～10h/d，夏季忌直射光；④气生种类栽培不必浇水，盆栽附生种类在生长旺盛期每周浇水两次，春夏季生长旺盛季保持高湿 85% 以上；⑤气生种类生长旺盛期每月用尿素加磷酸二氢钾水溶喷施；盆栽种类每两周 1 次，冬季和花期停肥。

【应用方式】叶形似兰花，叶形飘逸，花序形态特别、色艳，观赏期长，花叶俱佳，可盆栽陈列于厅堂、书房。

14.2.7　彩苞凤梨（*Vriesea* spp.）

【别名】丽穗凤梨、红剑、王凤梨、莺哥凤梨。

【科属】凤梨科彩苞凤梨属。

【产地与分布】热带中美洲、南美洲和亚热带地区，以亚马孙河流域为分布中心。

【形态特征】多年生常绿草本，附生植物，偶见地生种类。植株外形为莲座状，叶丛中央有水槽，叶片带状，边缘无刺而光滑，革质，绿色或有斑纹，有金边、银边、金心、银心或线艺叶变种；花序直立，极少下垂，从叶筒中抽出，穗状或复穗状，花苞排成两列呈剑状或扁穗状，单枝或多歧分枝。苞片深红色、黄色或绿色；小花开放时伸出苞片之外，花黄色、红色、绿色或紫色；蒴果。

【栽培资源】彩苞凤梨属植物大部分野生种都有观赏价值，直接引种栽培应用，也有人工育种培育的品种。园艺上栽培种类主要是依据花穗数量分类，常见有单穗种和多穗种。

① 亚马孙莺哥凤梨（*V. amazonic*）　莲座状叶丛有叶 20～30 片，叶宽带形，长约 50cm，宽 8cm，亮绿色度有紫红色斑纹，复穗花序高达 1m，有小花穗 2～3 个，花穗剑状，由 2 列交互排列的红色花苞片组成，小花管状、黄色。

② 剑行花凤梨（*V. splendens*）　植株莲座状，有 10 片叶，长 40～50cm，宽约 5cm，叶革质，叶面有灰绿色与深绿色横条斑纹相间，花序长 10～15cm，穗状花序，红色，小花黄色。栽培品种较多，常见有宝剑系列，如有：彩宝剑（*V.* 'Zebrina'），株高 25～35cm，叶宽带状，复穗状花序由多个剑形小穗组成，花苞片深红色，小花黄色；火山剑（*V.* 'Vulcana'），叶绿色带状，花序由多个剑形穗状花序组成，穗状花序由两列深红色苞片组成，苞片尖端和边缘略带黄色，小花黄色。

【生态习性】热带雨林中常见的附生植物，喜高温潮湿环境，生长适温 20～30℃，低于

10℃，生长迟缓或寒害，致死温度5℃；喜半阴环境，适宜光照在全光照的60%～70%。正午忌直射光。

【繁殖】商品化生产主要采用分株繁殖，开花后在母株基部长出的吸芽剥离下来栽植；待小植株莲座叶丛打开后，叶片长至10～20cm并向外卷时，将其与母株扳开上盆；亦可用播种，从成熟浆果中选饱满果实，摘下浆果去果肉后取种立刻播种，春季播种。种子点播或撒播于沙床，盖膜浇水保湿，温度25℃，1～2周种子发芽；幼苗管理：小苗在散射光下生长，现5～6片真叶打开塑料膜，移栽上盆。

【栽培要点】①栽培基质宜选用泥炭土、蛭石、珍珠岩或树根，附生种类的培养土配制比例为：泥炭土：蛭石：珍珠岩（沙）＝1：1：0.5；泥炭土：树蕨根＝1：1；旱生种类宜用的配制比例：石砾：粗沙＝1：1；②种植盆径适用13～18cm；大型种类，口径可达25～30cm；③栽培管理过程，保持温度不低于10℃，低温易造成生长迟缓或寒害，致死温度为5℃；④夏季栽培忌正午直射光，适宜的光照在全光照的60%～70%；⑤春秋季每周浇水2～3次，生长季维持80%～90%大气相对湿度；⑥生长旺盛期每半个月施一次，可追施叶面肥，秋季每月1次。

【应用方式】叶色青翠，花形态奇特，色艳观赏期较长，是盆栽的佳品，可在室内书房、窗台和厅堂处摆设。

第15章 多浆植物

15.1 概述

15.1.1 多浆植物的定义

多浆植物是指植物的茎、叶茎或叶具有发达的薄壁组织用以贮藏水分，在外形上呈现肥厚多汁的一类植物，也称多肉植物。它们多原产于热带、亚热带干旱或一年中有一段时间干旱的地区，每年有很长的时间根部吸收不到水分，仅靠体内贮藏的水分维持生命。全世界共有多肉植物10000余种，隶属50多个科。常见栽培的多浆植物多分属于仙人掌科、番杏科、大戟科、景天科、百合科、萝藦科、龙舌兰科、马齿苋科和菊科等。

15.1.2 生长发育特点

多浆植物大部分原产热带、亚热带干旱地区，耐旱能力强，喜高温，要求土壤具有良好的通气、排水能力。

多浆植物的繁殖较容易，常用的方法有分株、扦插和播种。仙人掌科植物常嫁接繁殖。

15.1.3 栽培管理措施

15.1.3.1 温度管理

大部分多浆植物原产热带、亚热带地区，生长需要较高的温度，生长最低温不得低于18℃，最适温为25～35℃。少数原产高山干旱地区的种类耐寒力稍强。如原产北美高海拔地区的仙人掌，在完全干燥条件下能耐轻微的霜冻；原产亚洲山地的景天科植物，耐寒力较强。

15.1.3.2 光照管理

原产沙漠地区的多浆植物，在其旺盛的生长季节要求适宜的光照。冬季低温休眠期，在弱光照下易安全越冬。幼苗需要的光照比成年植株弱。

原产热带雨林的附生型仙人掌，终年均不适强光直射，冬季不休眠，应给予足够的光照。

一些典型的短日照性多浆植物，如伽蓝菜、蟹爪兰、仙人指等，必须经过一定时间的短日照才能正常开花。

15.1.3.3 水肥管理

多浆植物大多具有明显的生长期与休眠期。生长期需要足够的水分，才能迅速地生长、开花、结果；休眠期中需水很少。多浆植物在整个栽培过程中，盆内都不能积水，否则容易导致烂根现象。

多浆植物和其它绿色植物一样，需要完全肥料，附生类需要较高的氮肥。生长期中可每隔1～2周施稀薄液肥一次，浓度以0.05%～0.2%为宜。休眠期不施肥。

15.1.3.4 土壤管理

原产沙漠地区的多浆植物，要求土壤具有良好的通气、排水能力的石灰质沙土或沙壤土，pH 值一般在 5.5～6.9 较适宜。附生类多浆植物的栽培基质除需要良好的通透性外，还需富含有机质。

地生种类可参照下述比例配制营养土：①壤土 7，泥炭 3（或腐叶土），粗沙 2；②壤土 2，泥炭 2（或腐叶土），粗沙 3。

附生类可参照下述比例配制营养土：粗沙 10，腐叶土 3～4，鸡粪（蚯蚓粪）1～2。

15.2 多浆植物各论

15.2.1 鹿角海棠（*Astridia velutina*）

【别名】熏波菊。

【科属】番杏科鹿角海棠属。

【产地与分布】原产南非，现在许多地方都有引种。

【形态特征】多浆肉质，小灌木。老枝灰褐色；叶粉绿色，交互对生，对生叶在基部合生；叶半月形，肉质，三棱状；花顶生，具短梗，单出或数朵同生，花白或粉红色。冬季开花。

【栽培资源】常见品种分为长叶和短叶两个品种，夏季开花均为黄色。

【生态习性】喜温暖、干燥、阳光充足的环境，忌水湿和高温，适宜在排水良好、疏松、通气性强的沙壤土中生长。

【繁殖】①播种：常用播种繁殖。播种适宜时间 4～5 月。将种拌细沙后播种在浅盆内，播后喷水，保持盆土保湿。一般经 15d 左右出苗，30d 后可移苗上盆；②扦插：扦插多在春、秋季进行。选取生长健壮、充实的茎节，剪截成长 10cm 的段作插穗，插入沙床或盆内，保持床土湿润，插后 15d 左右生根，待根长 2～3cm 时移植上盆。

【栽培要点】①春季换盆时要加入肥沃的腐叶土或其他基肥。生长期每月施 2～3 次稀薄肥水；②夏季高温时，应放于荫棚下，并注意通风和节制肥水；③秋季生长期，每月增施 1 次含磷、钾的肥，并增加浇水量；④冬初注意稍增加施肥量，保持室温 15℃以上。

【应用方式】鹿角海棠主要观叶，适于盆栽主要用于室内观赏，株型丰满是做垂吊饰品的佳品。

15.2.2 龙须海棠（*Lampranthus spectabilis*）

【别名】松叶菊。

【科属】番杏科松叶菊属。

【产地与分布】原产南非。

【形态特征】植株平卧生长，多分枝，基部稍呈木质化。肉质叶对生，叶片肥厚多汁，呈三棱状线形；叶绿色，被有白粉；花单生，直径 5～7cm，花色有紫红、粉红、黄、橙等色；花期春末夏初，昼开夜闭。

【生态习性】喜温暖干燥和阳光充足环境。耐干旱，不耐寒，怕水涝，不耐高温。土壤以肥沃的沙壤土为好。冬季温度不低于 10℃。

【繁殖】常用播种和扦插繁殖。播种，在春季 4～5 月进行，采用室内盆播，播后 10d 左右发芽。扦插，春、秋季均可进行，选取充实的顶端枝条，剪成 6～8cm 长，连叶一起插入沙床，插壤不宜过湿，插后 15～20d 生根，再隔 1 周即可盆栽。

【栽培要点】刚盆栽培的幼苗，稍干燥为好，当株高 20cm 时，需摘心剪去一半，促使多分枝。生长期要充足阳光，每半月施肥 1 次。盛夏控制浇水，放冷凉通风处。冬季生长缓慢，少浇水，越冬植株在早春需株修剪和换盆。

【应用方式】松叶菊植株矮小，花大色艳，是极好的盆栽观赏植物。松叶菊还可用于室外花坛、花槽和坡地成片布置，其景观效果极佳。

15.2.3　生石花(*Lithops pseudotruncatella*)

【别名】石头花、石头草、象蹄、元宝。

【科属】番杏科生石花属。

【产地与分布】原产非洲南部，在南非、纳米比亚等地区都有分布。

【形态特征】多年生小型多肉植物，径很短。变态叶肉质肥厚，两片对生联结而成为倒圆锥体；3～4 年生的生石花秋季从对生叶的中间缝隙中开出黄、白、粉等色花朵，多在下午开放，傍晚闭合，单朵花可开 7～10d；生石花形如彩石，色彩丰富，享有"有生命的石头"的美称。

【栽培资源】常见的栽培种有：

① 曲玉(*L. pseudotruncatella*)　植株呈灰白、灰色或米色，顶部有树枝状的窗，颜色有棕色、红色、橙色等。

② 福来玉(*L. julii*)　株高 2～3cm。植株倒圆锥形，淡灰褐色，顶端平截，具深褐色线纹。

③ 花纹玉(*L. karasmontana*)　植株不透明，花白色，大多 25～35mm，种子黄褐色有斑点。

④ 大津绘(*L. otzeniana*)　叶顶面色彩丰富，具有晶莹的顶端，四周镶有美丽的花边。花纯黄色。

⑤ 朱弦玉(*L. lericheana*)　叶卵状，对生，灰绿色，顶面平头具淡绿至粉红色凹凸不平的端面，镶有深绿色暗斑。花雏菊状，白色。花期夏末秋初。

【生态习性】喜阳光，耐干旱但生长期需较多的水分，生长适温为 20～24℃，高温季节暂停生长，进入夏季休眠期，秋凉后又继续生长并开花。

【繁殖】常用播种繁殖。4～5 月播种，种子细小，采用室内盆播，播种温度 22～24℃。播后 7～10d 发芽。幼苗仅黄豆大小，生长迟缓，管理必须谨慎。实生苗需 2～3 年才能开花。

【栽培要点】生石花多做室内栽培，一年四季都要放在温室内养护，喜温暖干燥和阳光充足环境。怕低温，忌强光，宜疏松的中性沙壤土。冬季温度不低于 12℃。浇水的具体时间：生长季节应在早晨，冬季宜在晴天的中午。烈日曝晒下的植株切忌中午浇水。

【应用方式】生石花一般用于小型盆栽植物，摆放案头等地方。

15.2.4　日中花(*Mesembryanthemum* spp.)

【别名】辉花。

【科属】番杏科日中花属。

【产地与分布】主产非洲南部，我国有引种栽培。

【形态特征】一年生或多年生。匍匐或直立草本；叶通常对生，稀互生，叶片常厚肉质，三棱柱形或扁平，全缘或稍有刺；花两性，白色、红色或黄色，多单生茎端或叶腋，有时成二歧聚伞花序或蝎尾状聚伞花序；花瓣(退化雄蕊)极多，线形，基部连合。蒴果。

【生态习性】喜阳光，土壤排水性好，耐旱、不耐涝。

【繁殖】春季或秋季采用播种或茎扦插繁殖。

【栽培要点】刚盆栽的幼苗，稍干燥为好。生长期要充足阳光，每半月施肥 1 次。盛夏进入半休眠状态，控制浇水，放冷凉通风处。冬季生长缓慢，少浇水，保持叶片不皱缩即可。若气温低，湿度大，叶片易变黄下垂，严重时枯萎死亡。越冬植株在早春需株修剪和换盆，长出新枝叶，可在 4～5 月重新开花。

【应用方式】日中花属的花植株矮小，花色艳丽，是极好的盆栽观赏植物。部分品种，如：食用日中花还可食用。

15.2.5　树马齿苋（*Portulacaria afra*）

【别名】瑞柱、马齿苋树。

【科属】马齿苋科马齿苋树属。

【产地与分布】原产南非干旱地区。

【形态特征】直立肉质灌木，外形似景天科植物。茎多分枝；叶对生，倒卵形，绿色；花小。多用于盆栽，少见开花。

【生态习性】喜光，耐干旱和半阴，不耐涝，也不耐寒。喜温暖至高温，生育适温 20～30℃。

【繁殖】主要用扦插和嫁接繁殖。扦插在生长季节进行，用健壮充实的枝条做插穗，插前去掉下部叶片，晾晒 2～4d，插于用腐叶土、粗沙或蛭石配制的培养土中。嫁接繁殖主要在盆景制作中，砧木可用生长多年、根干古雅多姿的马齿苋树。

【栽培要点】生长期要求有充足的阳光，株形紧凑，叶片光亮、小而肥厚。夏季高温时可适当遮阳，以防烈日暴晒，并注意通风。生长期浇水做到"不干不浇，浇则浇透"，每 15～20d 施一次腐熟的稀薄液肥或复合肥。每隔 2～3 年的春季翻盆一次，盆土可用中等肥力、排水透气性良好的沙质土壤。

【应用方式】树马齿苋株型美观，枝叶稠密，叶片色泽翠绿，用于布置居室、客厅、阳台、商场、会议室等处，树马齿苋还常用于制作树桩盆景。

15.2.6　半支莲（*Portulaca grandiflora*）

【别名】松叶牡丹、大花马齿苋、太阳花。

【科属】马齿苋科马齿苋属。

【产地与分布】原产巴西，我国各地广泛栽培。

【形态特征】一年生肉质草本植物。高 10～15cm，茎光滑或稍带紫色，匍匐生长；叶圆柱形，互生；花生于枝顶，有单瓣或重瓣，有白、黄、红、粉红紫红和复色等；花期 4 月下旬～11 月。

【生态习性】半支莲喜强光和温暖的环境，不耐寒，耐旱，耐炎热，耐修剪。极耐瘠薄。

【繁殖】播种繁殖。春、夏、秋三季都可播种。发芽温度为 20～25℃，7～10d 出苗。生产上多以扦插为主，一般在春、夏、秋三季进行。可直接将插穗栽种于花盆内，从母本植株上剪下顶芽或茎段作为插穗，插穗可带叶或花，栽种后不用遮盖，5～6d 即可成活。

【栽培要点】生长适温为 15～30℃，冬季温度低于 10℃以下植株生长不良或受冻害。花后修剪可再萌发新枝，继续开花。在生长和开花期需充足阳光，光照不足会导致茎叶徒长，生长瘦弱，花蕾减少，花色变淡。

【应用方式】半枝莲花色多，可在城乡道路、缓坡和地势较高、排水良好的地方片植，也可成片种植于花坛、花带，也可盆栽植于吊篮中。

15.2.7　莲花掌（*Aeonium haworthii*）

【别名】木麟甲、树状万古草。

【科属】景天科莲花掌属。

【产地与分布】北非和加那利群岛。

【形态特征】多年生常绿亚灌木。茎直立，多分枝，表面红褐色；叶具短柄，互生，叶在茎顶端排列成莲座状，叶片肉质、卵形，叶青绿色，边缘红色；花梗从叶丛中抽生，总状花序有8～12朵小花。

【栽培资源】同属栽培种有：

① 毛叶莲花掌（*A. simsii*）　叶浓绿色，边缘具细毛，花黄色。

② 大座莲（*A. arboreum*）　全株淡绿色，叶倒长披针形，圆锥花序，花黄色。

【生态习性】喜温暖、干燥、阳光充足和通风环境。不耐寒，耐旱和半阴，忌高温多湿，在肥沃和排水良好的沙质壤土上生长较好。生长适温20～25℃。

【繁殖】常用扦插和播种繁殖。四季皆可进行扦插。叶插和茎插，3～4周生根，扦插生根容易，成苗快；春季或秋季播种，种子细小宜用盆播，保持室温20～22℃，两周发芽，幼苗生长缓慢。

【栽培要点】①生长季在春秋季，保持盆土湿润，但不可积水；②夏季是植株的休眠期，宜在半阴、通风环境中栽培，保持盆土干燥；③生长季每月施肥1次，栽培每两年要进行植株更新；④冬季栽培要置于温暖的环境中，保证越冬温度在6℃以上。

【应用方式】植株形态美丽，四季常青，宜作迷你型盆栽观赏，在室内光照充足地域陈设，或与其它多浆植物进行组合式艺栽观赏，亦可在岩石园中边缘镶边。

15.2.8　景天树（*Crassula arborescens*）

【别名】玉树。

【科属】景天科青锁龙属。

【产地与分布】原产南非，世界各热带地区均有栽培。

【形态特征】植株直立多分枝，株高80～100cm。茎叶肉质，茎粗壮多汁，灰绿色；叶倒卵形，肥厚多肉，无柄，长约2cm，对生茎上，花小，淡红色。

【栽培资源】同属栽培种有：

① 串钱景天（*C. perforata*）　茎肉质，具分枝；叶阔卵圆形，叶穿茎，排列呈串状，浅灰绿色，花红色或白色。

② 青锁龙（*C. lycopodioides*）　高30～40cm，多不规则分枝；叶小，全缘，浓绿色，鳞形针状，在枝上呈钻形轮生，花小，生于叶腋，黄色，花期夏季。

【生态习性】喜温暖干燥、阳光充足、通风的环境。不耐寒，稍耐阴，忌湿润。土壤以肥沃、排水良好的沙壤土为好。

【繁殖】主要采用扦插繁殖，四季都可进行，以春、秋生根较好。在生长季剪下枝条，稍晾后插入沙床中，1个月左右生根；也可采用单叶扦插，根长2～3cm时上盆。

【栽培要点】①每年换盆1次，春季进行，换土时加入适量基肥；②夏季高温期注意浇水不可过多，宜适当遮阳，保持盆土间干间湿；③秋冬季控制盆土干燥，注意保温防寒。

【应用方式】燕子掌树冠挺拔秀丽，茎叶碧绿，适宜盆栽点缀盆架、案头。

15.2.9　石莲花（*Echeveria glauca*）

【别名】偏莲座。

【科属】景天科石莲花属。

【产地与分布】墨西哥。

【形态特征】多年生常绿草本，茎具梗，顶生叶丛，叶倒卵形，叶蓝绿色，表面具蜡粉，先端具三角状尖，叶丛聚生形似莲花状，花梗自叶丛中央抽出，总状聚花序，花瓣5，菱形，红色，花期夏季。

【栽培资源】该属植物栽培种类繁多，常见栽培种有：

① 大叶石莲花（*E. gibbiflora*）　具长梗，顶生叶丛，蓝绿色，叶倒卵形，先端圆或三角状尖，花红色。

② 美丽石莲花（*E. elegans*）　叶色蓝绿色，叶片肥厚如翠玉，形如池中莲花。

③ 绒毛掌（*E. pulvinata*）　叶片厚，卵状披针形，全缘，茎叶表面密生褐色绒毛，叶缘绒毛红色；花钟形，花猩红色。

【生态习性】喜温暖干燥、阳光充足的环境。不耐寒，耐半阴和干旱，怕积水和烈日暴晒。以肥沃、疏松和排水良好的沙质壤土为宜。

【繁殖】常用扦插繁殖。常采用叶片扦插，秋插为好。叶片采下后置于室内稍晾干，插于沙床上，一般1个月左右生根。根长至2～3cm时进行上盆。

【栽培要点】①盆栽每两年换一次盆，春季进行。盆土可选用粗沙、腐叶土和泥炭土合理配制；②生长期保持干燥环境为好，盛夏高温期亦不可多浇水，盆土过湿易造成茎叶徒长；③冬季栽培控制浇水，越冬温度在5℃以上；④每年生长季施肥2～3次，保持叶片翠绿。

【应用方式】植株叶片肉质肥厚，聚生于枝顶，叶色美丽，株型呈莲座状，亦作室内窗台案头上盆栽观赏，常在岩石园中种植，或花坛边缘镶边。

15.2.10　宽叶落地生根（*Kalanchoe daigremontiana*）

【别名】花蝴蝶。

【科属】景天科伽蓝菜属。

【产地与分布】非洲马达加斯加。现在热带和亚热带地区广泛栽培。

【形态特征】多年生植物。茎直立，叶片肥厚多汁，叶披针矩圆形，基部有耳，背面有紫色斑，叶缘具粗齿，齿间着生小植株。圆锥聚伞花序，花下垂，紫色或淡蓝色，花期秋冬季。

【栽培资源】同属栽培植物有：

① 落地生根（*K. pinata*）　茎直立，圆柱状，叶对生，叶片矩圆形，边缘有锯齿，花序圆锥状，花冠钟形，粉红色，下垂，秋冬开花。

② 花叶落地生根（*K. fedtschenkoi*）　叶蓝绿色或灰绿色，光滑，边缘粉红色，叶倒卵形或倒卵状椭圆形；聚伞花序，花萼粉红色，花冠橘黄或肉红色。

③ 玉吊钟（*K. fedtschenkoi cv*）　叶片肉质扁平，蓝或灰绿色，上有不规则的色斑，叶缘波状，叶色美丽，聚伞花序生于枝顶，红色或橙色。

④ 棒叶落地生根（*K. tubiflora*）　茎直立，粉褐色，不分枝；叶绿色，对生，呈棒形，上有红褐色斑，叶顶端有许多具根的小植株，花序顶生。

⑤ 趣蝶莲（*K. synsepala*）　茎短，叶对生，黄绿色，边缘紫红色，顶生聚伞花序，花白色，有浅紫色条纹。

⑥ 长寿花（*K. blossfeldiana cv*）　茎直立，叶交互对生，长圆形，叶缘波状，花高脚蝶状，花瓣4，花聚生成圆锥聚伞花序，花色红黄等。

【生态习性】喜温暖湿润、阳光充足的环境，不耐寒，但耐半阴和干旱，在疏松、排水良好的酸性土壤。

【繁殖】多用扦插、不定芽和播种繁殖。扦插夏季进行，将健壮叶片平置于沙床上，待叶缘缺刻处长出不定芽，不定芽长成植株高约 5cm 时进行上盆种植；枝插剪取 8～10cm 长的茎段，阴处稍晾后插于沙床，生根后进行移栽。不定芽繁殖从叶缘处选取较大的不定芽上盆种植即可。

【栽培要点】①生长期保证盆土湿润，忌积水；②秋冬季低温期要控制浇水，尽可能地保持盆土间干间湿，水分多会造成植株徒长；③冬季注意保温，气温低于 5℃会产生冷害；④生长季每月施肥 1 次，可用专用花肥。

【应用方式】落地生根类植物叶缘上生小植株，极其奇妙，可观叶和观花，是很好的盆栽植物，可置于窗台、摆放在茶几案头。

15.2.11 翡翠景天(*Sedum morganianum*)

【别名】松鼠尾、串珠草、白葡萄景天。

【科属】景天科景天属。

【产地与分布】原产墨西哥，热带亚热带地区广泛栽培。

【形态特征】多年生常绿草本，原产地为亚灌木。植株匍匐状，基部多分枝，枝长可达 50cm；叶长圆锥状，蓝绿色，被白粉，紧密地轮生于茎上，似松鼠尾巴；花小，深玫红色，花瓣 5，伞形花序生于枝顶，花期春季。

【栽培资源】同属植物中常见的栽培种有：

① 耳坠草(*S. rubrotinctum*)　叶肥厚多汁，倒卵圆形，似翡翠耳坠，叶片上有红晕，在全光照下，叶片大部分转为铜红色。

② 玉米石景天(*S. pachyphyllum*)　茎铺散或下垂；叶椭圆形，绿色，肉质，长 1～2cm，叶先端呈红色，互生。

③ 佛甲草(*S. lineare*)　茎肉质，呈丛生状，叶线状披针形，常 3 叶轮生，锐尖，无柄。

④ 垂盆草(*S. sarmentosum*)　茎纤细，匍匐或倾斜，近地面的茎节处易生根，叶倒披针至长圆形，叶轮生；聚伞花序，花小，黄色。

【生态习性】喜温暖干燥、光照充足，稍耐阴，不耐寒，较耐旱，忌湿润，在肥沃、排水良好的沙壤上生长良好。冬季越冬温度在 5℃以上。

【繁殖】常用扦插繁殖为主，全年都可以。主要以茎叶扦插，剪下长 5～10cm 的带叶茎段扦插于沙床上，1 个月左右生根；大量繁殖可用叶片扦插，直接将叶片剥下，叶基插入沙床中，在叶基处长出根，发出新叶抽生枝条。

【栽培要点】①栽培要求光照充足和散射光环境，在半阴环境中叶色呈翠绿，叶片易徒长，强光条件下生长叶色呈黄绿色；②盆土宜保持干燥，浇水过多会造成叶子脱落和腐烂；③夏季高温期注意保持通风，控制浇水；④由于小叶极易脱落，盆栽后尽量减少搬动；⑤植株易衰老，茎基易木质化，可 3～4 年更新植株。

【应用方式】盆栽或垂盆栽培，可用于阳台或室内垂盆观赏，或放于案头、书桌点缀。

15.2.12 光棍树(*Euphorbia tirucalli*)

【别名】绿玉树、绿珊瑚、龙骨树、神仙棒。

【科属】大戟科大戟属。

【产地与分布】原产非洲东南部干旱炎热地区。

【形态特征】直立灌木或小乔木。高可达 2m；植株具有白色乳汁，有毒；分枝对生或轮生，小枝圆柱形，呈节状，绿色而稍带肉质；无叶或枝顶生有少数叶；少见开花。

【栽培资源】同属常见栽培种：

①霸王鞭（*E. antiquorum*）　乔木或灌木，高可达 2m。茎粗，小枝绿色，常有 5 棱脊，脊上具褐色短刺。叶肉质，长 5～8cm。

②虎刺梅（*E. milii*）　灌木。茎直立，略带攀援性，具纵棱，嫩枝粗，叶仅生于嫩枝上，倒卵形；2～4 个聚伞花序生于枝顶；花绿色，总苞片鲜红色；花期 3～12 月。

【生态习性】性喜光，耐旱而不耐寒，常种于温室中，版纳、思茅一带可露地种植。

【繁殖】光棍树主要用扦插繁殖。取茎段 2 节作为插穗，在 5～6 月扦插。在温暖条件下易于生根。

【栽培要点】生长适温为 20～24℃，越冬温度应在 15℃ 以上。

【应用方式】光棍树树茎干光滑，圆柱状，无叶片是较为奇特的观茎植物，多用于室内温室摆放，版纳地区常见于庭前屋后种植。植株可提取石油。

15.2.13　彩云阁（*Euphorbia trigona*）

【别名】三角霸王鞭、龙骨、三角大戟。

【科属】大戟科大戟属。

【产地与分布】原产纳米比亚。

【形态特征】宿根花卉呈灌木状。植株有短主干，分枝肉质，具 3～4 棱，棱缘波形，突出处有坚硬的短齿，先端具红褐色对生刺；茎表皮绿色，有黄白色"V"形晕纹；叶绿色，长卵圆形或倒披针形，着生于分枝上部的每条棱上。

【栽培资源】栽培品种有：红彩云阁（'Rubra'），茎表皮深绿色中带红褐色，叶片暗绿色，是彩云阁的斑锦变异品种。

【生态习性】宜阳光充足和温暖干燥的环境，耐干旱，稍耐半阴，忌潮湿。

【繁殖】扦插繁殖。在生长季剪取健壮充实的茎段进行扦插，插穗需在 10cm 左右，切口处会有白色乳汁流出，可涂抹硫黄粉、草木灰、木炭粉等，并稍凉几天，再插于沙土中，保持稍有潮气，易生根。

【栽培要点】生长季宜给足阳光，通风良好。浇水宜充分并保持盆土湿润，但不能积水。每半月左右施一次腐熟的稀薄液肥，可促使植株枝繁叶茂。冬季室内栽培时，应放在光线明亮处，维持室温 12℃ 以上。

【应用方式】盆栽观赏为主。

15.2.14　星球（*Astrophytum asterias*）

【科属】仙人掌科星球属。

【产地与分布】原产墨西哥北部和美国南部。

【形态特征】宿根肉质花卉。植株球形，直径 5～8cm；具棱 6～10（多为 8），棱脊扁圆；球体深绿至灰绿色，无刺，但有白色星状绵毛；花着生于球顶部，黄色，花心红，昼开夜闭。

【生态习性】喜温暖干燥和阳光充足环境。较耐寒，能耐短时霜冻，耐干旱和半阴。

【繁殖】常用播种和嫁接繁殖。播种采用室内盆播，播后压平覆一层石英沙，发芽适温 22～25℃，成熟种子采后即播，播后 3～5d 发芽，发芽率高。嫁接在 5～6 月进行，常用量天尺或花盛球作砧木，接穗用播种苗，接后 10～12d 愈合成活，第 2 年开花。

【栽培要点】星球根系较浅，盆栽时球体不宜过深，盆底应多垫瓦片，以便排水。盆栽用腐叶土、粗沙的混合土，加入少量骨粉和干牛粪。生长期盆土保持湿润，每月施肥 1 次。冬季休眠期，温度不宜过高 10℃ 为宜。

【应用方式】星球球体似网球，形状有趣，多用于盆栽观赏，置于案头、几架。

15.2.15 鸾凤玉(*Astrophytum myriostigma*)

【别名】多柱头星球。

【科属】仙人掌科星球属。

【产地与分布】原产墨西哥中部高原地带。

【形态特征】宿根肉质花卉。株型大，在原产地圆柱状的茎可高达 60cm，茎干密生白色丛卷毛，5 个棱脊的刺座上有褐色短棉毛，外形似岩石。

【生态习性】喜温暖干燥和阳光充足环境。较耐寒，耐半阴和干旱，也耐强光。生长适温 18～25℃，要求肥沃、疏松、排水良好、含石灰质的沙质壤土。

【繁殖】播种和嫁接繁殖。播种在 5～6 月室内盆播，发芽适温 20～24℃，播后 8～11d 发芽。嫁接在 5～6 月进行，多用量天尺作砧木，采用平接法，接穗用径 1cm 的播种苗。

【栽培要点】鸾凤玉根系浅，盆栽时球体不宜过深，每年春季换盆，盆底多垫瓦片。生长期保持盆土干燥和充足阳光。冬季室温不宜过高，进入休眠期以 10℃为宜，保持盆土干燥。

【应用方式】鸾凤玉品种繁多，球形变化多样，春夏开黄色大花，常用于盆栽观赏。

15.2.16 山影拳(*Cereus* spp. f. monst)

【别名】仙人山、山影、山影掌。

【科属】仙人掌科天轮柱属。

【产地与分布】原产于西印度群岛、南美洲北部及阿根廷东部。

【形态特征】宿根肉质花卉。山影拳茎暗绿色，肥厚，分枝多，无叶片，直立或长短不一；茎有纵棱或钝棱角，被有短绒毛和刺，堆叠式地成簇生于柱状肉质茎上。

【栽培资源】主要栽培原种有：

① 神代柱(*C. variabilis*) 高可达 4m，茎深蓝色，刺黄褐色。

② 秘鲁天轮柱(*C. periuianus*) 高可达 10m，茎多分枝，暗绿色，刺褐色。

【生态习性】喜温暖干燥和阳光充足的环境，耐半阴和干旱，不耐寒，忌阴湿。适宜在疏松透气、排水良好的沙质土壤中生长。

【繁殖】扦插或嫁接繁殖。可在生长季节用健壮充实的肉质茎进行扦插，插穗切下后晾几天，保持稍湿润，很容易生根。对于一些稀有品种的山影拳也可用草球(花盛球)、短毛球、三角柱等长势较强的仙人掌类植物作砧木，以平接的方法进行嫁接。

【栽培要点】盆土宜保持干燥，夏季高温时注意通风良好，空气干燥时可向植株及周围地面喷洒些水；冬季放在室内阳光充足处，可耐 3～5℃的低温；每隔 2～3 年的春季换盆一次，换盆时要对根系进行修剪，剪去枯根、烂根，晾 1～2 天后栽入新的培养土中。

【应用方式】山影拳株形奇特，似山石而有生命，似苍翠欲滴、层峦叠翠的"奇峰"，具有中国古典山石盆景的风韵。可用于装饰厅堂、几案等处盆栽观赏。

15.2.17 金阁(*Chamaecereus silvertrii* var. aurea)

【别名】山吹、黄体白檀。

【科属】仙人掌科白檀属。

【产地与分布】原种产于阿根廷北部草丛中。

【形态特征】金阁为白檀的一个斑锦变种，筒体鲜黄色，由于缺乏叶绿素，必须依靠嫁接繁殖，通过绿色砧木提供养分。黄色柱体上开花，红色。

【生态习性】喜温暖干燥和阳光充足环境。不耐寒，耐干旱和半阴，怕水湿、高温和强光暴晒。生长适温为 15～25℃，冬季休眠期温度不低于 10℃。

【繁殖】主要用嫁接繁殖。以 5～10 月为宜，砧木用量天尺。

【栽培要点】盆栽常用等量的腐叶土、培养土和粗沙混合土。每年春季换盆，并加入少量干牛粪。需阳光充足和通风良好，生长期保持盆土湿润，每月施肥 1 次。夏季遇强光时，可适度遮阳。丛生状的金阁筒体易掉落，应少搬动和触碰。

【应用方式】金阁多作盆栽观赏。也可与绯牡丹组合构成各种图案，生动活泼。

15.2.18　金琥(*Echinocactus grusonii*)

【别名】象牙球。

【科属】仙人掌科金琥属。

【产地与分布】原产墨西哥至美国西南部的干旱沙漠及半沙漠地带。

【形态特征】多年生肉质花卉。植株呈圆球形，常单生，径 80cm 或更大，具棱 21～37，排列整齐；刺极多，幼时金黄色，有光泽，故又称"象牙球"，后转为淡黄白色；花着生于顶部绵毛丛中，花筒被尖鳞片，花瓣淡黄色。

【栽培资源】常见栽培品种有：

① 白刺金琥('Albispinus')　浑身碧绿的球体上密被白色半透明硬刺，球体顶部密生淡黄色绒毛。

② 狂刺金琥('Intertextus')　金琥的曲刺变种，刺呈极度不规则弯曲。

③ 裸琥('Subinermis')　具短小的象牙色细刺 8～12 枚，长仅 0.1cm 左右。

【生态习性】金琥喜温暖和阳光充足的环境。不耐寒，耐干旱，畏积水。要求肥沃、富含石灰质的沙壤土。

【繁殖】以播种繁殖为主。也可切去球顶生长点，促子球萌发，然后将子球嫁接于量天尺上或扦插繁殖。

【栽培要点】夏季温度过高、阳光过强时要适当遮阳，减少紫外线辐射，改善光质，抑制植物顶部的伸长。

生长期内，栽培中要给予适当浇水、施肥，冬季，金琥基本上处于休眠状态，应节制浇水。金琥盆栽时应及时换盆，有利于植株生长。

【应用方式】金琥浑圆魁大、刺长而坚硬，易盆栽观赏。可作多肉植物专类园的标本球，也是公园、植物园的仙人掌类展览温室中不可缺少的主要品种。

15.2.19　昙花(*Epiphyllum oxypetalum*)

【别名】琼花、月下美人。

【科属】仙人掌科昙花属。

【产地与分布】原产墨西哥至巴西及加勒比海沿岸地区热带雨林中。

【形态特征】常绿灌木。茎附生，叉状分枝，地栽呈灌木状；分枝基部近圆形，上部扁平叶状，肉质，边缘具有波状圆齿，幼枝有刺；花大型，白色，漏斗状，花期 6～9 月，夜间绽放。

【生态习性】冬季全光，夏季半阴；喜温暖至高温，生长适温 24～30℃，越冬 10℃左右；耐旱；喜微酸性沙质土壤。

【繁殖】扦插或播种繁殖。以扦插为主，5～6 月取生长充分的茎 20～30cm 作插穗，切下后晾晒 2～3d，促进伤口干燥后再扦插易成活，20d 可生根，次年可开花。

【栽培要点】生长期应充分浇水，追肥 2～3d，可施硫酸亚铁。栽培中需设支架，绑缚茎枝。冬季盆土稍潮即可，保持 10℃。有盘根现象反而促进开花。

【应用方式】昙花冰肌玉骨，清雅洁丽，主要作盆栽观赏，适合于阳台、庭院的美化或大型盆栽。

15.2.20　绯牡丹（*Gymnocalycium mihanovichii* var *friedrichii* 'Rubra'）

【科属】仙人掌科裸萼球属。

【产地与分布】这是人工选育的园艺品种。

【形态特征】茎扁球形，直径 3～4cm。鲜红、深红橙红、粉红或紫红色，具 8 棱，横脊突出；成熟球体群生子球；刺座小，无中刺；花细长，着生在顶部的刺座上，漏斗形，粉红色；花期春夏季。

【栽培资源】绯牡丹是由日本园艺家在 1941 年选育出来的园艺品种，表皮颜色依品种不同而异，除绯牡丹外，还有胭脂牡丹、黄体牡丹、白体牡丹、紫牡丹，和瑞云牡丹。还有植株呈扁平扇形的带化变异品种——绯牡丹冠。

【生态习性】喜温暖干燥和阳光充足环境。不耐寒，怕高温和光线不足。生长适温 20～25℃，冬季温度不低于 15℃。

【繁殖】主要用嫁接繁殖。全年均可嫁接，砧木常用量天尺、肥厚的片状仙人掌和叶仙人掌等仙人掌类植物。嫁接方法一般采用平接，而用叶仙人掌做砧木时，则用嵌接的方法（又称劈接、楔接）。

【栽培要点】盆土用腐叶土、培养土和粗沙等量混合。生长期每 1～2d 对球体喷水 1 次，使红色球体更加清新鲜艳。光线过强时，中午适当遮阳，以免球体灼伤。生长过程中每旬施肥 1 次。

【应用方式】绯牡丹色彩绚丽丰富，常盆栽观赏，可与其它小型多肉植物配置组成景框或瓶景观赏。

15.2.21　量天尺（*Hylocereus undatus*）

【别名】龙珠果、四棱金刚、量天尺、霸王花、三棱箭。

【科属】仙人掌科量天尺属。

【产地与分布】原产墨西哥、巴西及西印度群岛。

【形态特征】植株呈三棱，棱边缘波状，分节，通常 30～50cm 为一节；具有发达的气生根；棱缘上有刺；每年春、秋季有两次盛花期，夜开日闭，花冠漏斗形，外围花瓣黄绿色，内瓣纯白色，花大，芳香。

【生态习性】喜半日照；喜高温，生育适温 18～28℃，越冬 5℃ 以上；喜干旱。

【繁殖】扦插繁殖为主。扦插可在生长季进行，剪取幼嫩茎节，适当晾干后插于盆土中，约 15～20d 可萌发新根。扦插后要勤浇水，保持湿润。

【栽培要点】夏季要在半阴的环境条件下养护，冬季要求光照充足，低于 10℃ 易遭冻害。栽培过程中过于荫蔽，会引起叶状茎徒长。生长季节肥水要充足，一般每半个月追施腐熟液肥一次。

【应用方式】量天尺株形高大，花大色艳，常栽植于墙垣下、岩石旁。量天尺是优良砧木，对多数仙人掌均亲和，作嫁接成活率高。

15.2.22　朱丽球（*Lobivia hermanniana*）

【别名】朱丽丸。

【科属】仙人掌科丽花球属。

【产地与分布】原产玻利维亚、阿根廷，世界各国多有栽培。

【形态特征】宿根肉质花卉。植株扁球形，老株成圆筒状，球体绿色，棱排列整齐，密披针刺，新刺黄白色，老刺褐色；花生于球体顶侧，漏斗状，鲜红色，昼开夜合；花期6～7月。

【生态习性】喜温暖向阳环境，生长适温15～30℃，越冬温度宜保持在8℃以上。宜在疏松、肥沃沙壤土生长。

【繁殖】分植仔球、嫁接或播种繁殖。播种通常多用于杂交育种。

【栽培要点】朱丽球适应性强，栽培管理粗放。

【应用方式】朱丽球球体美丽，花色鲜艳，主要作盆栽观赏。

15.2.23 花座球属（*Melocactus* spp.）

【科属】仙人掌科花座球属。

【产地与分布】原产地为热带地区，花座球属植物全属约70种，我国常见栽培约20种。

【形态特征】宿根肉质花卉。该属植物球体多为绿色，少数为黄色；刺为钻状及针状等；进入生殖生长期的球，会在球顶部长出花座，花座是一种由刚毛状的细刺和稠密的绵毛组成的圆形垫状物，而花就开在它上面，故称为花座球。小花粉红色或红色，果实似小辣椒，粉红至红色，种子黑色。

【生态习性】花座球属植物一类分布于热带海洋性气候，年均温度25～26℃，另一类属热带或亚热带干湿季气候区分布。

【繁殖】主要采用播种和嫁接繁殖。栽培基质不宜太浅，最好有10～20cm厚，把种子散播在土面上，覆上塑料薄膜形成"气室"，5～10d发芽，幼苗长到2～3mm时就可移苗。

小苗嫁接一般采用1～3cm的小球，多采用量天尺作砧木。

【栽培要点】幼苗移栽时可以不修根，间距1～2cm。苗距太大，浪费土地空间；而长时间不移苗，会使老根死亡，丧失吸水能力，导致球体干瘪死亡，球体出现皱纹应挖出剪根，重新种植，剪根一般留1～1.5cm即可。

【应用方式】花座球属植物是仙人掌科植物中的一朵奇葩。生长在球状体顶上的垫状物花座具有很高的观赏价值，深受人们的青睐，主要作盆栽观赏。

15.2.24 令箭荷花（*Nopalxochia ackermannii*）

【别名】孔雀仙人掌、红孔雀。

【科属】仙人掌科令箭荷花属。

【产地与分布】原产墨西哥中南部、哥伦比亚及玻利维亚，我国普遍栽培。

【形态特征】植株灌木状，形似昙花。分枝扁平，有时三棱，叶片状，基部细圆呈柄状，缘具有波状粗齿，齿凹处有刺；嫩枝边缘紫红色。花被联合部分短于瓣片。花紫红色，多于夏、秋季开花。

【生态习性】喜光；喜温暖，生育适温13～20℃；喜湿润亦耐旱；喜微酸性土壤。

【繁殖】扦插、嫁接均可。扦插可在春、秋季进行，剪取肉质茎（长度为8～10cm），直接插入温床，20d后即可生根。嫁接可选用三棱箭或片掌作砧木，在砧木两边上端各斜切一刀（深度为1.5～2cm），然后将令箭荷花肉质茎剪成10cm长的小段，用锐刀切割至木质部作插穗，直接插入砧木切口内，然后用塑料条捆紧，大约10d即能成活。

【栽培要点】令箭荷花冬季要求阳光充足，夏季怕阳光暴晒。每年春季换盆土时，施加马蹄片、麻酱渣或鸡粪干等作基肥，肥上放土后再放苗。每半月浇灌一次经过发酵的有机液肥（浓度为20%），浇水保持盆土"见干见湿"。

【栽培史】令箭荷花的栽培历史最早可追溯到 1651 年，1811 年，第一朵人工栽培引种的令箭荷花在法国蒙彼利埃植物园绽放，两年后植物学家德堪多正式对其进行了植物分类学描述。

【应用方式】令箭荷花是一群既古老又现代，既常见又频频出新的仙人掌科花卉。常多株丛植于盆中，作盆栽观赏，开花时色彩艳丽，娇美动人。

15.2.25　小町（*Notocactus scopa*）

【科属】仙人掌科南国玉属。

【产地与分布】原产巴西、乌拉圭。

【形态特征】宿根肉质花卉。球体圆筒形，棱多，刺座白色排列有序，不同品种刺色不一样；顶生小黄花。

【栽培资源】常见栽培变种有：白小町（白锦仙人球）（*Notocactus scopa* 'arbus'），刺白色；红小町（红锦仙人球）（*Notocactus scopa* 'ruberrimus'），刺红色。

【生态习性】喜光耐半阴；喜温暖不耐寒；耐干旱，忌水湿。

【繁殖】播种、扦插和嫁接繁殖。播种在 4～5 月室内盆播，发芽适温 21～24℃，播后 7～10d 发芽，幼苗生长迅速。扦插在 5～6 月进行，将母株旁生的子球掰下，插于沙床，插后 20～25d 可生根。嫁接在 5～7 月将母株萌生的子球或切下母株顶部做接穗，用量天尺作砧木，采用平接法，10～15d 成活。

【栽培要点】盆栽每年需换盆，生长期盆土保持干燥。每月施肥 1 次，但施肥不宜过多，否则球体生长过快，球体细长，刺座间距大，影响观赏。

【应用方式】小町刺毛浓密，色泽鲜艳，适合盆栽观赏，点缀于案头和书桌，活泼新颖。

15.2.26　假昙花（*Rhipsalidopsis gaertneri*）

【别名】清明蟹爪兰、复活节仙人掌、盖氏假昙花。

【科属】仙人掌科假昙花属。

【产地与分布】原产巴西东南部。

【形态特征】宿根附生花卉。主茎圆，易木质化，茎节扁平、长圆形，相连成枝，新出茎节边缘带红色。刺座在节间、仅有刚毛但无刺；花红色，着生于最上一节茎叶的顶端，花漏斗状花，无花托筒，花瓣披针形；花期 4～5 月，昼开夜合。

【生态习性】喜半日照，喜温暖湿润；耐干旱，忌涝。

【繁殖】扦插和嫁接繁殖。扦插于生长季，剪取健壮茎 3～5 节，稍晾干后直接插于培养土中。嫁接繁殖多用三棱箭或肥厚的仙人掌做砧木，此法生长成型快，茎叶繁茂，着花多。

【栽培要点】宜放置于通风良好、阳光充足的地方，但不可曝晒。生长期浇水掌握"不干不浇，浇则浇透"的原则，避免盆土积水，经常向植株及周围环境喷水，以增加空气湿度。盛夏、寒冬不施肥。

【应用方式】假昙花株型奇特，枝叶翠绿，花色鲜艳醒目，最适合做中小型盆栽，陈设于案头、窗台等处；也可用吊盆种植，悬挂于窗前、阳台等。

15.2.27　爱之蔓（*Ceropegia woodii*）

【别名】腊泉花、心心相印、心蔓、吊金钱。

【科属】萝藦科吊灯花属。

【产地与分布】原产南非。

【形态特征】宿根花卉。茎具蔓性，可匍匐于地面或悬垂，长度可达 150～200cm；叶心形，对生，叶面上有灰色网状花纹，叶背呈紫红色，叶腋处会长出圆形块茎，称"零余子"；春、夏季时，成株会开出红褐色、壶状的花；花后结出羊角状的果实。

【生态习性】喜温暖干燥和阳光充足的环境。较耐寒，耐干旱和半阴。土壤以肥沃、疏松和排水良好的沙质壤土为宜。

【繁殖】播种、扦插和分株繁殖。播种繁殖多在 2～4 月室内盆播，种子顶端有白绢质种毛，播后稍覆薄土。发芽适温为 18～22℃，播后 14～21d 发芽。

【栽培要点】每年春季换盆。生长期需充足阳光和水分。夏季要避免强光照射。夏季高温时，停止施肥，减少浇水。秋季可保持盆土湿润和充足养分。冬季温度以 10～12℃ 最佳并减少浇水。忌高磷钾肥，肥料可选择高氮复合肥。

【应用方式】爱之蔓叶形奇特美丽，主要用于室内盆栽悬挂观赏。

15.2.28　大花犀角(*Stapelia grandiflora*)

【别名】豹皮花。

【科属】萝藦科国章属。

【产地与分布】原产非洲南部。

【形态特征】宿根肉质花卉。茎干呈丛状向上直立生长，具四棱，肉质灰绿色，高 20～25cm；花从嫩茎基部长出，五裂张开，呈星形，暗紫红色；秋季开花。

【生态习性】夏季喜温暖湿润，冬季休眠期宜温暖干燥和阳光充足环境。土壤以肥沃、疏松和排水良好的沙质壤土为宜。

【繁殖】常用扦插和播种繁殖。扦插繁殖通常 3～4 月从母株上剪取健壮茎干，放置于通风处 2～3d，待切口稍干后再插入沙床，通常 10～15d 生根。播种繁殖常在 4～5 月进行，采用室内点播于穴盘中，发芽适温 25～28℃，播后 5～6d 发芽。

【栽培要点】生长期保持温暖湿润和通风，盛夏高温时，适当喷水，盆土需排水良好。每半月施肥 1 次。应保持水分充足，否则茎干易皱缩。

【应用方式】花型奇特，多作盆栽观赏。

15.2.29　一串珠(*Senecio rowleyanus*)

【别名】绿串珠、绿铃、翡翠珠。

【科属】菊科千里光属。

【产地与分布】原产南美洲。

【形态特征】宿根肉质花卉。具地下根茎；茎蔓性，匍匐或悬垂。叶绿色，近球形，肉质，先端有尖头，具有淡绿色斑纹，叶整齐排列于茎蔓上，呈串珠状。花小。

【生态习性】喜阳光充足，稍耐阴；喜温暖，不耐寒，生长适温 15～22℃；耐干旱，忌雨涝；喜排水良好的沙质壤土。

【繁殖】以扦插繁殖为主，取嫩枝 4～6cm 扦插，保持半干燥状态，15～20d 生根。春秋季扦插易成活。

【栽培要点】50%～70%光照利于生长。在夏季高温时呈半休眠状态，适当遮阳，并注意防雨涝。栽培容易。

【应用方式】叶形奇特，玲珑雅致，是奇特的室内小型盆栽悬吊植物。

15.2.30　芦荟(*Aloe vera* var. *chinensis*)

【别名】草芦荟、狼牙掌、龙角。

【科属】百合科芦荟属。

【产地与分布】原产非洲热带干旱地区。

【形态特征】常绿肉质草本。茎短，叶狭长披针形呈莲座状簇生，肥厚多汁，边缘具针状刺，色蓝绿，被白粉，近茎部有斑点；总状花序自叶丛中抽生，小花密集，黄色或具红色斑点。

【生态习性】芦荟性强健，喜阳光充足和温暖湿润的环境，耐旱、耐高温，不耐寒。喜疏松、肥沃、排水良好的沙质壤土。

【繁殖】常用分株和扦插繁殖。分株结合早春换盆进行，将幼株与老株分开后，另行栽植即可。扦插繁殖时将枝条剪成10cm左右的段，插入沙土中，保持水分约30d即可生根。

【栽培要点】芦荟生长较为粗放，适应性强，管理简便。对于新上盆的植株要控制浇水以免根部腐烂。对光照要求不严，但阴暗易造成徒长。夏季高温时有短暂休眠，适当遮阳并控制浇水，春季生长旺盛期，15d追施氮肥1次。冬季越冬温度不低于5℃即可。

【应用方式】芦荟株型特异，叶色斑斓，四季常青，是良好的观叶植物。盆栽可点缀居室，厅堂或庭院露地栽植。芦荟汁液入药，具清热、杀虫、通经之效。

15.2.31 条纹十二卷(*Haworthia fasciata*)

【别名】锦鸡尾、蛇尾兰、锉刀花。

【科属】百合科十二卷属。

【产地与分布】原产非洲南部。

【形态特征】多年生肉质草本。植株矮小，无茎；叶肥厚呈莲座状，长条形或长三角形，先端尖，深绿色，叶背横生整齐的白色瘤状突起。

【栽培资源】同属其他种：①点纹十二卷(*H. margaritifera*)，叶卵状三角形，叶面扁平，两面均散生不规则的白色半球瘤状小突起。②水晶掌(*H. cymbiformis var. translucens*)   叶肥厚舌状，基生成莲座状，叶面具不明显白色线状纵条纹，两侧各有一道不明显纵棱。

【生态习性】喜温暖干燥和阳光充足，耐旱和半阴，不耐水湿，不耐寒，以疏松肥沃、排水良好土壤为宜。生长适温20～30℃。

【繁殖】分株、扦插繁殖，以分株为主。在春季换盆时将幼株玻璃母株，盆栽后置于阴蔽处即可，到生根后再逐渐适当增加浇水并多见阳光。

【栽培要点】条纹十二卷根系浅且生长缓慢，盆栽时选小盆。盆土间干间湿，要防雨淋，不能积水。若根系已腐烂，应及时将植株取出剪去腐烂处，晾干后涂木炭灰，再栽入土中。正常生长植株春季施2～3次复合肥可促进生长健壮。夏季休眠期控制浇水并遮阳，冬季放阳光充足处，平时放半阴处。

【应用方式】条纹十二卷株形玲珑小巧，置于室内有散射光的窗台、几架、书桌上单独观赏，也可与其他多浆多肉植物配置。

15.2.32 金边龙舌兰(*Agave Americana* 'Marginata')

【别名】黄边龙舌兰、金边莲、金边兰。

【科属】龙舌兰科龙舌兰属。

【产地与分布】原产美国西南部和墨西哥。

【形态特征】多年生常绿肉质草本。茎短，叶丛生，排列紧密，叶肉肥厚，剑形，先端渐尖，顶端具尖刺，叶缘具多条宽窄不一的金色纵条纹，叶边缘具有黄褐色刺状锯齿；花茎自叶丛抽出，圆锥花序，小花黄绿色；花期夏秋。

【生态习性】金边龙舌兰性强健，较耐寒，喜阳光充足不耐阴，也耐高温和暑热，耐旱不耐涝，在湿润肥沃，排水良好土壤中生长最好。

【繁殖】分株繁殖。因金边龙舌兰分生能力强，地下茎的不定芽每年都能萌发，形成根蘖苗，将其与母株分开栽植即可。

【栽培要点】保证充足阳光，若长期光照不良，叶面易发生褐斑病。生长期盆土略湿，夏季应多喷水，同时每月施稀薄液肥进行追肥，入秋后停止施肥。

【应用方式】叶形奇特，盆栽摆放于几架上，小巧别致，也可点缀庭院或栽于山石旁。叶入药具润肺化痰止咳平喘之效。

15.2.33　虎尾兰(*Sansevieria trifasciata*)

【别名】虎皮兰、千岁兰、虎掌兰。

【科属】龙舌兰科虎尾兰属。

【产地与分布】非洲及亚洲南部。

【形态特征】常绿宿根草本。叶肉质、基生、带状、剑形，表面光滑，基部较厚，有深沟；叶暗绿色，叶两面有绿白相间的横斑纹；花白色，花期9月。

【栽培资源】同属常见栽培的种有：矮叶虎尾兰(*S. hahnii*)，由金边虎皮兰枝变产生，植株矮小，高仅20cm左右。叶宽而短，由中央向外回旋重叠，似鸟巢状，叶先端具刺状尖头，叶色浓绿，具不规则条斑。

【生态习性】虎尾兰生长强健，抗逆性强。喜温暖干燥，耐晒耐半阴，不耐低温，生长适温20～25℃，越冬以15℃为宜。

【繁殖】扦插或分株繁殖。以夏季最好，选健康充实叶片剪成8～10cm每段，插于沙床中，不宜过深，在15～25℃下约30d在切口处发生不定根并抽出根茎状，根状茎伸出土面后长到10cm左右即可上盆。

【栽培要点】虎尾兰适应性强，管理简便，苗期不能过多浇水，否则根茎腐烂，春秋生长旺盛应充分浇水并适当追肥，冬季停肥控水，温度不可过低。夏季需置荫棚下栽培。

【应用方式】虎尾兰是常见的盆栽观叶植物，常用于布置书房、卧室或是点缀窗台、案头和几架。也是非常好的室内空气净化植物。

15.2.34　凤尾兰(*Yucca gloriosa*)

【别名】菠萝花、凤尾丝兰。

【科属】龙舌兰科凤尾兰属。

【产地与分布】原产北美洲，现我国各地均有栽培。

【形态特征】多年生常绿灌木，株高可达数米。茎短，叶从基部萌生，近莲座状簇生，剑形，全缘，质地坚硬；圆锥花序，小花乳白色，钟形，下垂；花期6～10月，蒴果卵圆形。

【栽培资源】同属常见栽培的种有：丝兰(*Y. filamentosa*)，常绿灌木，具分枝，叶广披针形，叶缘有剥裂卷曲的白丝绒。

【生态习性】凤尾兰适应性强，耐寒，耐旱，喜阳光充足和排水良好，耐阴也耐水湿。

【繁殖】扦插或分株繁殖。多用分株繁殖，在生长点附近刻伤，促其根部生长仔株，分株后另栽即可。扦插于春季至初夏取茎干剥去叶片锯成10cm长插穗。

【栽培要点】凤尾兰性强健，栽植容易，管理粗放，对土壤要求不严，如土质肥沃则生长更好。定植前施1～2次即可。平时注意修整枯枝残叶，花后及时剪除花梗。多年生长后可通过断茎来更新。

【应用方式】凤尾兰株型美观，叶长似剑，花大而挺拔，植于花坛中心，路边，庭院或建筑物前，也可盆栽于阳台、客厅等作室内装饰。

第16章 木本花卉

16.1 概述

16.1.1 木本花卉的定义

木本花卉是指以观花观果为主要目的的木本植物。根据生态习性的不用，可分为常绿与落叶两大类；按植株特征可分为观赏乔木和观赏花灌木。木本花卉观赏部位有观花、观果、观叶、观茎和观特殊部位。常绿类多喜温暖湿润气候，不耐寒，适于我国南方生长。落叶类多较耐寒，适于生长在冷凉的北方或山地气候。依主要观赏部位不同，木本花卉又可分为观花及观果两类。

木本花卉具有生长周期长，幼龄期长，一旦开花结实，能够连年多次开花结实，开花习性各有不同等特点。

木本花卉的繁殖方式主要有播种、扦插、嫁接和压条繁殖。

16.1.2 栽培管理措施

木本花卉在不同的年龄时期，应采取不同的栽培管理措施。

幼年期应加强土壤管理，轻修剪，多留枝，使其苗壮成长，为开花打下良好基础；开花初期轻剪重肥，采取合理的整形修剪，调节树木长势，培养骨干枝和丰满优美的树形。

开花盛期要充分供应肥水；合理地修剪，均衡配备营养枝、预备枝和结果枝，使生长、开花结果及花芽分化达到平衡状态；适当疏除部分花果，并将病虫枝、老弱枝、重叠枝、下垂枝和干枯枝疏剪，改善树冠通风透光条件；对长势衰弱的花木，应适当重剪，使其回缩更新。

开花后期需大量疏花疏果；加强土壤管理；适当重剪、回缩和利用更新枝条。

在不同的生长季节，木本花卉对肥水的要求也不一样。在整个生长期，都需要 N 肥，但需要量的多少不一样；花芽分化期，P、K 肥不能缺少；开花期需要各种营养元素，K 肥尤为重要；生长后期，N 肥和水分需要很少。

16.2 木本花卉各论

16.2.1 牡丹(*Paeonia suffruticosa*)

【别名】木芍药、洛阳花、百两金。

【科属】芍药科芍药属。

【产地与分布】所有野生种都产于我国。栽培品种资源主要来源于我国，栽培中心主要为山东菏泽、河南洛阳、甘肃兰州、临洮、安徽宁国等地，我国西南地区亦有少量栽培。

【形态特征】落叶亚灌木。植株根系发达，肉质直根，深达1m；地上茎丛生，少分枝或不分枝，叶着生于枝顶，互生，为三出二回羽状复叶，顶小叶有浅裂、深裂或全裂，3小叶或5小叶；花多生于枝顶，花大，有单瓣、半重瓣或重瓣，有白、红、粉、紫、绿等九大色系，北方花期为4月；单瓣种类能结实，离生心皮雌蕊，果为蓇葖果，被毛，种子圆形。

【栽培资源】我国现有栽培的牡丹品种近千个，都是由野生种间及品种间杂交培育而成，依据参与起源种的不同，现有的栽培品种资源按类群划分，即中原牡丹品种群、西北牡丹品种群、江南牡丹品种群和西南牡丹品种群。

中原品种群的栽培历史最为悠久，植株低矮，叶片卵圆形，花瓣基部有紫色斑块，花型花色丰富，品种多，起源复杂，品种群性喜冷畏热，喜燥恶湿。

西北紫斑块牡丹植株高大，花瓣基部有深紫色斑块，品种数量次之，品种群性喜冷凉干燥。

江南牡丹现存品种较少，植株高大，分枝能力强，根系粗壮，品种群较耐湿热。

西南牡丹品种群可分为天彭牡丹和云南牡丹两个亚群，品种少，植株高大，叶大，生长势旺盛，性喜温暖湿润。

【生态习性】牡丹栽培品种资源丰富，在国内有四个栽培中心，品种的起源各不同，因而各品种的习性差异较大。中原牡丹品种群是国内栽培面积和应用最广泛的品种群，其性喜冷凉、干燥和阳光充足的环境，耐半阴，忌高温多湿，耐寒。

【繁殖】单瓣种类可在8月中下旬采种即播，当年冬季种子伸生出胚根，次年春季可出苗。实生苗栽培3~4年方可开花。多用分株繁殖，也可用嫁接繁殖。分株易在秋分前后进行。将植株挖掘起来后，把根系剪去留30~40cm长，地上部分植株每3~5个枝条为一丛，分开直接栽培。

【栽培要点】①分株过晚则影响来年开花，古有"春分栽牡丹，到老不开花"之说；②牡丹生长喜肥，种植前要多施基肥，开花前应施一次复合肥，花谢后在夏秋季再施一次复合肥；③由于牡丹根系分布深，性喜干燥，不耐水势，栽培中尽可能采用高畦栽培，每畦栽培应开沟以利于排水，或选在地势高燥处栽培；④春季现蕾后注意浇水，花期适当遮阳，可延长花期。夏秋高温多湿应注意防病。冬季落叶后可进行适当修剪，老枝可砍断促新枝萌发，弱枝也要剪除。春萌动后，脚芽可多则要剪除，选留壮芽。

【栽培史】我国栽培牡丹有1600年的历史，是我国的传统名花和世界名花。在秦以前的典籍中，只有芍药记载，牡丹和芍药无区分。牡丹名取至秦汉，"以花似芍药，而缩于似木也"，故其初曰：木芍药。观赏品种栽培始于隋代，隋炀帝令栽植牡丹于御苑，收集不少牡丹品种；唐代栽培盛，栽培技术和重瓣品种育成，栽培中心以陕西咸阳一带为主，唐高宗曾宴群臣赏"双头牡丹"，曾培育出千叶牡丹，唐代赏牡丹达到"家家习为俗，人人迷不悟"地步。白居易有诗云"花开花落二十日，一城之人皆若狂。"刘禹锡《牡丹》云"惟有牡丹真国色，花开时节动京城。"这些诗句都反映出唐代种牡丹和赏牡丹达到了空前的规模。宋代栽培中心移向河南洛阳，培育新品和名品，嫁接技术和切花保鲜技术应用，《洛阳花谱》中记载牡丹品种119种；明代栽培中心移至安徽亳州、山东曹州、兰州、临夏、太湖等地；亳州牡丹是明代牡丹著名产区；清代以曹州为中心。曹州牡丹是明清栽培的胜地。有300多个品种，栽培面积达33.3hm^2。

【应用方式】牡丹作为世界名花，在庭院栽培中有着重要作用，其栽培有富贵之意，因而多丛植、群植，多色搭配布局于角隅处或筑台种植，还可与山石配置成趣。也可作孤植一丛作主景。也作盆栽观赏。牡丹根皮中含牡丹酚、芍药苷等，可作中药材"丹皮"，有清热凉血、活血消瘀的功效。

16.2.2 绣球花(*Viburnum macrocephalum*)

【别名】木绣球、八仙花、紫阳花、绣球荚蒾、粉团花。

【科属】绣球花科绣球属。

【产地与分布】原产中国的长江流域、华中和西南及日本，欧洲则原产于地中海。

【形态特征】落叶灌木或小乔木。枝条开展，叶对生，卵形至卵状椭圆形，叶缘有锯齿；夏季开花，花于枝顶集成大球状聚伞花序，边缘具白色中性花；花期4～5月，全部为不孕花；花初开带绿色，后转为白色，形态像绣球，故名绣球花。

【生态习性】性喜温暖、湿润和半阴环境。怕旱又怕涝，不耐寒。适应性较强。土壤以疏松、肥沃和排水良好的沙质壤土为好。

【繁殖要点】常用扦插、分株、压条和嫁接繁殖，以扦插为主，扦插适温为13～18℃。分株繁殖则宜在早春萌芽前进行。压条繁殖可在芽萌动时进行，一般春季3～4月进行高压，6～7月即可生根，当年可剪下分栽。

【栽培要点】绣球花的生长适温为18～28℃，冬季温度不低于5℃。花芽分化需5～7℃条件下6～8周，20℃温度可促进开花。盆栽植株在春季萌芽后注意充分浇水，保证叶片不凋萎。6～7月花期，肥水要充足，每半月施肥1次。平时栽培要避开烈日照射，以60%～70%遮阳最为理想。盛夏光照过强时适当的遮阳可延长观花期。花后摘除花茎，促使产生新枝。

【应用方式】绣球花是一种常见的庭院夏季花卉，可对植、也可孤植，墙垣、窗前栽培也富有情趣。园林中常植于疏林树下、建筑物入口处，或丛植几株于草坪一角。

16.2.3　现代月季(*Rosa chinensis*)

【别名】月月红、四季花、长春花、斗雪红。

【科属】蔷薇科蔷薇属。

【产地与分布】原产中国，现已遍布在除热带、寒带外的世界各地。

【形态特征】常绿或半常绿灌木，高可达2m。小枝具钩刺，或不具刺，无毛；叶互生，奇数羽状复叶，小叶3～7枚，卵状长圆形，具尖锯齿；花单生或排成伞房状，萼片卵形，先端尾尖，花瓣多数重瓣，花色丰富，微香；蔷薇果卵形或梨形，红色。

【栽培资源】栽培种类有：

① 杂交香水月季(*Hybird Tea Roses*)　简称HT系，四季开花，花径大，花梗挺拔、色彩丰富，多数品种有香味。

② 聚花月季(*Floribunda Roses*)　简称FL系，梗长，花美，花中型，花量大，常成束开放，具有一定的抗寒性。

③ 藤本月季(*Climbing Roses*)　简称CL系，枝条较长，高可达2m，耐寒性较好。

④ 壮花月季(*Grandifloras*)　简称Gr系，如'白雪山'。

⑤ 微型月季(*Minima Roses*)　简称Min系，植株矮小，株型好且花色艳丽，适合窗台栽植。

【生态习性】月季以疏松、肥沃、富含有机质、微酸性的土壤为宜，性喜温暖、日照充足、空气流通的环境。

【繁殖】有扦插、嫁接、分株、压条、组织培养等法，以扦插、嫁接为主。

① 扦插长江流域多在春、秋两季进行。春插一般从4月下旬开始，5月底结束，插后25d左右即能生根，成活率较高。秋插从8月下旬开始，到10月底结束，生根期要比春插延长10～15d，成活率也较高。扦插时用500～1000mg/L（500～1000ppm）吲哚丁酸或500mg/L（500ppm）吲哚乙酸快浸插穗下端，有促进生根的效果。插壤以疏松、排水良好的壤土。插条入土深度为穗条的1/3～2/5。

② 嫁接国内常用的砧木有野蔷薇、粉团蔷薇等。多用枝接和芽接，枝接在休眠期进行，

南方 12 月至翌年 2 月，北方在春季叶芽萌动以前，芽接在生长期均可嫁接，嫁接后要加强管理。

【栽培要点】① 月季开花多，需肥量大，生长季最好多次施肥，5 月盛花后，及时追肥。秋末应控制施肥。② 修剪是月季花栽培中最重要的工作，主要在冬季，但冬剪不宜过早，否则引起萌发，易遭受冻害。剪枝程度根据所需树形而定，低秆的在离地 30~40cm 处重剪，留 3~5 个健壮分枝，其余全部除去，高秆的适当轻剪，树冠内部侧枝需疏剪，病虫枯枝全部剪去，较大的植株移栽时要重剪，花后及时剪去花梗。嫁接苗的砧木萌蘖也应及时除去，直立性强的月季，可剪成单干树状。

【栽培史】月季原产于我国，有两千多年的栽培史。

【应用方式】现代月季花期长，花色丰富且艳丽，宜作花坛、花境及基础栽培使用，也适合配置在角隅、庭院、假山、草坪等处，也可作盆花、切花观赏。

16.2.4　玫瑰(*Rosa rugosa*)

【别名】蔷薇、月季。

【科属】蔷薇科蔷薇属。

【产地与分布】原产我国华北及日本和朝鲜。

【形态特征】直立灌木，高可达 2m。茎粗壮，丛生；小枝密被绒毛，并有针刺和腺毛，有直立或弯曲、淡黄色的皮刺；小叶 5~9，小叶片椭圆形或椭圆状倒卵形，边缘有尖锐锯齿；花单生于叶腋，或数朵簇生，花直径 4~5.5cm；萼片卵状披针形，先端尾状渐尖；花瓣倒卵形，重瓣至半重瓣，芳香，紫红色至白色；果扁球形，砖红色；花期 5~6 月，果期 8~9 月。

【栽培资源】园艺品种众多，常见的主要有：

① 粉红单瓣玫瑰(*R. rugosa* f. *rosea*)　花单生或排成平房花序或圆锥花序；花粉色。

② 紫花重瓣玫瑰(*R. rugosa* f. *piena*)　花单生或排成平房花序或圆锥花序；花重瓣，与数轮雄蕊同着生于萼管边缘的花盘上；紫色。

③ 白花单瓣玫瑰(*R. rugosa* f. *alba*)　花单生或排成平房花序或圆锥花序；花瓣 5，有时重瓣；心皮多数，花白色。

④ 白花重瓣玫瑰(*R. rugosa* f. *alboplena*)　花瓣重瓣，白色。

【生态习性】阳光充足，土壤疏松肥沃，排水良好的土地，忌黏土。

【繁殖】一般常用扦插繁殖和压条繁殖。压条包括：地面压条法，在玫瑰生长期，将玫瑰枝条芽下刻伤，弯形埋入湿润的土中，枝条先端一段伸出土面，当压埋在土中的刻伤处长出新根，就可以切开分栽。空中压条法：在玫瑰枝条上，选一个合适部位，将枝条刻伤或把表皮环剥 1~1.5cm，在剥皮处涂生根剂并用竹筒或塑料布包一直径 6~8cm 的土球，经常保持湿润，约经 1 个月，伤口长出新根，剪下，栽植于苗床或花盆中。扦插法选取适合扦插的部位，插入基质中，注意经常保湿。

【栽培要点】一年四季都可以栽植。注意结合具体情况浇水施肥，要保持地面湿润。

【应用方式】鲜花常用于蒸制芳香油，其油的主要成分左旋香芳醇的含量最高可达 6‰，供食用及化妆品用。花瓣可以制饼馅、玫瑰酒、玫瑰糖浆，干制后可以泡茶，花蕾也可入药治肝、胃气痛、胸腹胀满和月经不调。

16.2.5　海棠(*Malus spectabilis*)

【别名】海棠花、解语花、海红、子母海棠、小果海棠、海棠、球根海棠。

【科属】蔷薇科苹果属。

【产地与分布】原产中国，现北方地区多有栽培。

【形态特征】乔木，高可达8m。小枝粗壮，圆柱形，叶片椭圆形至长椭圆形，先端短渐尖或圆钝，边缘有紧贴细锯齿，有时部分近于全缘；花序近伞形，有花4～6朵，花梗长2～3cm，具柔毛；花直径4～5cm，花瓣卵形，基部有短爪；白色；果实近球形，黄色。花期4～5月，果期8～9月。

【栽培资源】常见栽培种：

① 西府海棠(*M. spectabilis*) 花序近伞形，具花5～8朵；花梗细，长2～3cm，被稀疏柔毛；花直径4～5cm。

② 垂丝海棠(*M. halliana*) 伞形总状花序，着花4～7朵，花梗细长，下垂，未开时红色，开后渐变为粉红色，多为半重瓣，也有单瓣花。

【生态习性】喜光，也耐半阴。适应性强，耐寒、耐旱。对土壤要求不严，一般在排水良好之地均能栽培，但忌低洼、盐碱地。

【繁殖】常用播种、分株和嫁接繁殖。

播种可秋播或沙藏后春播。实生苗要5～6年后才能开花，且常产生变异，故仅作为砧木培育和杂交育种之用。园艺品种多用嫁接法繁殖，以山荆子或海棠实生苗作砧木，枝接、芽接都可以，分株多行于早春未萌芽前或秋冬落叶后。

【栽培要点】海棠喜充足的散射光照，光照过强，易引起叶片干尖焦边，叶片变黄，甚至落叶。浇水方面既要保持盆土经常湿润，生长季节，每7～10d施一次稀薄有机肥液；在孕蕾期间，应多施磷钾肥，以促使花繁花艳，但在开花期应少施或停止施肥。花谢后应立即剪去残花，修剪已开过花的枝条，促其萌发新枝条。

【应用方式】海棠是庭院重要名贵花木之一。种仁可食并可制肥皂，果实经蒸煮后作成蜜饯；又可供药用。花可为糖制酱的作料，木材质坚硬，可家具使用。海棠同时还具有利尿、消渴、健胃等功能，是治疗泌尿系统疾病的主药之一。

16.2.6　朱缨花(*Calliandra haematocephala*)

【别名】红合欢、美洲欢。

【科属】含羞草科朱缨花属。

【产地与分布】原产美洲热带或亚热带地区，现世界热带亚热带地区广为栽培。

【形态特征】常绿灌木，茎直立，株高约2m或更高。二回羽状复叶，羽片2～4片，掌状排列，小叶多数，6～12对，线状矩圆形；花大红或粉红，着生在半圆形的头状花序或总状花序上，花序直径5～6cm，单生或数支簇生于叶腋间，具长柄；花期在春、夏季，花后结荚果。

【生态习性】喜温暖、湿润和阳光充足的环境，不耐寒，要求土层深厚且排水良好的酸性土壤。

【繁殖】扦插、播种繁殖。扦插床温度为25℃左右最佳。播种繁殖：10月采种，种子干藏至翌年春播种，播前用60℃热水浸种，每天换水1次，第3天取出保湿催芽1周，播后5～7d发芽。

【栽培要点】①育苗期及时修剪侧枝，保证主干通直。幼树主干高达2m以上时，可进行定干修剪。选上下错落的3个侧枝作为主枝，用它来扩大树冠；②冬季对3个主枝短截，在各主枝上培养几个侧枝，彼此互相错落分布，冬季于树干周围开沟施肥1次；③当树冠扩展过远，下部出现光秃现象时，要及时回缩换头，剪除枯死枝。

【应用方式】朱缨花花色艳丽，是优良的观花树种，宜作庭荫树、行道树，种植于林缘、房前、草坪、山坡等地。

16.2.7　米兰（*Aglaia odorata*）

【别名】树兰、米仔兰。

【科属】楝科米仔兰属。

【产地与分布】原产亚洲南部。广泛种植于世界热带各地。

【形态特征】常绿小乔木或灌木。多分枝，小枝顶端常被细小褐色星状鳞片；圆锥花序腋生于顶端，花色金黄，花朵细小，香味浓郁。

【栽培资源】常见栽培种类：

① 台湾米兰（*A. taiwaniana*）　叶形较大，开花略小，其花常伴随新枝生长而开。

② 大叶米兰（*A. elliptifolia*）　常绿大灌木，嫩枝常被褐色星状鳞片，叶较大。

③ 四季米兰（*A. duperreana*）　四季开花，夏季开花最盛。

【生态习性】喜温暖湿润和阳光充足环境，不耐寒，稍耐阴，土壤以疏松、肥沃的微酸性土壤为最好，冬季温度不低于 10℃。

【繁殖】常用压条和扦插繁殖。以高空压条为主，在梅雨季节选用一年生木质化枝条，于基部 20cm 处作环状剥皮 1cm 宽，用苔藓或泥炭敷于环剥部位，再用薄膜上下扎紧，2～3 个月可以生根。扦插，于 6～8 月剪取顶端嫩枝 10cm 左右，插入泥炭中，2 个月后开始生根。

【栽培要点】米兰在北方多用草炭、腐叶加面沙土栽植。家庭可用培养土。用盆不要太大，土内也不要加入碱性肥料，盆底要垫好排水层。苗栽好后先放在浓荫下养护。保持环境湿润。待新叶长出后再移到疏荫下，以后逐渐适应强光。春季上盆的花苗，到立秋前后再开始追肥，以稀薄的有机液肥为好。从第二年开始，在生长旺季，每隔 20d 追施有机液肥一次。盆土要经常保持湿润，在室内摆放要加强通风，冬季移入室内需见充足阳光，最低室温不得低于 8℃。米兰可两年换一次盆。米兰应从小苗开始修剪整形，保留 15～20cm 高的一段主干，在 15cm 高的主干以上分权修剪，以使株姿丰满。

【应用方式】米兰花放时节香气袭人，可提取香精。米兰盆栽可陈列于客厅、书房和门廊。

16.2.8　红桑（*Acalypha wikesiana*）

【别名】铁苋菜、阿加西、血见愁、海蚌念珠、叶里藏珠。

【科属】大戟科铁苋菜属。

【产地与分布】原产东南亚南洋群岛，现广植于世界各热带和亚热带地区，我国华南多有栽培。

【形态特征】常绿灌木。高 30～60cm，被柔毛；茎直立，多分枝；叶互生，椭圆状披针形，两面有疏毛或无毛；叶柄长，花序腋生，有叶状肾形苞片 1～3；雌花序生于苞片内；蒴果，种子黑色；花期 5～7 月，果期 7～11 月。

【栽培资源】栽培变种有：金边红桑（*A. wilkesiana* cv. *marginata*），叶卵形，长卵形或菱状卵形，顶端长渐尖，上面浅绿色或浅红至深红色，叶缘红色。

【生态习性】喜光，喜暖湿气候，耐干旱，忌水湿，生长快。

【繁殖】扦插繁殖，主要用当年生长的营养枝条进行软枝扦插繁殖。①扦插繁殖宜在5～8 月进行，选取当年生充实嫩枝，长 10～12cm，插于已准备好的沙床中，扦插深度为插穗长度的 1/3，在温度 25℃左右及较高空气湿度下，经 3～4 周可生根，有条件的用全光照喷雾扦插，2 周可愈合生根。

【栽培要点】温暖地区可露地栽培，寒冷地区需盆栽。基质宜用塘泥或腐叶土，施钙、镁、磷拌腐熟饼肥做基肥，放在温室中培养。每年春天换盆 1 次。换盆时需进行修剪，同时结合整形修剪，去除枯枝、弱枝和密枝并更换新的培养土。生长期应多施氮肥，每个月施肥1~2次。夏秋季除浇水外，还应经常进行叶面喷水。冬季停止施肥，宜间干间湿，减少浇水，置于阳光充足处养护。

【应用方式】丛植作庭院、公园中的绿篱和观叶灌木或配置在灌木丛中点缀，也可盆栽也可作室内观赏。

16.2.9　一品红(*Euphorbia pulcherrima*)

【别名】圣诞花。

【科属】大戟科大戟属。

【产地与分布】原产中美洲，广泛栽培于热带和亚热带。

【形态特征】灌木。高1~3m，有白色乳汁；叶卵状椭圆至披针形，有时呈提琴形，叶背有毛，顶叶较窄，全缘；花序顶生，下方总苞片呈朱红色，径5~7cm；总苞淡绿色，每苞片有大而色黄的腺体1~2枚；花期11月至翌年3月。

【栽培资源】常见的栽培品种有：

① 一品白('Alba')　花序下方总苞片白色。

② 一品粉('Rosea')　花序下方总苞片粉红色。

③ 一品黄('Lutea')　总苞片淡黄色。

④ 重瓣一品红('Plenissima')　总苞片数多，呈重瓣状。花期11月至翌年3月。

【生态习性】短日照植物，性喜温暖、阳光充足、土壤湿润肥沃，pH值6左右。要求排水通风良好的肥沃土壤。

【繁殖】主要采用扦插繁殖。在5~6月剪取枝条粗4mm以上、长8~10cm的枝条，并保留上部3~5张叶片作为插穗，插穗在切断的剪口和摘叶的部位涂抹草木灰，待剪口和摘叶部停止流出汁液时，浸泡在ABT 50mg/L溶液中1h，插入苗床中，插入深度为4~5cm。

【栽培要点】一品红的生长适温为18~25℃，冬季温度不低于10℃，否则会引起苞片泛蓝。盆栽在4月中旬后移出温室，萌发新梢后换盆。生长期应每月施稀薄的肥料2次。新芽萌发初期浇水量不要多，夏季生长快的时候，浇水量要大。秋末，浇水、施肥的次数和用量要逐渐减少。开花期间，不可多施肥料，否则会产生焦灼的现象。

【栽培史】1918年欧洲开始栽培一品红，1926年选用出血红色苞片的'保罗·埃克小姐'('Miss. Paul Ecke')，1998年我国开始大规模生产一品红。

【应用方式】适宜盆栽，也可用作切花。南方暖地可植于庭园作点缀材料。

16.2.10　扶桑(*Hibiscus rosa-sinensis*)

【别名】朱瑾、佛桑、朱瑾牡丹。

【科属】锦葵科木槿属。

【产地与分布】原产我国南部，现各地均有栽培。

【形态特征】常绿灌木，株高2~5m。茎直立，多分枝；叶互生，阔卵形，先端渐尖，叶缘具粗锯齿；花大，单生于叶腋，有单瓣和重瓣之分；单瓣花漏斗形，雄蕊筒和柱头均不突出于花冠之外，花期夏、秋；蒴果。

【生态习性】扶桑喜温暖湿润及光照充足环境，不耐旱、不耐寒，也不耐阴，忌涝。以疏松肥沃、排水良好的中性或微酸性土生长最好。

【繁殖】常用扦插和嫁接繁殖。扦插一般在梅雨季节成活率最高，选取健壮的当年生半木质化枝条，平剪成10cm长的插穗，将下部叶片剪去，留顶端2~3片叶，插于沙床，深约插穗的1/3~1/2，保持较高空气湿度，在18~25℃下25d左右即可生根。

嫁接繁殖适合扦插困难或生根较慢，尤其是扦插成活率低的重瓣品种。于春、秋季进行，以单瓣扶桑为砧木，枝接或芽接，当年即可开花。

【栽培要点】①每天光照不小于 8h，光照不足花蕾易脱落，花朵变小，花色暗淡；②在 12～25℃下生长良好，花期长，在 15～20℃下可全年开花；③耐湿怕干，生长期若供水不足，叶片易萎蔫变黄而脱落；④好肥，生长旺盛期每周施肥 1 次；⑤幼苗期苗高 20cm 时摘心，既可控制株高又可促其多分枝。

扶桑盆栽每隔 10～15d 施稀薄液肥 1 次，盆土见干即浇。春夏季以氮肥为主，秋季以磷肥为主。冬季控制浇水保持盆土微润，停止施肥并适当通风。

【应用方式】扶桑花大色艳，花期长，北方盆栽于室内观赏，南方多做庭园绿化，植于亭前、池畔、墙边、道旁，也可作花篱。扶桑花可做菜肴或泡酒。花、根、叶均可入药，具凉血解毒、清热化痰之效。茎皮纤维可制绳索，编麻袋。

16.2.11 山茶花（*Camellia japomica*）

【别名】华东山茶、川山茶、耐冬、山茶、晚山茶、茶花、曼陀罗花。

【科属】山茶科山茶属。

【产地与分布】原产于我国的浙江、江西、四川及山东；日本、朝鲜半岛也有分布。现世界各地均有栽培。

【形态特征】常绿阔叶灌木或小乔木，高可达 15m；小枝光滑呈绿色或绿紫色至紫褐色；叶互生，椭圆形、卵形至倒卵形，先端渐尖或急尖，边缘有锯齿，革质，表面平滑而有光泽；花两性，单生或 2～3 朵着生于枝顶或叶腋，花梗极短或不明显；苞片 9～10 枚，覆瓦状排列，被茸毛，花单瓣，花瓣 5～7 枚，多可达 60 枚，先端有凹或缺口，基部相连呈筒状，花朵直径 5～6cm，一般红色，栽培品种有各型重瓣及白、粉、红、紫及 2 至数色相间，花期 10 月至次年 3 月；蒴果成熟后自然开裂。

【栽培资源】（1）其他栽培种　同属常见栽培的种有：

① 云南山茶（*C. reticulata*）　小枝初黄褐色后变灰色；叶长圆状卵形至卵状披针形，先端渐尖至短尖，革质，叶面暗绿色无光泽，叶背具细而浅色的网状脉；花大，粉红色至深红色，常 1～3 朵着生于新梢顶端叶腋，萼片 5～7，花瓣 5～7，重瓣花可达 30～60；蒴果扁球形。

② 茶梅（*C. sasanqua*）　树皮灰白色，嫩枝有粗毛；叶椭圆形至长圆卵形，先端短尖，叶面有光泽，中脉上略有毛；花白色或红色，直径 3～9cm，略芳香，花期 10 月下旬至次年 4 月；蒴果球形。

（2）栽培品种　山茶花品种极多，全世界有 5000 多种，中国有 300 余种。根据雄蕊的瓣化、花瓣的自然增加、雄蕊的演变、萼片的瓣化等花型变化，可分为 3 大类，12 个花型。

① 单瓣类　花瓣 1～2 轮，5～7 枚，基部连生，多呈筒状，雌雄发育完全，结实。其下只有 1 个型，即单瓣型。

② 复瓣类　花瓣 3～5 轮，20 枚左右，多者近 50 枚。其下分为 4 个型，即复瓣型、五星型、荷花型、松球型。

③ 重瓣类　大部雄蕊瓣化，花瓣自然增加，花瓣数在 50 枚以上。其下分为 7 个型，即托桂型、菊花型、芙蓉型、皇冠型、绣球型、放射型、蔷薇型。

【生态习性】喜半阴、忌烈日。喜温暖气候，生长适温为 18～25℃，略耐寒，一般品种能耐－10℃的低温耐暑热，喜空气湿度大，忌干燥，喜肥沃、疏松的微酸性土壤，pH 以 5.5～6.5 为佳。

【繁殖】山茶花可用扦插、嫁接、压条、播种和组织培养等法繁殖。通常以扦插为主。

①　扦插繁殖　一般多在夏季和秋季进行，6月份前后梅雨季扦插成活率更高，多选取无病虫害的当年生半木质化新梢作插枝，插枝长度为5～10cm，先端保留1～2片小叶，基部带踵。插条要随剪随插，插入基质3cm左右。扦插后及时喷水、遮阳，保持温度为25～30℃，相对湿度为85%～95%，30～40d即可生根。用植物生长激素处理可促进插枝生根。

②　播种繁殖　适用于单瓣或半重瓣品种。种子成熟后要采收即播，以浅播为好。在18～20℃下，10～30d即可发芽。

③　压条繁殖　梅雨季选用健壮1年生枝条，离顶端20cm处，行环状剥皮，宽1cm，用腐叶土缚上后包以塑料薄膜，约60d后生根，剪下可直接盆栽，成活率高。

④　嫁接繁殖　通常用靠接法繁殖，以粗种山茶、油茶或茶梅实生苗作砧木，1～2年内即可培育成名种山茶的大型植株。

【栽培要点】①山茶宜放置于温暖湿润、通风透光的地方。春季要光照充足，夏季宜注意遮阳；②应保持土壤湿润状态，但不宜过湿。春、秋季节每隔2～3d浇水1次；夏季气温高，一般早、晚各浇水1次；③山茶喜肥，在上盆时注意在盆土中放基肥，以磷钾肥为主。一般在花后4～5月间施2～3次稀薄肥水，秋季11月份施一次稍浓的水肥即可；④山茶的生长较缓慢，不宜过度修剪，一般只将徒长枝以及病虫枝、弱枝剪去即可。花蕾过密要进行疏蕾，以保持每枝1～2个花蕾为宜；⑤山茶盆栽每隔2～3年翻盆1次，翻盆时间宜在春季4月份，秋季亦可。移栽时要注意不伤根系，结合换土并放置基肥。

【栽培史】山茶花在我国栽培历史悠久。自南朝开始已有山茶花的栽培。唐代山茶花作为珍贵花木栽培。到了宋代，栽培山茶花已十分盛行。明代《花史》中对山茶花品种进行描写分类。到了清代，栽培山茶花更盛，茶花品种不断问世。1949年以来，中国山茶花的栽培水平有了一定的提高，品种的选育又有发展。中国山茶花品种已有300个以上。

公元7世纪初，日本就从中国引种茶花，到15世纪初大量引种中国山茶花的品种。1739年英国首次引种中国山茶花，以后山茶花传入欧美各国。至今，山茶花已进入产业化生产的阶段，新品种不断上市。

【应用方式】山茶花树冠优美，叶色亮绿，花大色艳，正逢元旦、春节开花，宜散植或群植于庭园一角、亭台附近、草坪和疏林边缘；也可栽植为专类园。盆栽可置于门厅入口、会议室、或点缀客室、书房和阳台。山茶花其花可食用，种子可榨油。

16.2.12　艳果金丝桃(*Hypericum androsaemum* 'Orange Flair')

【科属】藤黄科金丝桃属。

【产地与分布】栽培品种。

【形态特征】常绿灌木，株高40～90cm。叶对生，全缘；聚伞花序顶生，花瓣5枚，金黄色，雄蕊较多，花丝纤细，与花瓣等长或长于花瓣，花期春至夏季；蒴果卵形，艳红色、桃红色，果期夏至秋季。

【栽培资源】同属常见栽培的种有：

①　金丝桃(*H. chinense*)　花鲜黄色，花丝长于花瓣，花柱联合，仅顶端5裂。

②　金丝梅(*H. patulum*)　叶背面有油点，花金黄色，花丝短于花瓣，花柱5枚，离生。

【生态习性】喜温暖和阳光充足的环境，忌高温高湿。生长适温15～25℃。以排水良好、肥沃的沙壤土为宜。

【繁殖】扦插、分株、压条或播种均可，以扦插繁殖为主。春、夏、秋均可插，剪取生长充实的嫩枝，长10cm左右，插入基质中，保温保湿，生根后移栽。

【栽培要点】定植缓苗后每1～2月施肥1次，干时浇水，不可积水，夏季高温时注意通风。果后修剪整枝，老化植株要强剪。

【应用方式】艳果金丝桃花色亮丽，果色明艳，常植于庭院内、假山旁、路边、草坪等处。果枝红果累累，是近年来流行的切花材料。

16.2.13　雪茄花(*Cuphea articulata*)

【别名】紫萼距花。

【科属】千屈菜科萼距花属。

【产地与分布】原产墨西哥至牙买加。

【形态特征】雪茄花常绿小灌木。叶对生，长卵形或椭圆形；全年开花，顶生或腋生，花冠紫红色。

【栽培资源】同属常见栽培种：

① 细叶萼距花(*C. hyssopifolia*)　叶对生，线状披针形；花腋生，紫红或桃红色，全年开花不断。

② 微瓣萼距花(*C. micropetala*)　叶对生，线状披针形；花腋生，白红色，夏、秋开花。

【生态习性】喜光耐半阴；喜高温湿润，生育适温 22～28℃。

【繁殖】播种或扦插繁殖。播种繁殖常在春季，种子落地可自萌发成苗。扦插四季均可，取老枝、嫩枝或茎尖扦插，插后遮阳，约 1 周生根。

【栽培要点】幼苗定植后摘心或修剪 1 次，促使分枝生长。生长期间每 1～2 月施肥 1 次。植株过高或枝叶拥挤可进行修剪，每年春季应修剪整枝 1 次，并施追肥，可令夏季多开花。

【应用方式】萼距花的用途很广。适合在庭园石块旁作矮绿篱，也可在花丛、花坛边缘种植。在空间开阔的地方还可群植、丛植或列植。亦可作地被栽植。

16.2.14　使君子(*Quisqualis indica*)

【别名】留球子、五棱子。

【科属】使君子科使君子属。

【产地与分布】产我国南部及马来西亚、菲律宾、印度、缅甸。

【形态特征】落叶藤状灌木。高 2～8m；叶对生，薄纸质，两面有黄褐色短柔毛；穗状花序顶生，下垂，两性花；萼筒细管状，长达 7cm，花瓣 5，初开白色，后变红色，有香气，花期夏秋；核果，果期秋季。

【栽培资源】常见同属的仅此 1 种栽培。

【生态习性】性喜温暖向阳及湿润气候，不耐寒，不耐旱，可耐半阴，需富含腐殖质及排水好的沙质土壤。

【繁殖】播种、压条、扦插繁殖。根插法取地下根状茎，剪成段，浅埋沙床中，可发根成苗。播种可将种子采后沙藏，待次年春播。

【栽培要点】注意促使老枝更新，施足肥水，以利萌生新枝。北方盆栽室内越冬，温度不低于 5～10℃。

【应用方式】为重要垂直绿化植物，适用于棚架、廊架、栅栏处或作墙垣、山石攀援材料。

16.2.15　巴西野牡丹(*Tibouchina semidecandra*)

【别名】紫花野牡丹。

【科属】野牡丹科绵毛木属。

【产地与分布】原产巴西，我国许多城市有栽培。

【形态特征】常绿小灌木，株高 0.5～4m。叶对生，基出 3 脉，椭圆形，具细茸毛，全缘；花瓣 5 枚，紫色、紫红色，雄蕊白色，长丝状，大都集中在夏季。

【栽培资源】同属常见栽培的种还有蒂牡花（*T. urvilleana*），又叫艳紫野牡丹，雄蕊紫色。

【生态习性】性喜高温，极耐寒和耐旱。生长适温 20～30℃。

【繁殖】扦插繁殖，春秋均可。剪取茎上部的枝条，长 10～15cm，去掉基部的叶片，留上部叶 1～2 片，插入基质中，保持湿润，25℃左右 20～30d 生根。

【栽培要点】待插条长出 4～5 片新叶时移植。栽培土以肥沃的沙壤土为好，栽植环境应光照充足，排水良好。因花期较长，故每月追肥 1 次。花后或早春应修剪，去除残花枯枝，老化的植株更应强剪更新。

【应用方式】巴西野牡丹花期长，紫色的花瓣和白色的雄蕊醒目可人，夏季盛花给人凉爽的感觉，庭园栽植、灌木地被、盆栽都比较合适。

16.2.16　风蜡花（*Chamelaucium uncinatum*）

【别名】玉梅、淘金彩梅、杰拉尔顿腊花、蜡花、腊梅。

【科属】桃金娘科蜡花属。

【产地与分布】原产澳大利亚，我国也有部分城市栽培。

【形态特征】常绿灌木，株高可达 10m 左右，分枝较多。叶线形，似松针，1～5 片一束对生，叶片揉碎后有香味；花腋生，花形如梅花但比梅花小，数量较多，几十朵至上百朵，花瓣蜡质有光泽，粉白、紫、红、粉红等色，四季均可开花，以冬春至夏季为盛。

【栽培资源】目前风蜡花按色系可分为：粉色系、紫红色系、白色系等，粉色和白色品种是欧洲常用的颜色。

【生态习性】喜通风、干燥和光照充足的环境，耐旱，耐瘠薄，但不耐霜冻。生长适温 15～35℃。短日照有利于花芽分化。要求排水良好的微酸性沙质土壤。

【繁殖】因花后无果，不能用种子繁殖，常用扦插繁殖，也可用高压繁殖。春季剪取生长充实的当年生枝条上部，长 4～5cm，去除基部叶片，插入基质中，保持 80% 湿度，70～80d 生根。

【栽培要点】①根系易断，应带土移栽；②浇水应见干才浇，浇则浇透；③给予短日照条件能增加开花数量；④适时适量修剪能使植株旺盛生长。

风蜡花根系较脆，易折断，应带土移植，在移植时要特别小心保留完好的根系，苗期因根系较弱，因注意保持湿润，并适当遮阳，一个月后可撤掉遮阳网接受充足的阳光，水分可逐步渐少。随着植株的生长，抗旱能力逐渐提高，雨季要特别注意排水，浇水掌握干透浇透的原则。风蜡花耐贫瘠，整个生长期间只需在生长旺盛前和开花前的各施一次复合肥。萌芽力强，耐修剪，每年结合扦插取材、剪切花或花后剪去一年生枝条的 1/3，可使植株长势更旺盛。

【应用方式】风蜡花小巧清新，在少花的冬季开始开花，可持续开至翌年夏季，衬以松针似的叶片，观赏价值较高，是近年国际市场上非常受欢迎的切花和盆花。

16.2.17　倒挂金钟（*Fuchsia hybrida*）

【别名】吊钟海棠、吊钟花、灯笼花。

【科属】柳叶菜科倒挂金钟属。

【产地与分布】原产秘鲁、智利、阿根廷、玻利维亚、墨西哥等中、南美洲国家，现广泛栽培。

【形态特征】半灌木或小灌木。株高 30～150cm，茎近光滑；枝细长稍下垂，常带粉红或紫红色，老枝木质化明显；叶对生或三叶轮生，卵形至卵状披针形，边缘具疏齿；花单生于枝上部叶腋，具长梗而下垂；萼筒长圆形，萼片 4 裂，翻卷，有红、白之分；花瓣 4 枚，自萼筒伸出，也有半重瓣，花瓣有红、白、紫色等；花期 4～7 月，浆果。

【栽培资源】本属有 100 多种，园艺品种极多，有单瓣、重瓣，花色有白、粉红、橘黄、玫瑰紫及茄紫色等。主要观赏种有：伞房倒挂金钟（*F. corymbiflora*）、长筒倒挂金钟（*F. fulgens*）、白萼倒挂金钟（*F. albococcinea*）、匍枝倒挂金钟（*F. procumbens*）、短筒倒挂金钟（*F. magellanica*）等。

【生态习性】喜凉爽湿润环境，怕高温和强光，生长适温 10～15℃。宜富含腐殖质、排水良好的肥沃沙壤土。

【繁殖】扦插繁殖。一般于 1、2 月及 10 月扦插，扦插适温为 15～20℃，约 20d 生根。易结实的种类，可用播种法繁殖，春、秋季在温室盆播，约 15d 发芽，翌年开花。

【栽培要点】①多年生植株宜在冬季摘心，剪去顶部 5～6cm 的嫩梢，促其多分枝；②夏季休眠期短截细弱弯垂的徒长枝，使秋季开花繁茂。新栽培的幼株，在长至 20～30cm时，去顶定干，促发侧枝，形成分枝多而均匀的株形；③立秋前后进行二次摘心，入室前进行一次全株修剪整形，剪去枯枝、弱枝、过密枝，短截徒长枝，以利聚焦养分，促发冬芽。

【应用方式】花形奇特，花朵美丽，色彩艳丽，花开时犹如倒挂悬垂的彩色灯笼，是室内小型盆花首选良种，常作盆栽作室内装饰，也可地栽作花坛布置。

16.2.18 比利时杜鹃（*Rhododendron hybridum*）

【别名】西洋杜鹃、西鹃。

【科属】杜鹃花科杜鹃花属。

【产地与分布】原产比利时，现我国各地均有引进栽培。

【形态特征】常绿灌木。植株矮小，发枝粗短，分枝较少，枝叶稠密，表面疏生柔毛；叶互生，叶片卵圆形，全缘，叶短小厚实；花顶生，花冠阔漏斗状，花型多数重瓣，少有半重瓣；花色有红、粉、白、玫瑰红和双色灯；花期主要在冬、春季。

【栽培资源】常见的栽培品种有：

①‘四海波’（‘Me. Morreux’）　花型大，边缘波皱，20 世纪 40 年代自欧洲传入我国东北。

②‘王冠’（‘Albert Elizabeth’）　又名‘皇冠’、‘雨后虹’。

③‘极光’（‘Me. Jeseph Vervan’）　又名‘八宝芙蓉’、‘玛瑙’。花肉粉橘红或桃红色，重瓣，边缘有大波折，洒鲜红条纹，白边。

④‘火焰’（‘Apollo’）　花一般为单层，偶有小型心瓣，半开张，火红色。

【生态习性】喜温暖、湿润、空气凉爽、通风和半阴的环境。夏季忌阳光直射、应遮阳。

【繁殖】扦插、压条、嫁接和播种繁殖。以扦插繁殖和嫁接为主，在 5～6 月进行，选择半成熟嫩枝为好，插条长 12～15cm，留下顶端叶片并剪去一半，插于盛腐叶土或河沙的插床中，扦插的深度为插条的一半，插后压实，保持湿度，温度保持在 18～25℃，40～60d 即可生根。

嫁接繁殖：常用生长势旺的 2 年生毛杜鹃为砧木，接穗用生长健壮、当年萌发的比利时杜鹃嫩枝为好。以枝接为主，切口长 3cm，取接穗 8～10cm，留顶端 2 片叶，并剪去一半，削成楔形，长 3cm，插入砧木，绑扎保湿，50d 后愈合，成活率高。

【栽培要点】比利时杜鹃根系浅，须根细，既怕干又怕涝，切忌积水。盆土时干时湿对根系生长不利。空气湿度保持 70%～90% 为宜。比利时杜鹃为长日照植物,但怕强光直射,最适光照为 30000 lx,生长良好,土壤以疏松、肥沃和排水良好的酸性沙质壤土好。盆栽土壤用腐叶土、培养土和粗沙的混合土,pH 在 5～5.5 为宜。

【栽培史】最早在西欧的荷兰、比利时育成,系映山红(R. simsi)、日本的皋月杜鹃(R. indicum)与毛白杜鹃(R. mucronatum)等经若干代杂交而育成的杂交复合种,于 1850 年在比利时育成,因此得名。1892 年引至日本,我国 1930 年无锡的园艺爱好者首先从日本引进国内。

【应用方式】园林中宜在林缘、溪边、池畔及岩石成丛成片种植,也可于疏林下散植;也是花篱的良好材料,还可经修剪培育成球形观赏。也常作盆栽。

16.2.19　朱砂根(*Ardisia crenata*)

【别名】大罗伞、山豆根。

【科属】紫金牛科朱砂根属。

【产地与分布】产我国台湾、西藏、湖北、广东、云南等省,日本、马来半岛、缅甸至印度均有分布,生于海拔 1000～2400m 的林下阴湿的灌木丛中。

【形态特征】常绿小灌木,高 0.6～1.5m;单叶互生,长椭圆形,边缘有波状钝齿,齿间有黑色腺点;花白色或粉红色,顶生或腋生,伞形花序,果球形,成熟时红色;根肉质,表面稍带红色,故称"朱砂根"。

【栽培资源】同属植物作观赏栽培的种有:

① 紫金牛(*A. japonica*)　常绿小灌木,有匍匐根状茎,叶聚集于茎梢,互生,花白色,果红色。

② 红毛毡(*A. mamillata*)　矮小灌木,高 15～25cm,叶互生,椭圆形,叶正反两面被紫红色粗毛和黑色小腺体,粉红色小花,果鲜红色,被红色毛。

【生态习性】性喜温暖、荫蔽湿润环境,有一定的耐寒性,在我国长江流域可露地越冬。在通风和排水良好、肥沃的壤土生长较好。

【繁殖】可用播种繁殖和扦插繁殖。种子成熟后,除去种皮,清洗晾干后及时播种,或沙藏后春播,种子发芽温度 18℃;在夏秋季选半木质化的枝条,剪成 8～10cm 长,用生根粉处理后插入沙床中,1～2 个月左右生根。

【栽培要点】①夏秋季是植株生长旺盛期,盆栽要求保持土壤湿润,在半阴通风的环境中栽培养护,冬季适当控水;②夏秋季每月施肥 1～2 次,保证肥料充足,缺肥会造成开花结果少;盆栽可进行摘心促使多分枝;③冬季栽培保证 10℃ 以上的温度。

【应用方式】植株幼树盆栽,秋冬季果熟时硕果累累,色艳无比,是较优的观果材料;亦可在园林假山、岩石园中配置;朱砂根药用根叶,味苦、性凉,具有清热解毒,消肿止痛的功效,主治咳嗽、喉痛、牙龈肿痛、胃痛。

16.2.20　茉莉(*Jasminum sambac*)

【别名】抹厉。

【科属】木犀科茉莉属。

【产地与分布】原产印度及阿拉伯,现广泛种植亚热带地区。

【形态特征】常绿灌木。枝条细长,叶对生,光亮,卵形;聚伞花序腋生或顶生,花冠洁白,芳香,有重瓣和单瓣,花期 6～10 月。

【生态习性】性喜温暖湿润,不耐寒和干旱,在通风良好、半阴环境生长良好,根系在肥沃的微酸性沙质壤土上发育良好,忌碱性土壤。

【繁殖】多用扦插繁殖，压条或分株繁殖也可。春夏季扦插为主，选取1年生枝条，每节插穗带有两个节，插入沙壤苗床，两个月生根，生根率较高；压条繁殖选取用较长枝条进行节下刻伤，埋入壤土中，1个月左右生根，两月左右与母株剪离，另行栽培。

【栽培要点】①夏季栽培要保证土壤湿润和一定的空气湿度，过度干燥会造成叶片脱落；②冬季控制浇水，盆土保持干燥，过湿会烂根或落叶；③生长旺盛期每周施一次薄肥，至开花；④花后再施一次肥，秋季要进行修剪，枯枝和弱枝剪去，摘去老叶；⑤盆栽两年后要进行换盆，春季将根部的土剥去，修剪老根，换新土，上盆。

【应用方式】茉莉叶色浓翠，花色洁白如玉，花香四溢，盆栽在室内、阳台上装饰；东南亚地区茉莉花亦可做成花环、胸花供人佩带，我国福建、浙江一带大量栽培采花作熏茶香料。

16.2.21 软枝黄蝉（*Allemada cathartica*）

【别名】黄莺、小黄蝉、重瓣黄蝉、泻黄蝉、软枝花蝉。

【科属】夹竹桃科黄蝉属。

【产地与分布】原产巴西等地，现热带地区广泛栽培，我国福建、湖北、海南、广东、台湾亦有引种栽培。

【形态特征】常绿藤状灌木，株高2m。枝条柔软、披散；茎叶具乳汁，有毒；叶近无柄，对生或轮生，叶片倒卵形；聚伞花序顶生，花冠漏斗状，黄色，中心有红褐色条斑；蒴果球形；花期4～11月。

【生态习性】喜光，畏烈日，宜肥沃排水良好的酸性土，不耐寒，北方应于每年9月底移入室内，4月底或5月初出室。

【繁殖】扦插繁殖。春、秋选取1～2年生充实枝条，剪成15～20cm长、带有3～4个节的插穗插于素沙土中，保持湿润，在20℃气温条件下约20d生根。苗高10cm时，可摘心移植或上盆。

【栽培要点】①露地栽植需设立棚架供其攀附，两年后枝繁叶茂、布满棚架，也可作绿篱栽植；②在北方需盆栽，培养土可按5份腐叶土、3份黏质壤土、2份沙土的比例混合配制；③夏季生长期，可每天浇一次水，向植株及其周围喷水，休眠期宜控制水分；④软枝黄蝉在幼苗期以及生长初期多施氮肥之外，开花期要多施磷、钾含量较多的肥料，每隔30～45d施加1次即可。春季可每隔2周追施一次蹄角片液肥，雨季应改施麻酱渣干肥，秋季入室后应停止追肥；⑤要使其全年开花，不但要勤施磷、钾肥，还须进行修剪，可于冬季在距地面15～20cm处剪除，以促进萌发新枝叶；⑥软枝黄蝉不耐寒冷，冬季最适越冬温度为15～18℃。若温度过低或干湿不当，均会导致叶片脱落。

【应用方式】庭园、围篱美化，花棚、花廊、花架、绿篱等攀爬栽培。

16.2.22 红纹藤（*Mandevilla*×*amabilis* 'Alice Du Pont'）

【别名】双喜藤、双腺藤、文藤、红皱藤。

【科属】夹竹桃科双腺藤属。

【形态特征】常绿藤本，但蔓性不强。叶对生，全缘，长椭圆形，先端急尖，叶面皱折，侧脉下陷；花腋生，花冠漏斗形，上部5裂，红色或桃红色，全年可开，夏秋最盛。

【生态习性】喜高温高湿和阳光充足，生长适温22～30℃。以排水良好、肥沃的沙壤土为宜。

【繁殖】主要用扦插繁殖。春、夏进行，剪取生长健壮的藤蔓端部，长10～15cm，剪去插入基质中的叶片，保留上部1～2片叶的一半，在高温高湿条件下，生根迅速。

【栽培要点】扦插枝条长出的新枝叶有10cm左右时定植，缓苗后每月施肥1次，勤浇水，保持较高的空气湿度。花后修剪整枝，春季对老化植株进行强剪。

【应用方式】花形丰润，色泽红艳，可攀附美化中小型篱栅花架。市场上多用盆栽，盆内设矮架使其缠绕，装饰室内环境。

16.2.23　糯米香茶(*Vallaris indecora*)

【别名】大纽子花、糯米饭花。

【科属】夹竹桃科纽子花属。

【产地与分布】我国特有种，产于四川、贵州、云南和广西。

【形态特征】常绿攀援灌木。植株有乳汁，叶对生，宽卵形至倒卵形，具透明腺体，全缘，背面被短柔毛；伞房状聚伞花序腋生，通常有花3朵，花黄白色。花期3~6月。

【生态习性】喜光；喜温暖至高温，生育适温20~28℃。

【繁殖】用播种和扦插繁殖。

【栽培要点】栽培以腐殖质壤土为佳，排水需良好。定植后应保持土壤疏松，水肥充足，生长期每月施肥一次。进入生长旺盛期前，可人工帮助牵引附蔓，帮助成荫。

【应用方式】糯米香茶花期较长，多植于棚架下，具有良好的庇荫作用。植株供药用，可治血吸虫病。

16.2.24　龙吐珠(*Clerodendron thomsonae*)

【别名】麒麟吐珠、珍珠宝莲。

【科属】马鞭草科桢桐属。

【产地与分布】原产热带非洲西部，20世纪初我国南方各地已广泛栽培。

【形态特征】攀缘性常绿灌木。全株高0.5~5m，枝条柔软修长，四棱；单叶对生，长卵形，先端尖，全缘，侧脉明显；花冠管状，裂片5片，鲜红色。雄蕊雌蕊伸出花冠之外。

【生态习性】喜温暖、湿润和阳光充足环境，不耐寒。生长适温为18~24℃。

【繁殖】常用扦插、分株和播种繁殖。

扦插繁殖：枝插可选健壮无病的顶端嫩枝，也可将下部的老枝剪成8~10cm的茎段作为插穗。芽插是取枝条上的侧生芽，带一部分木质部以春、秋季扦插最好，扦插适温为21℃，插床温度为26℃，插后3周可生根。可用0.5%~0.8%吲哚丁酸溶液处理插穗基部1~2s促进生根。

分株繁殖：在花后，挖取地下匍匐茎上萌发的新枝，带根直接盆栽，放半阴处养护。

播种繁殖：3~4月进行。种子较大，采用室内播盆，室温保持24℃条件下，播后10d左右相继发芽，苗高10cm时移入小盆养护，第二年就能开花。

【栽培要点】生长期需要充足水分，若土壤湿度过大，会引起叶片变黄而脱落。每半月施肥1次，龙吐珠开花季节，增施1~2次磷钾肥。冬季则减少浇水并停止施肥。生长期要严格控制分枝的高度，注意摘心，以求分枝整齐。在摘心后半个月，施用比久或矮壮素，来控制植株高度。每年春季换盆时，对地上部枝条进行修剪短截。

【栽培史】1790年引种到英国，主要用于温室栽培观赏，并在欧洲各植物园中普遍栽培。目前，欧美用龙吐珠作盆栽观赏，点缀窗台和夏季小庭院。

【应用方式】龙吐珠开花繁茂，为盆栽花卉的上品。庭院栽培或盆栽观赏皆适宜。也可作花架、台阁上的垂吊盆花布置。

16.2.25　凌霄(*Campsis grandiflora*)

【别名】紫葳、鬼目花、女葳花、凌霄花、中国凌霄。

【科属】紫葳科凌霄属。

【产地与分布】分布于我国华东、华中、华南等地；日本及北美也有分布。

【形态特征】落叶木质藤本。羽状复叶对生；小叶 7～9，卵形至卵状披针形，两面无毛，边缘疏生 7～8 锯齿；花橙红色，花萼钟形，质较薄，绿色，花冠漏斗状，直径约 7cm。蒴果长如豆荚，花期 6～8 月，果期 11 月。

【栽培资源】同属种有：美国凌霄（*C. radicans*）与上种主要区别在于小叶 7～15 片，多数 11～13 片，叶脉及叶柄上多细柔毛；但花冠较小，花径约 3～4cm，深橙红色；花筒较短，萼筒棕红色。

【生态习性】凌霄花喜充足阳光，也耐半阴。适应性较强，耐寒、耐旱、耐瘠薄，病虫害较少。以排水良好、疏松的中性土壤为宜，忌酸性土。忌积涝、湿热。

【繁殖】凌霄不易结果，主要采用扦插法和压条法。

① 扦插繁殖　硬枝扦插在早春 3 月进行，选健壮的 1～2 年生枝，剪成长 20cm 左右长的插条，插条上最好带有气生根，插入沙土 2 个月即可生根。嫩枝扦插在 7～8 月进行，选当年生的半木质化枝，剪成长 15cm 左右的插穗，插入苗床并适当遮阳。

② 压条繁殖　压条繁殖法比较简单，春、夏、秋皆可进行，将粗壮的藤蔓拉到地表，分段用土堆埋，露出芽头，保持土湿润，约 50d 即可生根，生根后剪下移栽。

【栽培要点】植株长到一定程度，要设立支杆。每年发芽前可进行适当疏剪，去掉枯枝和过密枝，开花之前施一些复合肥、堆肥，盆栽宜选择 5 年以上植株，将主干保留 30～40cm 短截，萌发出的新枝只保留上部 3～5 个，下部的全部剪去，使其成伞形，控制水肥，经一年即可成型。次年夏季现蕾后及时疏花，并施一次液肥，则花大而鲜丽。冬季严格控制浇水，早春萌芽之前进行修剪。

【应用方式】凌霄生性强健，枝繁叶茂，花大色鲜，是理想的垂直绿化品种，可用于棚架、假山、花廊、墙垣绿化。

16.2.26　虾衣花（*Calliaspidia guttata*）

【别名】麒麟吐珠。

【科属】爵床科虾衣花属。

【产地与分布】原产墨西哥，现各地广为栽培。

【形态特征】常绿亚灌木。高 20～50cm；茎圆柱状；叶卵形，对生，顶端短渐尖，两面被短硬毛；穗状花序顶生，稍弯垂，长 6～9cm；苞片砖红色，长 1.2～1.8cm，被短柔毛；萼白色，长约为冠管的 1/4；花冠白色，二唇形，在喉凸上有红色斑点。

【栽培资源】常见同属的仅此 1 种栽培。

【生态习性】性喜温暖湿润气候，夏季要求适当荫蔽及通风良好。栽植以肥沃、疏松及排水良好的沙质壤土为宜，不耐寒，北方寒冷地区室内盆栽越冬气温不得低于 7～10℃，并放在阳光充足处。

【繁殖】扦插繁殖，全年均可进行，春、秋扦插约 20d 生根，生根气温为 18℃。

【栽培要点】生长季节注意及时摘心，促进分枝，使株型丰满，开花繁茂，并且每 2 周追肥 1 次稀薄肥水，盛花过后进行修剪。

【应用方式】南方可在花坛、花境种植，北方可盆栽摆放或温室栽培。

16.2.27　珊瑚花（*Jacobinia carnea*）

【别名】巴西羽花、串心花。

【科属】爵床科珊瑚花属。

【产地与分布】原产巴西，现我国各地均有栽培。

【形态特征】多年生草本或亚灌木。株高约 1.5m，茎四棱，具叉状分枝；叶具柄，对生，卵形或长圆形至卵状披针形，全缘或微波状，穗状圆锥花序，顶生，长 8～12cm；苞片长圆形，花萼裂片 5，花冠粉红紫色，长约 5cm，二唇形，花冠筒稍短或与唇瓣等长；花期6～8月；蒴果。

【栽培资源】同属植物 10 种，产美洲热带，常见栽培的仅此 1 种。

【生态习性】性较强健，生长迅速。喜温暖湿润气候，喜光，全日照或半日照，不耐寒，生长适温 22～30℃，在富含有机质、排水良好的微酸性土壤中生长迅速。

【繁殖】扦插繁殖，于花后剪取充实枝条插在沙床上，在气温 20℃下约 20d 可生根；播种繁殖，最好选用当年采收的种子进行繁殖。

【栽培要点】苗期及时摘心，促使多分枝使植株丰满，生长期间应充分浇水，经常保持盆土湿润，夏季应在室外摆放并置于荫棚下，防止强烈阳光直射，但每天至少要有 3～4h 的直射光照，并在植株周围洒水，以增加空气湿度，同时每 7～10d 需施一次。花后适当修剪，冬季室内越冬，最低温度不得低于 12℃，休眠期内少浇水，只要盆土不干掉即可。

【应用方式】珊瑚花花序较大，花期长，适合盆栽观赏。温暖地区可用于花坛，点缀绿地，也供盆花和切花。

16.2.28　栀子花(*Gardenia jasminoides*)

【别名】黄栀子、山栀、白蟾、水横枝、白蝉花、红枝子。

【科属】茜草科栀子属。

【产地与分布】原产中国。中国大部分地区有分布和栽培，国外栽培也较广。

【形态特征】常绿灌木，株高 30～200cm。小枝绿色，单叶对生或主枝上三叶轮生，革质，长椭圆形，表面翠绿有光泽；花单朵腋生或生于枝顶，有短梗，花冠高脚碟状，喉部有疏柔毛，花瓣 6 枚，白色，芳香，花期 3～5 月；浆果，果期 5～10 月。

【栽培资源】同属常见栽培的变种还有：①斑叶栀子(*G. j.* var. *aureo-variegata*)，叶具黄色斑纹；② 玉荷花（*G. j.* var. *fortuneana*），花较大，重瓣；③ 大叶栀子（*G. j.* var. *grandiflora*），叶大，花大而浓香，重瓣；④水栀子(*G. j.* var. *radicans*)，植株矮小，枝条匍匐伸展，叶小，花小，有浓香，重瓣。

【生态习性】喜温暖湿润、阳光充足和通风的环境，较耐寒，耐半阴，忌强光暴晒，怕积水，生长适温 18～22℃。要求疏松、肥沃、pH 值 5～6 的酸性沙壤土。

【繁殖】多采用扦插和压条繁殖。扦插繁殖夏秋季进行。剪取生长充实的嫩枝，长10～12cm，保留顶部 2 片叶子，枝条基部插入基质保湿遮阳，15～24℃条件下 15～30d 生根。

压条繁殖雨季进行，选取生长健壮的 2～3 年生枝条，拉到地面，刻伤枝条的入土部位，涂抹生根粉，压上土，20～30 天即可生根，生根后切离母株，另行栽植。

【栽培要点】生长期保持土壤湿润，花期和盛夏要多浇水。每月施肥 1 次，如补充0.2％的硫酸亚铁，能使叶片油绿光亮，花朵肥大。开花前增施磷钾肥。栀子花喜湿润，应经常浇水并向植株及周围的地面洒水，以保持土壤、空气湿润，光照应充足，每年早春修剪整形，及时剪去枯枝和徒长枝，以保持株形并促发新枝。

【栽培史】栀子花原产我国，现在世界各地栽培的都是直接或间接引自我国的。公元6～7 世纪，栀子被引入日本，17～18 世纪被引入欧洲，19 世纪初又传入美国。

【应用方式】栀子花枝叶繁茂，芳香素雅，为重要的庭院观赏植物，于阶前、池畔和路旁栽植，也可用作花篱、盆栽和盆景观赏。花可提炼香精，果皮可作黄色染料，根、叶、果实入药。

16.2.29　龙船花(*Ixora chinensis*)

【别名】英丹花、仙丹花、水绣球、山丹、百日红。

【科属】茜草科龙船花属。

【产地与分布】原产亚洲热带，我国华南有野生。世界各地均有栽培。

【形态特征】常绿小灌木，株高 50～200cm。单叶对生，全缘；顶生伞房状聚伞花序，花序分枝红色，花冠高脚碟状，筒细长，花冠裂片及雄蕊均 4 枚；花色丰富，有红、橙、黄、白、双色等，南方几乎全年开花，夏季最盛；浆果。

【栽培资源】同属栽培的种和品种很多：

①博尔博奈卡龙船花(*I. borbonica*)　是龙船花属中唯一的观叶种类，叶披针形，淡蓝色，有淡绿色斑点。

②洋红龙船花(*I. casei*)　花洋红色，花瓣宽大。

③红龙船花(*I. coccinea*)　花鲜红色。

④大王龙船花(*I. duffii* 'Super king')　花鲜红色，花序大，植株高。

⑤王龙船花(*I. macrothyrsa*)　花玫瑰红色变成深红色。

⑥宫粉龙船花(*I. ×westii*)　花冠淡洋红至桃红色。

【生态习性】喜温暖、湿润和阳光充足的环境，不耐强光，不耐水湿，不耐寒。生长适温为 15～25℃。要求疏松、肥沃、排水良好的酸性土，pH 值 5～5.5 为宜。

【繁殖】用扦插、播种或压条繁殖，以扦插为主，春、秋、雨季进行，枝插、芽插、根插都可生根。选取一年生健壮枝条，长 10～15cm(有 2～3 节)，插后注意遮阳、保湿，20～25℃条件下，20～50d 生根。

【栽培要点】①阳光应充足，但夏季不能过强；②喜湿怕干，注意浇水喷雾。小苗成活抽发新梢后，每 10～15d 施一次薄肥。小苗长到 15cm 左右时摘心，以促发侧枝，使株型丰满。花后剪去上部枝条，促使萌发新枝。

【应用方式】龙船花株形美观，花色丰富，花期长，盆栽或地栽布置各类庭院、公园、街道、室内等，根、茎和叶入药。

16.2.30　五星花(*Pentas lanceolata*)

【别名】繁星花、星形花、雨伞花、草本仙丹花。

【科属】茜草科五星花属。

【产地与分布】原产热带非洲、马达加斯加、阿拉伯等地，世界各地均有栽培。

【形态特征】多年生草本，成株灌木状，株高 30～60cm，单叶对生，全缘，粗糙，叶面有明显凹痕；聚伞花序顶生，小花筒状，花瓣五裂呈五角星形，故名五星花；有红、粉红、绯红、桃红、白色等，花期 3～10 月；蒴果。

【生态习性】五星花性强健，喜高温，生长适温 25～30℃，全日照半日照均发育良好。耐旱，宜排水良好、富含有机质之沙质土壤。

【繁殖】播种或扦插繁殖，全年均可进行。种子细小，又属于好光发芽，故播后不覆土，保持湿润，20～26℃温度条件下，10～14d 发芽。扦插繁殖的插穗需有 3～4 节，斜插于基质中，保持湿度及 50%～70%的光照，20d 左右可生根，待新芽长约 10cm 时移栽。

【栽培要点】播后 7～9 周定植，定植成活后有 3～4 对真叶时摘心 1 次，促使多发侧芽多开花。五星花喜欢日照充足的环境，光线强可提高植株的品质，光线愈强，植株愈紧密。浇水要适当，不干不浇，每 7～10d 施 1 次肥，开花期间也需追肥，花谢后可将残花摘除，追施肥料，可再萌发新枝，继续开花。

【应用方式】五星花数，绚丽美艳，花期长久，适宜布置花坛、花带、花台等，也可路边、草坪边缘丛植，还可盆栽欣赏及作插花材料。

16.2.31　绯红班克木（*Banksia coccinea*）

【别名】班克木。

【科属】山龙眼科班克木属。

【产地与分布】主产澳大利亚西南部，现有南非、加拿大、美国、新西兰、以色列等国进行商业化种植，作切花、景观树种大量应用。

【形态特征】木本常绿树种，灌木或小乔木，高 2～8m，树干光滑，灰色；单叶互生，叶厚革质，缘有锯齿，叶阔椭圆形、心形或倒心形，叶被茸毛；穗状花序顶生，长 3～6cm，宽 8～10cm，呈圆柱形或球形，小花密集，且排列整齐呈刷状，金黄色、黄绿色或粉红色等，花冠灰色，绯红色，稀深红色或橙色，花期主要在秋季和冬季；菁葵果锥形、木质。

【栽培资源】班克木属植物较强的适应性，在干旱贫瘠地区生长尤其适应，观赏性强，许多种有良好的园林应用价值。现在园林中栽培的种有：

①　胡克班克木（*B. hookeriana*）　叶线形；花序长 7～12cm，宽 9～10cm，亮橙色，被淡粉色茸毛，雌蕊金橙色，长 39～45mm，反卷，无毛；花期 4～10 月。

②　橙黄班克木（*B. prionotes*）　叶宽线形，叶缘波状，具锯齿；顶生花序长 7～15cm，宽 7～8cm，奶油色，边缘橙色；花期 2～8 月。

③　美花班克木（*B. speciosa*）　叶宽线形，叶表面绿色，下表面白色；花序长 4～12cm，宽 9～10cm，奶油色至淡黄色；全年开花，夏季和秋季为盛花期。

④　孟席斯班克木（*B. menziesii*）　叶椭圆形，叶柄短，叶缘具锯齿；顶生花序，长 4～12cm，宽 7～8cm，淡粉色、深粉色或红色，少黄色；花期 2～8 月。

⑤　沼泽班克木（*B. robur*）　叶倒卵状椭圆形，硬质，叶缘有锯齿；顶生花序，长 10～17cm，宽 6～7cm，花蕾期青黄色，开花期呈金色；花期 1～7 月。

【生态习性】适应性较强，喜光、温暖干燥的环境中生长，耐干旱和瘠薄，根系在排水良好的壤土上发育良好，很多种在石灰石黏土上生长很好。

【繁殖】繁殖常采用播种、扦插、嫁接法，而以播种繁殖最为常见。

【栽培要点】①种植地宜选择向阳和阳光充足的坡地，大多数班克木喜欢 pH6.5～7.5 的土壤，土层深厚有利于根系的生长；②大多数班克木耐瘠薄的土壤，生长在相当贫瘠的沙质土壤，根系不耐湿；如果土壤排水良好，均可以沿水域栽植；③班克木耐瘠薄，种植可以少施肥，控制磷肥，对于小苗每年施 4 次肥；种植中易出现叶片变黄，可补充螯合铁或者微量元素。

【应用方式】班克木花色艳丽、花形奇特，花期长，是欧美市场上流行的木本切花；在公园、校园和居住区中孤植或丛植，开花繁多、色艳有较好的景观。

16.2.32　针垫花（*Leucospermum cordifolium*）

【别名】风轮花、针包花、针垫山龙眼。

【科属】山龙眼科针垫花属。

【产地与分布】主要分布在南非和津巴布韦等地。现在以色列、夏威夷和津巴布韦、澳大利亚、新西兰广泛种植，培育了许多切花新品种。

【形态特征】常绿蔓性灌木，少数为小乔木，叶轮生，硬质，多为针状、心脏形或矛尖状，边缘或叶尖有锯齿；花序密集，头状花序，单生或少数聚生；花冠小，针状，有红色、黄色、橙色等。花期夏季。因花朵盛开时，像大头针插在球形的针垫上而得名。

【生态习性】性喜温暖、稍干燥和阳光充足环境，不耐寒，忌积水，对土壤肥力要求不高，在疏松和排水良好的酸性土壤，质地较轻、土质疏松的沙质壤土最好。

【繁殖】主要采用种子繁殖。在原产地2月份播种，从新果实中取出种子，进行浸种处理后，使种皮软化，人为磨破种皮，用内吸性杀菌剂处理种子后沙播，可在沙床上或是种子托盘播种，种子在播后3～4周发芽，种子发芽不整齐，分批对种苗进行移栽，移栽前剪去过长的根系上盆种植。杂种或品种采用扦插繁殖，在原产地11月至翌年3月进行，将当年生的半木质化枝条剪成6～10cm长，用生长素处理插条后在沙床上扦插，保持25℃恒温恒湿，5周后发根。扦插生根苗和实生苗经过1年的生长后需要进行移植处理，实生苗一般三年后开花。

【栽培要点】同帝王花。

【应用方式】针垫花花形奇特，花色鲜艳，是优良的切花材料，也适宜作盆栽或在庭院丛植栽培；树种耐旱和耐瘠薄力强可作山坡绿化树种。

16.2.33 木百合(*Leucadendron* spp.)

【别名】非洲郁金香。

【科属】山龙眼科来卡木属。

【产地与分布】原产南非的南部至西南部海岸山坡。现被以色列、新西兰、美国等引种栽培作为优良的切花材料。

【形态特征】常绿灌木，多分枝，高度达2.5m。雌雄异株，单叶革质，叶片较厚，在枝上互生，叶色多彩，黄绿色到鲜艳的橘红色，花形态奇特，花序形似松果；开花期花序下的披针形苞叶呈现鲜艳的红色、黄色或双色，花期较长，从冬季至夏季。

【生态习性】性喜温暖、干燥和阳光充足环境，不耐寒，忌积水，在疏松和排水良好的壤土或排水良好的坡地上生长较好，对土壤肥力要求不高，宜选择未经耕作过的土壤。

【繁殖】常用播种繁殖。见帝王花的繁殖。

【栽培要点】①木百合生长需要全光照，种植地要光照充足，每天直射光照不少于6h；②根系不耐水势，种植地要求良好的排水设施，或在坡地上种植；③露地种植时，种植坑直径为容器直径的3倍左右，保证根系的通气良好；④移栽期水分多浇，每周1次，有利于小苗恢复生长势，雨季不用浇水，旱季每三周浇1次；⑤木百合生长发育对肥料要求不高，施肥忌施磷肥。

【应用方式】木百合叶花色艳丽，观赏期长，是优良的木本切花，也可作盆栽或在庭院丛植栽培；树种耐旱和耐瘠薄力强可作山坡绿化树种。

16.2.34 帝王花(*Protea* spp.)

【别名】菩提花、普洛蒂亚。

【科属】山龙眼科帝王花属。

【产地与分布】原产南非开普敦。澳大利亚、智利、以色列、新西兰、等国进行引种栽培，成为欧美花卉市场热销的木本切花。我国云南元江引种作切花栽培。

【形态特征】常绿灌木或小乔木，植株枝条直立，分枝点低。叶绿而亮，单叶，叶轮生于枝干上，花生于枝顶；花开直径12～30cm，花有多轮被毛有苞叶，苞叶呈披针形；苞叶的颜色从乳白色到深红色，花期较长，夏秋开花。

【生态习性】性喜温暖、稍干燥和阳光充足环境，不耐寒，忌积水，要求疏松和排水良好的酸性土壤，质地较轻、土质疏松的沙质壤土、花岗岩质沙壤或排水性好的壤土最好，对土壤肥力要求不高，宜选择未经耕作过的土壤。

【繁殖】主要用播种和扦插繁殖。播种，常在秋季进行，将种子播种在高温杀菌的泥炭土和沙的混合土壤中，播后保持湿润，4～6周后发芽，出苗后不能过湿，稍干燥，待出现1对真叶时移栽上盆，放置通风和光照充足处养护，扦插，初夏剪取半成熟枝条10～15cm长，插于沙床，30～40d后生根。

【栽培要点】①多数帝王花需要生长在排水良好、pH3.5～6.5的沙砾质土壤中；在土壤黏性较大的地区种植，通常需要起高垄种植，便于排水；②种植地宜选择向阳、光照充分的、土层深厚的坡地；③帝王花生长喜冬季温暖湿润、旱季干旱，冬季生长期注意防寒，不耐霜冻；④帝王花的产花期可长达十年以上，种苗质量对植株后期的生长及产花效果有直接的影响，选用植株要健壮、带新芽的健康种苗；⑤小苗移栽时期为秋冬季，苗根系发育影响后期生长，深挖种植坑，保证排水良好；⑥对肥料需用量不大，生长季中宜用铵态氮肥、少量微量元素，忌施磷肥。

【栽培史】帝王花被敬为南非国花，是普洛蒂亚家族中分布最广泛的种类之一，在南非有超过三百五十种以上的帝王花，其中超过一半以上的种是生长在开普花卉王国；帝王花分布从平地到高山，帝王花雌雄异株，它的花期很长（从5月到12月），加上色彩丰富的树叶和包围花苞的苞叶，是优良的园林树种。帝王花品种多样，叶色、花色和花期各不同，成为南非的主要出口花卉。

【应用方式】帝王花的花色和高度在全世界被誉为最富贵华丽的鲜切花，花朵大，苞叶和花瓣挺拔，色彩异常美丽，观赏期长，适合于盆栽观赏，也是极好的切花和干花材料。

参 考 文 献

[1] 包满珠. 花卉学[M]. 北京：中国农业出版社，2003.

[2] 北京林业大学园林系花卉教研室. 花卉学[M]. 北京：中国林业出版社，1990.

[3] 曹家树，秦岭. 园艺植物种质资源学[M]. 北京：中国农业出版社，2005.

[4] 陈俊愉. 中国花卉品种分类学[M]. 北京：中国林业出版社，2001.

[5] 车代弟. 园林花卉学[M]. 北京：中国建筑工业出版社，2009.

[6] 车代弟，樊金萍主编. 园林植物[M]. 北京：中国农业科学技术出版社，2008.

[7] 陈俊愉，程绪珂. 中国花经[M]. 上海：上海文化出版社，1998.

[8] 陈坤灿. 室内观叶植物[M]. 汕头：汕头大学出版社，2006.

[9] 陈心启，吉占和. 中国兰花全书[M]. 北京：中国林业出版社，2000.

[10] 戴松成. 国花牡丹档案[M]. 开封：河南大学出版社，2008.

[11] 董丽. 园林花卉应用设计[M]. 北京：中国林业出版社，2003.

[12] 傅玉兰. 花卉学[M]. 第7版. 北京：中国农业出版社，2006.

[13] 高江云，夏永梅等. 中国姜科花卉[M]. 北京：科学出版社，2006.

[14] 何松林. 仙人掌类及多浆植物[M]. 郑州市：中原农民出版社，2002.

[15] 金波. 花卉宝典[M]. 北京市：中国农业出版社，2006.

[16] 李嘉珏. 中国牡丹与芍药[M]. 北京：中国林业出版社，1999.

[17] 李潞滨，卢思聪. 仙人掌与多浆植物[M]. 沈阳：辽宁科学出版社，2000.

[18] 李祖清. 花卉园艺手册[M]. 第1版. 成都：四川科学技术出版社，2003.

[19] 廖飞勇，覃事妮，王淑芬. 植物景观设计[M]. 北京：化学工业出版社，2012.

[20] 刘常富，陈玮主编. 园林生态学[M]. 北京：科学出版社，2003.

[21] 刘金海，王秀娟. 观赏植物栽培[M]. 北京：高等教育出版社，2009.

[22] 刘燕. 园林花卉学(第二版)[M]. 北京：中国林业出版社，2009.

[23] 龙雅宜. 园林植物栽培手册[M]. 北京：中国林业出版社，2004.

[24] 张启翔. 中国观赏园艺研究进展2009[M]. 北京：中国林业出版社，2009.

[25] 潘百红. 园林花卉[M]. 长沙：国防科技大学出版社，2007.

[26] 秦帆，宋兴荣，鲜小林，等. 观叶植物手册[M]. 成都：四川科学技术出版社，2006.

[27] 孙光闻，徐晔春. 一二年生草本花卉[M]. 北京：中国电力出版社，2011.

[28] 孙可群，张应麟，龙雅宜，等. 花卉及观赏树木栽培手册[M]. 北京：中国林业出版社. 1998.

[29] 宛成刚，赵九州. 花卉学[M]. 上海：上海交通大学出版社，2008.

[30] 王连英，秦魁杰. 花卉学[M]. 北京：中国林业出版社，2011.

[31] 王莲英. 花卉学(第二版)[M]. 北京：中国林业出版社，2011.

[32] 王明启，徐晔春. 新编养花宝典[M]. 天津市：天津科技翻译出版公司，2006.

[33] 王意成. 多浆花卉[M]. 南京：江苏科学技术出版社，1998.

[34] 王意成. 室内垂吊花卉[M]. 南京市：江苏科学技术出版社，2006.

[35] 吴亚芹，赵东升，陈秀莉. 花卉栽培生产技术[M]. 第1版. 北京：化学工业出版社，2006.

[36] 吴应祥，张应麟. 室内装饰植物[M]. 上海市：上海科学技术出版社，1989.

[37] 武汉市园林局，武汉市园林科学研究所. 常见花卉栽培[M]. 武汉：湖北科学技术出版社，2004.

[38] 向其柏，向民，刘玉莲. 室内观叶植物[M]. 上海：上海科学技术出版社，1998.

[39] 谢国文. 园林花卉学[M]. 第1版. 北京：中国农业科学技术出版社，2010.

[40] 薛聪贤. 景观植物实用图鉴[M]（第1、4、9、11、12、14辑）. 昆明：云南科技出版，1999.

[41] 羊茜. 家庭养花大全[M]. 合肥市：安徽科学技术出版社，2008.

[42] 殷华林. 观叶植物家庭栽培[M]. 合肥：安徽科学技术出版社，2001.

[43] 尹吉光. 图解园林植物造景[M]. 北京：机械工业出版社，2011.

[44] 余树勋，吴应祥. 花卉词典[M]. 北京：农业出版社，1999.

[45] 张启翔. 中国名花[M]. 昆明：云南人民出版社，1999.

[46] 赵宗荣. 水生花卉[M]. 北京：中国林业出版社，2002.

[47] 中国科学院. 中国植物志[M]. 北京市：科学出版社，1992.

[48] 祝遵凌. 景观植物配置[M]. 南京：江苏科学技术出版社，2010.

[49] 班志明，王英生. 观叶植物发财树的栽培及应用[J]. 中国林副特产，2006，10(5)：53-54.

[50] 蔡英卿.保鲜剂延缓非洲菊切花衰老的生理作用[J].泉州师范学院学报(自然科学版),2001,19(6):80-82.

[51] 陈华平,翁殊斐,邰春丽,等.澳大利亚特色园林植物-班克木[J].广东园林,2011,(4):55-57.

[52] 邓贵仁.鹅掌柴快速繁殖法[J].园林,2000,12(5):37.

[53] 邸葆,陈段芬,卢凤刚,等.5种保鲜剂对非洲菊保鲜效果研究[J].河北林果研究,2006,21(4):447-450.

[54] 董爱香.翠菊新品种选育[J].抓住2008年奥运会机遇进一步提升北京城市园林绿化水平论文集[D].2005.01.

[55] 兑宝峰.生石花的栽培繁殖[J].中国花卉园艺,2006,5(24):15-17.

[56] 国内外花卉产业的发展概况与趋势[EB/OL].http://old.biovip.com/content/20050510/12757.htm.2005-5-10.

[57] 何雪娇,林金水,卢永春,等.中国热带切花种质资源及其应用现状[J].南方农业学报,2011,57(8):853-859.

[58] 候景涛.情人草鲜切花栽培技术[J].农村实用技术,2006,15(10):43.

[59] 黄诚生,孙兆法.蒲包花花期调节技术研究进展[J].农技服务,2011,28(8):1207-1208.

[60] 翁忙玲,韩健.凌霄的园林特性及其开发应用[J].江西农业学报,2012,23(4):70-72.

[61] 雍洪英,熊丽,桂敏,等.风蜡花栽培技术[J].西南园艺,2005,33(6):40-41.

[62] 姜岩,石超,姜巍,等.帝王花引种栽培技术[J].现代农业技术,2010,(24):193-194.

[63] 李奎,田明华,王敏.中国花卉产业化发展的分析[J].中国林业经济,2010(100):54-58.

[64] 李培之.栽培大花酢浆草[J].中国花木盆景,2009,25(10):20-21.

[65] 李申军,王红艳,孙雅娟.菊花花期调控技术[J].吉林林业科技,2011, 40(2):51.

[66] 李树贵,蔡明.阴性观赏植物——八角金盘[J].西南园艺,2002,29(1):44.

[67] 李燕,石大兴,王米力.鹅掌柴的组织培养与快速繁殖[J].植物生理学通讯.2004,53(2):62.

[68] 林建忠,赖瑞云,李金雨,等.世界花卉产业发展概况[J].闽西职业技术学院学报,2008,(6):80-84.

[69] 鲁德全.中国石竹科一些修订与增补[J].木本植物研究,1998,7(1):1-3.

[70] 木子.石竹的种类[J].湖南林业,2003,2(5):32.

[71] 欧坚泉,周俊辉,陈水渐,等.几种盆栽植物对甲醛的净化作用[J].北方园艺,2012,12(22):65-68.

[72] 史静,程文娟,张乃明.施肥对切花玫瑰生长及养分吸收特性的影响[J].中国土壤与肥料,2012,48(4):63-68.

[73] 宋小民,黄冬华,段中华,等.香料玫瑰引种栽培研究[J].江西农业学报,2010,21(2):68-70.

[74] 谭巍.八仙花栽培技术.[J].北方园艺,2006,15(1):102-103.

[75] 韦美芬.香豌豆的栽培技术[J].西南园艺,2003,30(1):34-35.

[76] 吴珍.孔雀木的繁殖管理技术[J].现代农业科技,2006,34 (22):76-77.

[77] 熊济华.大花酢浆草[J].花木盆景,2001,17(1):19.

[78] 杨慧,聂锋.凌霄的栽培管理及应用[J].河北林业,2008,7(1):45.

[79] 岳小静,刘雷,尚军,等.3种宿根花卉花期控制技术的研究[J].天津农学院学报,2011,18(1):16-20.

[80] 赵云,杨小华,徐祥文.香石竹主要栽培品种及其特性[J].中国种业,2009,27(5):79-80.

[81] 周满宏.兰州市花坛花卉新优品种引种试验初报[J].甘肃农业科技,2007,26(1):47-49.

[82] 周玉珍,史骥清,滕士元,陈建芳.澳洲植物-蜡花的引种栽培和繁殖[J].中国城市林业,2006,4(5):51-54.

[83] 朱丽丽,李井会,宋述尧.大花美人蕉花期调控技术[J].北方园艺,2011(16):104.

[84] 朱伟龙,蒋伟新,楼枝春.藤本花卉凌霄的应用与繁殖[J].浙江林业,2009,8(8):37.

中 文 名 索 引

拉 丁 名 索 引

编写说明

　　全书编写共 16 章，绪论部分由王超编写，第 1 章由林萍编写，第 2 章由王锦编写，第 3 章由陈霞编写，第 4 章由张小艾编写，第 5 章由吴亮编写，第 6 章由李宗艳和吴荣编写，第 8～16 章概述部分由谭秀梅编写。全书由李宗艳统稿。书末附参考文献和花卉种名索引，以便查阅。

　　各论部分种类编写分工如下：林萍负责一串红、红花鼠尾草、蓝花鼠尾草、墨西哥鼠尾草、罗勒、特丽莎香茶菜、贝壳花、彩叶草、迷迭香、薰衣草类、香紫苏、随意草、巴西野牡丹、风蜡花、红纹藤、金鱼草、蒲包花、毛地黄、夏堇、柳穿鱼、龙面花、钓钟柳、艳果金丝桃、观赏辣椒类、蛾蝶花、矮牵牛、冬珊瑚、花烟草、千鸟花、栀子花、龙船花、五星花、樱桃茄。

　　李宗艳负责编写三色堇、花菱草、虞美人、鼠爪花、天竺葵类、棉毛水苏、茉莉、珊瑚凤梨、彩苞凤梨、果子蔓、姬凤梨、星花凤梨、彩叶凤梨、铁兰、短叶雀舌兰、兜兰类、绿元宝、孔雀竹芋、斑叶红里蕉、箭羽竹芋、红线竹芋、毛叶莲花掌、石莲花、绒毛掌、翡翠景天、神刀、景天树、长寿花、宽叶落地生根、牡丹、芍药、耧斗菜、飞燕草、白头翁、花毛茛、帝王花、针垫花、绯红班克木、木百合、朱砂根。

　　王超负责编写月见草、羽叶茑萝、福禄考、龙吐珠、金边假连翘、美女樱、垂花火鸟蕉、地涌金莲、鹤望兰、旅人蕉、南洋杉、椒草类、榕属、芡实、萍蓬草、睡莲、王莲、荷花、冷水花、镜面草、软枝黄蝉、长春花、醉蝶花、朱缨花、红桑和倒挂金钟。

　　吴荣负责编写鸡冠花、千日红、五色草、射干、非洲紫罗兰、喜荫花、德国鸢尾、火星花、扁竹兰、芙蓉葵、蜀葵、锦葵、唐菖蒲、番红花类、球根鸢尾、小苍兰、富贵竹、朱蕉、龙血树、香龙血树、条纹十二卷、水晶掌、虎尾兰、芦荟、凤尾兰、酒瓶兰、金边龙舌兰、雷神和扶桑。

　　张小艾负责编写中国石竹、香石竹、满天星、风铃草、六倍利、桔梗、勿忘我、情人草、大岩桐、大花酢浆草、猪笼草、虎耳草、变叶木、发财树、孔雀木、八角金盘、洋常春藤、鹅掌藤、鹅掌柴、日中花属、生石花、龙须海棠、鹿角海棠、绣球花、现代月季、玫瑰、海棠、米兰、香豌豆、蝶豆、凌霄。

　　陈霞负责编写欧洲报春、四季报春、仙客来、紫茉莉、荷包牡丹、落新妇、蔓花生、观赏蕨类、旱金莲、蔓长春花、菜豆树、红网纹草、白斑枪刀药、金苞虾衣花、虾衣花、珊瑚花、一品红、比利时杜鹃、凤眼莲、雨久花、梭鱼草、使君子和钉头果。

　　刘敏编写了藿香蓟、雏菊、金盏菊、翠菊、矢车菊、瓜叶菊、波斯菊、天人菊、勋章菊、向日葵、麦秆菊、皇帝菊、万寿菊、孔雀草、桂圆菊、百日草、蓬蒿菊、大花金鸡菊、菊花、松果菊、非洲菊、加拿大一枝黄花、黑心菊、大丽花、一串珠、蛇鞭菊、半支莲、小叶马齿苋树、金银花、糯米香茶、雪茄花。

　　万珠珠编写牵牛花、凤仙花、新几内亚凤仙、何氏凤仙、马鞍藤、五爪金龙、月光花、猫须草、美人蕉类、文殊兰类、蜘蛛兰、朱顶红、石蒜、水仙、葱莲、韭兰、君子兰类、百子莲、晚香玉、大花油加律、花叶芋、散尾葵、袖珍椰子、广东万年青、观音莲、海芋、红掌、火鹤花、黛粉叶、绿萝、龟背竹、喜林芋、白掌、合果芋、马蹄莲、紫竹梅、吊竹梅、国兰类、卡特兰、大花蕙兰、石斛兰、树兰、血叶兰、文心兰、鹤顶兰、蝴蝶兰、万代兰。

　　谭秀梅编写了槐叶蘋、浮萍、莼菜、红菱、水皮莲、荇菜、千屈菜、香蒲、杉叶藻、泽泻、水葱、慈姑、风车草、玉蝉花、黄菖蒲、再力花。

杨坤梅编写了桂竹香、紫罗兰、香雪球、二月兰、羽衣甘蓝、洋桔梗、山茶花、郁金、姜花属、闭鞘姜、瓷玫瑰、花叶艳山姜、萱草、玉簪、四季秋海棠、铁十字海棠、银星海棠和蟆叶秋海棠。

　　赵燕蓉编写了火炬花、风信子、葡萄风信子、嘉兰、百子莲、六出花、虎眼万年青、大花葱、蜘蛛抱蛋、郁金香、贝母、天门冬类、百合。